[2판]

쉽게 배우는

핵심 열역학

유주식 지음

교육과학사

머리말

열역학은 적용 범위가 넓은 학문으로 여러 분야에서 배우는 과목이며, 세계적으로 널리 알려진 훌륭한 교재들이 많다. 그런데 유명한 책들은 대부분 그 양이 너무 방대하므로 핵심 내용을 간추려서 쉽게 설명한 책이 필요하다.

이 책은 열역학의 핵심 내용을 간결하게 정리하고 알기 쉽게 설명하였다. 충분한 양의 예제와 연습 문제를 수록하고, 문제 풀이 과정을 상세히 기술함으로써 학생들이 쉽게 이해하고 스스로 공부할 수 있게 하였다. 연습문제는 주요 핵심 개념을 파악할 수 있는 문제로 구성되어 있으며, 공무원과 중등교사 임용시험 및 기사시험 문제를 함께 수록하여 각종 시험 준비에도 도움이 되게 하였다. 특히 학생들이 편리하게 관련 내용을 알고 이해하는 것을 목적으로 모든 문제의 정답을 수록하고 풀이 과정을 기술하였다.

이 책을 통하여 열역학의 핵심 내용을 파악하고 열역학에 대한 자신감을 갖게 되기를 바라는 바이다. 끝으로 책의 출판에 도움을 주신 교육과학사 관계자분들께 감사드린다.

2025년 8월

유 주 식

차 례

제1장

서 론

1.1 열역학 개요

"**열역학은 열과 일 및 물질의 상태량을 다루는 과학**", 또는 "**에너지(energy)와 엔트로피(entropy)에 관한 과학**" 등으로 정의한다. 열과 일은 모두 에너지의 한 형태로서, 열을 일로 변환시킬 수 있으며, 역으로 일을 열로 변환시킬 수 있다. 에너지의 엄밀한 정의는 어렵지만 "**에너지는 일을 할 수 있는 능력, 또는 변화를 일으키는 능력**"이라고 볼 수 있다. 관심 분야에 따라서는 물질의 상태 변화 그 자체가 주된 관심사가 되기도 하지만, 공업 열역학에서는 상태 변화에 따른 물질의 성질을 연구하여 에너지와 일 및 열 사이의 관계를 주로 다룬다.

열역학적 상태를 기술하는 상태량에는 온도, 압력, 부피 등 여러 가지가 있다. 그리고 에너지에는 열에너지, 기계적 에너지, 전기 에너지, 화학 에너지, 빛 에너지, 핵에너지, 소리 에너지 등 여러 가지가 있다. 공업 열역학에서 주로 취급하는 열기관과 냉동기에서는 열에너지와 기계적 에너지가 주된 관심사가 되며, 이들을 조사하여 열기관과 냉동기의 성능을 분석한다.

한편 열과 일을 모두 에너지의 한 형태로 볼 수 있으므로 열역학을 간단하게 "**에너지를 다루는 과학**"으로 정의할 수 있다. 즉, 열역학은 동력 발생, 냉동, 물질의 상태량 사이의 관계 등을 포함한 모든 형태의 에너지와 에너지 변환을 포함하는 광범위한 학문이다.

다른 모든 과학과 마찬가지로 열역학의 기초도 실험적인 관찰이다. 열역학에서는 이러한 실험적 관찰을 통하여 발견된 것들을 법칙으로 만들었으며, 4가지 기본 법칙(열역학 제0법칙, 열역학 제1법칙, 열역학 제2법칙, 열역학 제3법칙)이 있다.

열역학의 4가지 기본 법칙 중에서 공업 열역학에서 주로 이용되는 법칙은 열역학 제1법칙과 제2법칙이다. 열역학에서 중요한 여러 가지 기본적인 식(열과 일 및 내부 에너지와 엔탈피 등의 관계식)들이 열역학 제1법칙에서 출발하여 유도되고, 각종 동력 사이클의 열효율과 냉동사이클의 성능계수들은 열역학 제1법칙에 근거를 두고 구해진다. 그리고 열역학 제2법칙을 정량적으로 설명하기 위해 정의되는 엔트로피를 이용하여 동력 장치 혹은 냉동 장치의 최대 출력 일 혹은 최소 입력 일, 사이클 해석에 필요한 각종 상태량, 계로 전달되거나 계에서 방출되는 열량 등을 구할 수 있다. 사실상 공업 열역학의 모든 해석 방법은 열역학 제1법칙(에너지)과 제2법칙(엔트로피)에 근거를 둔다고 볼 수 있다. 이에 따라 열역학을 "**에너지와 엔트로피에 관한 과학**"으로 정의하기도 한다.

1.2 용어의 정의

1 열역학적 계

열역학적 계(열역학 시스템) 또는 간단하게 계(system)는 검사하기 위해 선택한 물질의 양이나 공간 내의 영역으로 정의한다. 계와 계의 주위를 분리하는 실제 표면 또는 가상적인 표면을 경계라 한다[그림 1.1]. 계의 경계는 고정될 수도 있고 움직일 수도 있다.

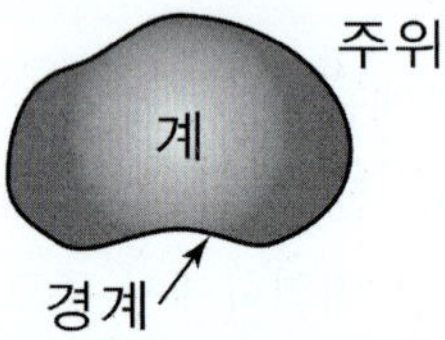

[그림 1.1] 계(시스템), 경계, 주위

계의 경계를 검사면이라고 하며, 검사면 내부 물질의 양을 검사질량이라 한다. 계의 종류는 다음과 같다.

(1) 밀폐계: 검사질량이 일정한 계로서 비유동계라고도 한다[그림 1.2]. 경계면이 닫혀 있으므로 계의 경계를 통한 물질(질량)의 출입이 없는 계이다. 그러나 경계를 통한 에너지(일 또는 열)의 출입은 있을 수 있다.

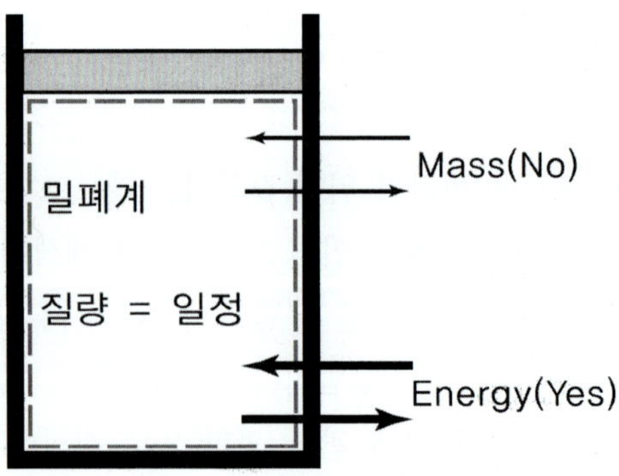

[그림 1.2] 밀폐계

(2) 개방계: 검사체적이 일정한 계로서 유동계라고도 한다. 경계면이 열려 있으므로 경계를 통한 외부와의 물질 유동(질량 유동)과 에너지 전달이 모두 가능한 계이다.
(3) 고립계: 밀폐계 중에서 주위로부터 완전히 고립되어 있어서 주위에 의해 아무런 영향을 받지 않는 시스템을 고립계라 한다. 즉, 계의 경계를 통한 외부와의 물질이나 에너지 전달이 모두 없는 계를 말한다.
(4) 단열계: 계의 경계를 통한 외부와의 열전달이 없는 완전히 단열된 이상적인 계를 말한다. 단열되었지만 열을 제외한 기계적인 일은 할 수 있다.

2 계의 상태와 상태량

계에서 측정 가능한 모든 물리적 성질이 특정한 값을 가질 때 그 계는 어떤 상태에 있다고 하고, 이러한 계의 특성을 나타내는 것들을 상태량(property) 또는 성질이라 한다. 두 계의 모든 성질이 동일하면 두 계의 상태는 같다.

열역학적 상태량의 형태는 다음 2가지로 나눈다.[1)]

(1) 강성적 상태량: 계의 크기와 무관한 상태량
(2) 종량적 상태량: 계의 크기 또는 범위에 따라 값이 변하는 상태량

계의 크기에 비례하여 변하는 성질을 종량적 상태량이라 하고, 계의 크기와 무관한 성질을 강성적 상태량이라 한다. 즉 강성적 상태량은 질량과 무관하고 종량적 상태량은 질량에 따라 변한다. 주어진 물질을 이등분하였을 때, 각 부분의 강성적 상태량은 처음의 양과 같지만 종량적 상태량은 처음 양의 반이 된다. 예를 들어 온도와 압력은 강성적 상태량이고, 질량과 부피는 종량적 상태량이다.

2장에서 정의하는 밀도(ρ)와 같이 단위 부피당 종량적 상태량은 강성적 상태량이다. 계의 크기(질량)에 의존하는 내부에너지(U)와 엔탈피(H)는 종량적 상태량이고, 단위 질량당 양을 나타내는 비내부에너지(u)와 비엔탈피(h)는 강성적 상태량이다. 단위 질량당 종량적 상태량을 비상태량이라 하며 일반적으로 소문자로 나타낸다.

1) 강성적 상태량을 강도성 상태량, 시강성질 또는 세기성질이라고도 한다. 종량적 상태량은 용량성 상태량 또는 시량성질이라고도 한다.

2 과정

한 개 혹은 그 이상의 계의 상태량이 변하면 그 계의 상태가 변화했다고 말한다. 예를 들어 [그림 1.3]에서 피스톤 위에 있던 추를 한 개 제거하면 피스톤이 위로 움직여 기체의 압력이 감소하고 부피가 증가함으로써 기체의 상태 변화가 생긴다. 이와 같이 계가 한 상태로부터 다른 상태로 변화할 때, 계의 상태가 변하는 동안 계가 거쳐 가는 연속적인 경로를 과정이라고 한다.

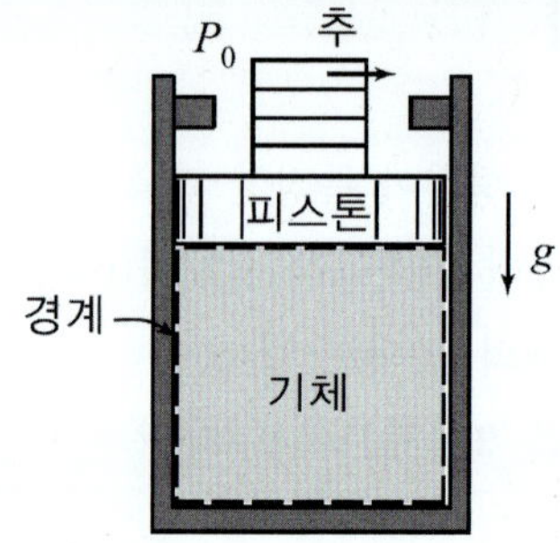

[그림 1.3] 피스톤-실린더 장치

과정이 진행되는 동안에 계가 평형상태에 무한히 근접하여 유지되고 있을 때, 이 과정을 준평형 과정 또는 준정적 과정이라 한다. 준평형 과정은 계의 한 부분의 상태량이 다른 부분의 상태량과 같은 속도로 변화하는 충분히 느린 과정으로 볼 수 있다.

[그림 1.4]와 같이 피스톤과 실린더로 구성된 장치를 살펴보자. [그림 1.4(a)]와 같이 기체가 갑자기 압축되면 피스톤 면 부근에 있는 분자들은 피스톤의 이동을 피할 수 있는 충분한 시간을 갖지 못하여 피스톤 전면의 좁은 지역에 모이게 되므로 이 부분의 압력이 주변보다 높아진다. 이 압력 차이 때문에 계는 더 이상 평형상태에 있다고 할 수 없으며 이 과정은 비평형 과정이 된다. 그러나 [그림 1.4(b)]와 같이 피스톤이 아주 천천히 움직인다면 분자들은 재분포할 수 있는 충분한 시간을 갖게 되어 피스톤 전면에 밀집되지 않을 것이다. 이에 따라 실린더 내의 압력이 균일하고 모든 위치에서 동일한 비율로 상승할 것이다. 이 경우는 압축 중에 항상 평형이 유지되기 때문에 준평형 과정이라고 할 수 있다.

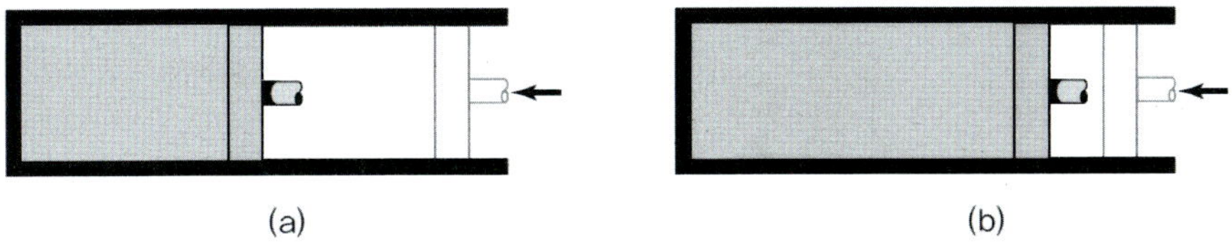

[그림 1.4] (a) 빠르게 압축(비평형 과정) (b) 아주 천천히 압축(준평형 과정)

엄밀하게 보았을 때 준평형 과정은 실제 과정에서는 일어날 수 없는 이상적인 과정이다. 그러나 많은 실제 과정은 준평형 과정에 매우 가깝고 그 오차는 무시할 수 있다. 따라서 공학에서는 많은 경우에 있어서 준평형 과정으로 가정하여 문제를 해석한다.

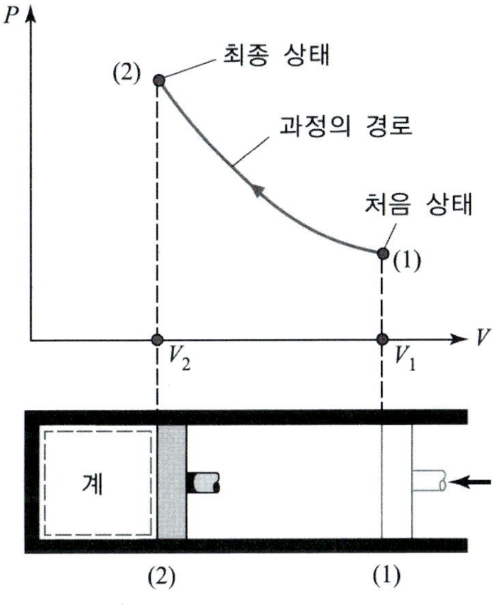

[그림 1.5] 압축과정의 $P-V$ 선도

상태량들을 좌표로 하여 과정 선도를 그리면 과정을 매우 쉽게 알 수 있다. 일반적으로 좌표로 많이 사용되는 상태량들은 압력(P), 부피(V), 온도(T) 등이다. [그림 1.5]는 피스톤-실린더 장치에서 기체의 압축 과정을 나타내는 $P-V$ 선도이다. 이 선도를 알면 상태 변화 과정에서 계가 한 일 또는 받은 일을 구할 수 있다.

열역학에서 많이 취급하는 과정에는 다음 4가지가 있다.

(1) 등온과정: 온도가 일정한 과정

(2) 정압과정(등압과정): 압력이 일정한 과정

(3) 정적과정(등적과정): 부피가 일정한 과정

(4) 단열과정: 계의 경계를 통한 열 출입이 없는 과정

그리고 특별한 경우로, 주위에 아무런 변화도 남기지 않고 원래 상태(처음 상태)로 되돌아갈 수 있는 과정을 '가역과정'이라 하고, 그렇지 않은 과정을 '비가역과정'이라 한다(6장).

4 사이클

계가 여러 가지의 상태 변화나 과정을 거쳐서 처음 상태로 되돌아 올 때 그 계는 한 사이클(cycle)을 거쳤다고 한다. 따라서 사이클이 완료되면 최종 상태의 모든 상태량은 처음 상태의 상태량과 같게 된다.

여기에서 설명한 사이클은 열역학적 사이클로서 역학적 사이클(기계적 사이클)과 구분되어야 한다. 예를 들어 4행정 내연 기관이 한 역학적 사이클을 이루면 피스톤과 실린더의 상대적 위치, 밸브의 개폐 상태 등은 초기 상태와 같다. 그러나 열역학 시스템으로 관심을 갖는 작업유체는 연료와 공기의 혼합물로부터 대기 중으로 방출된 연소 생성물로 바뀌므로 열역학적 사이클을 형성하지 않는다.

† **작업유체**: 작업유체(또는 동작물질)은 열기관이나 냉동기 등에서 질량 및 에너지를 이동시키는 역할을 하는 물질을 말한다. 외부로부터 열이나 일을 받으면 압력과 부피 등이 변할 수 있고, 경우에 따라서는 상변화가 일어날 수 있는 물질이다. 열역학에서는 주로 작업유체의 상태를 통하여 에너지의 이동을 예측하므로 작업유체의 특성은 열기관의 성능을 결정하는데 매우 중요한 역할을 한다. 예를 들어 보일러의 물, 증기 기관의 증기, 내연기관의 공기와 연료, 냉동기의 냉매 등이 작업유체에 해당된다.

5 열역학적 평형

계의 상태를 기술할 때 계의 성질은 계 전체를 대표할 수 있는 것으로 취급된다. 이것은 계가 평형상태에 있다고 가정한 것이다. 계가 주위로부터 고립되어 경계를 통해 열이나 일의 출입이 없고, 시간이 경과해도 계에 아무런 변화가 일어나지 않을 때 계는 열역학적 평형상태에 있다고 한다. 이때 계에서 압력, 온도와 같은 성질들이 모두 균일해야 한다. 열역학적 평형은 계에서 일어날 수 있는 모든 상태변화에 대해 평형상태에 있다는 것을 의미한다. 즉, 열적 평형, 화학적 평형, 기계적 평형 등이 모두 성립되었을 때 계는 열역학적 평형을 이루었다고 한다.

1.3 단위

1 차원과 단위[2)]

물리량의 성질을 표현하기 위해 사용되는 변수를 차원이라 한다. 질량 m, 길이 L, 시간 t, 온도 Θ와 같은 몇 가지 기초가 되는 차원을 1차 차원 또는 기본차원이라 하고, 1차 차원의 항으로 표현되는 속도 V, 압력 P, 에너지 E와 같은 것을 2차 차원 또는 유도차원이라 한다. 열역학에 나타나는 물리량들의 차원은 대부분 m, L, t, Θ로 표현된다.

이에 반해 단위는 인위적으로 정한 크기를 기준으로 차원을 표현하기 위해 사용되는 것을 말하며, 여러 가지로 표현될 수 있다. 예를 들어 속도의 차원은 L/t이지만, 속도의 단위에는 m/s, cm/s, km/min, km/h 등 여러 가지가 있다. 따라서 인위적으로 정한 크기는 기준에 따라 다를 수가 있으므로 각 나라마다 사용하는 단위가 다양하게 나타나는데 최근에는 국제적으로 공인된 SI 단위를 많이 사용하고 있다.

2 SI 단위

SI 단위는 국제표준화기구(국제 도량형 총회)에서 단위를 통일하여 국제적으로 통용되도록 채택한 단위를 말한다. [표 1.1]에 SI 단위계에서 사용하는 7개의 기본 차원과 단위를 나타내었다. 다른 물리량의 SI 단위도 SI 기본단위로부터 유도된다. 자주 사용하는 유도단위에는 N(Newton), J(Joule), Pa(Pascal), W(Watt) 등이 있다.

[표 1.1] SI 단위계에서 7개의 기본 차원 및 단위

차원	단위	명칭	차원	단위	명칭
질량	kg	킬로그램	물질량	mol	몰
길이	m	미터	전류	A	암페어
시간	s	초	광도	cd	칸델라
온도	K	켈빈			

2) 공학에서 실제 문제를 해석할 때 기본적으로 알아야 할 것이 단위이다. 단위는 기본 중의 기본이므로 여기에서 소개한다.

3 MKS 단위계 (SI 단위)

길이 [m], 질량 [kg], 시간 [s]를 기본단위로 하는 단위를 MKS 단위라 한다. MKS 단위계에서 힘의 단위는 N (Newton), 압력은 Pa (Pascal), 일과 에너지는 J (Joule), 일률(동력)은 W (Watt)이다.

① 1N : 1kg의 물체에 $1m/s^2$의 가속도를 내게 하는 힘

$$1N = 1kg \cdot m/s^2 \quad \cdots\cdots (1.1)$$

② 1Pa : 1N의 힘이 $1m^2$에 수직으로 작용할 때의 압력

$$1Pa = 1N/m^2 \quad (1\,bar = 10^5\,Pa) \quad \cdots\cdots (1.2)$$

③ 1J : 1N의 힘을 작용하여 1m 이동했을 때 한 일

$$1J = 1N \cdot m \quad \cdots\cdots (1.3)$$

④ 1W : 1초에 1J의 일을 할 때의 일률(동력)

$$1W = 1J/s = 1N \cdot m/s \quad \cdots\cdots (1.4)$$

열역학에서 많이 사용되는 단위는 압력 Pa(파스칼), 일 J(줄), 동력 W(와트)이다. 에너지의 단위는 일의 단위[J]와 같고, 엔트로피의 단위는 J/K로 표현된다.

4 CGS 단위계

길이 [cm], 질량 [g], 시간 [s]를 기본단위로 하는 단위를 CGS 단위라 한다.

① 1 dyne: 1g의 물체에 $1cm/s^2$의 가속도를 일으키는 힘

$$1dyne = 1g \cdot cm/s^2 \quad (1N = 10^5\,dyne) \quad \cdots\cdots (1.5)$$

② 1 erg: 1dyne의 힘을 작용하여 1cm 이동했을 때 한 일

$$1\,erg = 1\,dyne \cdot cm \quad (1J = 10^7\,erg) \quad \cdots\cdots (1.6)$$

5 SI 단위의 접두사

SI 단위를 사용할 때 매우 크거나 작은 값을 쉽게 다룰 수 있도록 [표 1.2]와 같은 SI 단위의 접두사를 정의하여 사용한다. 예를 들면 2km는 2×10^3m를 나타내고, 4MPa는 4×10^6Pa을 의미한다.

[표 1.2] SI 단위의 접두사

곱해지는 수	명칭	기호	곱해지는 수	명칭	기호
10^{12}	tera	T	10^{-2}	centi	c
10^{9}	giga	G	10^{-3}	milli	m
10^{6}	mega	M	10^{-6}	micro	μ
10^{3}	kilo	k	10^{-9}	nano	n
10^{2}	hecto	h	10^{-12}	pico	p

1.4 일과 동력 및 에너지

1 일

[그림 1.6]과 같이 힘 F[N]이 물체에 작용하여 힘과 같은 방향으로 물체가 s[m] 만큼 이동했을 때 힘 F가 물체에 한 일 W [J]은 다음과 같다. 물체의 직선운동에서 '일 = 힘 × 이동 거리'이다.

$$W = Fs \quad \cdots\cdots (1.7)$$

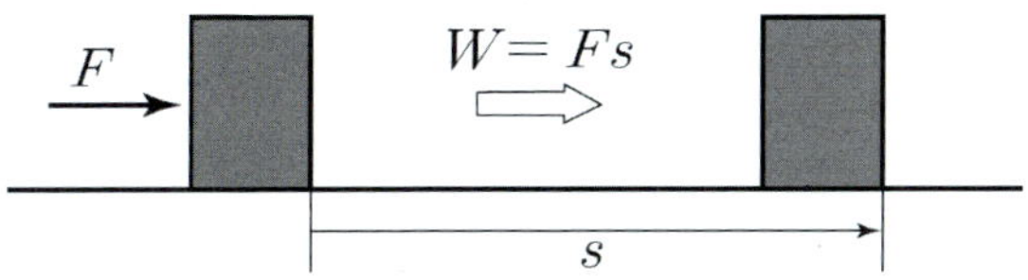

[그림 1.6] 힘, 이동 거리, 일

1 N 의 힘을 작용하여 힘의 방향으로 1 m 이동하였을 때 한 일의 양을 1 J (줄, Joule)이라 한다.

$$1\,\mathrm{J} = 1\,\mathrm{N} \cdot \mathrm{m}$$

2 동력

단위시간 동안에 한 일의 양을 동력(일률)이라 한다. 시간 t 동안에 한 일의 양이 W 이면 동력 $\dot{W}$는 다음과 같다.

$$\dot{W} = \frac{W}{t} \quad \cdots\cdots (1.8)$$

1초 동안에 1 J 의 일을 하였을 때의 동력을 1 W (와트, Watt)라 한다.

$$1\,\mathrm{W} = 1\,\mathrm{J/s}$$

3 에너지

일을 할 수 있는 능력(또는 변화를 일으키는 능력)을 에너지라 하며, 그 저장 형태에 따라 역학적 에너지(운동에너지, 위치에너지), 전기에너지, 원자력에너지 등 여러 가지가 있다.

에너지의 단위는 일의 단위와 같고, 에너지의 종류에 따라 cal (칼로리, 열에너지), Wh (와트시, 전기에너지), eV (전자볼트, 원자핵에너지) 등을 사용한다. SI 단위인 J와 cal, Wh, eV 의 관계는 다음과 같다. 1cal는 물 1g의 온도를 1℃ 높이는 데 필요한 열량(열에너지)이고, 1Wh는 1W 의 전력을 1시간(3600초) 동안 사용한 전력량(전기에너지)이다.[3)]

$$1\,\mathrm{cal} = 4.186\,\mathrm{J}$$

$$1\,\mathrm{Wh} = 3600\,\mathrm{J}$$

$$1\,\mathrm{eV} = 1.602176634 \times 10^{-19}\,\mathrm{J}$$

3) 여기에서 1cal=4.2J, 1J=0.24cal이라는 것은 알아두도록 한다.

편의상 간단하게 $1\,\text{cal} = 4.2\,\text{J}$, $1\,\text{eV} = 1.6 \times 10^{-19}\,\text{J}$을 많이 사용한다.[4)]

4 운동에너지와 위치에너지

(1) 운동하는 물체가 가지고 있는 일을 할 수 있는 능력을 '운동에너지'라 하며, 속도 v로 운동하고 있는 질량 m인 물체의 운동에너지 E_k는 다음과 같다.

$$E_k = \frac{1}{2}mv^2 \quad \cdots\cdots (1.9)$$

단위질량당 운동에너지는 $\frac{1}{2}v^2$이다.

(2) 힘을 받는 공간에서 물체의 위치를 바꾸면 그 물체의 일을 할 수 있는 능력이 증가하거나 감소하게 된다. 이와 같이 위치에 따라 발생하는 일을 할 수 있는 능력을 '위치에너지'라 한다. 위치에너지는 물체를 기준위치로부터 그 지점까지 옮기는 데 필요한 일의 양과 같다. 기준위치를 지면으로 할 때 지면으로부터 높이 h에 있는 질량 m인 물체의 중력에 의한 위치에너지는 다음과 같다. g는 중력가속도이다.

$$E_p = mgh \quad \cdots\cdots (1.10)$$

단위질량당 위치에너지는 gh이다.

위치에너지와 운동에너지를 합한 '$E_k + E_p$'를 '역학적 에너지'라 하고, 역학적 에너지가 보존된다는 법칙 '$E_k + E_p =$ 일정'을 역학적 에너지 보존법칙이라 한다.

5 전기에너지

전기회로에 흐르는 전류가 공급하는 에너지를 전기에너지라 한다. 저항 R인 전기 기구에 전압 V가 걸릴 때 흐르는 전류가 I이면 저항체(R)에서 t초[s] 동안 소비되는 전기에너지(E)는 다음과 같다. 옴의 법칙에서 전압 $V = IR$이다.

4) eV는 핵물리학, 원자 물리학, 분자 물리학 등에서 주로 사용하는 에너지의 단위이다.

$$E = VIt = I^2 Rt = \frac{V^2}{R}t \quad \cdots\cdots\cdots\cdots\cdots\cdots (1.11)$$

식 (1.11)에서 모두 SI 단위 [V, A, Ω, s]를 사용하면 전기에너지(E)의 단위는 J이다.

도선에 전류가 흐를 때 이동하는 전자들은 원자와 충돌하여 가지고 있던 운동에너지를 잃게 되며 이로 인해 열이 발생한다. 이때 발생하는 열을 줄열[주울(Joule) 열]이라 한다. 줄열의 크기는 전기에너지의 크기에 비례한다.

저항 R인 도선의 양 끝에 V의 전압을 걸어서 전류 I가 t초 동안 흘렀을 때 발생하는 줄열(Q)은 다음과 같다.

$$Q = \frac{1}{J}VIt = \frac{1}{J}I^2 Rt = \frac{1}{J}\frac{V^2}{R}t \quad \cdots\cdots\cdots\cdots\cdots\cdots (1.12)$$

여기에서 J는 열의 일당량을 나타낸다. J의 값은 다음과 같다.

$$J = 4.186\frac{\mathrm{J}}{\mathrm{cal}} = 4.2\frac{\mathrm{J}}{\mathrm{cal}} \quad \cdots\cdots\cdots\cdots\cdots\cdots (1.13)$$

식 (1.12)에서 전압, 전류, 저항, 시간의 단위를 모두 SI 단위 [V, A, Ω, s]를 사용하면 줄열(Q)의 단위는 cal이다.

[예제 1.1] **[단위]** $W = 200\,\mathrm{kgf} \cdot \mathrm{m}$의 일은 몇 J인가?

풀이 $1\,\mathrm{kgf} = 9.8\,\mathrm{N}$이므로

$$\begin{aligned} W = 200\,\mathrm{kgf} \cdot \mathrm{m} &= (200 \times 9.8N) \cdot m \\ &= 1960\,[\mathrm{N} \cdot \mathrm{m}] \\ &= 1960\,[\mathrm{J}] \end{aligned}$$

[예제 1.2] **[일]** 0.5 kN의 힘을 받고 힘의 방향으로 30 cm를 이동했을 때 물체가 한 일(W)은 몇 J인가?

풀이 단위를 MKS 단위 [N, m]로 통일하여 계산한다.[5)]

$$F = 0.5\,\mathrm{kN} = 0.5 \times 1000\,\mathrm{N} = 500\,[\mathrm{N}]$$

$$s = 30\mathrm{cm} = 30 \times (10^{-2}\mathrm{m}) = 0.3\,[\mathrm{m}]$$

$$W = Fs = 500 \times 0.3 = 150\,[\mathrm{J}]$$

MKS 단위 [N, m]로 통일하면 계산 결과 나오는 일의 단위는 J이다.
단위를 직접 계산하면 다음과 같다.[6)]

$$\begin{aligned} W = Fs &= (500\mathrm{N}) \times (30\mathrm{cm}) = 15000\mathrm{N} \cdot \mathrm{cm} \\ &= 15000\mathrm{N} \cdot (10^{-2}\mathrm{m}) = 150\,(\mathrm{N} \cdot \mathrm{m}) = 150\,[\mathrm{J}] \end{aligned}$$

[예제 1.3] **[일과 열]** 무게가 30kgf인 물체를 연직 위로 21m 이동시켰을 때 한 일(W)은 몇 J인가? 또, 이 일은 몇 cal에 해당하는가?

풀이 힘 $F = 30\mathrm{kgf}$, 이동거리 $s = 21\mathrm{m}$이므로

$$\begin{aligned} W = Fs = 30\mathrm{kgf} \times 21\mathrm{m} &= (30 \times 9.8\mathrm{N}) \times 21\mathrm{m} \\ &= 6174\mathrm{N} \cdot \mathrm{m} \\ &= 6174\,[\mathrm{J}] \end{aligned}$$

이고, $1\,\mathrm{cal} = 4.2\,\mathrm{J}$이므로 일을 열로 환산하면 다음과 같다.

$$W = 6174\,\mathrm{J} = 6174 \times \frac{1}{4.2}\,\mathrm{cal} = 1470\,\mathrm{cal}$$

---

5) 주어진 단위를 MKS나 CGS의 어느 한 단위계로 통일해 주면 복잡한 단위 연산을 하지 않아도 구하는 값을 쉽게 구할 수 있다.

6) 일반적으로 단위를 직접 연산하면 계산이 복잡하므로 단위를 통일시켜 수만 계산하는 것이 편리하다.

[예제 1.4] **[열과 동력]** 발열량 $10{,}500\,\text{kcal/kg}$의 연료 6kg을 2분 동안에 완전히 연소시켜 발생한 열량을 모두 동력으로 변환시키면 몇 kW 인가?

풀이 연료 6kg을 연소시켜 발생한 열량(Q)은

$$Q = (10{,}500\,\text{kcal/kg}) \times 6\text{kg} = 63{,}000\,\text{kcal}$$

이다. 여기에서 $1\text{kcal} = 4.2\text{kJ}$ 이고, 소요시간(t)은

$$t = 2\text{min} = 2 \times 60\,\text{s} = 120\,\text{s}$$

이므로 동력($\dot{W}$)은 다음과 같다.

$$\dot{W} = \frac{W}{t} = \frac{4.2 \times Q}{t} = \frac{(4.2 \times 63{,}000)\text{kJ}}{120\,\text{s}} = 2205\,\frac{\text{kJ}}{\text{s}} = 2205\,[\text{kW}]$$

[예제 1.5] **[전기에너지]** 60W 전구 두 개를 세 시간동안 사용하면 전구가 소비한 총 전기에너지는 몇 kJ 인가?

풀이 1W=1J/s이므로 전구가 소비한 총 전기에너지(E_e)는 다음과 같다.

$$E_e = 60\text{W} \times 2\text{개} \times 3\text{시간} = 60\frac{\text{J}}{\text{s}} \times 2 \times (3 \times 3600\text{s})$$

$$= 1296 \times 10^3\,[\text{J}] = 1296\,[\text{kJ}]$$

[예제 1.6] **[줄열]** 저항이 $21\,\Omega$ 인 니크롬선에 2A 의 전류가 5분 동안 흐를 때 니크롬선에서 발생하는 열량은 몇 kcal인가?

풀이 저항 $R = 21\,\Omega$, 전류 $I = 2\text{A}$, 시간 $t = 5 \times 60\,\text{s}$이므로 발생하는 열량($Q$)은 다음과 같다.

$$Q = \frac{1}{J} I^2 R t = \frac{1}{4.2} \times (2)^2 \times (21) \times (5 \times 60)\,[\text{cal}]$$

$$= 6{,}000\,[\text{cal}] = 6\,[\text{kcal}]$$

[예제 1.7] **[역학적 에너지]** 질량이 3kg인 물체가 지면으로부터 10m 상공에서 수평 방향으로 20m/s로 운동하고 있다. 물체의 역학적 에너지는 몇 J인가? 단, 위치에너지는 지면을 기준면으로 한다.

풀이 질량 $m=3\text{kg}$, 속도 $v=20\text{m/s}$, 고도 $h=10\text{m}$이므로 물체의 역학적 에너지(E)는 다음과 같다.

$$E=E_k+E_p=\frac{1}{2}\text{mv}^2+\text{mgh}$$

$$=\frac{1}{2}(3)(20)^2+3(9.8)(10)[\text{J}]=894\ [\text{J}]$$

MKS 단위 [kg, m, s]로 통일하면 계산 결과의 에너지 단위는 J이다.

연습문제 1

01 $4N/mm^2$의 압력은 몇 Pa인가? 또, 이것은 몇 MPa인가?

02 3N의 힘은 몇 dyne인가?

03 2J의 일은 몇 erg인가?

04 어떤 물체에 20N의 힘을 가하여 4초 동안에 힘의 방향과 같은 방향으로 30m를 이동하였다. 물체의 동력은 몇 W인가?

05 2kW의 전동기를 30분 동안 작동하였을 때 전동기가 한 일은 몇 kJ인가?

06 지면으로부터 40m 위에 있는 질량 84kg의 물체가 자유 낙하하여 지면에 떨어졌다. 물체의 위치 에너지가 모두 열로 변환된다면 지면에 충돌하였을 때 발생하는 열량은 몇 cal인가? 단, 1cal = 4.2J이다.

07 72km/h로 달리는 질량 200kg인 물체의 운동에너지는 몇 kJ인가?

08 500cal의 열은 몇 J의 일과 같은가?

09 210W의 전구를 1분간 사용하였을 때 발열량[cal]을 구하라.

10 무게 50kgf인 물체를 로프와 풀리를 사용하여 1분 동안에 12,000m 끌어 올렸다면 단위 시간당 한 일은 몇 kW인가?

11 해수면(고도 0)으로부터 출발하여 20kg의 물체를 지고 높이 1500m의 산을 올라갔을 때 한 일은 몇 kJ인가? 또, 이 일은 몇 kcal의 열에 해당하는가?

12 발열량 10,500kcal/kg의 연료 4kg이 가지고 있는 연소 에너지는 몇 MJ인가? 또, 이 연료를 2분 동안에 완전히 연소시켜 발생한 열량을 모두 동력으로 변환시키면 몇 MW인가?

13 다음 단위 중 옳은 것은? [중등교사 임용시험-기계]

① 1Pa = 1N/m ② 1J = 1N • m/s

③ 1kW = 75kgf • m/s ④ $1N = 10^5$ dyne

14 다음 단위 중 어느 것이 옳은가? [중등교사 임용시험-기계]

① $1\text{N} = 1\text{kg} \cdot \text{m/s}$ ② $1\text{J} = 1\text{N} \cdot \text{m/s}$
③ $1\text{W} = 1\text{J/s}$ ④ $1\text{bar} = 10^6\text{N/m}^2$

15 물체를 100N의 힘으로 2초 동안 힘과 동일한 방향으로 10m 이동하기 위해 필요한 동력(일률)[W]은? [공무원 임용시험]

① 2,000 ② 500 ③ 50 ④ 20

16 계의 경계를 통하여 열에너지의 출입은 있을 수 있지만 물질(질량)의 출입은 있을 수 없는 것은?

① 밀폐계 ② 개방계 ③ 고립계 ④ 단열계

17 물질의 질량이 반으로 줄어들면 그 물질의 강성적 상태량의 값은?

① 반으로 줄어든다. ② 변하지 않는다.
③ 2배로 증가한다. ④ 물질의 종류에 따라 다르다.

18 다음 중 옳지 않은 것은?

① $1\text{bar} = 10^5\text{Pa}$ ② $1\text{MPa} = 10^6\text{Pa}$
③ $1\text{N} = 10^5\text{dyne}$ ④ $1\text{J} = 10^6\text{erg}$

19 국제적으로 통용되는 SI 단위계(international unit system)에서 정하는 기본단위가 아닌 것은? [공무원 임용시험]

① m ② kg ③ K ④ N

20 SI 기본단위가 아닌 것은? [공무원 임용시험]

① rad ② s ③ m ④ kg

21 에너지는 과학의 여러 분야에서 사용되는 중요한 개념 중의 하나이다. 에너지의 단위로 옳지 않은 것은? [공무원 임용시험]

① W (와트) ② J (줄) ③ cal (칼로리) ④ eV (전자볼트)

22 전기 모터를 이용하여 800N의 무게를 가진 물체를 10초에 5m씩 들어 올리려 한다. 이 모터가 가져야 할 최소 일률[W]은? [공무원 임용시험]

① 200 ② 400 ③ 600 ④ 800

23 다음 단위 중 SI 기본단위가 아닌 것은?

① mol(몰) ② m(미터) ③ J(줄) ④ s(초)

24 다음 중 모두 SI 기본 물리량인 것은?
① 시간, 길이, 온도 ② 시간, 온도, 에너지
③ 길이, 속도, 가속도 ④ 힘, 가속도, 무게

25 다음 중 강성적 상태량은?
① 질량 ② 부피 ③ 밀도 ④ 내부 에너지

26 50W의 전구를 30분 동안 사용할 때, 소모되는 에너지의 크기는? [공무원 임용시험]
① 25J ② 250J ③ 1,500J ④ 90,000J

27 다음 중 성질이 다른 하나는? [공무원 임용시험]
① 압력 ② 밀도 ③ 부피 ④ 온도

28 다음에 제시된 에너지 값 중 가장 크기가 작은 것은? [기사 시험]
① 400N • cm ② 4cal ③ 40J ④ $4000\text{Pa} \cdot \text{m}^3$

29 역학적 물리량을 SI 단위로 나타낸 것으로 옳지 않은 것은? [공무원 임용시험]
① 일−[N • m] ② 힘−[$\text{kg} \cdot \text{m/s}^2$]
③ 동력−[N • m/s] ④ 에너지−[$\text{N} \cdot \text{m/s}^2$]

30 SI 기본단위에 의한 표시 중 동력에 해당되는 것은? [공무원 임용시험]
① $\text{m} \cdot \text{kg} \cdot \text{s}^{-2}$ ② $\text{m}^{-1} \cdot \text{kg} \cdot \text{s}^{-2}$
③ $\text{m}^2 \cdot \text{kg} \cdot \text{s}^{-2}$ ④ $\text{m}^2 \cdot \text{kg} \cdot \text{s}^{-3}$

31 30m/s의 속력으로 달리는 7톤(ton) 트럭이 급브레이크를 밟고 정지하였을 때 바퀴와 브레이크 및 지면과의 마찰에 의해 발생하는 열량[kcal]을 구하라. 단, 1cal = 4.2J이고, 트럭의 운동에너지가 모두 마찰열로 변환된다고 가정한다.

32 운동선수가 하루에 4,320kcal의 열량을 섭취하고 그 열량을 일정한 비율로 하루에 모두 소모하는 것은 100W 전구를 몇 개 소모하는 것과 같은가?

33 공학에서 동력의 단위로 많이 사용되는 마력(PS)은 $1\text{PS} = \dfrac{75\,\text{kgf} \cdot \text{m}}{\text{s}}$로 정의된다. 1PS는 몇 W인가? 중력가속도 $g = 9.80665\text{m/s}^2$이다.

34 압력 $P = 2\text{bar}$, 부피 $V = 4\text{cm}^3$이면 PV는 몇 J의 에너지인가?

35 [전기에너지-줄열] 저항이 40Ω 인 니크롬선에 $2A$ 의 전류가 7분 동안 흐를 때 니크롬선에서 발생하는 열량은 몇 kcal인가? 단, $1cal = 4.2J$ 이다.

36 [전기에너지] 4kWh의 전력량(전기에너지)은 몇 MJ의 일에 해당하는가?

37 [SI 접두사] 일 $W = 4MN \times 3mm$ 는 몇 kJ 인가?

38 [SI 접두사] 압력 4GPa은 몇 kPa인가?

39 [SI 접두사] 2분 동안에 24MJ의 일을 생산하는 터빈의 동력은 kW 인가?

40 [SI 접두사] 아인슈타인의 상대성 이론에 따르면 $E = mc^2$ 의 관계에 따라 질량(m)이 에너지(E)로 변환될 수 있다고 한다. 여기에서 $c = 3 \times 10^5 km/s$는 빛의 속도이다. 질량 $m = 1mg$일 때 $E = mc^2$은 몇 GJ 인가?

제2장

기본 개념

2.1 비체적과 밀도

1 비체적

물질의 단위 질량당 부피(체적)를 비체적이라 한다. 질량이 m 인 물질의 부피가 V 이면 비체적 v 는 다음과 같다.

$$v = \frac{V}{m} \qquad \cdots\cdots (2.1)$$

국제단위계(SI 단위계)에서 비체적의 단위는 $[v] = \mathrm{m^3/kg}$이다.

2 밀도

물질의 단위 부피당 질량을 밀도라 한다. 열역학에서는 일반적으로 기호 ρ로 나타내며 비체적의 역수가 된다.

$$\rho = \frac{m}{V} = \frac{1}{v} \qquad \cdots\cdots (2.2)$$

밀도의 SI 단위는 $[\rho] = \mathrm{kg/m^3}$이다.

[예제 2.1] $2\mathrm{m} \times 3\mathrm{m} \times 5\mathrm{m}$의 직육면체 용기에 $40\,\mathrm{kg}$의 기체가 가득 채워져 있을 때, 기체의 비체적을 구하라.

풀이 기체의 부피(V)는

$$V = 2\mathrm{m} \times 3\mathrm{m} \times 5\mathrm{m} = 30\,\mathrm{m^3}$$

이고, 질량 $m = 40\,\mathrm{kg}$이므로 기체의 비체적(v)은 다음과 같다.

$$v = \frac{V}{m} = \frac{30\mathrm{m^3}}{40\mathrm{kg}} = 0.75\,\mathrm{m^3/kg}$$

[예제 2.2] 부피가 $4\,m^3$인 밀폐된 용기에 밀도 $0.08\,kg/m^3$의 기체가 가득 채워져 있다. 기체의 질량과 비체적을 구하라.

풀이 밀도 $\rho = \dfrac{m}{V}$ 이므로 $m = \rho V$ 이다.

(1) 질량 $m = \rho V = \left(0.08 \dfrac{kg}{m^3}\right) \times 4\,m^3 = 0.32\,kg$

(2) 비체적 $v = \dfrac{1}{\rho} = \dfrac{1}{0.08} \dfrac{m^3}{kg} = 12.5\,m^3/kg$

2.2 몰과 몰질량

질량수 12의 탄소(^{12}C) 0.012kg 속에 들어있는 원자수와 같은 수의 실체들을 포함하는 물질의 양을 몰(mol)이라 한다.

여기에서 근본적인 실체는 분자를 말한다. 1몰에 들어있는 분자 수를 아보가드로수(Avogadro's number)라고 부르며, 현재까지 알려진 아보가드로수는 다음과 같다.

$$N_A = 6.022 \times 10^{23}\ (\text{개}/mol) = 6.022 \times 10^{26}\ (\text{개}/kmol)$$

물질 1몰의 질량을 몰질량 또는 분자량이라고 하며, 일반적으로 M으로 나타낸다. 몰의 정의에 따라 ^{12}C의 분자량은

$$M = 0.012kg/mol = 12kg/kmol$$

이 된다. 몰질량 M은 그램 단위로는 물질 1gmol(그램몰)의 질량이고, kg 단위로는 물질 1kmol(킬로몰)의 질량으로 정의된다. 질소의 분자량이 28이라는 것은 질소 1kmol의 질량이 28kg이라는 것을 나타낸다. 공업 열역학에서는 주로 미터계 SI 단위를 사용하며, 몰보다는 킬로몰을 주로 사용한다.

물질 n몰의 질량(m)은 분자량 M과 몰 수 n의 곱과 같다.

$$m = nM \tag{2.3}$$

2.3 압력

단위면적에 수직으로 작용하는 힘을 압력이라 한다. 면적 A에 힘 F가 수직으로 작용할 때 압력 P는 다음과 같다.

$$P = \frac{F}{A} \qquad \cdots\cdots (2.4)$$

1 압력의 단위

국제단위계에서는 1N의 힘이 1m^2에 작용할 때의 압력을 1Pascal이라 하고, 기호 Pa로 나타낸다. 공업 열역학에서는 kPa(= 10^3Pa)과 MPa(= 10^3kPa)을 많이 사용한다.

$$1\text{Pa} = 1\text{N/m}^2$$

그리고 편의상 많이 사용되는 압력의 단위에는 다음과 같이 정의되는 bar, 표준기압(atm) 등이 있다. 1표준기압(atm)은 [그림 2.1]과 같이 수은 기둥 760mm의 높이에 상당하는 압력이다.

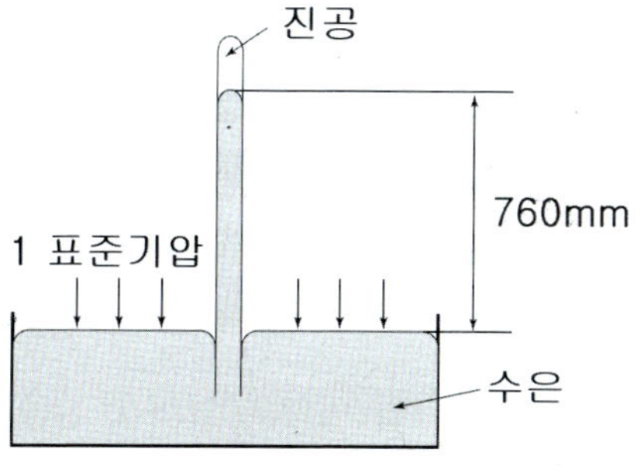

[그림 2.1] 1표준기압

$$1\text{bar} = 10^5\text{Pa} = 100\text{kPa} = 0.1\text{MPa}$$

$$1\ \text{표준기압} = 1\text{atm} = 760\,\text{mmHg} = 101.325\,\text{kPa}$$

† 표준 상태에서 대기압은 약 1bar이다. 0℃ 수은의 밀도는 약 $13,600\,kg/m^3$이고, 중력 가속도는 약 $9.8\,m/s^2$이므로 수은기둥 760mm에 상당하는 압력(P)은

$$P = \rho gh = 13,600 \times 9.8 \times 0.76\,[N/m^2] = 101.3\,[kPa] = 1.013\,[bar]$$

가 된다.

2 절대압력[1)]

완전 진공 상태의 절대 0기압을 기준으로 측정한 압력을 절대압력이라 한다.

설명 대기압은 여러 가지 조건에 따라 변하기 쉬우므로 압력을 나타낼 때는 이론적으로 완전한 진공 상태의 절대 0기압을 기준으로 나타내는 것을 원칙으로 하는데 이와 같은 압력을 절대압력이라 한다.

3 계기압력

절대압력(P_{abs})이 대기압(P_{atm})보다 높을 때 절대압력과 대기압의 차이를 계기압력(게이지 압력, P_{gage})이라 한다.

$$P_{gage} = P_{abs} - P_{atm} \quad \cdots\cdots (2.5)$$

4 진공

절대압력이 대기압보다 낮을 때 대기압 이하의 압력을 진공(부압) 또는 진공압(P_{vac})이라 한다.

$$P_{vac} = P_{atm} - P_{abs} \quad \cdots\cdots (2.6)$$

1) 열역학 관계식에서 사용하는 압력은 특별한 언급이 없으면 모두 절대압력이다. 열역학에서 간단하게 '압력'이라고 하면 '절대압력'을 말한다.

설명 일반적인 압력계는 실제압력인 절대압력과 대기압과의 차이를 측정하며, 이때의 압력을 계기압력(게이지압력)이라 한다.

완전진공을 절대압력으로 나타내면 0 Pa이고, 진공도 100%가 된다. 표준대기압력은 절대압력으로 101.325 kPa이고, 진공도 0%가 된다.

절대압력은 대기압보다 높을 수도 있고 낮을 수도 있는데 그 차이를 각각 계기압력과 진공이라 한다. 대기압보다 높은 압력을 정압, 낮은 압력을 부압이라고도 한다. 압력의 관계를 종합하여 나타내면 [그림 2.2]와 같다.

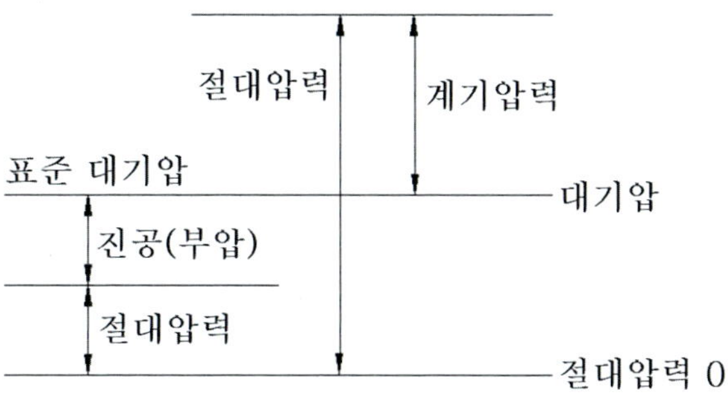

[그림 2.2] 압력의 관계

> **[예제 2.3]** $W = 400\,\mathrm{kgf}$의 하중이 $A = 20\mathrm{cm}^2$의 면적에 수직으로 작용하면 하중에 의해 면이 받는 압력은 몇 MPa인가? 중력가속도는 $9.8\mathrm{m/s}^2$이다.

풀이 압력의 정의로부터 면이 받는 압력(P)은 다음과 같다.

$$P = \frac{W}{A} = \frac{400\,\mathrm{kgf}}{20\,\mathrm{cm}^2} = \frac{400 \times 9.8\,\mathrm{N}}{20 \times (10^{-2}\mathrm{m})^2}$$

$$= 1.96 \times 10^6 \frac{\mathrm{N}}{\mathrm{m}^2} = 1.96\,[\mathrm{MPa}]$$

[예제 2.4] [그림 2.3]과 같은 피스톤-실린더 장치가 가열되어 장치 내부의 압력이 $2.5\,\mathrm{MPa}$이 되었다. 피스톤의 지름이 $40\,\mathrm{cm}$일 때 피스톤을 고정하기 위해 필요한 힘 $F[\mathrm{kN}]$을 구하라. 단, 피스톤과 실린더 사이의 마찰과 대기압은 무시한다.

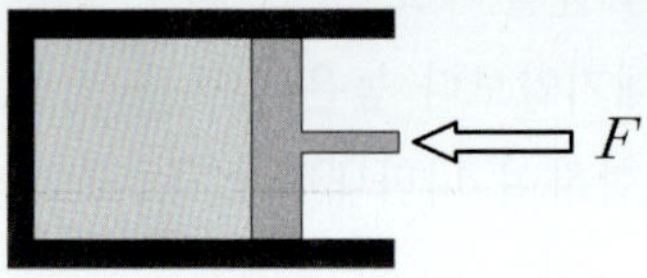

[그림 2.3]

풀이 내부압력 $P = 2.5\mathrm{MPa} = 2500\mathrm{kPa} = 2500\dfrac{\mathrm{kN}}{\mathrm{m}^2}$이고, $P = \dfrac{F}{A}$이므로 피스톤을 고정하기 위해 필요한 힘(F)은 다음과 같다.

$$F = PA = P\times\frac{\pi D^2}{4} = \left(2500\frac{\mathrm{kN}}{\mathrm{m}^2}\right)\times\left(\frac{\pi\times 0.4^2}{4}\mathrm{m}^2\right) = 314\,[\mathrm{kN}]$$

[예제 2.5] 외부의 대기압력이 $100\,\mathrm{kPa}$일 때 용기의 계기압력이 $20\mathrm{kPa}$이면 절대압력은 몇 kPa인가?

풀이 계기압력(P_{gage})의 정의로부터 절대압력(P_{abs})은 다음과 같다.

$$P_{gage} = P_{abs} - P_{atm}$$

$$\therefore\ P_{abs} = P_{atm} + P_{gage} = 100 + 20 = 120\,[\mathrm{kPa}]$$

[예제 2.6] 대기압력이 $1\mathrm{atm}$이고 진공계의 읽음이 $200\mathrm{mmHg}$이면 절대압력은 몇 kPa인가?

풀이 진공(부압)의 정의로부터 절대압력(P_{abs})은 다음과 같다.

$$P_{vac} = P_{atm} - P_{abs}$$

$$\therefore\ P_{abs} = P_{atm} - P_{vac} = 101.325 - \frac{200}{760} \times 101.325\ [\mathrm{kPa}]$$
$$= 74.66\ [\mathrm{kPa}]$$

[예제 2.7] 대기압력이 100 kPa이고 진공도가 40 %이면 절대압력은 몇 kPa인가?

풀이 절대압력 $P_{abs} = P_{atm} - P_{vac} = 100 \times (1 - 0.4) = 60\ [\mathrm{kPa}]$

2.4 열역학 제0법칙과 온도

1 열역학 제0법칙

"두 물체의 온도가 각각 제3의 물체의 온도와 같다면 두 물체의 온도도 같다"는 것을 열역학 제0법칙이라 한다.

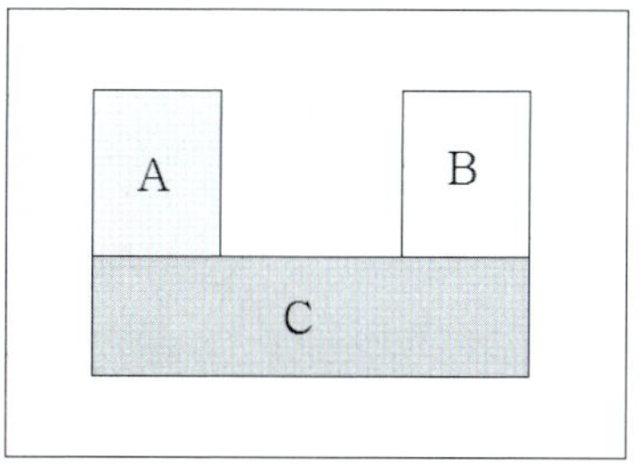

[그림 2.4]

설명 온도가 서로 다른 물체를 오랜 시간 동안 접촉시켜 놓으면 열은 높은 온도의 물체로부터 낮은 온도의 물체로 이동하여 마침내 두 물체의 온도가 같아진다. 이와 같은 상태를 열평형 상태라 한다. [그림 2.4]와 같이 세 물체 A, B, C가 열평형 상태에 있다면 A와 C의 온도가 같고 B와 C의 온도가 같으므로 A와 B의 온도도 같다. 이것을 열역학 제0법칙이라 하는데 이 법칙은 온도 측정의 기본법칙이 된다. 물체와 온도계의 온도가 같다는 것이 성립할 때 온도계에서 읽은 온도를 그 물체의 온도라 할 수 있다.

2 섭씨온도, 화씨온도

(1) 표준 대기압 1 atm 에서 순수한 물의 어는점을 0 ℃ , 끓는점을 100 ℃ 로 한 온도를 섭씨(Celsius)온도라 하고, 어는점을 32 °F, 끓는점을 212 °F 로 한 온도를 화씨(Fahrenheit)온도라 한다.

(2) 섭씨온도와 화씨온도의 관계: 섭씨온도와 화씨온도를 각각 $T[℃]$, $T[°F]$라 하면 다음 관계식이 성립한다.

$$T[℃] = \frac{5}{9}\{T[°F] - 32\}\ [℃] \qquad (2.7)$$

$$T[°F] = \frac{9}{5}T[℃] + 32\ [°F] \qquad (2.8)$$

설명 국제단위계(SI)에서 사용되는 온도 눈금은 섭씨온도이고, 영국단위계에서의 온도 눈금은 화씨온도이다. 섭씨온도는 어는점과 끓는점 사이를 100등분하고, 화씨온도는 두 점 사이를 180등분하였으므로 다음 비례식이 성립한다.

$$T[°F] - 32 : 180 = T[℃] - 0 : 100$$

$$180\,T[℃] = 100\{T[°F] - 32\}$$

$$\therefore\ T[℃] = \frac{100}{180}\{T[°F] - 32\} = \frac{5}{9}\{T[°F] - 32\}$$

3 절대온도

온도는 7개의 SI 기본 단위 중 하나이다. 1954년 제 10차 국제도량형회의에서 물의 고체(얼음), 액체(물), 기체(수증기) 상이 평형상태로 존재하는 삼중점의 온도를 273.16 K, 0.01 ℃ 로 정하였다. 섭씨온도와 관련된 절대온도 척도는 Kelvin 척도이며 도의 기호를 생략한 기호 K 로 나타낸다. 그리고 기호 K 로 표시하는 켈빈온도를 절대온도라 하며, 일반적으로 절대온도란 말을 많이 사용한다. 영국 단위계에서 열역학적 온도 척도는 Rankine 척도이며 기호 R 로 나타낸다.

섭씨온도 $T[℃]$와 Kelvin 온도 $T[K]$의 관계식은 다음과 같다.

$$T\,[\mathrm{K}] = T\,[℃] + 273.15 \qquad \cdots\cdots\cdots\cdots\cdots (2.9)$$

화씨온도 $T\,[°\mathrm{F}]$와 Rankine 온도 $T\,[\mathrm{R}]$의 관계식은 다음과 같다.

$$T\,[\mathrm{R}] = T\,[°\mathrm{F}] + 459.67 \qquad \cdots\cdots\cdots\cdots\cdots (2.10)$$

그리고 두 절대온도 사이에는 다음 관계식이 성립한다[예제 2.11].

$$T[\mathrm{R}] = \frac{9}{5}\,T[\mathrm{K}] = 1.8\,T[\mathrm{K}] \qquad \cdots\cdots\cdots\cdots\cdots (2.11)$$

1℃와 1K의 눈금의 크기는 같다. 그러므로 섭씨 눈금과 Kelvin 눈금의 온도 차이 ΔT는 같다. 즉, 물질의 온도를 x℃ 상승시키는 것은 xK 상승시키는 것과 같다. 영국 단위계의 1°F와 1R의 눈금의 크기도 같다.

온도 차이에 대해 다음 관계식이 성립한다.

$$\Delta T[\mathrm{K}] = \Delta T[℃] \qquad \cdots\cdots\cdots\cdots\cdots (2.12)$$

$$\Delta T[\mathrm{R}] = \Delta T[°\mathrm{F}] \qquad \cdots\cdots\cdots\cdots\cdots (2.13)$$

절대온도는 '열역학적 온도'라고도 한다. 열역학에서는 물질 자체 또는 물질의 상태량에 독립적인 온도 눈금을 가지는 것이 바람직한데 이러한 눈금을 열역학적 온도라 한다. 273.15는 정확한 값이다. 섭씨온도 −273.15℃는 기체의 분자운동이 정지하는 열역학적 최저온도이며, 이것을 0K로 하는 온도를 국제단위계(SI)에서 절대온도라 한다.

절대온도를 구할 때 실제 계산에서는 상수를 반올림하여 다음 관계식을 많이 사용한다.[2] 열역학의 이론식에서 사용하는 온도는 대부분 절대온도이다.

$$T\,[\mathrm{K}] = T\,[℃] + 273.2$$
$$T\,[\mathrm{K}] = T\,[℃] + 273$$

2) 우리나라 고등학교 교육과정에서는 (절대온도=섭씨온도+273)을 사용한다.

[예제 2.8] 섭씨온도 200 ℃를 화씨온도로 환산하라.

풀이 화씨온도 $T[°F] = \frac{9}{5}T[℃] + 32$

$$= \frac{9}{5} \times 200 + 32 = 392\,[°F]$$

[예제 2.9] 화씨온도 140 °F를 섭씨온도로 환산하라.

풀이 섭씨온도 $T[℃] = \frac{5}{9}\{T[°F] - 32\}$

$$= \frac{5}{9} \times (140 - 32) = 60\,[℃]$$

[예제 2.10] 섭씨온도 25 ℃는 절대온도 몇 K인가?

풀이 절대온도 $T\,[K] = T\,[℃] + 273.15$

$$= 25 + 273.15 = 298.15\,[K]$$

[예제 2.11] 절대온도 사이에 $T[R] = 1.8\,T[K]$가 성립함을 보여라.

풀이 절대온도의 정의와 섭씨온도와 화씨온도의 관계로부터 증명된다.

$$T\,[R] = T\,[°F] + 459.67$$

$$= \left\{\frac{9}{5}T[℃] + 32\right\} + 459.67$$

$$= \frac{9}{5}\{T\,[K] - 273.15\} + 32 + 459.67$$

$$= \frac{9}{5}T\,[K] = 1.8\,T\,[K]$$

[예제 2.12] 어떤 계가 가열되어 계의 온도가 10℃ 상승하였다. 이 온도 상승을 K, R, °F로 나타내어라.

풀이 (1) 섭씨 눈금과 Kelvin 눈금의 온도 차이는 같다.

$\therefore\ \Delta T[\mathrm{K}] = \Delta T[℃] = 10\,\mathrm{K}$

(2) 절대온도 사이에서는 $T[\mathrm{R}] = 1.8\,T[\mathrm{K}]$가 성립한다.

$\therefore\ \Delta T[\mathrm{R}] = 1.8\,\Delta T[\mathrm{K}] = 1.8 \times 10 = 18\,\mathrm{R}$

(3) 화씨 눈금과 Rankine 눈금의 온도 차이는 같다.

$\therefore\ \Delta T[°\mathrm{F}] = \Delta T[\mathrm{R}] = 18\,°\mathrm{F}$

[쉬면서 보기] 영하 400도, 즉, −400℃의 온도는 실현 가능할까?

정답은 '불가능하다.'이다. 절대온도 0도(−273.15℃)는 분자의 운동이 완전히 멈추게 되는 상태이다. 따라서 −273.15℃보다 더 낮은 온도의 물질은 존재하지 않는다. 어떤 물질의 온도가 절대온도 0도(−273.15℃)에 근접하는 상태를 '극저온 상태'라 한다. 이 상태에서는 여러 가지 특이한 현상이 일어날 수 있으므로 많은 과학자들이 이에 대해 연구하고 있다.

이와 달리 높은 온도는 거의 한계가 없다고도 할 수 있다. 예를 들어 태양에서 에너지가 생성되는 중심부(핵)의 온도는 약 1500만℃에 이른다고 한다.

2.5 열량과 비열 및 열평형

1 열과 열량

물질의 온도와 상태 변화의 원인이 되는 에너지를 열이라 한다. 열량의 단위에는 kcal, J 등이 있다. 1kcal는 14.5℃의 순수한 물 1kg의 온도를 1℃ 높이는 데 필요한 열량이다.

설명 온도가 서로 다른 두 물체를 접촉시켜 놓으면 열은 높은 온도의 물체로부터 낮은 온도의 물체로 이동하게 된다. 이와 같이 이동한 열의 양을 열량이라 한다.

2 비열

단위질량 물질의 온도를 단위온도(1℃, 1K) 상승시키는데 필요한 에너지를 그 물질의 비열이라 한다. 비열의 단위로는 J/kg • ℃, kcal/kg • ℃ 등을 사용한다. 물의 비열은 다음과 같다.

$$C_w = 1\,\text{cal/g} \cdot ℃ = 1\,\text{kcal/kg} \cdot ℃ = 4200\text{J/kg} \cdot ℃$$

섭씨 눈금과 Kelvin 눈금의 온도 차이 ΔT는 같다. 즉, 어떤 물질 1kg의 온도를 1℃ 높인다는 말은 그 물질의 온도를 1K 높인다는 것과 같다. 따라서 물의 비열을 다음과 같이 쓸 수 있다.

$$C_w = 1\,\text{cal/g} \cdot \text{K} = 1\,\text{kcal/kg} \cdot \text{K} = 4200\text{J/kg} \cdot \text{K}$$

질량이 m인 물질의 온도를 ΔT만큼 높이는 데 필요한 열량이 Q이면 물질의 비열 C는 다음과 같다.[3)]

$$C = \frac{Q}{m\Delta T} \qquad \cdots\cdots\cdots\cdots (2.14a)$$

$$Q = mC\Delta T \qquad \cdots\cdots\cdots\cdots (2.14b)$$

비열은 물질의 에너지 증가에 대해 그 물질이 얼마나 열적으로 덜 민감한지를 나타내는 값이다. 비열이 큰 물질일수록 온도 변화를 일으키기 위해 더 많은 에너지가 필요하다. 일반적으로 물질의 비열은 온도에 따라 조금씩 변한다. 그런데 온도 변화 폭이 크지 않을 때는 온도에 따른 비열의 변화를 무시할 수 있고 비열(C)을 상수로 취급할 수 있다. 예를 들어 대기압에서 물의 비열은 0℃에서 100℃까지 약 1%만이 변하므로 특별한 언급이 없으면 이러한 차이는 무시한다. [표 2.1]에 몇 가지 물질의 비열을 나타내었다.

3) 비열의 정의를 알아두도록 한다. 기초적인 열평형 문제는 이 식으로써 풀 수 있다.

[표 2.1] 25℃, 대기압에서 물질의 비열

물질	비열(C) $\frac{J}{kg \cdot ℃}$	비열(C) $\frac{cal}{g \cdot ℃}$	물질	비열(C) $\frac{J}{kg \cdot ℃}$	비열(C) $\frac{cal}{g \cdot ℃}$
단원자고체			다른 고체		
알루미늄	900	0.215	황동	380	0.092
구리	387	0.0924	유리	837	0.200
금	129	0.0308	얼음(−5℃)	2090	0.50
은	234	0.056	나무	1700	0.41
납	128	0.0305	대리석	860	0.21
철	448	0.107	액체		
규소	703	0.168	에틸알코올	2400	0.58
베릴륨	1830	0.436	수은	140	0.033
카드뮴	230	0.055	물(15℃)	4186	1.00
게르마늄	322	0.077	기체		
			수증기(100℃)	2010	0.48

3 열용량

어떤 물질의 온도를 1℃(또는 1K) 높이는 데 필요한 열량을 열용량이라 하고, 단위로는 J/K, kcal/℃ 등을 사용한다. 열용량은 물체가 흡수하거나 방출하는 열량 Q와 물체의 온도변화 ΔT 사이의 비례상수이다. 즉, 열용량(C_m)은 다음과 같이 정의한다.

$$Q = C_m \Delta T = C_m (T_2 - T_1) \quad \cdots\cdots (2.15)$$

질량 m, 비열 C인 물질의 열용량 $C_m = mC$가 된다. 열역학에서는 주로 비열(C)을 사용하여 문제를 해석한다.

4 열량 계산

비열이 C[J/kg • ℃]인 어떤 물체 m[kg]의 온도를 T_1[℃]로부터 T_2[℃]로 올리는데 ($T_1 < T_2$) 필요한 열량은

$$Q = mC(T_2 - T_1)\ [\mathrm{J}] \quad \cdots\cdots\cdots\cdots\cdots (2.16)$$

이다. 즉, 그 물체는 $Q = mC(T_2 - T_1)$[J]의 열량을 흡수하여 온도가 올라간다. 역으로 어떤 물질 m[kg]의 온도가 T_1[℃]에서 T_2[℃]로 내려가면($T_1 > T_2$) 그 물체는

$$Q = mC(T_1 - T_2)\ [\mathrm{J}] \quad \cdots\cdots\cdots\cdots\cdots (2.17)$$

의 열량을 외부로 방출한다.

5 열평형 온도

서로 다른 온도의 물체를 접촉시켜 놓으면 두 물체 사이에서 열 이동이 일어나고 긴 시간 후에 두 물체의 온도가 같아진다. 이 상태를 열평형 상태라 하며, 그때의 온도를 열평형 온도(평형온도)라 한다.

외부와 단열된 상태에서 질량 m_1, 비열 C_1, 온도 T_1인 물체와 질량 m_2, 비열 C_2, 온도 T_2의 물체를 접촉시켰을 때의 열평형 온도를 T_f라 하면 평형방정식과 열평형 온도(T_f)는 다음과 같다. (단, $T_1 < T_f < T_2$이다.)

$$m_1 C_1 (T_f - T_1) = m_2 C_2 (T_2 - T_f) \quad \cdots\cdots\cdots\cdots\cdots (2.18)$$

$$T_f = \frac{m_1 C_1 T_1 + m_2 C_2 T_2}{m_1 C_1 + m_2 C_2} \quad \cdots\cdots\cdots\cdots\cdots (2.19)$$

설명 외부와의 열전달이 없으므로 열량보존의 법칙에 의해 저온 물체가 얻은 열량

$$Q_1 = m_1 C_1 (T_f - T_1)$$

은 고온 물체가 잃은 열량

$$Q_2 = m_2 C_2 (T_2 - T_f)$$

와 같다. 따라서 다음과 같이 열평형 상태의 온도(T_f)를 구할 수 있다.

$$m_1 C_1 (T_f - T_1) = m_2 C_2 (T_2 - T_f)$$

$$\therefore \quad T_f = \frac{m_1 C_1 T_1 + m_2 C_2 T_2}{m_1 C_1 + m_2 C_2}$$

외부와 열전달이 없을 때 '고온 물체가 잃은 열량은 저온 물체가 얻은 열량과 같다'는 것을 '열량보존의 법칙'이라 한다. 고온(T_2) 물체와 저온(T_1) 물체를 접촉시켜 놓으면 시간이 지남에 따라 고온 물체의 온도는 내려가고 저온 물체의 온도는 올라가서 [그림 2.5]와 같이 긴 시간 후에 두 물체의 온도가 동일한 평형온도(T_f)에 도달한다.

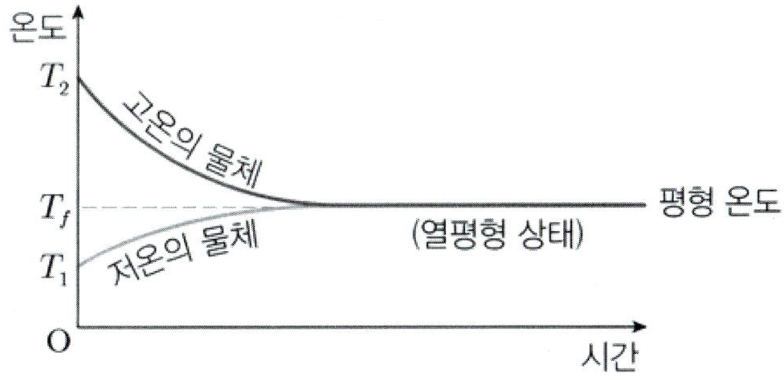

[그림 2.5] 시간에 따른 물체의 온도 변화

[예제 2.13] 외부와 단열된 상태에서 온도 $T_1 = 20$ ℃, 질량 $m_1 = 50$kg의 금속과 온도 $T_2 = 80$ ℃, 질량 $m_2 = 30$ kg의 같은 종류의 금속을 접촉시켰을 때 열평형 상태의 온도[℃]를 구하라.

풀이 낮은 온도 T_1의 금속이 받은 열량은 높은 온도 T_2의 금속이 잃은 열량과 같다. 평형 온도를 T_f, 금속의 비열을 C라고 하면,

$$m_1 C (T_f - T_1) = m_2 C (T_2 - T_f)$$

양변을 C로 나누고 T_f를 구한다.

$$m_1 (T_f - T_1) = m_2 (T_2 - T_f)$$
$$(m_1 + m_2) T_f = m_1 T_1 + m_2 T_2$$
$$\therefore \quad T_f = \frac{m_1 T_1 + m_2 T_2}{m_1 + m_2} = \frac{50 \times 20 + 30 \times 80}{50 + 30} = 42.5 \text{ [℃]}$$

[보충 학습 2.1] 세 개 이상의 물체가 접촉하는 경우의 열평형 온도

[예제 2.13]에서 물체 온도의 높고 낮음에 무관하게 다음과 같이 열평형 방정식을 쓸 수 있다.

$$m_1 C(T_f - T_1) + m_2 C(T_f - T_2) = 0$$

왜냐하면 외부와 단열된 계에서 내부 물체끼리 전달한 열량의 총합은 0이기 때문이다. 두 물체의 평형온도는 두 물체 온도 사이에 있으므로 각 물체에서의 열의 출입 방향을 알 수 있다. 그러나 평형온도(T_f)를 예측하기 어려운 세 개 이상의 여러 물체의 열평형에서는 열의 출입 방향을 알 수 없으므로 다음과 같은 열평형 방정식을 사용하여 평형온도를 구하면 된다.

$$m_1 C_1 (T_f - T_1) + m_2 C_2 (T_f - T_2) + \cdots + m_n C_n (T_f - T_n) = 0$$

$$T_f = \frac{m_1 C_1 T_1 + m_2 C_2 T_2 + \cdots + m_n C_n T_n}{m_1 C_1 + m_2 C_2 + \cdots + m_n C_n}$$

[예제 2.14] 외부와 단열된 상태에서 70℃, 10kg의 금속을 20℃, 6kg의 물 속에 넣었을 때 열평형 온도가 40℃가 되었다. 금속의 비열을 구하라. 단, 물의 비열은 1 kcal/kg • ℃이다.

풀이 금속의 질량 $m_1 = 10\text{kg}$, 처음 온도 $T_1 = 70℃$이고, 물의 질량 $m_2 = 6\text{kg}$, 처음 온도 $T_2 = 20℃$이며, 열평형 온도 $T_f = 40℃$이다. 처음 온도가 높은 금속은 열을 방출하고 물은 금속으로부터 열을 흡수한다. 금속의 비열을 C_1이라고 하면 금속이 방출한 열량(Q_1)은

$$Q_1 = m_1 C_1 (T_1 - T_f) = 10 \times C_1 \times (70 - 40) = 300\, C_1$$

이고, 물이 흡수한 열량(Q_2)은

$$Q_2 = m_2 C_2 (T_f - T_2) = 6 \times 1 \times (40 - 20) = 120$$

이다. 따라서 $Q_1 = Q_2$이므로 금속의 비열(C_1)은 다음과 같다.

$$300C_1 = 120$$

$$\therefore \ C_1 = \frac{120}{300} = 0.4\,[\text{kcal/kg} \cdot ℃]$$

[예제 2.15] 0℃ 얼음 2kg을 전부 녹여서 50℃ 물로 변환시키기 위해 필요한 열량 [kcal]을 구하라. 단, 얼음의 융해잠열 $L_f = 80\text{kcal/kg}$이고, 물의 비열은 $C_w = 1\text{kcal/kg}$이다.

풀이 0℃ 얼음은 전부 0℃ 물로 녹여진 후 50℃로 온도가 상승한다. 0℃ 얼음($m_{ice} = 2\text{kg}$)이 전부 녹아서 0℃ 물로 변할 때 소모되는 열량(Q_1)은

$$Q_1 = m_{ice} L_f = 2 \times 80 = 160\,[\text{kcal}]$$

이고, 0℃ 물($m_w = m_{ice} = 2\text{kg}$)의 온도를 50℃로 높이기 위해 필요한 열량(Q_2)은

$$Q_2 = m_w C_w \Delta T = 2 \times 1 \times (50 - 0) = 100\,[\text{kcal}]$$

이다. 따라서 필요한 총 열량 Q[kcal]는 다음과 같다.

$$Q = Q_1 + Q_2 = 160 + 100 = 260\,[\text{kcal}]$$

[보충 학습 2.2] 융해잠열과 응고잠열

상변화 과정에서는 온도 변화가 없이 물질이 열을 흡수하거나 방출한다. 0℃ 얼음은 모두 0℃ 물로 변한 후에 온도가 올라간다. 얼음이 물로 변하는데 소요되는 열량을 융해잠열(융해잠열 또는 용융잠열, Latent heat of fusion)이라 한다. 얼음의 융해잠열은 $L_f = 333.7\,\text{kJ/kg} = 79.7\,\text{cal/g}$으로 대략 80kcal/kg이다.

얼음이 물로 변할 때는 융해잠열을 흡수하고, 이와 반대로 물이 얼음으로 변할 때는 응고잠열을 방출한다. 융해잠열과 응고잠열의 크기는 같다. 즉, 0℃ 물 1kg이 얼음으로 변할 때는 80kcal의 열을 방출한다.

잠열은 물질의 고유한 특성이며 상변화 종류에 따라서도 다른 값을 가진다. 잠열이 L이고 질량이 m인 물질의 상태를 바꾸기 위해 소요되는 열에너지의 크기는

$$Q = mL$$

이다. 따라서 얼음의 융해잠열이 $L_f = 80\,\mathrm{kcal/kg}$이면 0℃ 얼음 m[kg]을 모두 0℃ 물로 바꾸는데 필요한 열량은 다음과 같다.

$$Q = mL_f = m \times 80\,[\mathrm{kcal}]$$

[예제 2.16] **단열된 물 잔에 0℃ 얼음을 넣어서 0.4kg, 50℃ 물을 20℃로 냉각하려 한다. 이때 필요한 얼음의 양[kg]을 구하라. 단, 얼음의 융해잠열은 80kcal/kg이고, 물의 평균비열 $C_w = 1\,\mathrm{kcal/kg \cdot ℃}$이며, 물과 얼음이 모두 20℃ 물이 된다.**

풀이 필요한 얼음의 양을 m_{ice}[kg]이라 하면 0℃ 얼음이 녹아서 0℃ 물로 변하는데 소요된 열량(Q_1)은

$$Q_1 = 80\,m_{ice}\,[\mathrm{kcal}]$$

이고, 녹은 얼음(0℃)을 20℃로 높이는 데 필요한 열량(Q_2)은

$$Q_2 = m_{ice}\,C_w\,(20 - 0)\,[\mathrm{kcal}]$$

이다. 그리고 질량 $m_w = 0.4\mathrm{kg}$인 50℃ 물이 20℃로 냉각되면서 방출한 열량(Q_3)은

$$Q_3 = m_w C_w (50 - 20)$$

이다. 따라서 50℃ 물이 냉각되면서 잃은 열량(Q_3)은 얼음이 녹는데 소요된 열량(Q_1)과 녹은 얼음을 20℃로 높이는 데 필요한 열량(Q_2)의 합과 같으므로 다음과 같이 필요한 얼음의 양 m_{ice}[kg]이 구해진다.

$$Q_3 = Q_1 + Q_2$$

$$m_w C_w (50 - 20) = 80 m_{ice} + m_{ice} C_w (20 - 0)$$

$$\therefore\ m_{ice} = \frac{30 m_w C_w}{80 + 20 C_w} = \frac{30 \times 0.4 \times 1}{80 + 20 \times 1} = 0.12\,[\mathrm{kg}]$$

연습문제 2

01 크기가 3m × 4m × 5m인 직육면체 용기에 가득 차 있는 기체의 질량이 20kg일 때 기체의 비체적[m^3/kg]을 구하라.

02 크기가 2m × 4m × 5m인 직육면체 용기에 가득 차 있는 밀도가 1.2 kg/m^3인 기체의 질량[kg]을 구하라.

03 완전한 구형(sphere)의 에드벌룬에 10kg의 기체가 가득 차 있다. 기체의 비체적이 0.16 m^3/kg일 때 에드벌룬의 반지름[m]을 구하라.

04 면적이 5mm × 4cm인 직사각형 평판에 100N의 힘이 수직으로 작용할 때 평판에 작용하는 압력[kPa]을 구하라.

05 수평으로 놓인 피스톤-실린더 장치의 내부 압력이 4kPa이다. 지름이 20cm인 피스톤을 고정하기 위해 필요한 힘[N]을 구하라. 단, 피스톤과 실린더 사이의 마찰과 대기압은 무시한다.

06 대기 압력이 95kPa일 때 용기 내 기체의 계기압력이 15kPa이면 절대압력은 몇 kPa인가?

07 대기 압력이 98kPa인 지역에서 읽은 용기 내 기체의 계기압력이 400mmHg이면 절대압력은 몇 kPa인가?

08 대기 압력이 1atm이고 진공계의 읽음이 200mmHg이면 절대압력은 몇 kPa인가?

09 대기 압력이 100kPa이고 진공도가 70%이면 절대압력은 몇 kPa인가?

10 다음 화씨온도를 섭씨온도로 환산하라.

(1) 50°F (2) −58°F

11 다음 섭씨온도를 화씨온도로 환산하라.

(1) 70℃ (2) −80℃

12 온도 25℃를 Kelvin 온도[K]와 Rankine 온도[R]로 나타내라.

13 어떤 계를 냉각하여 계의 온도가 72°F 떨어졌다. 이 온도강하를 K, R, ℃로 각각 나타내라.

14 200kg의 물을 20℃에서 80℃로 가열하는데 필요한 열량[kJ]을 구하라. 단, 물의 비열은 4.2kJ/kg·℃이다.

15 온도 100℃인 300kg의 금속을 20℃의 물 200kg이 들어있는 단열된 용기에 넣었다. 금속과 물의 비열이 각각 0.45kJ/kg·℃와 4.2kJ/kg·℃일 때 열평형에 도달했을 때 평형온도[℃]를 구하라.

16 냉동 창고에서 질량 0.2kg, 비열 3kJ/kg·℃인 과일을 20℃로부터 5℃로 냉각한다. 냉각 중에 과일로부터의 방출되는 열량[kJ]을 구하라.

17 단열된 견고한 용기 내에 20℃, 0.5kg의 액체가 들어 있다. 0.02kW의 전열기를 사용하여 10분 동안 액체를 가열할 때 액체의 최종 온도[℃]를 구하라. 단, 액체의 비열은 3kJ/kg·℃이다.

18 단열된 용기 내에서 10℃의 물 35kg과 40℃의 물 65kg을 혼합하면 물의 최종 온도는 몇 ℃가 되는가?

19 그림과 같이 기체가 들어있는 피스톤-실린더 장치가 평형을 이루고 있다. 피스톤의 질량은 50kg이고 피스톤 위의 추의 질량은 10kg이다. 피스톤의 단면적이 $0.02\,m^2$, 대기압이 97kPa, 중력가속도가 $9.8\,m/s^2$이면 실린더 내부의 압력은 몇 kPa인가? 단, 피스톤과 실린더 사이의 마찰은 무시한다.

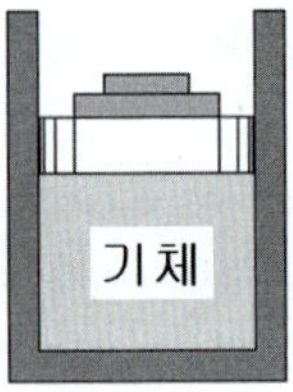

[문제 2.19]

20 다음 중 가장 높은 온도는? (Hint: 어느 하나의 온도로 통일)

① 0℃ ② 0°F ③ 250K ④ 450R

21 섭씨온도와 화씨온도가 같을 때의 온도 값은?

① 0 ② −24 ③ −40 ④ 48

22 액체 산소의 끓는점은 90K이고, 액체 수소의 끓는점은 20K이다. 이 두 액체의 끓는점의 화씨온도 차이는? [공무원 임용시험]

① 70°F ② 94°F ③ 126°F ④ 158°F

23 50℃의 에탄올 100g을 80℃의 물 200g과 혼합하면 이 혼합물의 최종온도[℃]는? 단, 용기를 통한 열손실과 혼합열은 무시하며, 에탄올과 물의 비열은 각각 0.5cal/g • ℃, 1.0cal/g • ℃이다. [공무원 임용시험]

① 65 ② 67.5 ③ 70 ④ 74

24 섭씨온도[℃]와 화씨온도[°F]가 같은 값을 가지는 절대온도[K]는? [공무원 임용시험]

① 233.15K ② 243.15K ③ 253.15K ④ 263.15K

25 다음 중 비체적의 단위는? [기사 시험]

① kg/m^3 ② m^3/kg ③ $m^3/kg \cdot s$ ④ $m^3/kg \cdot s^2$

26 질량이 m이고 비체적이 v인 구(sphere)의 반지름이 R이면, 질량이 $4m$이고, 비체적이 $2v$인 구의 반지름은? [기사 시험]

① $2R$ ② $\sqrt{2}R$ ③ $\sqrt[3]{2}R$ ④ $\sqrt[3]{4}R$

27 다음 중 가장 낮은 온도는? [기사 시험]

① 104℃ ② 284°F ③ 410K ④ 684R

28 대기압이 100kPa일 때, 계기압력이 5.23MPa인 증기의 절대압력은 약 몇 MPa인가? [기사 시험]

① 3.02 ② 4.12 ③ 5.33 ④ 6.43

29 100kPa의 대기압 하에서 용기 속 기체의 진공압이 15kPa이었다. 이 용기 속 기체의 절대압력은 약 몇 kPa인가? [기사 시험]

① 85 ② 90 ③ 95 ④ 115

30 피스톤의 단면적이 $5cm^2$인 피스톤-실린더 장치에서 외부에서 500N의 힘을 피스톤에 가한다. 이 때 주변 대기압력이 0.099MPa이면 실린더 내부 기체의 절대압력(MPa)은 약 얼마인가? [기사 시험]

① 0.901 ② 1.099 ③ 1.135 ④ 1.275

31 질량이 4kg인 단열된 용기 속에 물 18L가 들어있으며, 25℃로 평형상태에 있다. 이 속에 200℃의 물체 8kg을 넣었더니 열평형에 도달하여 온도가 30℃가 되었다. 물의 비열은 4.187kJ/kg • K이고, 용기의 비열은 0.4648kJ/kg • K일 때, 물체의 비열은 약 몇 kJ/kg • K 인가? [기사 시험]

① 0.244 ② 0.267 ③ 0.284 ④ 0.302

32 400K 의 물 1.0kg/s 와 350K 의 물 0.5kg/s 가 정상과정으로 혼합되어 나온다. 이 과정 중에서 300kJ/s 의 열손실이 있다. 출구에서 물의 온도는 약 얼마인가? (단, 물의 비열은 4.18kJ/kg • K 이다.) [기사 시험]

① 369.2K ② 350.1K ③ 335.5K ④ 320.3K

33 500W 의 전열기로 4kg의 물을 20℃ 에서 90℃ 까지 가열하는데 몇 분이 소요되는가? (단, 전열기에서 열은 전부 물의 온도 상승에 사용되고 물의 비열은 4180J/kg • K 이다.) [기사 시험]

① 16 ② 27 ③ 39 ④ 45

34 온도가 각기 다른 액체 A(50℃), B(25℃), C(10℃)가 있다. A 와 B 를 동일질량으로 혼합하면 40℃ 로 되고, A 와 C 를 동일질량으로 혼합하면 30℃ 로 된다. B 와 C 를 동일 질량으로 혼합할 때는 몇 ℃ 로 되겠는가? [기사 시험]

① 16 ② 18.4 ③ 20 ④ 22.5

35 다음과 같이 얼음을 사용하여 단열된 물 잔에 들어있는 물을 냉각하려 한다. 얼음의 융해잠열은 80kcal/kg이고, 물의 평균비열은 1kcal/kg • ℃ 이다.

(1) 물 잔에 0℃ 의 얼음을 넣어서 40℃, 0.5kg의 물을 0℃ 로 냉각할 때 필요한 얼음의 양을 구하라. 단, 물과 얼음이 모두 0℃ 물이 된다.

(2) 물 잔에 0℃ 의 얼음을 넣어서 50℃, 0.9kg의 물을 10℃ 로 냉각할 때 필요한 얼음의 양을 구하라. 단, 물과 얼음이 모두 10℃ 물이 된다.

36 단열된 용기 안에 있는 90℃ 의 물 6kg에 0℃ 의 얼음 4kg을 넣었을 때 최종 열평형 온도를 구하라. 단, 얼음의 융해잠열은 80kcal/kg이고, 물의 평균비열은 1kcal/kg • ℃ 이다.

37 그림과 같이 질량이 500g인 용기에 10℃ 의 물 200g이 담겨 있고, 90℃ 의 금속 200g을 용기의 물속에 넣었더니 최종적으로 물의 온도가 30℃ 가 되었다. 금속의 비열[cal/g • ℃] 을 구하라. 단, 용기와 물의 온도는 언제나 같으며, 용기의 비열은 0.2cal/g • ℃ 이고 물의 비열은 1cal/g • ℃ 이다.

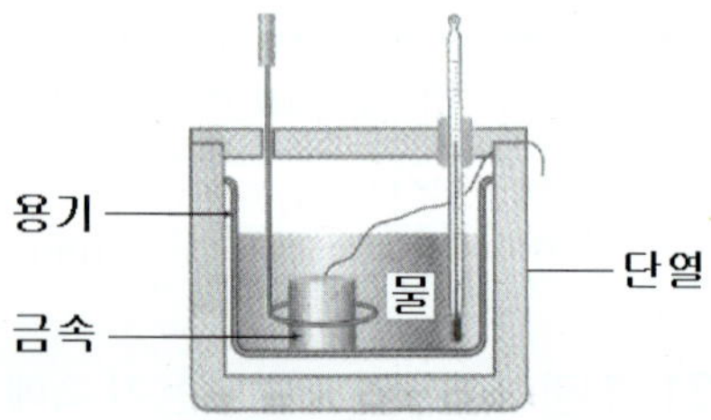

[문제 2.37]

38 질량이 2kg인 물체에 40kcal의 열량을 가했더니 물체의 온도가 30℃ 에서 80℃ 로 올라갔다. 이 물체 3kg의 온도를 20℃ 에서 50℃ 로 높이는데 필요한 열량[kcal]을 구하라.

39 그림은 질량이 같고 처음 온도가 0℃인 두 종류의 액체 A, B를 매 초당 일정한 열량을 방출하는 전열기로 가열할 때 시간에 따른 온도 변화를 나타낸 것이다.

(1) 두 액체의 비열비 $C_A : C_B$를 구하라. (Hint: $t = 0$, 100s에서 온도 고려)

(2) 두 액체를 100초 동안 가열한 후 단열된 용기 속에서 혼합했을 때 열평형 온도를 구하라.

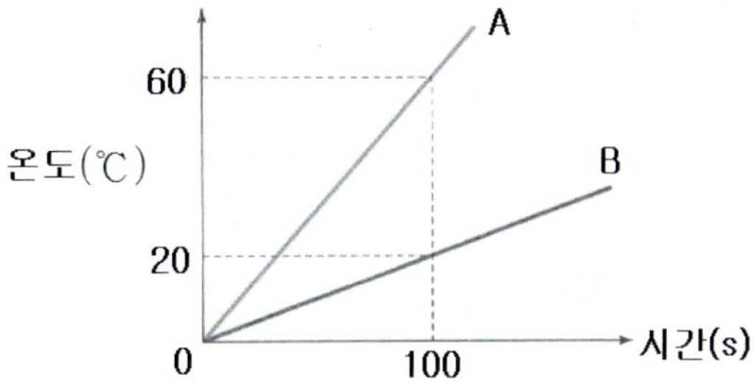

[문제 2.39]

40 질량과 비열이 각각 m_1, C_1인 금속과 m_2, C_2인 금속을 균일하게 혼합한 합금의 비열을 구하여 m_1, C_1, m_2, C_2로 나타내라.

41 고체인 금속의 비열은 0.03kcal/kg • ℃이고 융해열은 5kcal/kg이며, 녹는점은 600℃이다. 100℃의 고체 금속 4kg을 600℃의 액체 금속으로 변화시키는데 필요한 열량[kcal]을 구하라.

42 단열된 용기 속에서 30℃의 물 80g에 −5℃의 얼음 20g을 넣었을 때 열평형 온도를 구하라. 단, 물과 얼음의 비열은 각각 1cal/g • ℃, 0.5cal/g • ℃이고 얼음의 융해잠열은 80cal/g이다.

43 단열된 용기에 들어 있는 10℃, 5kg의 물에 100℃의 수증기를 넣어서 물과 수증기를 모두 40℃ 물로 만들기 위해 필요한 수증기의 질량[kg]을 구하라. 단, 물의 기화열은 540kcal/kg, 비열은 1kcal/kg • ℃이다.

44 온수의 온도가 90℃, 냉수의 온도가 15℃일 때, 두 물을 섞어서 물의 온도가 40℃가 되기 위한 질량비(냉수질량/온수질량)를 구하라.

45 단열된 용기 속에서 20℃, 0.5kg의 물을 넣고 여기에 100℃ 금속을 넣었을 때 열평형 온도가 50℃가 되었다. 물의 비열이 1kcal/kg • ℃일 때 금속의 열용량[kcal/℃]을 구하라.

46 3kg, 20℃ 물과 4kg, 30℃의 알루미늄과 2kg, 80℃의 구리를 단열 용기 속에 함께 담아서 열평형이 이루어졌다. 용기에 전달되는 에너지를 무시하고 혼합계의 최종 열평형 온도를 구하라. [표 2.1]의 비열 값을 사용한다.

47 온도 100℃, 질량 210g의 총알이 300m/s의 속력으로 날아와 아주 큰 얼음 속에 박힐 때 다음을 구하라. 단, 1cal = 4.2J, 얼음의 융해잠열은 80cal/g, 총알의 비열은 0.05cal/g • ℃이고, 총알의 운동에너지가 얼음 속에서 모두 마찰열로 변환되며, 얼음의 온도는 0℃로 일정하다고 가정한다.

(1) 총알이 얼음 속에서 정지할 때까지 발생한 열량[cal]

(2) 정지한 총알과 얼음이 열평형 상태가 되었을 때 얼음이 녹은 양[g]

제3장

열역학 제1법칙

3.1 열역학 기본법칙

1 개요

열역학 제1법칙과 제2법칙 등의 열역학 기본법칙은 다른 자연과학이나 공학의 기본법칙과 마찬가지로 실험과 경험을 통하여 얻은 결과를 토대로 하여 이를 일반화하고 공식화한 것이다. 즉, 기본법칙으로 불리는 이러한 법칙들은 다른 어떤 법칙으로부터 유도되는 것이 아니다.

열역학 제1법칙은 일반적으로 에너지 보존법칙으로 해석된다. 보존법칙이란 경계를 통하여 들어오는 순증가량이 경계 내의 순증가량과 같다는 것을 의미한다. 계의 경계를 통해 출입하는 중요한 물리량으로는 일과 열이 있다.

열은 질량이 없는 유체로 생각되어 오다가 Gay-Lussac과 Joule 등의 실험을 통하여 일과 대등한 에너지로서의 개념이 도입되었다. 특히 Joule의 실험 결과는 많은 뜻을 내포하고 있는데 여기에서는 Joule의 실험 결과를 토대로 하여 열역학 기본법칙을 공식화하고자 한다.

실험과 경험을 바탕으로 하여 정립된 열역학 제1법칙은 열의 개념을 분명하게 하고 이로부터 에너지 보존법칙을 설명하는 법칙이라고 할 수 있다. 반면 열역학 제2법칙은 엔트로피라는 새로운 양의 존재 및 개념을 설명하고 엔트로피 증가의 원리를 설명하는 법칙이라고 볼 수 있다.

2 Joule의 실험

[그림 3.1]과 같이 단열된 견고한 용기 내에 일정한 양의 물이 들어 있고, 질량 m의 추에 연결된 휘젓기 날개가 물속에 잠겨 있다. 추가 위치 1에 있을 때 물의 온도는 T_1, 압력은 일정한 대기압 P_0이다. 추가 2의 위치로 h만큼 내려와 날개를 회전시켜 물 쪽으로 mgh의 일을 주면 압력은 일정한 P_0이지만 온도는 T_2로 변화한다. 즉, 용기와 물을 하나의 계로 생각할 때 계가 열역학적인 상태 T_1, P_0로부터 단열과정으로 일 $W_a = mgh$를 받아서 새로운 상태 T_2, P_0로 변화하였다고 할 수 있다. 이 실험을 반복하여 얻은 실험의 결과는 처음 상태 1로부터 나중 상태 2에 도달할 때 단열과정에서 소요된 일 $W_a = mgh$는 단열과정의 형태가 어떠하든 간에 항상 동일하다는 것이다.

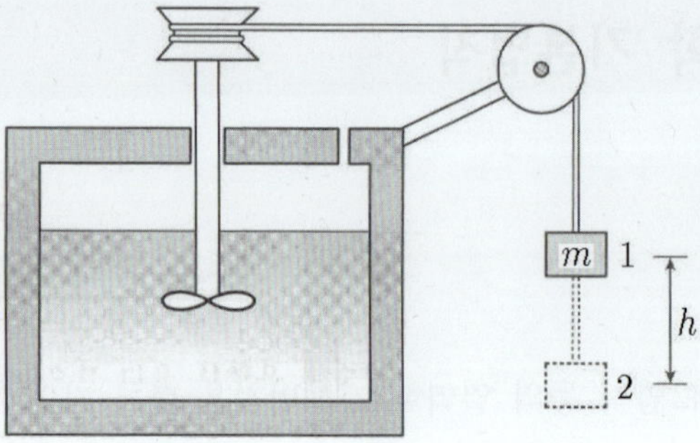

[그림 3.1] Joule의 실험 장치

이와 같은 실험은 [그림 3.1]과 같은 실험장치 뿐만 아니라 전동기를 이용하거나 축전지를 이용하여 할 수도 있다. 즉, 전동기로써 휘젓기 날개를 회전시키거나, 축전지의 전기에너지로써 물속에 설치된 히터를 발열시켜 물에 에너지를 공급할 수 있다[그림 3.2]. 이와 같은 여러 가지 실험의 결과도 동일한 두 상태 1과 2 사이에서 소요된 단열일 W_a는 항상 일정하며, [그림 3.1]의 실험에서 소요된 일 W_a와 같다는 것이 실험적으로 알려져 있다.

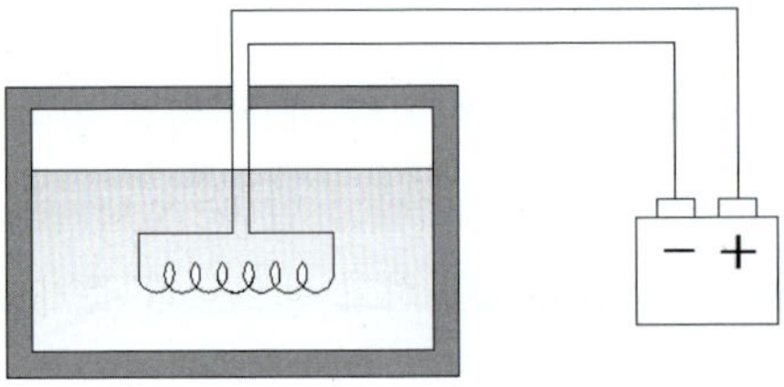

[그림 3.2] 축전지에 의한 일

Joule의 실험 결과는 두 상태 사이의 단열일이 항상 동일하다는 것을 알려주고 있으며, 일을 통해 열을 발생시킬 있다는 것을 보임으로써 열과 일은 서로 같은 에너지라는 것을 알려주고 있다. 즉, 열과 일은 에너지의 형태만 다를 뿐 상호 간에 전환이 가능하다.

3.2 내부에너지

1 내부에너지

계가 가지고 있는 모든 미시적 에너지의 합을 내부에너지라 한다. 내부에너지는 분자 구조와 분자 운동의 정도에 관계되며, 물체를 구성하고 있는 원자나 분자들의 운동에너지와 위치에너지의 합으로 볼 수 있다. 일반적으로 내부에너지는 U로 나타내고 단위 질량당 내부에너지는 비내부에너지라 부르며 u로 나타낸다.

$$u = \frac{U}{m} \quad (m\text{은 질량}) \qquad \cdots\cdots (3.1)$$

설명 열역학을 해석할 때 계의 에너지를 구성하는 거시적 형태의 에너지와 미시적 형태의 에너지의 두 종류로 나누어 생각하는 것이 도움이 된다. 거시적 형태의 에너지는 계의 운동에너지와 위치에너지와 같이 어떤 좌표계에 대하여 계가 전체적으로 가지고 있는 에너지이다. 미시적 형태의 에너지는 계의 분자 구조 및 분자의 운동 정도와 관계되는 에너지이며 외부 좌표계와는 관계가 없다. 미시적 에너지의 총합을 내부에너지라 한다.

내부에너지를 좀 더 잘 이해하기 위해 분자와 원자의 관점에서 계를 살펴보자. 기체 분자는 공간에서 움직이고 있으므로 운동에너지를 가지고 있다. 분자가 운동할 때 분자의 이동 속도와 관련된 에너지를 병진에너지라 한다. 한편 다원자분자의 원자들은 축 주위를 회전하는데 이것은 회전 운동에너지이다. 또한 다원자 분자의 원자들은 질량 중심에 대해 앞뒤로 진동하는데 이것은 진동 운동에너지이다. 기체에서 대부분의 운동에너지는 병진운동과 회전운동에 기인하며, 고온에서는 진동에너지가 중요하게 된다. 그리고 원자 내의 전자는 핵 주위를 회전하므로 회전 운동에너지를 가지고 있다. 또한 전자들은 자신의 축 주위를 회전하는데 이 운동에 의해 발생하는 에너지는 회전에너지(spin energy)이다. 원자의 핵에 있는 다른 입자들도 회전에너지를 가지고 있다. 계의 내부에너지 중에서 분자의 운동과 관련된 에너지를 현열에너지라 한다. 기체 분자들의 평균속도와 운동의 정도는 기체의 온도에 비례한다. 따라서 온도가 높아지면 분자들은 더 큰 운동에너지를 갖게 되고 이에 따라 계의 내부에너지도 증가한다.

내부에너지는 물질을 구성하는 분자들 사이의 결합력과 분자들 내의 원자들 사이의 결합력과도 관련이 있다. 분자들 사이의 결합력의 크기는 고체가 액체보다 크고, 액체가 기체보다 크다.

고체나 액체 분자들에 충분한 양의 에너지를 공급하면 분자들은 분자 간의 결합력을 극복하고 서로 떨어져 나가 기체로 바뀌게 될 것이다. 이와 같은 것을 상변화라 한다. 이 추가된 에너지 때문에 기체 상태의 계는 고체나 액체 상태의 계보다 큰 내부에너지를 가진다. 이와 같은 계의 상변화와 관련된 에너지를 잠열 또는 잠열에너지라 한다. 상변화 과정에서는 계의 화학적 조성이 변화하지 않는다. 대부분의 열역학 문제는 이 범주에 속하며 분자 내의 원자 결합까지는 고려할 필요가 없다.

2 단원자 분자의 내부에너지

입자의 운동을 여러 가지 성분으로 나누어 생각할 때 각각의 독립된 성분을 자유도라 한다. 단원자 분자는 하나의 점(질점)에 가까우므로 공간에서 x, y, z의 세 방향으로 운동할 수 있고 자유도는 3이 된다. 운동의 각 자유도에 대하여 분자의 평균운동 에너지는 $kT/2$이므로, 단원자 분자 한 개의 평균운동에너지는

$$E_k = \frac{1}{2}mv^2 = \frac{3}{2}kT \quad \cdots\cdots (3.2)$$

이다. 여기에서 k는 볼쯔만(Boltzmann) 상수이고 T는 절대온도이다. 따라서 분자 수가 N인 단원자 분자들의 총 내부에너지는

$$U = \frac{3}{2}NkT \quad \cdots\cdots (3.3)$$

가 된다. 이와 같이 단원자 분자로 된 이상기체의 내부에너지(U)는 절대온도(T)에 비례한다. 볼쯔만 상수의 값 $k = 1.380658 \times 10^{-23}$ [J/K]이다.

3 내부에너지의 성질

물체(또는 계)의 내부에너지는 다음과 같은 성질을 가진다.

(1) 물체의 온도가 높아지면 분자 운동이 활발해져서 분자의 운동에너지가 증가하므로 내부에너지가 증가한다.

(2) 물체가 일을 받거나 열을 얻으면 분자 운동이 활발해져서 내부에너지가 증가하고 온도가 올라간다.

(3) 물체의 내부에너지 변화(ΔU)와 물체가 외부로부터 받은 열량(Q) 및 물체가 한 일(W)은 서로 밀접한 관계를 갖는데 이것이 열역학 제1법칙의 근간이 된다.

3.3 열역학 제1법칙

1 밀폐계에서 열역학 제1법칙

열역학 제1법칙은 간단하게 말하면 에너지 보존법칙에 대한 서술이다. 이 법칙을 통해 열(Q), 일(W), 내부에너지(U) 등 서로 다른 형태의 에너지들 사이의 관계를 알 수 있다.[1)]

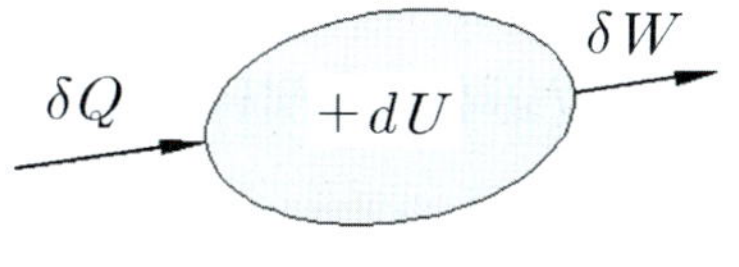

[그림 3.3] 밀폐계에서 열, 일, 내부에너지

[그림 3.3]과 같은 밀폐계에서 계로 유입된 열량을 δQ, 계의 내부에너지 증가량을 dU, 계가 한 일을 δW라 하면 에너지 보존법칙은 다음과 같다.

$$\delta Q = dU + \delta W \quad \cdots\cdots (3.4a)$$

1) 열역학 제1법칙을 잘 이해하도록 한다. 열역학의 많은 개념들이 1법칙에서 출발한다.

$$dU = \delta Q - \delta W \quad \cdots\cdots\cdots\cdots (3.4b)$$

설명 계에 에너지를 주는 데에는 열을 가해 주거나 역학적으로 일을 해 주는 방법이 있다. 열도 에너지의 한 형태이며, '열에너지를 포함하는 에너지 보존법칙'을 열역학 제1법칙이라 한다.

계의 온도가 높아지면 내부 에너지가 증가하고 부피가 팽창하면서 외부에 대해 일을 하게 된다. 외부에서 계에 가한 열량을 Q, 계가 외부에 해 준 일의 양을 W라고 하면 계의 내부에너지 증가량(ΔU)은

$$\Delta U = Q - W \quad \cdots\cdots\cdots\cdots (3.5a)$$

이고, 열량과 일은 다음과 같다.

$$Q = \Delta U + W \quad \cdots\cdots\cdots\cdots (3.5b)$$

$$W = Q - \Delta U \quad \cdots\cdots\cdots\cdots (3.5c)$$

여기에서 $Q < 0$이면 그 절댓값만큼 열을 외부로 내 보낸 경우이고, $\Delta U < 0$이면 그 절댓값만큼 계의 내부 에너지가 감소한 경우이다. 반면 $W < 0$이면 그 절댓값만큼 계가 외부로부터 일을 얻는 경우가 된다.

열과 일은 모두 에너지의 한 형태로서 일을 열로 변환시킬 수 있고, 열을 일로 변환시킬 수도 있다. 열량(Q_1)과 일의 양(W_1)은 다음 관계를 가진다.

$$W_1 = J Q_1 \quad \cdots\cdots\cdots\cdots (3.6)$$

여기에서 비례상수 $J = 4.186\text{J/cal} = 4.2\text{J/cal} = 4.2\text{kJ/kcal}$이고 J를 열의 일당량이라 한다.

2 제1종 영구기관

외부로부터 에너지를 공급받지 않고 계속해서 일을 할 수 있는 기관 또는 장치를 제1종 영구기관이라 한다. 즉, 계로 유입된 에너지 $Q = 0$이지만 일 $W = \infty$인 기관이다. 이 기

관이 열역학 제1법칙 $Q=\Delta U+W$을 만족하려면 기관의 내부에너지 변화량 $\Delta U=-\infty$가 된다. 그런데 이와 같이 계의 내부에너지가 무한히 감소할 수는 없으므로 이 기관은 실제로는 만들 수 없다. 기관의 내부에너지가 무한히 감소할 수 있으려면 그 기관이 무한한 내부에너지를 가지고 있어야 하는데 그런 기관은 있을 수 없기 때문이다.

[예제 3.1] 어떤 밀폐된 계가 700 kJ의 열을 받아서 500 kJ의 일을 하였다. 계의 내부에너지는 어떻게 변화하였는가?

풀이 계로 유입된 열량 $Q=700\text{kJ}$, 계가 한 일 $W=500\text{kJ}$이다. 열역학 제1법칙에 의해 내부에너지 변화(ΔU)는 다음과 같다.

$$Q=\Delta U+W$$
$$\therefore\ \Delta U=Q-W=700-500=200\,[\text{kJ}]$$

따라서 계의 내부에너지가 200 kJ 증가하였다.

[예제 3.2] 어떤 밀폐된 계가 200 kJ의 열을 받아서 600 kJ의 일을 하였다. 계의 내부에너지는 어떻게 변화하였는가?

풀이 계로 유입된 열량 $Q=200\text{kJ}$, 계가 한 일 $W=600\text{kJ}$이다. 열역학 제1법칙에 의해 내부에너지 변화(ΔU)는 다음과 같다.

$$Q=\Delta U+W$$
$$\therefore\ \Delta U=Q-W=200-600=-400\,[\text{kJ}]$$

즉, 계의 내부에너지가 400 kJ 감소하였다.

[예제 3.3] 어떤 기체가 300 J의 일을 하고 내부 에너지가 540 J 증가하였다. 기체가 외부로부터 받은 열량은 몇 cal인가? 단, $1\text{cal}=4.2\text{J}$이다.

풀이 기체가 한 일 $W=300\text{J}$, 기체의 내부에너지 변화 $\Delta U=540\text{J}$이다. 열역학 제1법칙에 의해 기체가 외부로부터 받은 열량(Q)은

$$Q = \Delta U + W = 540 + 300\,[\mathrm{J}] = 840\,[\mathrm{J}]$$
$$= 840 \times \frac{1}{4.2}\,[\mathrm{cal}] = 200\,[\mathrm{cal}]$$

이다. 이 경우 기체는 외부로부터 200 [cal]의 열량을 받아서 300 J의 일을 하고 내부 에너지가 540 J 증가하였다.

[예제 3.4] 어떤 계가 외부로부터 800 J의 열량을 받은 후에 내부 에너지가 300 J 증가하였다. 계가 한 일은 몇 J인가?

풀이 계로 유입된 열량 $Q = 800\,\mathrm{J}$, 계의 내부 에너지 변화 $\Delta U = 300\,\mathrm{J}$이다. 열역학 제1법칙에 의해 계가 한 일($W$)은 다음과 같다.

$$W = Q - \Delta U = 800 - 300\,[\mathrm{J}] = 500\,[\mathrm{J}]$$

즉, 계는 외부에 대해 500 J의 일을 하였다.

3.4 기체의 팽창과 압축에 의한 일

기체가 팽창하면 외부에 일을 하게 된다. 기체의 압력이 P일 때 체적변화가 dV이면 기체가 한 일 δW는

$$\delta W = P dV \quad \cdots\cdots\cdots\cdots (3.7)$$

이고, 상태 1과 2 사이의 일(${}_1W_2$)은 다음과 같다.[2)]

$${}_1W_2 = \int_1^2 \delta W = \int_{V_1}^{V_2} P dV \quad \cdots\cdots\cdots\cdots (3.8)$$

2) 식 (3.7), (3.8)을 잘 알아두도록 한다. 기체의 일에 대한 기본 식이다.

기호 $_1W_2$는 상태 1에서 상태 2까지 변하는 동안(상태변화 1→2) 기체가 한 일을 나타낸다. 식 (3.8)로부터 기체가 한 일은 $P-V$ 선도에서 그래프 아래의 면적과 같다는 것을 알 수 있다.

기체가 압축될 때는 외부로부터 일을 받는다. 이와 같은 기체의 팽창이나 압축에 의한 일은 계의 경계가 이동할 때 발생하므로 '이동 경계일' 또는 간단하게 '경계일'이라고 한다. 견고한 용기 내에 있는 기체는 계의 경계가 변하지 않으므로 이동 경계일이 0이다. 즉, 견고한 용기 내에 있는 기체가 한 일은 0이다.

설명 [그림 3.4]와 같은 피스톤과 실린더 사이의 기체가 팽창하여 피스톤이 상태 ①에서 ②로 이동하는 경우를 고려해 보자. 실린더 안에서의 압력 P에 의해 피스톤에 작용하는 힘은

$$F = PA$$

이므로 피스톤이 dx만큼 이동하였을 때 한 일은

$$\delta W = Fdx = PA\,dx = Pd\,V \quad (\because \ A\,dx = d\,V)$$

가 된다. 상태변화를 $P-V$ 선도로 나타나면 그림과 같이

①-②-b-a-①

의 면적이 기체의 팽창에 의한 일 $_1W_2$가 된다. 따라서 기체의 상태가 ①에서 ②로 변할 때 한 일은

$$_1W_2 = \int_{V_1}^{V_2} Pd\,V$$

이다.

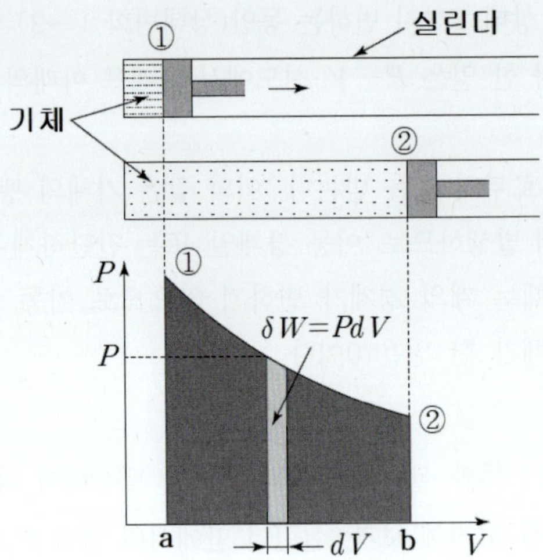

[그림 3.4] 기체의 팽창에 의한 일

압력 P가 일정한 상태에서 기체의 부피가 V_1에서 V_2로 변할 때 기체가 외부에 대해 한 일(W)은

$$W = P(V_2 - V_1) \quad \cdots\cdots (3.9)$$

이다. [그림 3.4]와 같이 체적의 압축과 팽창만이 관계되는 단순시스템인 경우

$$\delta W = PdV \quad \cdots\cdots (3.10)$$

이므로 열역학 제1법칙은 다음과 같이 쓸 수 있다.

$$\delta Q = dU + PdV \quad \cdots\cdots (3.11)$$

† **[일의 부호]** 열역학에서는 편의상 시스템이 외부에 일을 수행하였을 때의 일을 양(+), 외부로부터 일을 받았을 때의 일을 음(−)의 값으로 나타낸다. 기체가 압축된다면 기체가 한 일은 음(−)이 된다. 즉, 기체는 외부로부터 일을 받아서 압축된다. 열역학 제1법칙을 적용할 때는 일의 부호에 주의해야 한다.

[예제 3.5] 피스톤-실린더 장치 안에 압력 200kPa, 부피 $0.01m^3$의 기체가 들어 있다. 실린더를 가열하면 기체가 팽창하게 되는데 팽창 과정 중에 압력이 일정하게 유지된다고 가정한다. 이때 기체의 부피가 $0.03m^3$으로 증가하였을 때 기체가 한 일[kJ]을 구하라.

풀이 압력 $P = 200kPa$로 일정하고, 기체가 외부로부터 열을 받아서 기체의 부피가 $V_1 = 0.01m^3$에서 $V_2 = 0.03m^3$으로 팽창하였다. 압력이 일정하므로 기체가 한 일 (W)은 다음과 같다.

$$W = \int_1^2 PdV = P(V_2 - V_1) = 200kPa \times (0.03 - 0.01)m^3$$

$$= 4\,\frac{kN}{m^2} \cdot m^3 = 4\,kN \cdot m = 4\,[kJ]$$

기체가 열을 받고 팽창하면서 $W = 4\,[kJ]$의 일을 하였다.

[예제 3.6] 일정량의 기체의 부피와 압력이 그림과 같이 상태 1에서 2로 변화하였다. 다음을 구하라.

(1) 상태 1의 압력과 부피가 각각 P_1, V_1이고, 상태 2의 압력과 부피가 각각 P_2, V_2일 때 기체가 한 일

(2) $P_1 = 100kPa$, $V_1 = 2m^3$, $P_2 = 200kPa$, $V_2 = 6m^3$일 때 기체가 한 일[kJ]

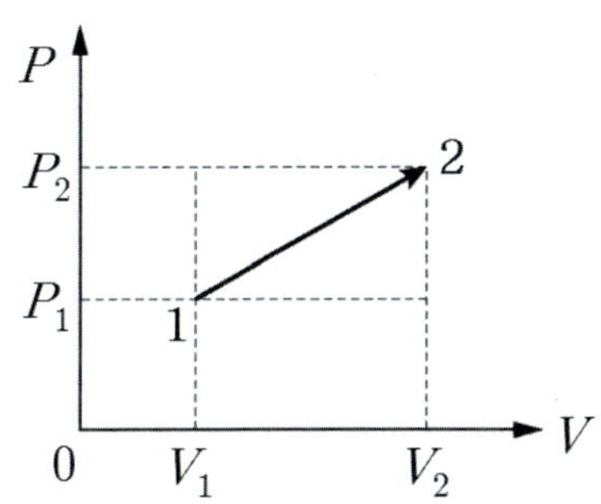

[그림 3.5]

풀이 기체가 한 일은 $P-V$ 선도에서 그래프 아래 면적과 같다.

(1) 그림에서 기체가 한 일(W)은 사다리꼴 (1-2-V_2-V_1-1)의 면적이다. 여기에서 사다리꼴의 면적은 $\frac{1}{2}$(밑변 + 윗변) × (높이)이므로

$$W = \frac{1}{2}(P_2 + P_1)(V_2 - V_1)$$

이다.

(2) 주어진 값을 대입하면 기체가 한 일 W[kJ]은 다음과 같다.

$$W = \frac{1}{2}(P_2 + P_1)(V_2 - V_1) = \frac{1}{2}(200 + 100)(6 - 2) = 600\,[\mathrm{kJ}]$$

이상에서 $\mathrm{kPa} \cdot \mathrm{m}^3 = \frac{\mathrm{kN}}{\mathrm{m}^2} \cdot \mathrm{m}^3 = \mathrm{kN} \cdot \mathrm{m} = \mathrm{kJ}$ 이다.

[예제 3.7] 압력 200 kPa, 부피 $0.02\,\mathrm{m}^3$의 기체가 압력이 일정한 상태에서 부피가 $0.05\,\mathrm{m}^3$으로 팽창하였다. 팽창 과정에서 기체의 내부에너지가 8 kJ 증가하였다면 기체가 외부에 대해 한 일[kJ]과 기체가 흡수한 열량[kJ]은 얼마인가?

풀이 일정한 압력 $P = 200\,\mathrm{kPa}$, 초기상태 부피 $V_1 = 0.02\,\mathrm{m}^3$, 팽창 후 최종상태 부피 $V_2 = 0.05\,\mathrm{m}^3$, 내부에너지 변화량 $\Delta U = 8\,\mathrm{kJ}$ 이다.

(1) 압력이 일정하므로 기체가 외부에 대해 한 일(W)은 다음과 같다.

$$W = P(V_2 - V_1) = 200\,\mathrm{kPa} \times (0.05 - 0.02)\mathrm{m}^3$$
$$= 6\,\mathrm{kPa} \times \mathrm{m}^3 = 6\,[\mathrm{kJ}]$$

(2) 열역학 제1법칙에 의해 기체가 흡수한 열량(Q)은 다음과 같다.

$$Q = \Delta U + W = 8\mathrm{kJ} + 6\,\mathrm{kJ} = 14\,[\mathrm{kJ}]$$

이 계는 14 kJ 의 열을 외부로부터 받아서 6 kJ 의 일을 하고, 나머지 8 kJ 의 에너지는 내부에너지 형태로 계에 저장되었다. 이 경우는 기체가 외부로부터 가열되는 경우에 해당된다.

> **[예제 3.8]** 압력 $200\,\mathrm{kPa}$, 부피 $0.08\,\mathrm{m}^3$의 기체가 압력이 일정한 상태에서 부피가 $0.03\,\mathrm{m}^3$으로 수축되었다. 수축 과정에서 내부에너지가 $5\,\mathrm{kJ}$ 감소하였을 때 기체가 받은 일[kJ]과 기체가 방출한 열량[kJ]을 구하라.

풀이 일정한 압력 $P=200\,\mathrm{kPa}$, 초기상태 부피 $V_1=0.08\,\mathrm{m}^3$, 수축 후 최종상태 부피 $V_2=0.03\,\mathrm{m}^3$, 내부에너지 변화 $\Delta U=-5\,\mathrm{kJ}$이다.

(1) 압력이 일정하므로 기체가 한 일(W)은

$$
\begin{aligned}
W=P(V_2-V_1) &= 200\,\mathrm{kPa}\times(0.03-0.08)\mathrm{m}^3 \\
&= -10\,\mathrm{kPa}\times\mathrm{m}^3 \\
&= -10\,[\mathrm{kJ}]
\end{aligned}
$$

이다. 여기에서 $W<0$이므로 기체는 $10\,\mathrm{kJ}$의 일을 외부로부터 받았다.

(2) 열역학 제1법칙에 의해 기체가 받은 열량(Q)은

$$
Q=\Delta U+W=-5\,\mathrm{kJ}-10\,\mathrm{kJ}=-15\,[\mathrm{kJ}]
$$

이다. 여기에서 $Q<0$이므로 기체는 $15\,\mathrm{kJ}$의 열을 외부로 방출하였다.

† [예제 3.8]은 기체가 냉각되어 수축하는 경우에 해당된다. 열역학 제1법칙을 적용하고 해석할 때는 열(Q)과 내부에너지 변화(ΔU)의 부호를 잘 이해하도록 한다. $Q=\Delta U+W$는 계로 유입되는 열을 (+)로 할 때의 식이다. 계가 방출하는 열을 (+)로 하면 1법칙은 $-Q=\Delta U+W$가 된다.

3.5 엔탈피

1 엔탈피의 정의

다음과 같이 새로운 상태량 엔탈피(enthalpy, H)를 정의한다.[3)]

3) 엔탈피의 정의를 알아두도록 한다. 특히 동력사이클과 냉동사이클을 해석할 때 아주 많이 사용되는 물리량이다.

$$H = U + PV \qquad \cdots\cdots\cdots\cdots\cdots (3.12)$$

U, P, V는 각각 내부에너지, 압력, 부피를 나타낸다. 이 식을 질량 m으로 나누어주면 단위질량당 엔탈피(비엔탈피, h)는 다음과 같다.

$$h = u + Pv\ ,\ h = \frac{H}{m} \qquad \cdots\cdots\cdots\cdots\cdots (3.13)$$

여기에서, u는 비내부에너지이고 v는 비체적이다.

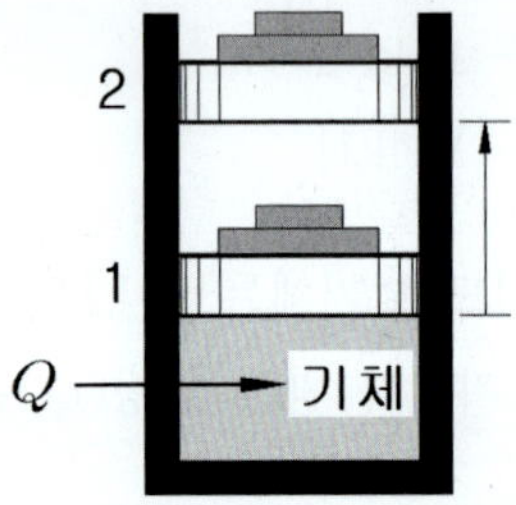

[그림 3.6] 정압과정

설명 [그림 3.6]과 같이 외부로부터 열을 받아서 부피가 V_1에서 V_2로 변화하는 준 평형 정압과정을 살펴보자. 마찰 없는 실린더에서 기체의 압력은 일정하게 유지된다. 실린더 속의 기체가 상태 1에서 2로 변화할 때 열역학 제1법칙을 적용하면 기체로의 전달열량($_1Q_2$)은 다음과 같다.

$$_1Q_2 = U_2 - U_1 + {_1W_2}$$

여기에서 압력이 일정하므로($P_1 = P_2 = P$)

$$_1W_2 = \int_1^2 P\,dV = P\int_1^2 dV = P(V_2 - V_1) = P_2V_2 - P_1V_1$$

이다. 따라서 전달된 열량($_1Q_2$)은

$$\begin{aligned} _1Q_2 &= U_2 - U_1 + P_2V_2 - P_1V_1 \\ &= (U_2 + P_2V_2) - (U_1 + P_1V_1) = H_2 - H_1 \end{aligned}$$

$$ {}_1Q_2 = H_2 - H_1 = \Delta H \qquad (3.14) $$

가 된다. 이 식으로부터 이 과정에서 전달된 열량은 초기상태와 최종상태의 $U+PV$의 차이로 나타난다는 것을 알 수 있다. 여기에서 U, P, V가 모두 열역학 상태량이므로 이들의 조합인 $U+PV$도 하나의 상태량이다. 이 조합을 간단하고 편리하게 사용하기 위하여 새로운 종량적 상태량을 엔탈피로 정의하고 H로 나타낸다. 압력과 부피의 곱 PV의 단위는 내부에너지와 마찬가지로 에너지의 단위이다. 단위질량당 엔탈피 h를 비엔탈피라고 하고, 전체 질량의 엔탈피 H를 총 엔탈피라고 한다. 식 (3.14)는 다음과 같은 중요한 사실을 말해준다.

"압력이 일정한 과정에서 계로 전달된 열량은 계의 엔탈피 변화량과 같다."

엔탈피는 특히 [그림 3.7]과 같이 검사체적을 통하여 질량의 출입이 있는 시스템을 해석할 때 자주 나타난다. 엔탈피를 사용하여, 작업유체가 순환하는 동력사이클이나 냉동사이클을 편리하게 해석할 수 있다.

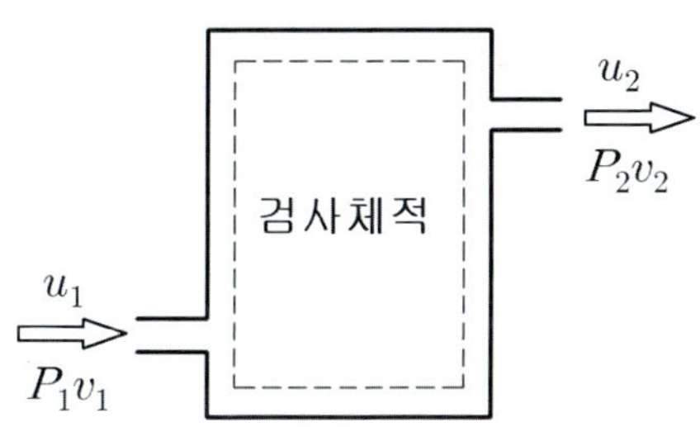

[그림 3.7] $u+Pv$는 질량의 출입이 있는 시스템을 해석할 때 자주 나타난다.

2 엔탈피와 에너지 보존 방정식

밀폐된 단순압축성 시스템에 대한 에너지 보존법칙을 엔탈피를 사용하여 나타내면 다음과 같다.

$$ \delta Q = dH - VdP \qquad (3.15) $$

설명 엔탈피의 정의 $H = U + PV$ 에서 양변을 미분하면

$$dH = dU + PdV + VdP$$

이다. 따라서

$$dU + PdV = dH - VdP$$

이므로 에너지 보존 방정식은 $\delta Q = dU + PdV = dH - VdP$ 가 된다.

[예제 3.9] 압력이 일정하게 유지되는 어떤 계를 가열하였을 때 계의 엔탈피가 50 kJ 증가하고, 내부에너지가 30 kJ 증가한다면 가열 과정에서 계가 한 일은 얼마인가?

풀이 가열 후 계의 엔탈피 변화량 $\Delta H = 50\text{kJ}$, 내부에너지 변화량 $\Delta U = 30\text{kJ}$이다. 압력이 일정할 때 계로 전달된 열량(Q)은 계의 엔탈피 변화량(ΔH)과 같으므로

$$Q = \Delta H = 50\text{kJ}$$

이고, 열역학 제1법칙에 의해 계가 한 일(W)은 다음과 같다.

$$W = Q - \Delta U = 50\,\text{kJ} - 30\,\text{kJ} = 20\,[\text{kJ}]$$

[예제 3.10] 어떤 기체가 가열되어 압력 100 kPa, 부피 0.1 m^3에서 압력 200 kPa, 부피 0.3 m^3으로 변화하였다. 이 과정에서 기체의 내부에너지가 25 kJ 증가하였다면 엔탈피 변화는 얼마인가?

풀이 초기상태 압력 $P_1 = 100\text{kPa}$, 부피 $V_1 = 0.1\text{m}^3$이고, 가열 후 최종상태 압력 $P_2 = 200\text{kPa}$, 부피 $V_2 = 0.3\text{m}^3$이며, 내부에너지 변화량 $\Delta U = 25\text{kJ}$이다. 초기상태(1)와 최종상태(2)의 엔탈피는 각각

$$H_1 = U_1 + P_1 V_1, \quad H_2 = U_2 + P_2 V_2$$

이고, 엔탈피 변화(ΔH)는

$$\begin{aligned}\Delta H = H_2 - H_1 &= (U_2 - U_1) + (P_2 V_2 - P_1 V_1) \\ &= \Delta U + (P_2 V_2 - P_1 V_1) \\ &= 25\,\text{kJ} + (200 \times 0.3 - 100 \times 0.1)\,\text{kPa} \cdot \text{m}^3 \\ &= 25\,\text{kJ} + 50\,\text{kJ} = 75\,[\text{kJ}]\end{aligned}$$

이다. 즉, 엔탈피가 75 kJ 증가하였다.

[예제 3.11] 압력이 일정하게 유지되는 밀폐계가 상태변화 할 때 계로 전달된 열량은 계의 엔탈피 변화량과 같다는 것을 보여라.

풀이 압력이 일정하므로 $dP = 0$이다. 따라서 열역학 제1법칙에서

$$\delta Q = dH - VdP = dH$$
$$\therefore \ \delta Q = dH$$

이고, 이 식을 적분하면 계로 전달된 열량(Q)은

$$Q = \Delta H$$

이다. 즉, 압력이 일정한 과정에서 계로 전달된 열량은 계의 엔탈피 변화량과 같다.

3.6 정상유동에서 에너지 보존 방정식

유체가 흐를 때 검사체적에 대한 열역학적 과정은 정상유동과 비정상유동 과정으로 나눌 수 있다. 정상유동에서는 고정된 위치에서의 상태량이 시간에 따라 변하지 않으면서 검사체적을 통해 유체가 들어오고 나간다. 따라서 정상유동에서는 검사체적 내의 질량과 에너지가 일정하게 유지된다.[4)]

4) 조금 더 자세히 말하면 '정상상태 정상유동'이지만 간단하게 '정상유동'이라고 하였다.

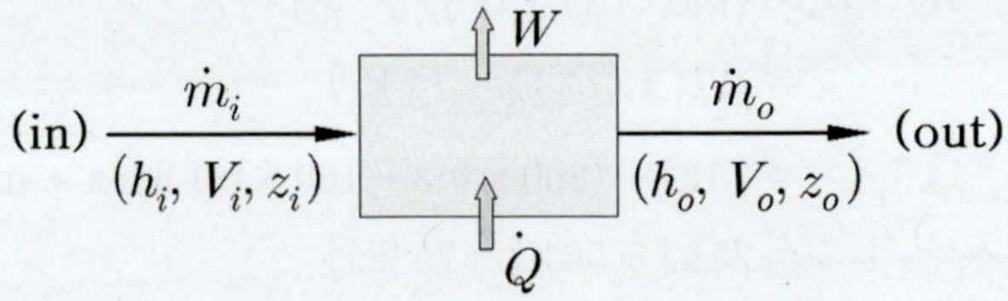

[그림 3.8] 정상유동에서 에너지 출입

[그림 3.8]과 같이 단위시간당 계로 유입된 열량($\dot{Q}$)과 단위시간당 계가 한 일($\dot{W}$)을 양(+)으로 잡으면 정상유동에 대한 질량과 에너지 보존 방정식은 다음과 같다. 유동유체의 질량유량은 $\dot{m}$이고, 단위질량당 에너지는 $h + V^2/2 + gz$이다. 여기에서 h, $V^2/2$(V는 유체의 속도), gz는 각각 유체의 단위질량당 엔탈피, 운동에너지, 위치에너지이다.

$$\sum \dot{m}_i = \sum \dot{m}_o \quad \cdots\cdots (3.16)$$

$$\dot{Q} + \sum \dot{m}_i \left(h_i + \frac{V_i^2}{2} + gz_i \right) = \dot{W} + \sum \dot{m}_o \left(h_o + \frac{V_o^2}{2} + gz_o \right) \quad \cdots\cdots (3.17)$$

일반적인 검사체적에서는 여러 경로로 질량이 들어오거나 나갈 수 있으므로 위와 같이 각각의 출입구에서 질량과 에너지를 모두 합한 형태로 표현된다. 그런데 실제 문제에서는 입구와 출구가 각각 하나씩인 경우가 많고, 이 경우에는 식 (3.16)과 (3.17)을 다음과 같이 쓸 수 있다.

$$\dot{m}_i = \dot{m}_o = \dot{m} \quad \cdots\cdots\cdots\cdots\cdots (3.18)$$

$$\dot{Q} + \dot{m} \left(h_i + \frac{V_i^2}{2} + gz_i \right) = \dot{W} + \dot{m} \left(h_o + \frac{V_o^2}{2} + gz_o \right) \quad \cdots\cdots\cdots\cdots\cdots (3.19)$$

식 (3.19)를 단위질량당 열전달량(q)과 일(w)로 나타내면 다음과 같다.

$$q + \left(h_i + \frac{V_i^2}{2} + gz_i \right) = w + \left(h_o + \frac{V_o^2}{2} + gz_o \right) \quad \cdots\cdots\cdots\cdots\cdots (3.20)$$

여기에서

$$q = \frac{\dot{Q}}{\dot{m}}, \quad w = \frac{\dot{W}}{\dot{m}} \quad \cdots\cdots\cdots\cdots\cdots (3.21)$$

이다. q와 w의 단위는 모두 kJ/kg이다. q와 w는 입구와 출구가 각각 한 개씩인 정상유동 과정에서 검사체적으로 전달된 단위질량당 열량과 검사체적이 한 단위질량당 일을 나타낸다.

증기 동력사이클과 냉동사이클에서 사용하는 보일러, 노즐, 터빈, 압축기, 펌프 등의 장치는 모두 입구와 출구가 각각 하나씩인 장치에 속하므로 식 (3.20)을 사용하여 간편하게 해석할 수 있다.

특히 운동에너지($V^2/2$)와 위치에너지(gz)의 변화량이 열전달량(q)과 일(w) 및 상태변화에 따른 엔탈피(h) 차이보다 아주 작은 경우에는 이 항들을 무시할 수 있다. 이 경우에는 식 (3.20)이 다음과 같이 간단하게 표현된다.

$$q + h_i = w + h_o \quad \cdots\cdots\cdots\cdots\cdots (3.22)$$

일반적으로 증기 동력사이클과 냉동사이클을 해석할 때는 식 (3.22)를 많이 사용한다.

[참고 3.1] 유동일과 유동유체의 에너지

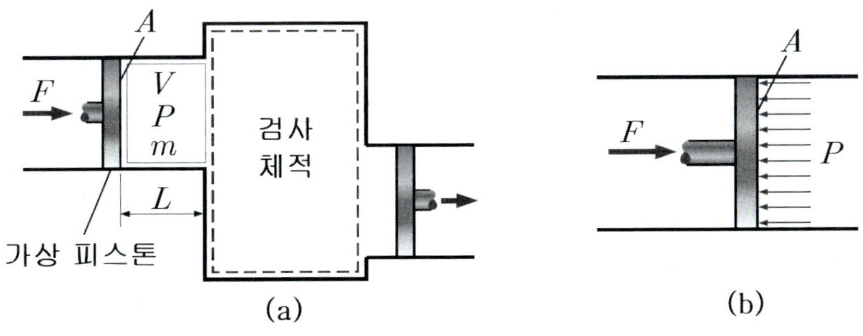

[그림 3.9] (a) 유동일의 개략도 (b) 가상 피스톤에 작용하는 힘

검사체적의 경계를 통과하는 질량유량이 있을 때, 질량을 검사체적 안으로 밀어 넣거나 검사체적 밖으로 밀어내기 위한 일이 필요하다. 이와 같은 일을 유동일(flow work) 또는 유동에너지라 한다.[5)]

5) 유동일은 참고로 하고 식 (3.19)의 에너지 보존 방정식을 알고 사용할 줄 알면 된다.

유동일을 구하기 위해 [그림 3.9(a)]와 같은 체적이 V인 유체요소를 고려한다. 상류 유체는 이 유체요소가 검사체적 안으로 들어가도록 힘을 가한다. 따라서 그림과 같이 가상의 피스톤이 유체요소를 밀어주는 것을 생각할 수 있다.

[그림 3.9(b)]와 같이 유체의 압력이 P이고 유체요소의 단면적이 A이면 가상 피스톤에 의해 유체요소에 작용하는 힘은 $F = PA$이다. 그리고 유체요소를 전부 검사체적에 밀어 넣기 위해서는 이 힘이 작용하여 거리 L을 통과해야 한다. 따라서 경계를 통하여 유체요소를 밀어 넣기 위해 한 일, 즉, 유동일은 다음과 같다.

$$W_{flow} = FL = (PA)L = P(AL) = PV\,[\text{kJ}] \quad \text{①}$$

단위질량당 유동일은 이 식의 양변을 유체요소의 질량(m)으로 나누면 된다.

$$w_{flow} = Pv\,[\text{kJ/kg}] \quad \text{②}$$

여기에서 v는 유체의 비체적(V/m)이다. 유동일에 대한 관계식은 유체가 검사체적 안으로 밀어 넣어질 때나 검사체적 밖으로 밀어 내어질 때나 동일하다.

단순압축성 계의 총 에너지는 내부에너지와 운동에너지 및 위치에너지로 구성되어 있다. 단위질량당 단순압축성 계의 총 에너지는 다음과 같다.

$$e = u + \frac{V^2}{2} + gz \quad [\text{kJ/kg}] \quad \text{③}$$

여기에서 V는 속도이고, z는 기준면에 대한 계의 높이이다.

위에서 설명한 바와 같이 검사체적을 출입하는 유체는 유동에너지 Pv를 추가로 가지고 있다. 따라서 단위질량당 유동유체의 총 에너지는 다음과 같다.

$$\theta = e + pv = \left(u + \frac{V^2}{2} + gz\right) + pv = (u + pv) + \frac{V^2}{2} + gz \quad [\text{kJ/kg}] \quad \text{④}$$

여기에서 $u + Pv$는 엔탈피(h)로 정의되어 있으므로 위 식은 다음과 같이 간단하게 표현된다.

$$\theta = h + \frac{V^2}{2} + gz \quad [\text{kJ/kg}] \quad \text{⑤}$$

이와 같이 엔탈피를 사용하면, 검사체적을 출입하는 유체의 내부에너지와 유동일은 엔탈피에 의해 자동적으로 처리된다. 사실상 이것이 상태량으로서 엔탈피를 정의하는 주된 이유이다. 검사체적을 출입하는 단위질량당 유동유체의 총 에너지는 식 ⑤로 간단하게 표현된다.

[예제 3.12] **[터빈]** 그림과 같은 단열 증기터빈의 출력동력이 $\dot{W}_t = 7[\mathrm{MW}]$이다. 터빈 입구(1)와 출구(2)에서 비엔탈피(h)와 유속(V)이 다음과 같을 때, 터빈을 통과하는 단위질량 수증기가 한 일 $w_t[\mathrm{kJ/kg}]$과 수증기의 질량유량 $\dot{m}[\mathrm{kg/s}]$을 구하라. 단, 정상유동이고, 위치에너지는 무시한다.

$$h_1 = 3250[\mathrm{kJ/kg}],\quad V_1 = 50[\mathrm{m/s}]$$
$$h_2 = 2360[\mathrm{kJ/kg}],\quad V_2 = 180[\mathrm{m/s}]$$

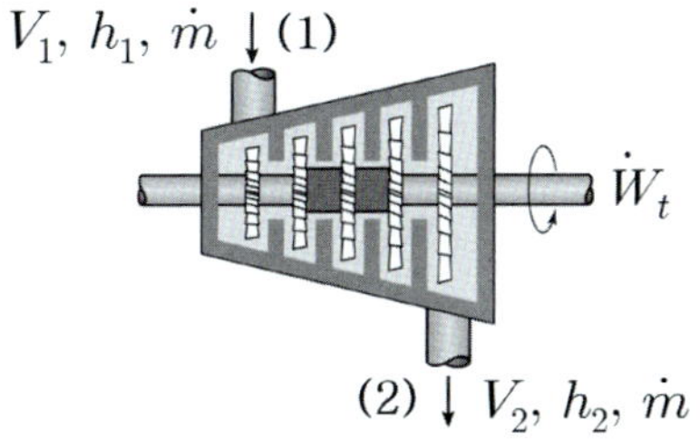

[그림 3.10] 단열 증기터빈

풀이 단열이므로 $q=0$이고, 위치에너지는 무시한다. 이와 같은 조건 하에 터빈에서 에너지 보존 식 (3.20)을 적용하여 단위질량 수증기가 한 일을 구한다.

$$q + \left(h_1 + \frac{V_1^2}{2} + gz_1\right) = w_t + \left(h_2 + \frac{V_2^2}{2} + gz_2\right)$$

$$0 + \left(h_1 + \frac{V_1^2}{2} + 0\right) = w_t + \left(h_2 + \frac{V_2^2}{2} + 0\right)$$

$$w_t = (h_1 - h_2) + \frac{1}{2}(V_1^2 - V_2^2)$$

$$= (3250 - 2360) + \frac{1}{2}(50^2 - 180^2) \times \frac{1}{1000} = 875[\mathrm{kJ/kg}]$$

그리고 식 (3.21)로부터 수증기의 질량유량은 다음과 같다.

$$\dot{m} = \frac{\dot{W}_t}{w_t} = \frac{7\times10^3\text{kW}}{875\text{kJ/kg}} = 8[\text{kg/s}]$$

w_t를 구할 때 $[V^2] = \frac{\text{m}^2}{\text{s}^2} = \left(\text{kg}\cdot\frac{\text{m}}{\text{s}^2}\right)\cdot\text{m}\times\frac{1}{\text{kg}} = \frac{\text{N}\cdot\text{m}}{\text{kg}} = \frac{\text{J}}{\text{kg}}$이므로 단위를 kJ/kg으로 하기 위해 1/1000을 곱하였다.

[예제 3.13] **[압축기]** 그림은 공기를 흡입하여 압축하는 압축기를 나타낸다. 압축기 입구와 출구의 비엔탈피는 각각 h_1과 h_2이고, 압축기에서 발생하는 열손실은 q_{out}이며. 공기의 질량유량은 $\dot{m}$이다. 이 값들이 다음과 같을 때 압축기 입력동력 $\dot{W}_C$[kW]을 구하라. 단, 정상유동이고, 운동에너지와 위치에너지는 무시한다.6)

$$h_1 = 300\text{kJ/kg},\ h_2 = 400\text{kJ/kg}$$
$$q_{out} = 20\text{kJ/kg},\ \dot{m} = 0.02[\text{kg/s}]$$

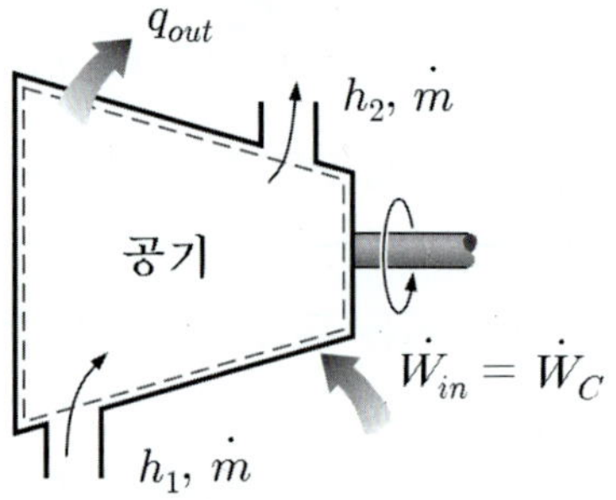

[그림 3.11] 압축기

풀이 운동에너지와 위치에너지를 무시하고, 압축기에서 에너지 보존 식을 적용하여 먼저 단위질량당 압축기 입력동력(w_C)을 구한다.

$$\left(h_1 + \frac{V_1^2}{2} + gz_1\right) + w_C = \left(h_2 + \frac{V_2^2}{2} + gz_2\right) + q_{out}$$
$$(h_1 + 0 + 0) + w_C = (h_2 + 0 + 0) + q_{out}$$

6) 작동유체가 이상기체인 경우, 입구와 출구의 온도가 주어지면 정압비열을 사용하여 입구와 출구의 엔탈피 차이를 구할 수 있다(5장).

$$w_C = (h_2 - h_1) + q_{out}$$
$$= (400 - 300) + 20 = 120\,[\text{kJ/kg}]$$

따라서 압축기 입력동력 $\dot{W}_C$[kW]은 다음과 같다.

$$\dot{W}_C = \dot{m}\, w_C = 0.02\frac{\text{kg}}{\text{s}} \times 120\frac{\text{kJ}}{\text{kg}} = 2.4\,[\text{kW}]$$

† [예제 12, 13]에서 터빈과 압축기의 입구와 출구에서 엔탈피 값을 주었는데, 실제 문제에서는 압력과 온도 등이 주어지고 상태량이 기록되어 있는 표로부터 그 값을 찾는다. 표가 주어지면 주어진 온도와 압력 등에 해당하는 엔탈피 값을 읽으면 된다. 그리고 특히 작업유체가 이상기체인 경우 정압비열(C_p)로써 입구와 출구의 비엔탈피 차이 $\Delta h = C_p \Delta T$(ΔT는 입구와 출구의 온도차)를 구할 수 있다(5장). 그 이후 해석 방법은 같다. 중요한 것은 에너지 보존에 대한 개념을 확립하는 것이다.

[보충 학습 3.1] 터빈과 압축기

정상유동에서 에너지 보존 방정식을 간단하게 표현하면 다음과 같다.

(계로 유입되는 총 에너지) = (계에서 나가는 총 에너지)

일반적으로 '**터빈은 작업유체로부터 에너지를 얻고**(에너지 출력=계에서 나가는 에너지)', '**압축기와 펌프는 작업유체에 에너지를 공급**한다(에너지 입력=계로 유입되는 에너지).' 이것만 알면 위 두 예제에 대한 에너지 보존 방정식을 쉽게 쓸 수 있다. 모든 것이 에너지 보존 법칙에 대한 개념이다.

$$\dot{m}\left(h_i + \frac{V_i^2}{2} + g z_i\right) = \dot{m}\left(h_o + \frac{V_o^2}{2} + g z_o\right) + \dot{W}_t + \dot{Q}_{out} : \text{터빈 출력동력 } \dot{W}_t$$

$$\dot{m}\left(h_i + \frac{V_i^2}{2} + g z_i\right) + \dot{W}_C = \dot{m}\left(h_o + \frac{V_o^2}{2} + g z_o\right) + \dot{Q}_{out} : \text{압축기 입력동력 } \dot{W}_C$$

여기에서 $\dot{Q}_{out}$은 터빈과 압축기에서의 열손실(외부로 방출되는 열)이다.

3.7 교축장치

교축장치는 큰 유체 압력강하를 일으키는 유동 제어 기구이다. 교축장치에는 밸브와 다공성 플러그 등이 있다[그림 3.12]. 유체의 압력강하는 때로는 온도강하와 함께 나타난다. 이러한 이유로 인하여 냉동 장치나 공기 조화 장치에서 교축장치를 사용한다.

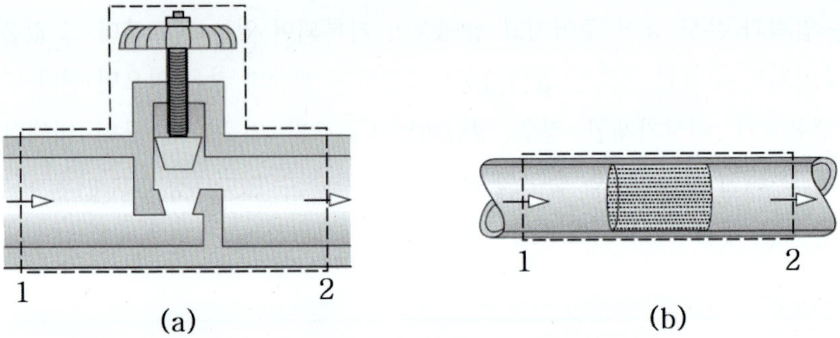

[그림 3.12] 교축장치: (a) 밸브 (b) 다공성 플러그

일반적으로 교축장치를 통과하는 유동은 단열($Q=0$)이고 발생하는 일이 없으며 ($W=0$), 유체의 위치에너지와 운동에너지를 무시할 수 있다. 따라서 입구(1)와 출구(2)가 각각 하나씩인 이러한 정상 유동에 대한 에너지 보존 식은 다음과 같다.

$$h_1 = h_2 \qquad (P_2 < P_1) \tag{3.23}$$

즉, 교축장치 전후의 엔탈피가 일정하다. 따라서 교축장치를 등엔탈피 장치라고도 한다. 밸브나 다른 저항 장치에서의 유동이 이와 같이 이상화될 때 이 과정을 교축과정이라 한다.

교축과정의 결과는 유체에 따라 다르다. 이상기체에서는 엔탈피가 온도만의 함수 $h=h(T)$이므로 엔탈피가 일정한 교축과정은 등온과정이 되어 온도변화가 없다. 그러나 냉동기의 냉매인 이산화탄소, 암모니아 등과 같은 실제기체에서는 교축과정에 의해 압력강하와 함께 온도가 낮아진다. 이와 같은 현상을 줄-톰슨 효과라 하고 다음과 같이 정의되는

$$\mu_J = \left(\frac{\partial T}{\partial P}\right)_h \quad \cdots\cdots\cdots\cdots\cdots (3.24)$$

를 줄-톰슨(Jolue-Thomson) 계수라 한다. 비열과 같이 줄-톰슨 계수도 열역학적 상태량으로 정의되어 있으므로 그 자신도 물질의 상태량이다.

줄-톰슨 계수는 압력에 따른 온도 변화율을 나타낸다. 이상기체인 경우에는 엔탈피가 일정할 때 $dh = C_p dT = 0$ 으로부터 $dT = 0$ 이고 $\mu_J = \left(\frac{\partial T}{\partial P}\right)_h = 0$ 이 된다. 즉, 이상기체의 교축과정에서 $\mu_J = 0$ 이고 온도 변화가 없다. $\mu_J > 0$ 인 경우에는 압력강하와 함께 온도가 낮아진다는 것을 나타낸다. 교축과정은 유체를 단열 팽창시킴으로써 온도를 낮추는 수단으로 많이 이용되고 있다.

[예제 3.14] 700kPa, 300℃의 수증기를 200kPa까지 교축하였다. 교축 후 온도가 292℃로 낮아졌을 때 평균 줄-톰슨 계수(μ_J)를 구하라.

풀이 교축 전의 압력 $P_1 = 700\,\text{kPa}$, 온도 $T_1 = 300$℃이고, 교축과정을 거친 후의 압력 $P_2 = 200\,\text{kPa}$, 온도 $T_2 = 292$℃이므로 평균 줄-톰슨 계수(μ_J)는 다음과 같다.

$$\mu_J = \frac{\Delta T}{\Delta P} = \frac{T_2 - T_1}{P_2 - P_1} = \frac{292 - 300}{200 - 700}\,[\text{K/kPa}] = 0.016\,[\text{K/kPa}]$$

연습문제 3

01 단열된 밀폐계의 내부에너지가 500 kJ 감소하였다. 계가 한 일은 얼마[kJ]인가?

02 단열된 밀폐계의 내부에너지가 400 kJ 증가하였다면 계가 한 일은 얼마[kJ]인가?

03 어떤 기체가 10 kcal의 열을 받아서 외부에 30 kJ의 일을 하였다. 기체의 내부에너지 변화는 몇 kJ 인가? 1 kcal = 4.2kJ 이다.

04 압력 300 kPa, 부피 0.04 m^3의 기체가 일정한 압력 하에서 15 kJ의 열을 외부로 방출하고 수축하여 부피가 0.02 m^3이 되었다. 기체가 한 일[kJ]과 내부에너지 변화[kJ]를 구하라.

05 어떤 기체의 부피가 $2 \times 10^{-3}\,m^3$에서 $5 \times 10^{-3}\,m^3$으로 팽창하였다. 팽창과정 중에 압력은 3×10^5 Pa로 일정하며 내부에너지가 1200J 증가하였다.

(1) 기체가 외부에 대해 한 일은 몇 J 인가?

(2) 기체가 흡수한 열은 몇 cal인가? 1 cal = 4.2J 이다.

06 기체의 압력을 100 kPa로 일정하게 유지하면서 5 kcal의 열이 기체에 유입되었을 때 기체의 부피가 0.03 m^3 증가하였다. 기체의 내부에너지 변화[kJ]를 구하라.

07 실린더 안의 기체에 10 kcal의 열량을 가하여 기체가 1500 kgf • m의 일을 하였다면 기체의 내부에너지 변화량은 몇 kcal인가? 중력가속도 $g = 9.8 m/s^2$ 이다.

08 기체의 상태가 압력 100 kPa, 부피 0.2 m^3에서 압력 300 kPa, 부피 0.5 m^3으로 변하였다. 이 과정에서 기체의 내부에너지가 100 kJ 증가하였을 때 엔탈피 변화[kJ]를 구하라.

09 어떤 기체의 상태가 압력 20N/cm^2, 부피 0.4 m^3에서 압력 50N/cm^2, 부피 1.2 m^3으로 변하였다. 이 과정에서 기체의 내부에너지 변화가 없다면 엔탈피 변화량은 몇 kJ 인가?

10 기체가 냉각되어 압력 150 kPa, 부피 0.4 m^3에서 압력 100 kPa, 부피 0.2 m^3으로 변하였다. 내부에너지가 20 kJ 감소하였다면 엔탈피 변화[kJ]는 얼마인가?

11 압력 200kPa, 부피 0.4m^3의 공기가 일정한 압력 하에서 팽창하여 부피가 0.7m^3이 되었다. 팽창과정에서 내부에너지가 150kJ만큼 증가하였을 때 공기에 유입된 열량[kJ]을 구하라.

12 내부에너지 200kJ, 압력 3bar, 부피 4m^3인 기체의 엔탈피는 몇 kJ인가?

13 어떤 계의 내부에너지가 200kJ 감소하고 외부에 대해 100kJ의 일을 하였다. 이에 대한 설명으로 옳은 것은?

① 계에서 주위로 100kJ의 열이 방출되었다.
② 계가 주위로부터 100kJ의 열을 흡수하였다.
③ 계에서 주위로 300kJ의 열이 방출되었다.
④ 계가 주위로부터 300kJ의 열을 흡수하였다.

14 어떤 열역학적 계의 내부에너지가 500J 감소하는 동안에 외부에서 계에 200J의 일을 해주었다. 계에 유입된 열은? 단, 계가 잃은 열은 음(−)의 부호로 나타낸다. [공무원 임용시험]

① 700J ② 300J ③ −300J ④ −700J

15 일정한 압력 10^5Pa 하에서 어떤 실린더 내부 기체의 부피가 0.01m^3에서 0.03m^3으로 팽창하였다. 이 과정에서 1000J의 열이 이 기체에 전달되었다면 이 기체의 내부에너지는 어떻게 변화였는가? [공무원 임용시험]

① 2000J 만큼 감소 ② 1000J 만큼 감소
③ 1000J 만큼 증가 ④ 2000J 만큼 증가

16 어떤 기체가 1atm에서 가역과정을 통해 0.3m^3에서 0.5m^3으로 등압팽창하였을 때 이 기체가 한 일의 양[kJ]은? [공무원 임용시험]

① 10.1 ② 20.3 ③ 30.4 ④ 50.6

17 강성적 상태량(intensive property)으로만 구성된 것은? [공무원 임용시험]

① 내부에너지, 비체적, 온도 ② 몰부피, 밀도, 압력
③ 온도, 몰부피, 엔탈피 ④ 온도, 압력, 부피

18 종량적 상태량(extensive property)에 속하지 않는 것은? [공무원 임용시험]

① 표면장력[dyne/cm] ② 내부에너지[J]
③ 엔트로피[J/K] ④ 부피[m^3]

19 에너지의 소비 없이 계속하여 동력을 발생시킬 수 있는 것은? [기사 시험]

① 증기 원동기 ② 카르노 기관

③ 제1종 영구기관 ④ 제2종 영구기관

20 다음 중 열역학 제1법칙과 가장 관계가 먼 것은? [기사 시험]

① 밀폐계의 내부에너지 변화가 0일 때 경계를 통한 열전달의 합은 계의 일의 총합과 같다.

② 열은 일로 변환될 수 있고 그 역도 가능하다.

③ 열은 본질적으로 일과 같은 에너지의 일종이다.

④ 두 물체의 온도가 제3의 물체의 온도와 같을 때 두 물체의 온도는 서로 같다.

21 절대온도 T에서 어떤 기체의 분자당 평균운동에너지가 $E = kT/2$(k는 볼츠만 상수)로 주어진다고 하자. 절대온도가 $1/2$가 되고 기체분자의 질량이 8배가 된다면, 분자의 제곱평균 제곱근(rms) 속력은 원래 값의 몇 배가 되는가? [공무원 임용시험]

① $\frac{1}{4}$배 ② $\frac{1}{2}$배 ③ 2배 ④ 4배

22 이상기체의 엔탈피가 변하지 않는 과정은? [기사 시험]

① 정압과정 ② 교축과정

③ 가역단열과정 ④ 비가역단열 과정

23 이상기체의 줄–톰슨(Joule–Thomson) 계수를 바르게 나타낸 것은? [기사 시험]

① 0보다 크다 ② 0보다 작다

③ 0이다 ④ 조건에 따라 다르다.

24 기체의 온도와 가장 관계가 있는 것은? [공무원 임용시험]

① 기체 분자의 위치에너지 ② 기체 분자의 진동

③ 기체 분자의 운동에너지 ④ 기체 분자의 회전

25 열(Q) 및 일(W)에 대한 설명 중 옳은 것은? [공무원 임용시험]

① 열역학 제1법칙은 열과 일의 변환 관계를 나타낸다.

② 열은 계에서 외계로 전달될 때 +의 값을 가진다.

③ 열과 일은 공정의 경로에 관계없는 상태함수이다.

④ 열과 일은 서로 변환될 수 없다.

26 10kgf/cm^2의 수증기가 등엔탈피 변화로 압력이 2kgf/cm^2으로 감소하고 온도가 300℃에서 280℃가 되었다면 수증기의 평균 Joule-Thompson 계수[℃ • cm^2/kgf]는? [공무원 임용시험]

① 2.5 ② 0.4 ③ 0.5 ④ 1.5

27 밀폐 시스템에서 압력(P)이 아래와 같이 체적(V)에 따라 변한다고 할 때 체적이 0.1m^3에서 0.3m^3로 변하는 동안 이 시스템이 한 일은 약 몇 J인가? (단, P의 단위는 kPa, V의 단위는 m^3이다.) [기사 시험]

$$P = 5 - 15V$$

① 200 ② 400 ③ 800 ④ 1600

28 온도 300K의 액체 4kg이 단열상태로 일정한 부피의 용기에 담겨 있으며, 이 용기 내부에는 20Ω의 저항체가 들어 있다. 용기 속 저항체에 5A의 전류를 10분간 흐르게 하였을 때 액체의 최종온도[K]는? (단, 액체의 비열은 1250J/kg • K이다.) [공무원 임용시험]

① 350 ② 360 ③ 370 ④ 380

29 밀폐 시스템에서 가역정압과정이 발생할 때 다음 중 옳은 것은? (단, U는 내부에너지, Q는 열량, H는 엔탈피, S는 엔트로피, W는 일량을 나타낸다.) [기사 시험]

① $dH = dQ$ ② $dU = dQ$
③ $dS = dQ$ ④ $dW = dQ$

30 어떤 물질 1000kg이 있고 부피는 1.403m^3이다. 이 물질의 엔탈피가 1344.8kJ/kg이고 압력이 9MPa이라면 물질의 내부에너지는 약 몇 kJ/kg인가? [기사 시험]

① 1332 ② 1284
③ 1048 ④ 875

31 3기압 하에 있는 이상기체의 부피가 5리터에서 10리터로 등압팽창 하였다. 이 기체가 한 일[J]은? (단, 1기압은 10^5Pa로 간주한다.) [공무원 임용시험]

① 0J ② 50J ③ 150J ④ 1500J

32 기체의 부피와 압력의 상태가 그림과 같이 A에서 B로 변화하였다. 이때 기체가 흡수한 열량값[J]은? (단, 기체의 내부에너지는 A상태에서 30J, B상태에서 180J이다.)

[공무원 임용시험]

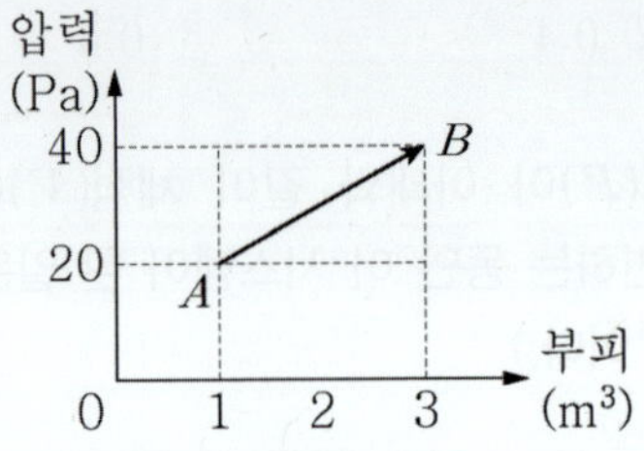

[문제 3.32]

① 60　② 90　③ 150　④ 210

33 어떤 사람이 20℃의 물 10kg을 40℃로 데워서 샤워에 사용했다. 사용한 에너지와 같은 양의 전기에너지를 얻기 위해 낙차 20m인 수력발전소에서 흘러야 하는 물의 양[kg]은? (단, 모든 과정에서 에너지 효율은 100%임을 가정하며 중력가속도는 10m/s^2, 1cal은 4.2J이다.)

[공무원 임용시험]

① 42　② 420　③ 4,200　④ 42,000

34 절대온도 300K에서 수소분자의 속력이 V이면 900K에서 수소분자의 속력은?

[공무원 임용시험]

① $\dfrac{V}{3}$　② $\sqrt{3}\,V$　③ $3V$　④ $9V$

35 열역학 제1법칙과 가장 관계가 있는 법칙은?

[공무원 임용시험]

① 질량 보존 법칙　② 에너지 보존 법칙
③ 전압 보존 법칙　④ 전하량 보존 법칙

36 시속 72km로 달리는 질량 2100kg의 트럭이 급브레이크를 밟고 정지하였다. 트럭의 운동에너지가 전부 마찰열로 변환되었을 때 발생한 마찰열에 가장 가까운 값은?

[공무원 임용시험]

① 100kcal　② 200kcal　③ 300kcal　④ 400kcal

37 질량 4kg의 물체가 높이 5m에서 미끄러져 내려올 때 40cal의 마찰열이 발생하였다. 물체가 지면(높이 0)에 도달했을 때 물체의 속력은? 단, 중력가속도 $g = 10\text{m/s}^2$, $1\text{cal} = 4.2\text{J}$이다.

[공무원 임용시험]

① $2\sqrt{3}\,\text{m/s}$　② 4m/s　③ $3\sqrt{2}\,\text{m/s}$　④ 5m/s

38 어떤 밀폐계가 1000cal의 열을 흡수하여 800J의 일을 하고 500cal의 열을 외부로 방출하였다. 계의 내부에너지 변화에 가장 가까운 값은? [공무원 임용시험]

① 1300J ② 2700J ③ 4300J ④ 5700J

39 그림과 같이 줄(Joule)의 실험을 하였다. 추의 질량 $m = 21\text{kg}$, 낙하 거리 $h = 2\text{m}$일 때 단열된 용기 속에 있는 400g의 물의 온도 상승은? 단, 중력가속도 $g = 10\text{m/s}^2$, $1\text{cal} = 4.2\text{J}$이다. [공무원 임용시험]

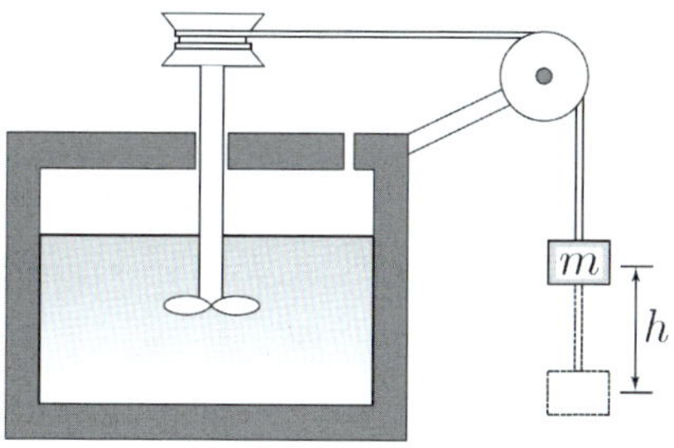

[문제 3.39]

① 0.25℃ ② 0.75℃ ③ 2℃ ④ 4℃

40 기체가 든 밀폐된 실린더의 피스톤 위에 무거운 물체를 올려놓았더니 기체의 부피가 0.4m^3 줄어들었다. 피스톤과 물체의 무게에 의한 압력이 0.5kPa일 때 기체의 내부에너지는? 단, 실린더는 단열되었고 피스톤과 실린더 사이의 마찰은 무시한다. [공무원 임용시험]

① 20J 감소 ② 20J 증가 ③ 200J 감소 ④ 200J 증가

41 처음상태에서 압력 1MPa, 체적 1m^3인 기체가 압력이 일정하게 유지되면서 400kJ의 일을 하였을 때 변화 후 기체의 최종 체적은? [기사 시험]

① 1.2m^3 ② 1.4m^3 ③ 1.6m^3 ④ 1.8m^3

42 내부 에너지가 30kJ인 물체에 열을 가하여 내부 에너지가 50kJ이 되는 동안에 외부에 대하여 10kJ의 일을 하였다. 이 물체에 가해진 열량(kJ)은? [기사 시험]

① 10 ② 20 ③ 30 ④ 60

43 한 밀폐계가 190kJ의 열을 받으면서 외부에 20kJ의 일을 한다면 이 계의 내부에너지의 변화는 약 얼마인가? [기사 시험]

① 210kJ만큼 증가한다. ② 210kJ만큼 감소한다.
③ 170kJ만큼 증가한다. ④ 170kJ만큼 감소한다.

44 공기 1kg이 압력 50kPa, 부피 $3m^3$인 상태에서 압력 900kPa, 부피 $0.5m^3$인 상태로 변화할 때 내부 에너지가 160kJ 증가하였다. 이 때 엔탈피는 약 몇 kJ 증가하였는가? [기사 시험]

① 30 ② 185 ③ 235 ④ 460

45 처음 압력이 500kPa이고, 체적이 $2m^3$인 기체가 "$PV=$ 일정"인 과정으로 압력이 100kPa까지 팽창할 때 밀폐계가 하는 일(kJ)을 나타내는 계산식으로 옳은 것은? [기사 시험]

① 1000ln(2/5) ② 1000ln(5/2) ③ 1000ln(5) ④ 1000ln(1/5)

46 피스톤-실린더 장치 내에 공기가 $0.3m^3$에서 $0.1m^3$으로 압축되었다. 압축되는 동안 압력(P)과 체적(V) 사이에 $P=aV^{-2}$의 관계가 성립하며, 계수 $a=6\text{kPa}\cdot\text{m}^6$이다. 이 과정 동안 공기가 한 일은 얼마인가? [기사 시험]

① −53.3kJ ② −1.1kJ ③ −253kJ ④ −40kJ

47 수평으로 놓여진 노즐에서 증기가 흐르고 있다. 입구에서 증기의 엔탈피는 3106kJ/kg 이고, 증기의 속도는 13m/s이며, 출구에서 증기의 속도는 300m/s일 때 출구에서 증기 엔탈피는 약 몇 kJ/kg인가? (단, 노즐에서 열교환과 일은 모두 무시한다.) [기사 시험]

① 3146 ② 3208 ③ 2963 ④ 3061

48 증기터빈에 0.4kg/s로 증기가 공급되어 260kW의 출력을 낸다. 터빈 입구의 증기 엔탈피와 속도는 각각 3000kJ/kg, 720m/s이고, 출구의 증기 엔탈피와 속도는 각각 2500kJ/kg, 120m/s이면 이 터빈의 열손실은 약 몇 kW인가? 단, 위치에너지는 무시한다. [기사 시험]

① 15.9 ② 40.8 ③ 20.0 ④ 104

49 증기터빈 발전소에서 터빈 입구의 증기 엔탈피는 터빈 출구의 엔탈피보다 136kJ/kg 높고, 터빈에서의 열손실은 10kJ/kg이다. 증기의 속도는 터빈 입구에서 10m/s이고, 출구에서 110m/s일 때 이 터빈에서 발생시킬 수 있는 일은 약 몇 kJ/kg인가? 단, 위치에너지는 무시한다. [기사 시험]

① 10 ② 90 ③ 120 ④ 140

50 기체의 압력을 1bar로 일정하게 유지하면서 10cal의 열을 가했더니 기체의 부피가 $2\times10^{-4}m^3$ 증가하였다. 기체의 내부에너지 변화량[J]을 구하라.

51 그림과 같이 밀폐계인 실린더 내부에서 기체의 압력 P는 일정하게 유지되면서, 실린더의 체적은 $V_1 = 0.3[\mathrm{m}^3]$에서 $V_2 = 0.6[\mathrm{m}^3]$으로 팽창하였다. 실린더 안의 내부에너지가 $40[\mathrm{kJ}]$만큼 증가하였다면, 이 과정 동안에 한 일[kJ]과 가해진 총 열량[kJ]을 각각 구하고, 풀이 과정과 함께 쓰시오. (단, 기체의 압력 $P = 2[\mathrm{MPa}]$이며, 기체는 비유동 과정의 정압변화이며, 모든 마찰과 중력은 무시한다.) [중등교사 임용시험 -기계 · 금속]

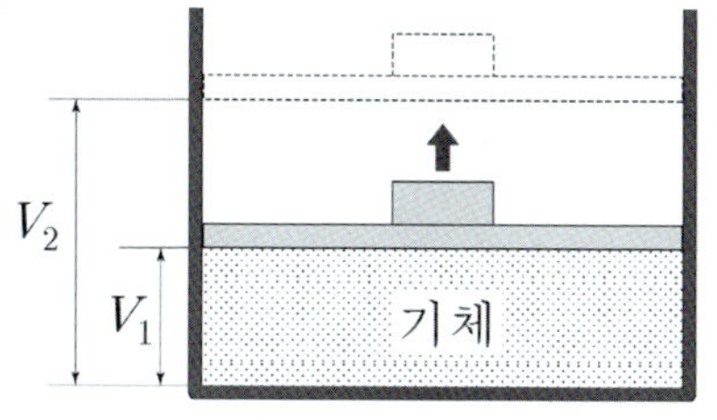

[문제 3.51]

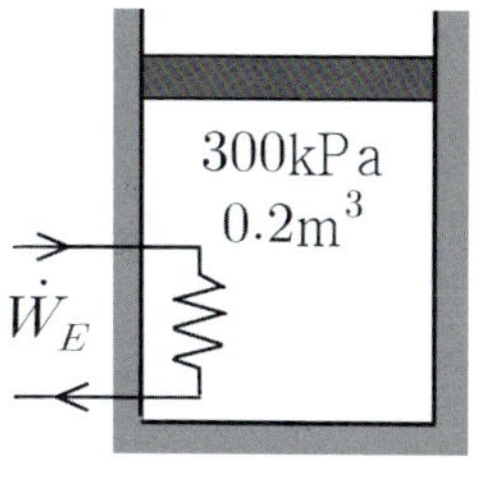

[문제 3.52]

52 단열된 피스톤-실린더 장치 내에 처음 상태에서 압력 300kPa, 부피 $0.2\mathrm{m}^3$의 기체가 들어있다. 실린더 내부에 설치된 전기히터가 켜지고 5분 동안 220V의 전원이 공급되어 기체의 부피가 $0.4\mathrm{m}^3$으로 팽창하였다. 가열하는 동안 기체의 내부에너지가 72kJ 증가하고, 압력이 일정하게 유지되었을 때 전기히터에서 흐르는 전류의 크기[A]를 구하라.

53 그림은 공기가 $V_1 = 100[\mathrm{m/s}]$으로 단열 터빈에 유입되어 $\dot{W}_t = 8{,}804[\mathrm{kW}]$의 동력을 생산하고, $V_2 = 40[\mathrm{m/s}]$로 배출되는 상태를 나타낸 것이다. 공기의 질량유량 $\dot{m} = 20[\mathrm{kg/s}]$일 때, 터빈 입구(1)와 출구(2) 사이 공기의 단위질량당 엔탈피 변화 $\Delta h = h_2 - h_1[\mathrm{kJ/kg}]$를 구하라. 단, 정상유동이고, 위치에너지는 무시한다.

[중등교사 임용시험 -기계]

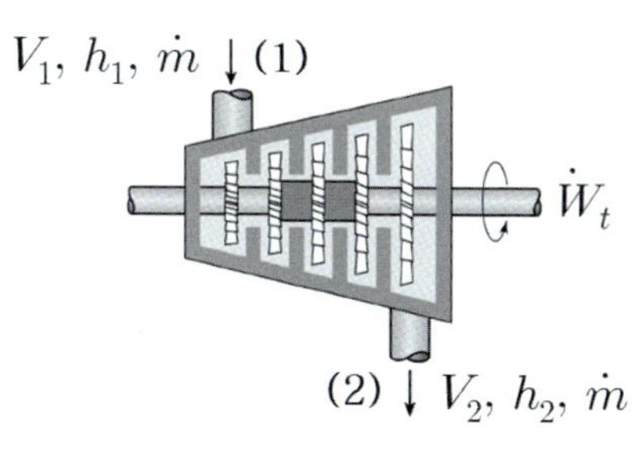

[문제 3.53]

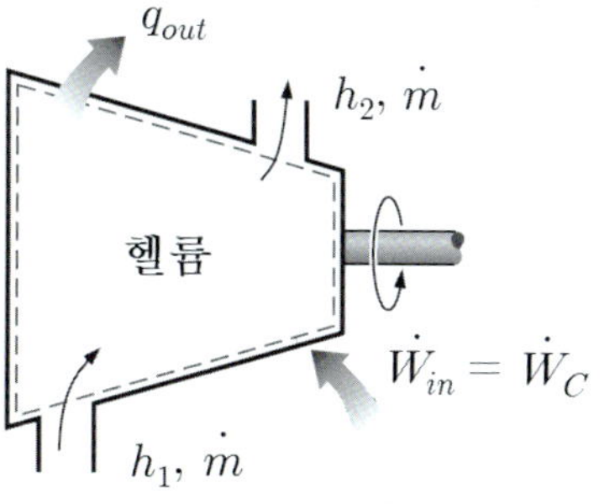

[문제 3.54]

54 헬륨을 압축하는 과정에서 $q_{out} = 30\mathrm{kJ/kg}$의 열이 압축기에서 방출된다. 압축기 입구(1)와 출구(2)의 비엔탈피 차이는 $h_2 - h_1 = 610\,\mathrm{kJ/kg}$이고, 헬륨의 질량유량은 $\dot{m} = 90\mathrm{kg/min}$일 때 압축기 입력동력 $\dot{W}_C[\mathrm{kW}]$을 구하라. 단, 정상유동이고, 운동에너지와 위치에너지는 무시한다.

55 기체가 압축기 입구(1)에서 $h_1 = 210\mathrm{kJ/kg}$으로 압축기에 유입되어 압축기 출구(2)에서 $h_2 = 350\mathrm{kJ/kg}$로 나간다. 기체의 질량유량 $\dot{m} = 0.5[\mathrm{kg/s}]$일 때 압축기 입력동력 $\dot{W}_C[\mathrm{kW}]$을 구하라. 단, 압축기는 단열되었으며, 정상유동이고, 운동에너지와 위치에너지는 무시한다.

56 기체가 압축기 입구(1)에서 $h_1 = 300\mathrm{kJ/kg}$으로 아주 느린 속도로 압축기에 유입되어 압축기 출구(2)에서 $h_2 = 630\mathrm{kJ/kg}$, $V_2 = 90\mathrm{m/s}$로 나간다. 압축기 입력동력은 $250\mathrm{kW}$이고 압축기는 $1500\mathrm{kJ/min}$의 열전달률로 냉각된다. 압축기를 통과하는 기체의 질량유량 $\dot{m}[\mathrm{kg/s}]$을 구하라. 단, 정상유동이고, 위치에너지는 무시한다.

57 그림은 샤워기에 사용되는 온수와 냉수의 혼합실 개략도이다. 파이프 ①을 통해 공급된 온수와 파이프 ②로 공급된 냉수가 혼합실에서 혼합되어 파이프 ③을 통해 혼합실에서 나간다. 온수의 질량유량 $\dot{m}_1 = 0.3[\mathrm{kg/s}]$이고, ①, ②, ③에서 물의 비엔탈피 $h_1 = 250[\mathrm{kJ/kg}]$, $h_2 = 70[\mathrm{kJ/kg}]$, $h_3 = 170[\mathrm{kJ/kg}]$일 때 냉수의 질량유량 $\dot{m}_2[\mathrm{kg/s}]$를 구하라. 단, 혼합실은 단열되었으며, 정상유동이고 운동에너지와 위치에너지는 무시한다.

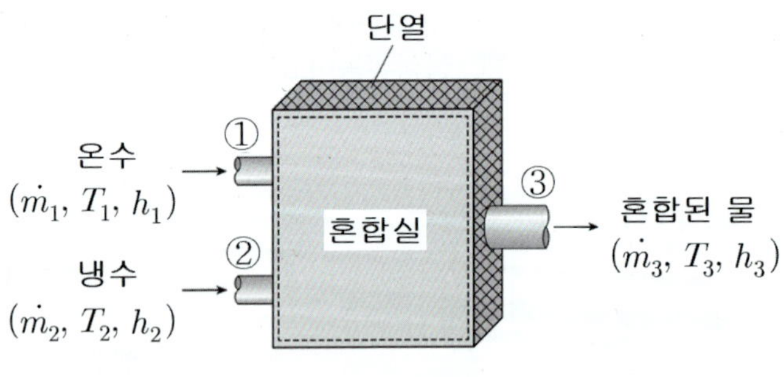

[문제 3.57]

제4장

순수물질의 상태량

4.1 순수물질과 상

1 개요

순수물질은 '**화학적 조성이 일정하고 균일한 물질**'을 말한다. 순수물질은 한 가지 화학적 원소나 화합물을 의미하는 것이 아니며, 한 개 이상의 상으로 존재할 수 있다. 즉, 여러 가지 화학적 원소나 화합물의 혼합물도 균일한 상태이면 순수물질이 될 수 있다. 그러나 어떠한 상에서도 화학적 조성은 같아야 한다. 예를 들어 공기는 몇 가지 기체의 혼합물이지만 화학적 조성이 균일하기 때문에 순수물질로 간주된다.

순수물질의 상이 2개 이상 공존하는 혼합물은 모든 상의 화학적 조성이 같으면 순수물질이다. 따라서 액체 상태의 물, 물과 수증기의 혼합물, 얼음과 물의 혼합물 등은 상이 다르나 화학적 조성이 일정하고 균일하므로 모두 순수물질이다. 이에 반해 액체 공기와 기체 공기의 혼합물은 순수물질이 아니다. 공기에서는 액체의 조성과 기체의 조성이 다르기 때문이다.

물질의 상에는 고체, 액체, 기체의 3가지 기본적인 상이 있다. 고체인 얼음과 액체인 물처럼 물질은 각각 서로 다른 상으로 존재할 수 있다. 일반적으로 표준 상태에서 구리는 고체이고, 수은은 액체이며, 산소는 기체이다. 그러나 온도와 압력 등의 조건이 다르면 이들 각각의 상이 다르게 나타날 수 있다.

고체에서 분자들은 고체 전체를 통하여 반복되는 3차원 격자 형태로 배열되어 있다. 고체에서는 분자들 사이의 거리가 짧기 때문에 분자 간 인력이 커서 일정한 위치에 분자를 고정시킨다. 고체 내부의 분자들은 서로 간에 상대적으로 움직일 수 없지만 평형 위치에서 끊임없이 진동하며, 이러한 분자의 진동 속도는 온도에 따라 달라진다. 그리고 충분히 높은 온도에서는 분자의 속도가 부분적으로 분자간의 인력을 이기고 분자 집단이 와해될 수 있는데 이것이 융해 과정의 시작이다.

더 이상 분자들이 서로 상대적인 위치에 고정되지 않고 자유롭게 회전하거나 이동할 수 있다는 점을 제외하면 액체에서 분자 공간은 고체에서와 크게 다르지 않다. 액체에서 분자 간 힘은 고체에 비해 약하지만 기체에 비해서는 상대적으로 크다.

기체에서 분자들은 서로 멀리 떨어져 있고 분자들 사이의 질서가 없다. 기체 분자들은 서로 간에 충돌하고 그들이 담겨 있는 용기의 벽과 충돌을 계속하면서 불규칙하게 운동한다. 기체는 가스와 증기로 나눌 수 있다. 일반적으로 증발이나 응축이 일어나기 쉬운 상태의 기체를 증기라 하고, 그 밖의 기체를 가스라 한다. 예를 들어 물이 증발되어 발생하는 기체를 수증기라 하고, 기체 상태의 산소나 수소 등은 대개 가스라고 부른다.

4.2 증기의 발생

[그림 4.1]과 같이 피스톤-실린더 장치 안에 들어 있는 물이 가열될 때 일어나는 상변화 과정을 살펴본다. 피스톤과 실린더 벽 사이에 마찰과 틈새가 없는 이상적인 피스톤-실린더 장치는 실린더 내부 압력을 일정하게 유지시켜 준다. [그림 4.1]에서 초기 상태 1은 온도 20℃, 압력 1기압이라고 가정한다.

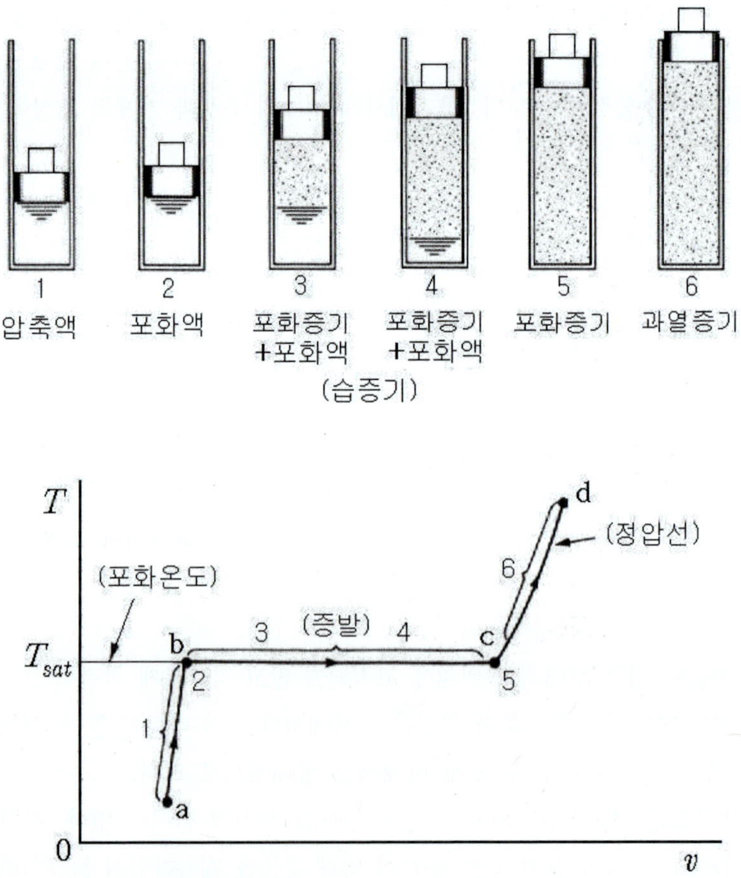

[그림 4.1] 증기의 발생 과정 및 $T-v$ 선도

1 압축액체, 포화액체

20℃, 1기압의 초기 상태 1에서 물은 액상으로 존재하며, 이 액체를 '**압축액**'(압축액체, 압축수) 또는 '**과냉액**'(과냉 액체)이라 한다. 이 상태에서 압력을 일정하게 유지하면서 물을 가열하면 [그림 4.1]과 같이 온도가 상승하면서 비체적이 약간 증가한다. 그러나 상태 2에 도달하기 전까지는 물의 증발이 일어나지 않기 때문에 물은 여전히 압축액이다.

더욱 더 많은 양의 열이 전달되면 100℃ (상태 2)에 도달할 때까지 온도가 계속 올라간다. 상태 2에서 물은 아직 액체이지만 아주 적은 양의 열이 가해져도 액체의 일부가 증발하게 된다. 즉, 액체로부터 기체로의 상변화가 쉽게 일어나려고 하는데, 이와 같이 쉽게 증발하려고 하는 액체를 '**포화액**'(포화액체)이라 한다.

정리하면 [그림 4.1]에서 a ~ b 구간의 1은 압축액 상태이고, b 점의 2는 포화액 상태이다. 압축액 상태의 물이 가열되면 포화액 상태에 도달하기 전까지는 온도가 계속 상승한다.

2 포화증기, 습증기

일단 증발하기 시작하면 액체가 완전히 증발할 때까지는 열을 가하여도 온도가 상승하지 않고 일정하다(상태 3, 4). 즉, 압력이 일정하게 유지된다면 상변화 과정 동안 온도가 일정하게 유지되고, 계속 열을 가하면 마지막 액체 방울이 증발할 때(상태 5)까지 기화 과정이 계속된다. 이 점에서 실린더는 액상의 경계선 위에 있는 증기로 채워진다. 이 증기에서는 아무리 작은 양이라도 열손실이 발생하면 일부의 증기가 액체로 응축된다(즉, 증기에서 액체로의 상변화가 일어난다). 이와 같이 쉽게 응축되는 증기를 '**포화증기**'라 한다. 즉, 상태 5는 포화증기 상태이다. 포화액체 상태 2와 포화증기 상태 5 사이에 있는 물질은 각 상태들에서 액체와 증기 상이 평형 상태로 존재하므로 '**포화액-증기 혼합물**' 또는 간단하게 '**습증기**'라 한다.

정리하면 [그림 4.1]에서 b ~ c 사이의 과정이 '**증발과정**'이고, 포화액 상태(b)에 도달한 후 일단 증발하기 시작하면 액체가 완전히 증발할 때(c, 포화증기 상태)까지는 가열되어도 온도가 일정하게 유지된다. 상태 3과 4와 같이 b ~ c 사이에 있는 포화액체와 포화증기의 혼합물을 '**습증기**'라 한다.

3 과열증기, 과열도

[그림 4.1]과 같이 b 점에서 물이 증발하기 시작하면 온도는 더 이상 올라가지 않는다. 이때의 온도를 '**포화온도**'라 한다. 그러나 점 c의 포화증기를 일정한 압력 하에서 더욱 가열하면 증기의 온도가 상승하고 비체적이 증가하면서 c ~ d로 상태 변화를 한다. 이와 같이 포화온도 이상으로 가열된 증기를 '**과열증기**'라 한다. 포화증기와 달리 과열증기는 쉽게 응축되지 않는 증기이다.

[그림 4.1]에서 상태 6은 과열증기이다. 여기에서 과열증기의 온도와 그 압력에서의 포화온도와의 차이를 '**과열도**'라 한다. 과열도가 높을수록 과열증기의 성질은 이상기체의 성질에 가까워진다.

4 포화온도, 포화압력

'1기압 하에서 물은 100℃에서 끓는다.' 그러나 압력이 1기압 이하로 낮아지면 물은 100℃ 이하의 온도에서 끓기 시작하고, 1기압 이상으로 높아지면 100℃ 이상의 온도에서 끓게 된다. 즉, 물이 끓기 시작하는 온도는 압력에 따라 달라진다. 따라서 압력이 일정하면 끓는 온도도 일정해진다.

주어진 압력에서 순수물질이 상변화 하는 온도를 '**포화온도**'(T_{sat})라 한다[그림 4.1]. 마찬가지로 주어진 온도에서 순수물질이 상변화 하는 압력을 '**포화압력**'(P_{sat})이라 한다. 1 atm (101.325kPa)에서 물의 포화온도는 $T_{sat} = 100$℃이고, 역으로 100℃에서 물의 포화압력은 $P_{sat} = 1\text{atm}$이다. [표 4.1]에 몇 가지 온도에서 물의 포화압력을 나타내었다.

[표 4.1] 온도 T(℃)에 따른 물의 포화압력 P_{sat} (kPa)

T(℃)	P_{sat} (kPa)	T(℃)	P_{sat} (kPa)	T(℃)	P_{sat} (kPa)	T(℃)	P_{sat} (kPa)
−10	0.26	10	1.23	30	4.25	150	475.8
−5	0.40	15	1.71	40	7.38	200	1554
0	0.61	20	2.34	50	12.35	250	3973
5	0.87	25	3.17	100	101.3	300	8581

상변화 과정 동안 압력과 온도는 종속적 상태량이고 순수물질의 포화온도와 포화압력 사이에는 $P_{sat} = f(T_{sat})$이라는 일정한 관계식이 존재한다. [그림 4.2]는 순수물질의 포화

온도와 포화압력의 관계를 나타내는 그래프인데, 이와 같은 그래프를 액체-증기 포화곡선 또는 증기압 곡선이라 부른다. 증기압 곡선으로부터 포화온도가 상승하면 포화압력이 증가한다는 것을 알 수 있다.

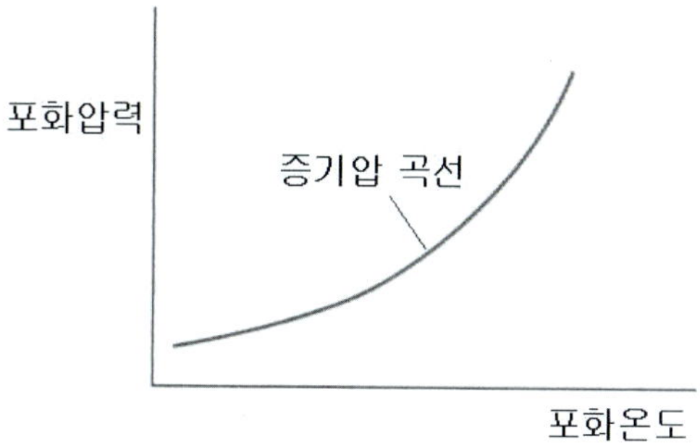

[그림 4.2] 순수물질의 증기압 곡선

5 건도

포화온도 하에서 액체와 증기 혼합체가 평형상태로 존재할 때 액상은 포화액체이고 기상은 포화증기이다([그림4.1]의 b ~ c 구간). 이와 같은 액체와 증기의 2상 혼합물에서 '**혼합물 전체 질량에 대한 증기 질량의 비**'를 '건도'라 하며 일반적으로 x로 나타낸다. 건도 x는 다음과 같이 표현된다.

$$x = \frac{m_{vap}}{m} = \frac{m_{vap}}{m_{liq} + m_{vap}} \quad \cdots\cdots (4.1)$$

여기에서 m_{vap}는 증기의 질량, m_{liq}는 액체의 질량, m은 혼합물 전체의 질량이다. 예를 들어 증기 질량이 0.4kg, 액체 질량이 0.6kg이면 건도 $x = 0.4$ 또는 40%이다. b ~ c 구간에서 온도와 압력은 일정한데, 액체와 증기 혼합물의 상태는 강성적 상태량인 건도에 의해 구분된다.

[그림 4.1]에서 b점의 포화액은 건도 $x = 0$이고, c점의 포화증기는 건도 $x = 1$이 된다. 포화증기는 건도가 100%이므로 이것을 강조하여 '**건포화증기**'라고도 한다.

[예제 4.1] 피스톤-실린더 장치 내에 액체와 증기 혼합물 4kg이 들어있다. 혼합물의 건도가 0.3일 때 증기의 질량(m_{vap})과 액체의 질량(m_{liq})을 구하라.

풀이 건도 x의 정의로부터 증기의 질량과 액체의 질량은 다음과 같다.

$$x = \frac{m_{vap}}{m}$$

$$\therefore \; m_{vap} = x\,m = 0.3 \times 4 = 1.2\,[\mathrm{kg}]$$

$$m_{liq} = m - m_{vap} = 4 - 1.2 = 2.8\,[\mathrm{kg}]$$

6 현열, 잠열

고체를 융해하거나 액체를 기화하는 데에는 별도의 에너지가 소요된다. [그림 4.1]에서 물을 가열하여도 물이 완전히 증발할 때 까지는 온도가 올라가지 않고 일정한 것은 가해진 열량이 모두 증발에 소비되기 때문이다. 이와 반대로 기체 상태의 증기가 액체 상태로 변하면 주위로 에너지를 방출한다. 이와 같이 주어진 압력의 일정 온도에서 상변화 과정 동안에 흡수되거나 방출되는 에너지의 양을 통틀어 '**잠열**'이라 한다. 한편 1기압에서 10℃ 물을 가열하면 물의 온도가 올라가듯이 가열이 물질의 온도 상승을 일으키는 경우 그때 소요된 열량을 '**현열**'이라 한다.

고체가 녹는 동안에 흡수되는 에너지의 양은 '**융해잠열**'(용해잠열, 용융잠열)이라고 하며, 이것은 액체가 어는 동안에 방출되는 에너지의 양과 같다. 마찬가지로 액체가 기화할 때 흡수되는 에너지의 양을 '**증발잠열**'(기화잠열)이라고 하며, 이것은 증기가 응축될 때 방출하는 에너지의 양과 같다. 잠열의 크기는 상변화가 일어나는 온도나 압력에 따라 달라진다. 1기압의 압력에서 물의 융해잠열은 333.7kJ/kg이고, 증발잠열은 2256.5kJ/kg이다.

4.3 상변화 과정과 상태량 선도

1 임계점

[그림 4.3]에 몇 가지 압력에 대한 물의 상변화 과정을 도시하였다. 여기에서 선 $ABCD$, $EFGH$, $IJKL$은 각각 압력이 0.1MPa, 1MPa, 10MPa일 때의 상변화 과정을 나타낸다. 그림과 같이 압력을 일정하게 유지하고 가열하면 압력이 달라도 상태 변화 곡선의 모양은 비슷하다. 그러나 압력이 높아질수록 포화온도(T_B, T_F, T_J)가 상승하여 증발 과정(BC, FG, JK 구간)이 점점 짧아지고, 압력을 더욱 더 높이면 결국에는 포화액체 점(점 B, F, J)과 포화증기 점(C, G, K)이 한 점(N)에서 만나게 된다. 이때의 압력은 22.06MPa이다.

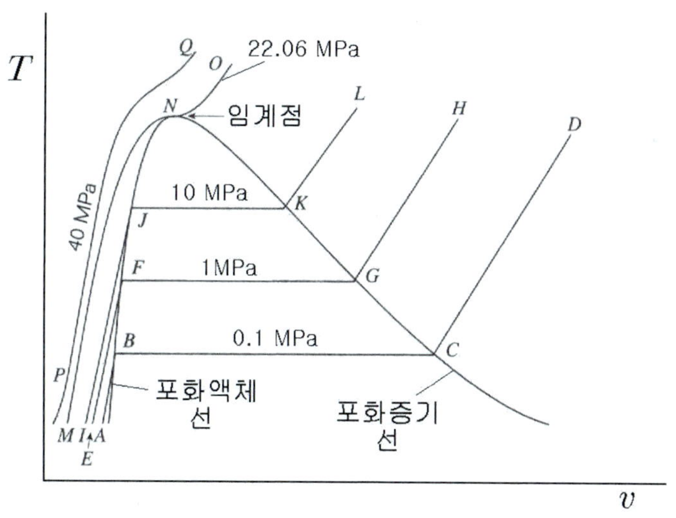

[그림 4.3] 물의 액체상과 증기 상을 나타내는 온도(T)–비체적(v) 선도

선 MNO는 압력이 22.06MPa일 때의 상변화 과정을 나타낸다. 이때는 등온증발과정이 없는 대신 점 N은 기울기(dT/dv)가 0인 변곡점이 된다. 이 점을 '**임계점**'이라 하고, 임계점의 온도, 압력, 비체적을 각각 임계온도, 임계압력, 임계비체적이라 한다. 임계점에서는 '**포화액체와 포화증기의 상태가 동일하다.**' [표 4.2]에 몇 가지 물질의 임계점 값을 나타내었다.

[표 4.2] 몇 가지 물질의 임계점 값

	임계온도(℃)	임계압력(MPa)	임계비체적(m^3/kg)
물	373.95	22.06	0.003106
이산화탄소	31.05	7.39	0.002143
산소	−118.35	5.08	0.002438
수소	−239.85	1.30	0.032192
헬륨	−267.85	0.23	0.014439

[그림 4.3]에서 선 PQ는 정압과정으로서 압력이 임계압력(P_c) 이상인 경우를 나타낸다. PQ와 같이 초기 상태 20℃, 40MPa의 물을 실린더 안에서 정압과정으로 가열하면 [그림 4.1]의 3과 같은 2개의 상이 나타나지 않는다. 즉, 임계압력 이상의 압력에서는 '고체→액체, 액체→기체'와 같은 **'분명한 상변화가 일어나지 않는다'**[그림 4.4]. 그 대신 물질의 비체적이 연속적으로 변하며 항상 하나의 상만이 나타난다. 초임계 압력에서는 '언제 액체이고, 언제 기체인가?'라는 물음은 타당하지 않으며 일반적으로 간단하게 '유체'라고 말한다. 임계 상태 이상에서는 압축액체 영역과 과열증기 영역을 구분하는 선이 없다. 다만 관례적으로 임계온도 이상에 있는 물질은 과열증기, 임계온도 이하의 물질은 압축액체로 부르고 있다. 그러나 중요한 것은 임계압력 이상의 압력에서는 순수물질의 **'액체상과 증기상이 평형 상태로 공존하지 않는다'**는 것이다.

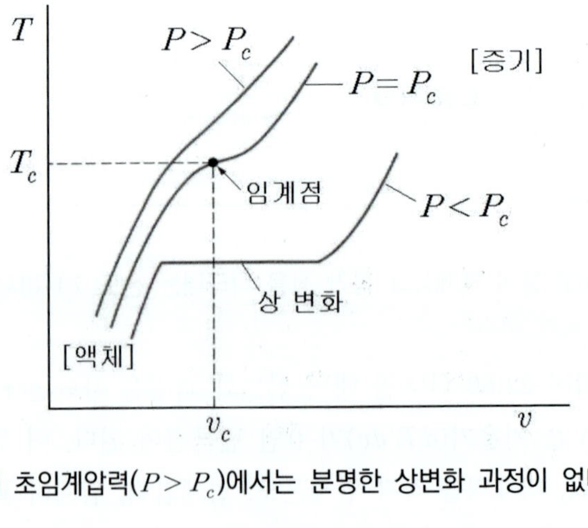

[그림 4.4] 초임계압력($P > P_c$)에서는 분명한 상변화 과정이 없다.

2 온도-비체적 선도, 압력-비체적 선도

[그림 4.3]에서 포화액체 점 B, F, J와 임계점 N을 연결한 선 $BFJN$은 '**포화액체선**'이며, 포화증기점 C, G, K와 임계점 N을 연결한 선 $CGKN$은 '**포화증기선**'이 된다.

[그림 4.5]에 포화액체 상태를 연결한 포화액체선과 포화증기 상태를 연결한 포화증기선을 도시하였다. 이 두 개의 선은 임계점에서 서로 만나며 둥근 지붕 형태의 돔을 형성한다. 모든 압축액체 상태는 포화액체선의 왼쪽에 있고, 이 영역을 '**압축액영역**'이라 한다. 그리고 과열증기 상태는 포화증기선의 오른쪽에 놓이게 되고 이 영역을 '**과열증기영역**'이라 한다. 이 두 개의 영역에서 물질은 하나의 상(액체 또는 증기)으로 존재한다. 평형상태에서 액체와 증기의 두 상을 포함하는 상태는 돔 아래에 위치하며, 이 영역을 '**포화액-증기 혼합물 영역**'이라 한다.

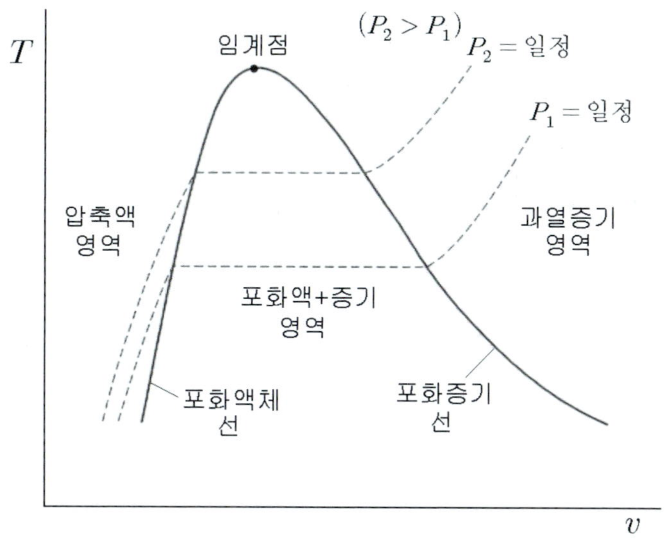

[그림 4.5] 순수물질의 온도(T)-비체적(v) 선도

순수물질의 압력(P)-비체적(v) 선도의 일반적 형태는 [그림 4.6]과 같다. 그림과 같이 $P-v$ 선도는 온도가 일정한 선($T=$ 일정)이 아래로 향하는 경향을 보인다는 점을 제외하고는 $T-v$ 선도와 비슷한 특성을 갖는다.

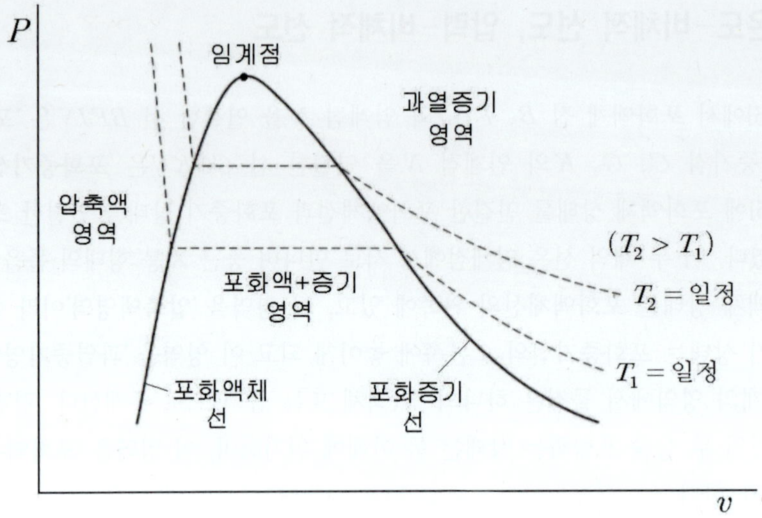

[그림 4.6] 순수물질의 압력(P)-비체적(v) 선도

3 삼중점, 압력-온도 선도

피스톤-실린더 장치에서 실린더 안에 1 atm, −20℃의 얼음을 넣은 후 압력을 일정하게 유지하면서 열을 전달하면 비체적이 조금씩 증가하고 온도가 상승하여 0℃에 도달하게 된다. 이때부터 얼음이 녹기 시작하는데 이 상태의 얼음을 **'포화고체'**라 한다. 얼음이 녹는 동안에는 온도가 일정하게 유지되고, 얼음이 모두 녹았을 때 열을 더 가하면 온도가 상승한다. 이와 같은 '고체→액체'로의 상변화를 **'융해'**라 한다.

이상에서 초기 상태 1 atm, −20℃의 얼음에서는 고체에서 액체로의 상변화가 일어났다. 그런데 초기 압력 0.260kPa, −20℃의 얼음에 열을 가하면 온도가 상승하여 −10℃에 도달한 후 얼음이 고체상에서 곧바로 증기상으로 변한다. 이와 같은 '고체→액체'로의 상변화를 **'승화'**라 한다.

이와 같이 압력에 따라서 각각 다른 상변화 현상이 일어날 수 있다는 것을 보았다. 끝으로 초기압력 0.61kPa, −20℃의 얼음을 고려한다. 이 얼음에 열을 가하면 온도가 상승하여 0.01℃에 이르게 되는데, 이때 열을 더 가하면 일부는 액체로 변하고, 다른 일부는 증기로 변하게 된다. 그 이유는 이 점에서 **'고체, 액체, 증기의 세 개의 상이 평형 상태로 존재'**할 수 있기 때문이다. 이 점을 **'삼중점'**이라 한다. 즉, 삼중점은 세 개의 상이 평형상태로 모두 존재할 수 있는 점으로 정의한다. 몇 가지 물질의 삼중점 온도와 압력을 [표 4.3]에 나타내었다. 물의 삼중점 온도와 압력은 각각 0.01℃, 0.61kPa이다.

[표 4.3] 몇 가지 물질의 삼중점 온도와 압력

	온도(℃)	압력(kPa)
수소	−259	7.04
산소	−219	0.152
질소	−210	12.6
이산화탄소	−56.6	517
수은	−39	1.65×10^{-7}
물	0.01	0.61

[표 4.3]에서 이산화탄소의 삼중점 압력(517kPa)은 대기 압력(101.3kPa)보다 훨씬 높다는 것을 알 수 있다. 따라서 보통의 대기 압력에서 이산화탄소는 액체를 거치지 않고 고체에서 곧바로 기체로 승화한다. 고체 이산화탄소를 드라이아이스라고 부르는 이유가 여기에 있다.

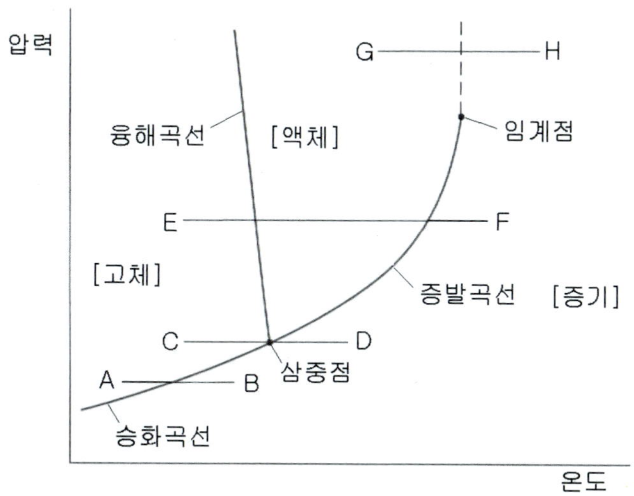

[그림 4.7] 승화곡선, 융해곡선 및 증발곡선과 삼중점

이상에서 살펴본 내용을 [그림 4.7]의 선도로 정리하여 나타낼 수 있다. 이 선도는 고체, 액체, 증기 상이 어떻게 평형상태로 공존하는가를 나타낸다. 그림에서 '**승화곡선**'은 고체상과 증기상이 평형상태로 있는 선, '**융해곡선**'은 고체상과 액체상이 평형상태로 있는 선, '**증발곡선**'은 액체상과 증기상이 평형상태로 있는 선을 각각 나타낸다. 세 선이 만나는 단 한 점에서 세 상 모두가 평형상태로 있을 수 있는데 이 점이 곧 삼중점이다.

증발곡선은 임계점에서 끝난다. 왜냐하면 임계점 이상에서는 액체에서 증기로의 분명한 상변화가 일어나지 않기 때문이다.

[그림 4.7]에서 삼중점 이하의 압력에 있는 상태 A의 고체에서는 고체→증기로의 상변화가 일어난다. 반면 삼중점 이상의 압력에 있는 정압선 EF에서는 온도가 상승함에 따라 고체→액체→증기로의 상변화가 일어난다. 삼중점을 지나는 정압선 CD에서는 삼중점에서만 세 개의 상이 평형상태로 공존한다. 임계점 이상의 압력에 있는 정압선 GH를 따라서는 액체상과 증기상이 뚜렷하게 구분되지 않는다.

대부분의 물질에서는 액체→고체로 변할 때 비체적이 감소한다(밀도가 증가한다). 그러나 물의 경우 액체의 비체적이 고체(얼음)의 비체적보다 작다. [그림 4.8]에 응고할 때 팽창하는 물질의 $P-T$ 선도(a)와 응고할 때 수축하는 물질의 $P-T$ 선도(b)를 나타내었다. 두 선도는 융해 곡선만 서로 다르고, 승화곡선과 증발곡선은 서로 비슷한 모양을 보여주고 있다. [그림 4.8]의 $P-T$ 선도는 세 개의 상을 세 개의 선으로 분리하기 때문에 상선도(phase diagram)라고도 한다. 승화곡선은 고체와 증기 영역을 분리하고, 융해 곡선은 고체와 액체 영역을 분리하며, 증발곡선은 액체와 증기 영역을 분리한다. 이 세 개의 선은 평형 상태에서 세 개의 상이 공존하는 삼중점에서 만난다. 임계점 이상에서는 액체와 증기를 구분할 수 없으므로 증발곡선은 임계점에서 끝난다.

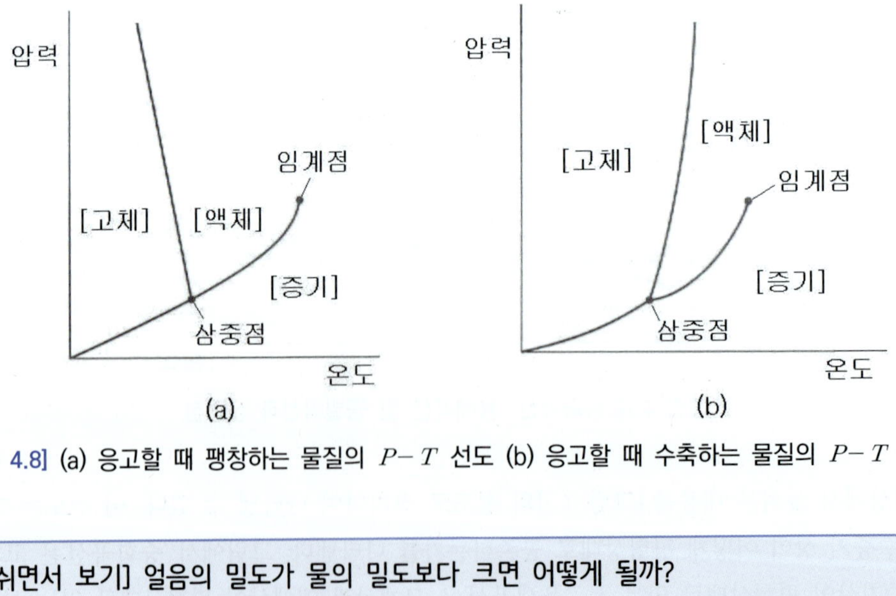

[그림 4.8] (a) 응고할 때 팽창하는 물질의 $P-T$ 선도 (b) 응고할 때 수축하는 물질의 $P-T$ 선도

[쉬면서 보기] 얼음의 밀도가 물의 밀도보다 크면 어떻게 될까?

얼음이 물보다 무거우면 겨울에 얼음이 얼 때 얼음이 지면으로부터 형성되고 가벼운 물은 얼음 위에 놓이게 된다. 그러면 물속에 사는 물고기들은 얼음 밑에 깔리거나 맨 얼음위로 올라와야 하므로 살기 어렵게 될 것이다. 그러나 얼음의 밀도가 물보다 작으면 가벼운 얼음이 물 위에 형성되므로 얼음 아래 물고기들은 물속에서 편안하게 살 수 있다. 얼음의 밀도는 약 0.92g/cm^3이고 물의 밀도는 1.00g/cm^3이다. 일반적으로 고체의 밀도는 액체보다 작지 않지만 물은 특별히 고체인 얼음의 밀도가 액체인 물의 밀도보다 작다. 조물주가 세상을 참 잘 만들었다. 자연은 신비로울 뿐이다.

[물의 특성 값][1]
• 융해잠열(1기압) 333.7kJ/kg, 증발잠열 2256.5kJ/kg • 임계온도 $T_c = 373.95\,℃$, 임계압력 $P_c = 22.06\,\text{MPa}$ • 삼중점 온도 $T_{tp} = 0.01℃ = 273.16\,\text{K}$, 삼중점 압력 $P_{tp} = 0.61\,\text{kPa}$

4 몰리에 선도

여러 가지 증기선도 중에서 많이 사용되는 하나의 선도는 엔탈피(h)-엔트로피(s) 선도인데 이 선도는 Richard Mollier의 이름을 따서 몰리에 선도라고 부른다. [그림 4.9]에 수증기의 $h-s$ 선도의 기본적인 구성을 나타내었다.

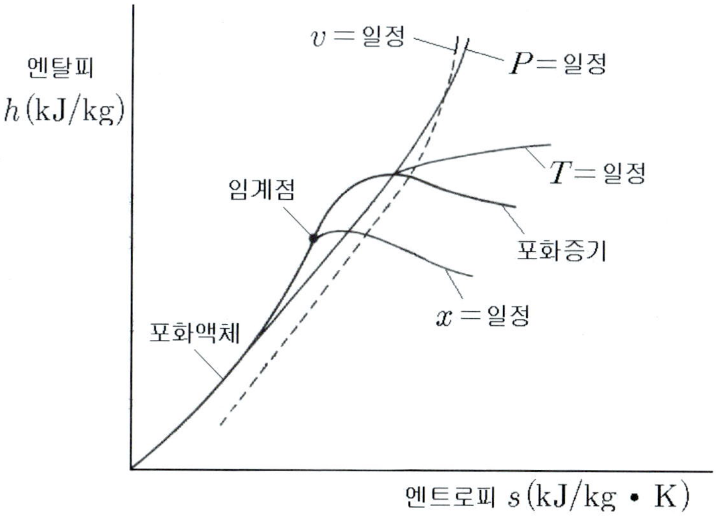

[그림 4.9] 엔탈피-엔트로피($h-s$) 선도의 구조

1) 물에 대한 값들은 각종 시험에 간혹 나온다. 삼중점 온도는 SI 정의로 동일하지만 다른 값들은 책마다 아주 조금씩 다를 수 있다.

몰리에 선도에는 x, P, T, v 등에 대한 여러 선들이 나타나므로 [그림 4.10]과 같이 전체적인 모양은 매우 복잡하게 보인다. 몰리에 선도의 주요 특성은 다음과 같다.[2)]

① 건도가 높은 습증기와 과열증기 영역의 성질을 비교적 잘 찾을 수 있다. 그러나 압축액체 영역과 건도가 낮은 습증기 영역은 선들이 매우 밀집되어 있으므로 정확한 값을 읽기가 어렵다.

② 습증기 영역에서 정압선은 직선으로 표시되고, 액체 영역에서는 정압선과 포화액체선이 거의 겹쳐져 나타난다.

③ 습증기 영역에서 등온선과 정압선이 서로 평형하므로 두 선이 겹쳐져 나타난다. 따라서 이 영역에서는 온도와 압력이 주어져도 열역학적 상태량을 결정할 수 없다.

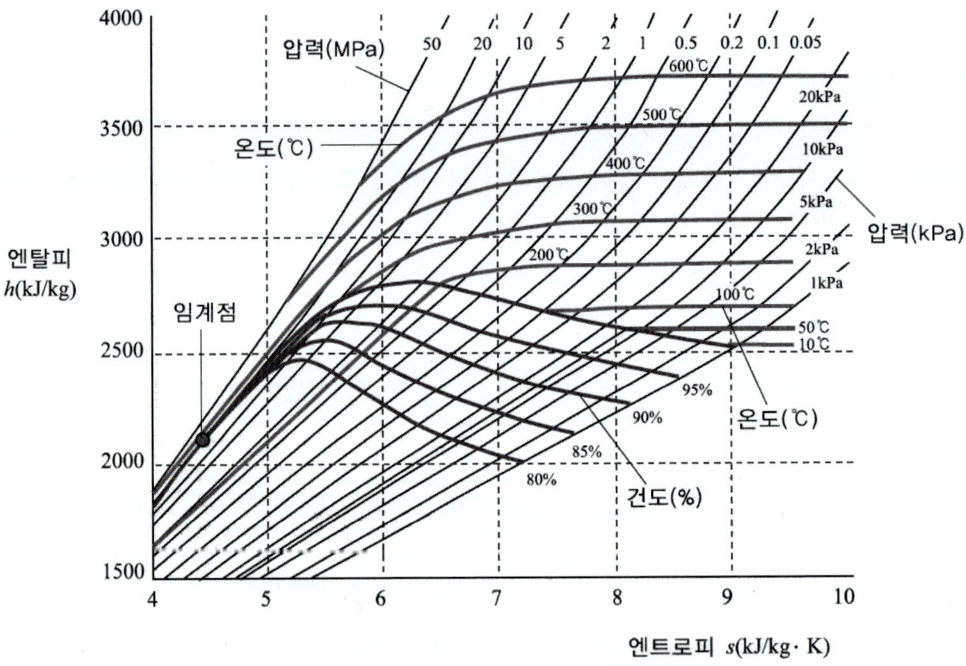

[그림 4.10] 수증기의 엔탈피-엔트로피 선도

2) 부록의 [A.7]에 ASME의 몰리에 선도를 나타내었다. 학부과정에서는 몰리에 선도를 직접 이용하는 경우는 거의 없으므로 선도의 정확한 수치에 신경 쓰지 말고 여기에서 설명하고 있는 선도의 특성을 이해하면 된다.

4.4 액체와 증기의 상태량

대부분의 경우 물질의 열역학적 상태량 사이의 관계를 방정식으로 나타내기에는 너무 복잡하므로 실험적으로 측정한 상태량들을 표의 형태로 나타내어 사용하고 있다. 여기에서는 물에 대한 증기표를 사용하여 열역학적 상태량을 수치적으로 구하는 방법을 알아본다. 일반적으로 물질에 따라 암모니아 증기표, 이산화탄소 증기표 등으로 그 물질의 이름을 붙여 사용하지만 수증기의 표와 선도는 간단하게 각각 증기표와 증기선도라고도 부른다.

물질의 열역학적 상태량은 압축액체 영역, 포화 영역, 과열증기 영역 등의 각 영역별로 나누어 표로 작성되어 있는데 이들을 각각 압축액표, 포화증기표, 과열증기표 등으로 간단하게 부른다. 공업 열역학에서 주로 사용하는 것은 포화증기표와 과열증기표이다.

1 포화액체와 포화증기

포화액체와 포화증기의 상태량은 포화증기표에 나타내어져 있다. 포화증기표는 온도를 기준으로 한 것과 압력을 기준으로 한 것이 있어서, 구하고자 하는 상태의 온도 또는 압력이 주어지면 주어진 상태의 열적 성질(비체적, 비내부에너지, 비엔탈피, 비엔트로피 등)을 구할 수 있다.

부록의 [표 A.2]는 온도를 기준으로 한 것인데 이 표의 읽는 방법은 [그림 4.11]과 같다. 여기에서 아래 첨자 f와 g는 각각 포화액체와 포화증기의 상태량을 나타내고, fg는 동일한 상태량의 포화증기 값과 포화액체 값의 차이를 나타낸다. 예를 들어 비체적인 경우

- v_f = 포화액체의 비체적
- v_g = 포화증기의 비체적
- $v_{fg} = v_g - v_f$: 포화증기의 비체적과 포화액체의 비체적의 차이

온도 T, ℃	포화압력 P_{sat} MPa	비체적 m^3/kg 포화 액체 v_f	비체적 m^3/kg 포화 증기 v_g	내부에너지 kJ/kg 포화 액체 u_f	내부에너지 kJ/kg 포화 증기 u_g
50	0.012351	0.001012	12.028	209.33	2442.7
55	0.015761	0.001015	9.5649	230.22	2449.3
60	0.019946	0.001017	7.6677	251.13	2455.9
65	0.025041	0.001020	6.1938	272.05	2462.4
70	0.031201	0.001023	5.0397	292.99	2468.9
↑ 주어진 온도	↑ 주어진 온도에서의 포화압력	↑ 포화액체의 비체적	↑ 포화증기의 비체적	↑ 포화액체의 비내부에너지	↑ 포화증기의 비내부에너지

[그림 4.11] 온도 기준 포화증기표에서의 상태량

포화액체와 포화증기의 상태량이 주어지면 두 상태량의 차이(v_{fg}, u_{fg}, h_{fg}, s_{fg})를 곧바로 계산할 수 있다. ASME 증기표를 비롯하여 열역학 책에는 이들 값들이 선택적으로 제시되어 있거나 나타내지 않는 경우도 있는데, 이 책에서는 엔탈피의 차이(h_{fg})만 나타내었다. h_{fg}는 **'증발엔탈피'** 또는 **'증발잠열'**(증발열)이라 하며, 이것은 주어진 온도나 압력에서 **'단위 질량의 포화액체를 완전히 기화시키는데 필요한 에너지의 양'**을 나타낸다. 온도나 압력이 증가하면 증발엔탈피가 감소하며, 포화액체선과 포화증기선이 만나는 임계점에서 $h_{fg}=0$이 된다.

[예제 4.2] 부록 A의 표를 이용하여 다음 물의 각 상태의 상을 결정하고, $P-v$ 선도와 $T-v$ 선도에서 상대적인 위치를 표시하라.

(a) $T=130$℃, $P=500$kPa

(b) $T=130$℃, $v=0.5\text{m}^3/\text{kg}$

풀이 (a) A.2의 포화수증기표를 보면 130℃에서 포화압력(P_{sat})은

$$P_{sat}=270.26\text{kPa}=270\text{kPa}$$

이다.[3] 따라서

$$(P = 500\text{kPa}) > (P_{sat} = 270\text{kPa})$$

이므로 [그림 4.12]의 $P-v$ 선도에서 $T = 130℃$ 인 선을 따라 (a)의 위치에 있고, 이 상태는 압축액체이다.
또한 표 A.3을 보면 500kPa에서 포화온도(T_{sat})가

$$T_{sat} = 151.84℃ = 152℃$$

이다. 따라서

$$(T = 130℃) < (T_{sat} = 152℃)$$

이므로 [그림 4.12]의 $T-v$ 선도에서 $P = 500\text{kPa}$인 선을 따라 (a)의 위치에 있고, 이 상태는 압축액체이다.

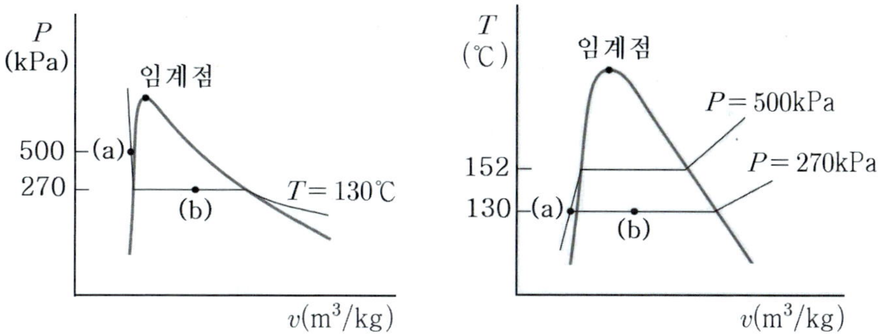

[그림 4.12] $P-v$ 선도와 $T-v$ 선도에서 각 상태의 위치

(b) A.2의 포화수증기표에서 비체적을 보면 130℃ 에서

$$(v_f = 0.001070) < (v = 0.5) < (v_g = 0.66808)\,[\text{m}^3/\text{kg}]$$

이다. v_f와 v_g는 각각 130℃ 에서 포화액체와 포화증기의 비체적을 나타낸다. 따라서 [그림 4.12]에서 포화액체(v_f)선의 오른쪽이고 포화증기(v_g)선의 왼쪽인 (b)의 위치에 있고, 이 상태는 포화액체와 증기의 혼합물(습증기)이다.

3) 그림과 설명에서 편의상 간단하게 270kPa과 152℃로 나타내었다.

[예제 4.3] [예제 4.2]의 값들을 참고하여 다음 물의 각 상태의 상을 결정하라.

(1) $T = 130℃$, $P = 200\text{kPa}$

(2) $T = 130℃$, $v = 0.001\text{m}^3/\text{kg}$

(3) $T = 130℃$, $v = 0.7\text{m}^3/\text{kg}$

풀이 (1) 130℃ 에서 포화압력은 $P_{sat} = 270.26\text{kPa} = 270\text{kPa}$ 이고

$$(P = 200\text{kPa}) < (P_{sat} = 270\text{kPa})$$

이다. 따라서 [그림 4.12]의 $P-v$ 선도에서 포화증기선 오른쪽의 과열증기 영역에 있고, 이 상태는 과열증기이다. 또한 [그림 4.13]의 $T-v$ 선도에서 (130℃, 200kPa)은 $P = 270\text{kPa}$ 아래의 과열증기 영역에 있다.

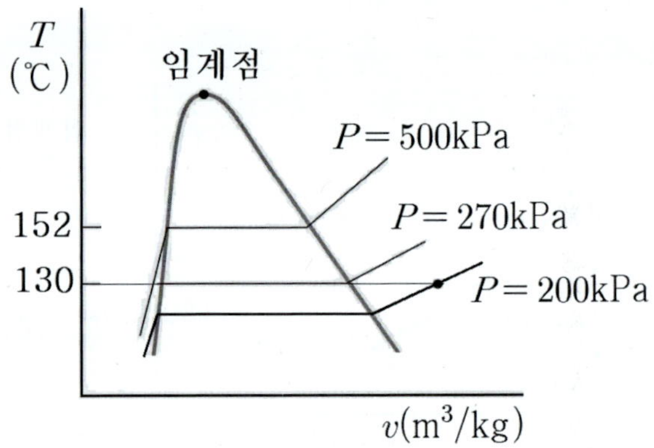

[그림 4.13] $T-v$ 선도에서 (130℃, 200kPa)의 위치

(2) 130℃ 에서 비체적(v)은

$$(v = 0.001) < (v_f = 0.001070)$$

이므로 포화액체(v_f)선의 왼쪽에 있고 이 상태는 압축액체이다.

(3) 130℃ 에서 비체적(v)은

$$(v_g = 0.66808) < (v = 0.7)$$

이므로 포화증기(v_g)선의 오른쪽에 있고 이 상태는 과열증기이다.

[예제 4.4] **[포화액체의 압력]** 밀폐된 견고한 용기 안에 온도가 70℃인 포화액체 상태의 물 400kg이 들어있을 때 용기 안의 압력과 용기의 부피를 구하라.

풀이 물의 포화액체 점을 $T-v$ 선도에 내면 [그림 4.14]와 같다. 주어진 상태는 선도 상의 점 A에 있다. [표 A.2]에서 온도가 70℃일 때 포화압력과 포화액체의 비체적은

$$P_{sat} = 0.031201\text{MPa}, \quad v_f = 0.001023\,\text{m}^3/\text{kg}$$

이다. 용기 안의 물이 포화액체 상태이므로 용기 안의 압력(P)은 주어진 온도에서의 물의 포화압력과 같다. 따라서

$$P = P_{sat} = 0.031201\text{MPa} = 31.201\,\text{kPa}$$

이고, 포화액체인 용기 내 물의 비체적 $v = v_f$이므로 용기의 부피(V)는 다음과 같이 구해진다.

$$v = \frac{V}{m}$$

$$\therefore \quad V = mv = mv_f = 400 \times 0.001023 = 0.4092\,[\text{m}^3]$$

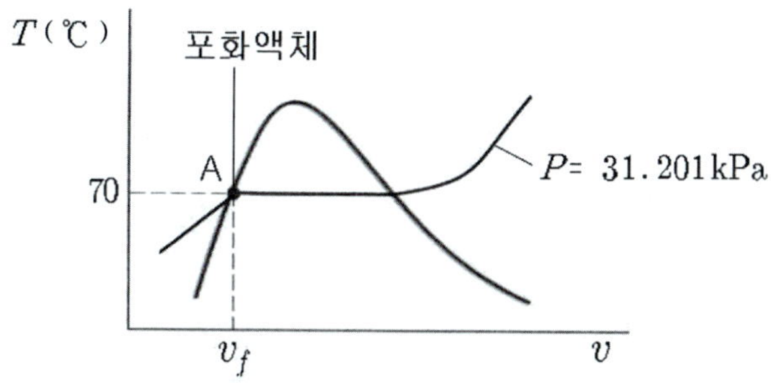

[그림 4.14] 포화액체의 압력

[예제 4.5] **[포화증기의 온도]** 압력이 500 kPa로 일정하게 유지되는 피스톤-실린더 장치 내에 포화증기 상태의 물 $0.08\,m^3$이 들어있다. 실린더 내 증기의 온도와 질량을 구하라.

풀이 물의 포화증기 점을 $P-v$ 선도에 내면 [그림 4.15]와 같다. 주어진 상태는 선도 상의 점 A에 있다. 압력을 기준으로 한 [표 A.3]에서 압력이 $500\text{kPa} = 0.5\text{MPa}$일 때 포화온도와 포화증기의 비체적은

$$T_{sat} = 151.84℃,\ v_g = 0.3748\,m^3/kg$$

이다. 용기 안의 물이 포화증기 상태이므로 용기 안의 온도(T)는 주어진 압력에서의 물의 포화온도와 같다. 따라서

$$T = T_{sat} = 151.84℃$$

이고, 포화증기인 용기 내 물의 비체적 $v = v_g$이므로 수증기의 질량(m)은 다음과 같이 구해진다.

$$v = \frac{V}{m}$$

$$\therefore\ m = \frac{V}{v} = \frac{\dot{V}}{v_g} = \frac{0.08}{0.3748} = 0.2134\,[kg]$$

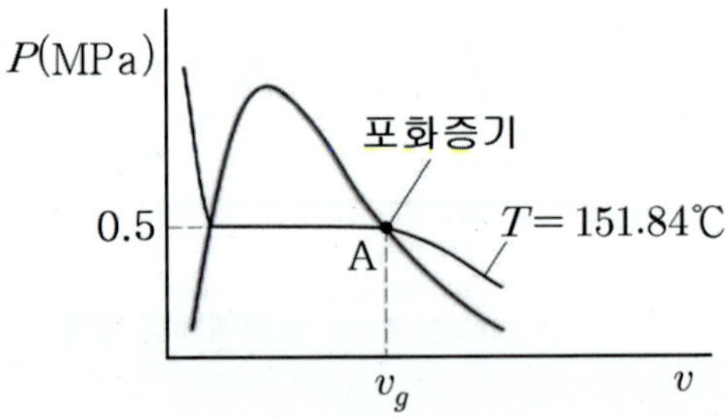

[그림 4.15] 포화증기의 온도

[예제 4.6] **[증발과정]** 포화액체 상태의 물 0.4kg이 1atm의 일정한 압력 하에서 가열되어 완전히 증발되었을 때 물의 부피 변화와 물에 전달된 열량을 구하라.

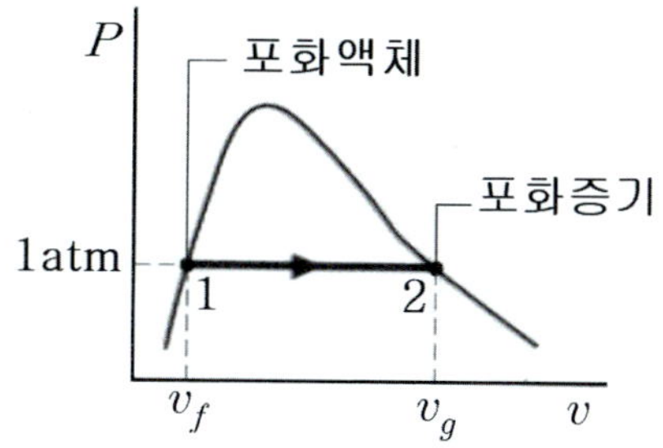

[그림 4.16] 포화액체에서 포화증기로의 상변화

풀이 주어진 상태의 물이 증발하는 과정을 $P-v$ 선도에 나타내면 [그림 4.16]과 같다. 그림과 같이 처음 상태 1의 포화액체가 압력이 일정한 선 1→2를 따라 증발하여 포화증기점 2에서 증발이 완료된다. 압력이 일정하므로 압력 기준 포화증기표를 이용한다.

- [표 A.3]에서 1atm = 101.325kPa = 0.101325MPa일 때 포화액체와 포화증기의 비체적은 각각

$$v_f = 0.001043\,[\mathrm{m^3/kg}],\ \ v_g = 1.6733\,[\mathrm{m^3/kg}]$$

이므로 1→2의 과정에서 일어나는 물의 부피 변화(ΔV)는 다음과 같다. 비체적 $v = V/m$이므로 $V = mv$이다.

$$\begin{aligned}\Delta V &= V_2 - V_1 = mv_2 - mv_1 = m(v_2 - v_1)\\ &= m(v_g - v_f)\\ &= 0.4\times(1.6733 - 0.001043)\,[\mathrm{m^3}] = 0.6689\,[\mathrm{m^3}]\end{aligned}$$

- 일정한 압력 하에서 포화액체 상태인 단위 질량의 물질을 완전히 증발시키는데 필요한 열량은 그 압력 하에서의 그 물질의 증발엔탈피(h_{fg})이다. [표 A.3]에서 1atm일 때 $h_{fg} = 2256.5\,[\mathrm{kJ/kg}]$이므로 물에 전달된 열량($Q$)은 다음과 같다.

$$Q = m\,h_{fg} = 0.4\times 2256.5 = 902.6\,[\mathrm{kJ}]$$

2 포화액체와 포화증기의 혼합물(습증기)

포화액체가 증발하는 동안에 물질의 일부는 액체로, 일부는 기체로 존재한다. 이와 같은 포화액체와 포화증기의 혼합물을 해석하기 위해서는 혼합물 내의 액상과 증기상의 비율을 알아야 하므로, 식 (4.1)과 같이 건도 x를 정의한다.

$$x = \frac{m_g}{m} \qquad \cdots\cdots (4.2)$$

여기에서 m_g는 증기의 질량, m은 혼합물 전체의 질량이다. 포화액체의 질량을 m_f로 하면

$$m = m_{liq} + m_{vap} = m_f + m_g \qquad \cdots\cdots ①$$

이다. 액체와 증기의 혼합물의 상태량은 일반적으로 두 상태의 평균상태량으로 정의된다. 이와 같은 2상 혼합물의 비체적(평균비체적)은 포화증기표와 건도의 정의로부터 다음과 같이 구할 수 있다.

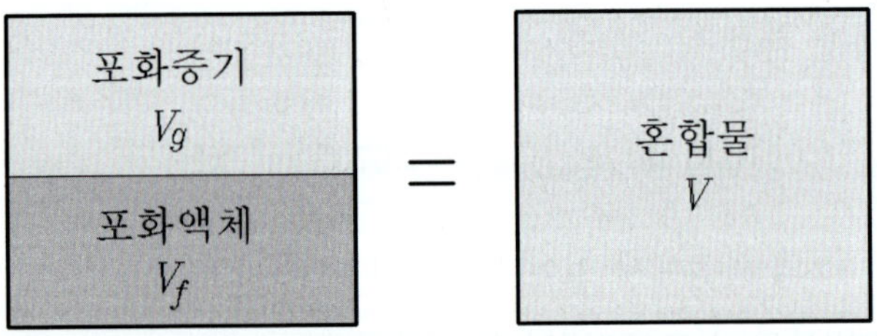

[그림 4.17] 두 개의 상으로 이루어진 물질을 하나의 균일한 혼합물로 취급한다.

[그림 4.17]과 같이 포화액체와 포화증기의 체적이 각각 V_f, V_g인 혼합물을 고려한다. 혼합물 전체의 체적 V는 두 체적의 합이다.

$$V = V_f + V_g \qquad \cdots\cdots ②$$

혼합물의 비체적을 v, 포화액체와 포화증기의 비체적을 각각 v_f, v_g로 하면 비체적의 정의($v = V/m$)에 의해 ②는 다음과 같이 쓸 수 있다.

$$V = mv, \quad V_f = m_f v_f, \quad V_g = m_g v_g$$

$$\therefore \quad mv = m_f v_f + m_g v_g \qquad \cdots\cdots ③$$

식 ③에서 $m_f = m - m_g$를 대입하면

$$mv = (m - m_g)v_f + m_g v_g \quad \cdots\cdots ④$$

가 된다. 이 식을 m으로 나누어주면 다음과 같이 혼합물의 비체적이 구해진다.

$$v = \left(1 - \frac{m_g}{m}\right)v_f + \frac{m_g}{m} \times v_g$$

$$\therefore \quad v = (1 - x)v_f + xv_g \quad \cdots\cdots ⑤$$

식 ⑤를 다시 쓰면

$$v = (1 - x)v_f + xv_g = v_f + x(v_g - v_f)$$

$$= v_f + xv_{fg} \quad \cdots\cdots ⑥$$

가 된다. 여기에서 $v_{fg} = v_g - v_f$이다.

내부에너지, 엔탈피 및 엔트로피에 대해서도 위와 같은 과정을 거쳐 포화액체와 포화증기 혼합물의 값을 구할 수 있다. 결과들을 종합하여 나타내면 다음과 같다.

$$v = (1 - x)v_f + xv_g = v_f + xv_{fg} \quad \cdots\cdots (4.3)$$

$$u = (1 - x)u_f + xu_g = u_f + xu_{fg} \quad \cdots\cdots (4.4)$$

$$h = (1 - x)h_f + xh_g = h_f + xh_{fg} \quad \cdots\cdots (4.5)$$

$$s = (1 - x)s_f + xs_g = s_f + xs_{fg} \quad \cdots\cdots (4.6)$$

한편 식 (4.3)을 건도에 대해 풀면

$$x = \frac{v - v_f}{v_{fg}} \quad \cdots\cdots (4.7)$$

이고, 이 값을 $P-v$ 또는 $T-v$ 선도에 나타내면 [그림 4.18]과 같다. 그림에서 $v_{fg} = \overline{\mathrm{AB}}$, $v - v_f = \overline{\mathrm{AC}}$ 이므로 $x = \dfrac{\overline{\mathrm{AC}}}{\overline{\mathrm{AB}}}$가 된다.

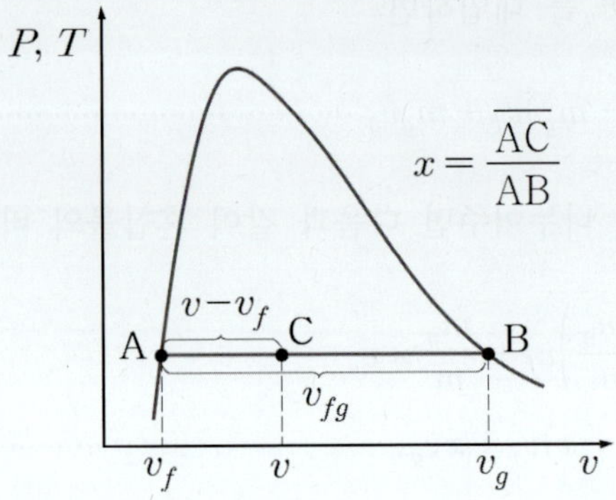

[그림 4.18] $P-v$ 또는 $T-v$ 선도 상에서 습증기의 건도

[그림 4.18]로부터 포화액체 상태(A)에서 $x=0$, 포화증기 상태(B)에서 $x=1$이고, 두 영역 사이인 습증기 영역(C)에서 $0<x<1$의 값을 갖는다는 것을 알 수 있다.

물의 증기선도에서 다음과 같은 건도와 증발열의 특성을 알 수 있다.

① 압축액체(압축수)의 압력을 낮추면 습증기영역에 들어간 후 건도가 증가한다.

② 과열증기의 압력을 낮추면 습증기영역에 들어갔을 때 건도가 감소한다.

③ 습증기의 압력을 높이면 건도는 증가 또는 감소한다.

④ 온도가 상승하면 증발잠열이 감소한다.

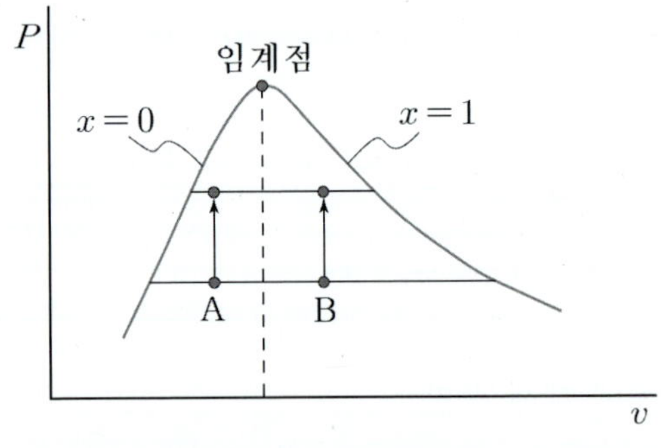

[그림 4.19] 압력 증가에 따른 건도의 변화

이상의 성질은 증기선도에서 각 과정을 그려보면 이해할 수 있다. 특히 ③의 성질은 증기선도에서 임계점의 좌우로 기울기가 다른 포화액체 선과 포화증기 선이 각각 존재하기 때문에 일어나는 현상이다. [그림 4.19]와 같이 압력을 높이면 임계점 왼쪽의 점 A는 건도 $x=0$에 접근하고, 오른쪽 점 B는 건도 $x=1$에 접근한다.

[예제 4.7] **[습증기의 상태량]** 온도 90℃ 에서 건도가 0.4인 습증기의 비체적, 비내부에너지, 비엔탈피를 구하라.

온도 T ℃	포화압력 P_{sat} MPa	비체적 m^3/kg 포화액체 v_f	포화증기 v_g	내부에너지 kJ/kg 포화액체 u_f	포화증기 u_g	엔탈피 kJ/kg 포화액체 h_f	증발 h_{fg}	포화증기 h_g
…								
90	0.070182	0.001036	2.3591	376.90	2493.9	376.97	2282.5	2659.5
…								

풀이 표 [A.2]에서 90℃ 에서의 포화액체와 포화증기의 상태량을 가져오면 위와 같다. 따라서 90℃ 에서 건도 $x=0.4$인 습증기의 상태량은 다음과 같이 구해진다.

- 비체적: $v=(1-x)v_f+xv_g$
$$=(1-0.4)\times 0.001036+0.4\times 2.3591$$
$$=0.944262\ [m^3/kg]$$
- 비내부에너지: $u=(1-x)u_f+xu_g$
$$=(1-0.4)\times 376.9+0.4\times 2493.9$$
$$=1223.7\ [kJ/kg]$$
- 비엔탈피: $h=(1-x)h_f+xh_g$
$$=(1-0.4)\times 376.97+0.4\times 2659.5$$
$$=1289.98\ [kJ/kg]$$

[예제 4.8] 온도 50℃ 에서 비엔탈피가 1000kJ/kg인 습증기의 건도를 구하라.

풀이 표 [A.2]에서 50℃ 에서의 비엔탈피 값은 다음과 같다.

$$h_f=209.34\,kJ/kg,\ h_{fg}=2382.0\,kJ/kg,\ h_g=2591.3\,kJ/kg$$

따라서 식 (4.5)로부터 $h=1000kJ/kg$인 습증기의 건도 x는 다음과 같이 구해진다.

$$h = h_f + x h_{fg}$$

$$\therefore \ x = \frac{h - h_f}{h_{fg}} = \frac{1000 - 209.34}{2382} = 0.3319$$

[예제 4.9] 견고한 용기 내에 80℃의 물 20kg이 들어 있다. 물의 14kg은 포화증기이고 나머지는 포화액체일 때 용기 내의 압력과 용기의 체적을 구하라.

풀이 표 [A.2]로부터 80℃에서 다음 값을 읽을 수 있다.

$$P_{sat} = 0.047415\,\text{MPa}, \quad v_f = 0.001029\,\text{m}^3/\text{kg}, \quad v_g = 3.4053\,\text{m}^3/\text{kg}$$

- 포화상태이므로 압력은 주어진 온도 80℃에서의 포화압력과 같다.

$$\therefore \ P = P_{sat} = 0.047415\,\text{MPa}$$

- 혼합물 전체 질량 $m = 20\text{kg}$, 포화증기 질량 $m_g = 14\,\text{kg}$이므로 건도는

$$x = \frac{m_g}{m} = \frac{14}{20} = 0.7$$

이고, 혼합물의 비체적은

$$v = (1-x)v_f + x v_g$$
$$= (1-0.7) \times 0.001029 + 0.7 \times 3.4053 = 2.3840 \ [\text{m}^3/\text{kg}]$$

이다. 따라서 혼합물의 체적(V), 즉 용기의 체적은 다음과 같다.

$$V = mv = 20 \times 2.3840 = 47.68 \ [\text{m}^3]$$

† 여기에서 포화액체와 포화증기의 질량이 각각 $m_f = 6\,\text{kg}$, $m_g = 14\,\text{kg}$이므로 다음과 같이 곧바로 체적을 구할 수 있다.

$$V = V_f + V_g = m_f v_f + m_g v_g$$
$$= 6 \times 0.001029 + 14 \times 3.4053 = 47.68 \ [\text{m}^3]$$

[예제 4.10] 부피 $2m^3$의 견고한 용기 내에 압력 120kPa의 물 100kg이 들어 있을 때 다음을 구하라.

(1) 물의 온도　　(2) 물의 건도

(3) 물의 비엔탈피　　(4) 증기의 질량과 부피

풀이 압력 기준 증기표 [A.3]으로부터 압력 120kPa = 0.12MPa에서 다음 값을 읽을 수 있다.

$$T_{sat} = 104.78℃, \quad v_f = 0.001047\,m^3/kg, \quad v_g = 1.4284\,m^3/kg$$
$$h_f = 439.30\,kJ/kg, \quad h_{fg} = 2243.8\,kJ/kg, \quad h_g = 2683.1\,kJ/kg$$

(1) 물의 부피 $V = 2m^3$, 질량 $m = 100kg$이므로 물의 비체적은

$$v = \frac{V}{m} = \frac{2}{100} = 0.02\,[m^3/kg]$$

이다. 따라서 $v_f < v < v_g$이므로 물은 액체+증기인 습증기 영역에 있고, 물의 온도(T)는 주어진 압력에서의 포화온도와 같다.

$$\therefore \quad T = T_{sat} = 104.78℃$$

(2) 혼합물의 비체적을 알므로 다음과 같이 건도를 구할 수 있다.

$$v = v_f + x v_{fg}$$
$$\therefore \quad x = \frac{v - v_f}{v_{fg}} = \frac{0.02 - 0.001047}{1.4284 - 0.001047} = 0.01328$$

(3) 물의 비엔탈피는 다음과 같다.

$$h = h_f + x h_{fg} = 439.3 + 0.01328 \times 2243.8 = 469.1\,[kJ/kg]$$

(4) 건도의 정의로부터 증기의 질량은 다음과 같다.

$$x = \frac{m_g}{m}$$
$$\therefore \quad m_g = xm = 0.01328 \times 100 = 1.328\,[kg]$$

따라서 비체적의 정의로부터 증기의 부피는 다음과 같다.

$$v_g = \frac{V_g}{m_g}$$

$$\therefore \quad V_g = m_g v_g = 1.328 \times 1.4284 = 1.897 [\mathrm{m}^3]$$

3 과열증기

$P-v$ 선도와 $T-v$ 선도에서 포화증기선 오른쪽 영역의 물질은 과열증기 상태에 있다. 따라서 이때는 과열증기표에서 상태량을 읽어야 한다. 습증기 영역과 달리 과열증기 영역은 단일 상 영역이기 때문에 온도와 압력은 서로 독립적 상태량이므로 상태가 결정되기 위해서는 온도와 압력 2개의 값이 모두 주어져야 한다.

과열증기의 일반적인 특성은 다음과 같다.

① 압력이 낮다: 주어진 온도(T)에서 $P < P_{sat}$이면 과열증기이다.

② 온도가 높다: 주어진 압력(P)에서 $T > T_{sat}$이면 과열증기이다.

③ 비체적이 크다: 주어진 온도(T) 또는 압력(P)에서 $v > v_g$이면 과열증기이다.

④ 내부에너지가 크다: 주어진 온도(T) 또는 압력(P)에서 $u > u_g$이면 과열증기이다.

⑤ 엔탈피가 크다: 주어진 온도(T) 또는 압력(P)에서 $h > h_g$이면 과열증기이다.

여기에서 v_g, u_g, h_g는 각각 포화증기의 비체적, 내부에너지, 엔탈피이다.

부록의 표 [A.4]에 과열증기의 상태량을 나타내었다. 과열증기의 온도(T)와 압력(P)이 주어지면 표 [A.4]로부터 그 점에서의 v, h, s를 읽을 수 있다. 내부에너지(u)는 표에서 주어진 v, h 및 P로부터 계산하여 구하면 된다. 예를 들어 온도 200℃, 압력 1MPa에서

$$v = 0.2060\,\mathrm{m}^3/\mathrm{kg}, \quad h = 2828.3\,\mathrm{kJ/kg}$$

이므로 이 상태에서의 비내부에너지는

$$u = h - Pv = 2828.3 - 1000 \times 0.2060 = 2622.3\ [\mathrm{kJ/kg}]$$

이다. 공업열역학에서는 주로 엔탈피가 이용된다.

[예제 4.11] 압력 0.5MPa, 온도 400℃ 에서의 물의 비내부에너지를 구하라.

압력 MPa (Sat. T)		온도(℃)		
		……	400	……
0.5	v		0.6173	
(151.84)	h	……	3272.3	……
	s		7.7954	

[v: 비체적 (m^3/kg) h: 비엔탈피 (kJ/kg) s: 비엔트로피 (kJ/kg • K)]

풀이 [표 A.4]로부터 압력 $P=0.5$MPa에서의 상태량은 위와 같다. 이때의 포화온도는 151.84℃ 이므로 온도 400℃ 의 물은 과열증기 상태이고, 이때의 값을 읽으면

$$v = 0.6173\,\mathrm{m^3/kg}, \quad h = 3272.3\,\mathrm{kJ/kg}$$

이다. 따라서 비내부에너지(u)는 다음과 같다.

$$u = h - Pv = 3272.3 - (0.5 \times 1000) \times 0.6173 = 2963.7\,[\mathrm{kJ/kg}]$$

4 압축액체

$P-v$ 선도와 $T-v$ 선도에서 포화액체선 왼쪽 영역의 물질은 압축액체 상태에 있다. 압력에 따른 압축액의 변화는 매우 완만하다. 예를 들어 압력이 100배가 증가하여도 보통 상태량들의 변화는 1% 이하이다. 이에 따라 압축액 자료가 없는 경우에는 일반적으로 '**압축액을 같은 온도에서 포화액체로 취급한다.**' 이것은 압축액의 상태량들이 압력보다는 온도에 더 크게 의존하기 때문이다. 따라서 압축액의 비체적(v_c), 내부에너지(u_c), 엔탈피(h_c)에 대해서 다음과 같이 쓸 수 있다.

$$v_c \cong v_{f@T}, \quad u_c \cong u_{f@T}, \quad h_c \cong h_{f@T} \qquad (4.8)$$

이 세 상태량 중 압력 변화에 가장 민감한 상태량은 엔탈피이다. 식 (4.8)의 근사식에서 비체적과 내부에너지에서 오차는 거의 무시할 수 있지만 엔탈피에서 오차는 무시할 수 없는 수준에 도달할 수도 있다. 매우 높은 압력에서 엔탈피는 포화액체의 엔탈피 값을 직접

사용하지 않고 다음 식을 사용하면 그 오차를 상당히 줄일 수 있다.

$$h \cong h_{f@T} + v_{f@T}(P - P_{sat@T}) \quad \cdots\cdots (4.9)$$

여기에서 P_{sat}는 주어진 온도에서 포화압력이다.

압축액체의 일반적인 특성은 다음과 같다.

① 압력이 높다: 주어진 온도(T)에서 $P > P_{sat}$이면 압축액체이다.

② 온도가 낮다: 주어진 압력(P)에서 $T < T_{sat}$이면 압축액체이다.

③ 비체적이 작다: 주어진 온도(T) 또는 압력(P)에서 $v < v_f$이면 압축액체이다.

④ 내부에너지가 작다: 주어진 온도(T) 또는 압력(P)에서 $u < u_f$이면 압축액체이다.

⑤ 엔탈피가 작다: 주어진 온도(T) 또는 압력(P)에서 $h < h_f$이면 압축액체이다.

여기에서 v_f, u_f, h_f는 각각 포화액체의 비체적, 내부에너지, 엔탈피이다. 공업 열역학에서는 주로 포화증기표와 과열증기표가 이용되고, 압축액체 표는 많이 이용되지 않는다.

[예제 4.12] (1) 압축액(압축수)표 [A.5]에서 100℃, 5MPa인 압축수의 비체적, 엔탈피, 엔트로피를 구하라.
(2) 표 [A.2]에서 온도가 100℃일 때 포화액체 상태의 물의 비체적, 엔탈피, 엔트로피를 구하라.
(3) 위에서 구한 두 값을 각각 비교하라.

풀이 (1) 표 [A.5]에서 $T = 100℃$, $P = 5\text{MPa}$일 때 압축수의 v, h, s는 각각 다음과 같다.

$$v_c = 0.001041\,\text{m}^3/\text{kg},\ \ h_c = 422.9\,\text{kJ/kg}$$
$$s_c = 1.3034\,\text{kJ/kg}\cdot\text{K} \quad \cdots\cdots ①$$

(2) 표 [A.2]에서 $T = 100℃$일 때 포화액체의 v, h, s는 각각 다음과 같다.

$$v_f = 0.001044\,\text{m}^3/\text{kg},\ \ h_f = 419.10\,\text{kJ/kg}$$
$$s_f = 1.3070\,\text{kJ/kg}\cdot\text{K} \quad \cdots\cdots ②$$

(3) ①, ②를 비교해보면 압축액체의 상태량(v_c, h_c, s_c)들은 같은 온도에서의 포화액체의 상태량(v_f, h_f, s_f)들과 크게 다르지 않다는 것을 알 수 있다. 이와 같

은 이유로 압축액체의 상태량(비체적, 내부에너, 엔탈피, 엔트로피 등)을 모르거나 문제에서 주어지지 않으면 이들 값들을 '같은 온도에서 포화액체의 상태량으로 대체'하여 문제를 해석한다.

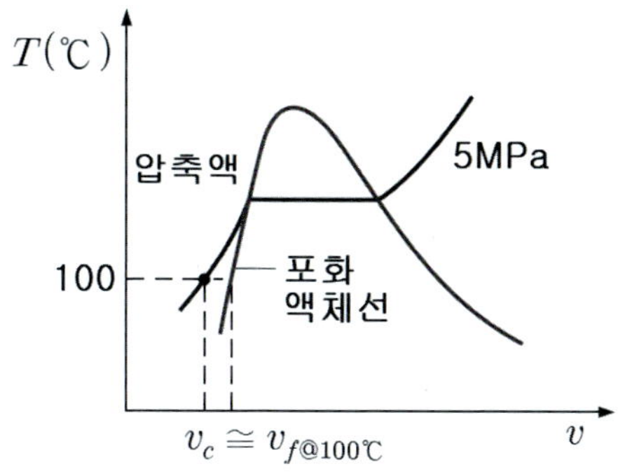

[그림 4.20] [예제 4.12]에 대한 $T-v$ 선도

5 선형 보간법

온도(T)와 압력(P) 또는 비체적(v)과 내부에너지(u) 및 엔탈피(h)와 엔트로피(s) 등의 값이 증기표에 없을 때는 선형 보간법을 사용하여 인접한 값들로부터 원하는 값을 구하여 사용한다.

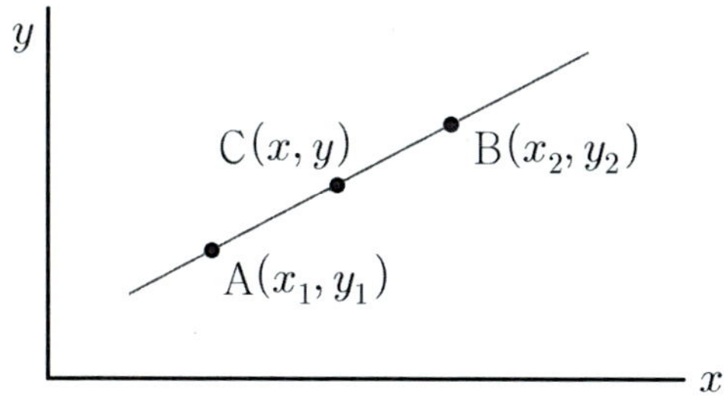

[그림 4.21] 선형 보간법

[그림 4.21]에서 두 점 (x_1, y_1), (x_2, y_2)를 잇는 직선의 방정식은 다음과 같다.

$$y = \left(\frac{y_2 - y_1}{x_2 - x_1}\right) \times (x - x_1) + y_1 \qquad \cdots\cdots (4.10)$$

이 식으로부터 두 점 $\mathrm{A}(x_1, y_1)$, $\mathrm{B}(x_2, y_2)$의 좌표 값을 알면 점 C의 x에서 y값을 구할 수 있다.

[예제 4.13] [선형 보간법] 온도 $T = 103℃$에서 물의 포화압력(P_{sat})과 포화증기의 비체적(v_g)을 각각 구하라.

풀이 부록의 증기표 [A.2]에서 $T = 103℃$에 가까운 두 온도 100℃와 105℃에서 포화압력(P_{sat})과 포화증기의 비체적(v_g)은 각각 다음과 같다.

- 100℃ : $P_{sat} = 101.42\text{kPa}$, $v_g = 1.6719\,\text{m}^3/\text{kg}$
- 105℃ : $P_{sat} = 120.90\text{kPa}$, $v_g = 1.4185\,\text{m}^3/\text{kg}$

(1) 포화압력($P_{sat,103℃}$): x좌표를 온도, y좌표를 포화압력으로 하면 A, B, C의 좌표는 각각

$$\mathrm{A}(100, 101.42),\ \mathrm{B}(105, 120.90),\ \mathrm{C}(103, y)$$

이고, 103℃에서 포화압력($P_{sat,103℃}$)은 다음과 같다.

$$\begin{aligned} P_{sat,103℃} = y &= \frac{y_2 - y_1}{x_2 - x_1} \times (x - x_1) + y_1 \\ &= \frac{120.9 - 101.42}{105 - 100} \times (103 - 100) + 101.42[\text{kPa}] \\ &= 113.108[\text{kPa}] \end{aligned}$$

(2) 포화증기 비체적($v_{g,103℃}$): x좌표를 온도, y좌표를 포화증기 비체적으로 하면 A, B, C의 좌표는 각각

$$\mathrm{A}(100, 1.6719),\ \mathrm{B}(105, 1.4185),\ \mathrm{C}(103, y)$$

이고, 103℃에서 포화증기 비체적($v_{g,103℃}$)은 다음과 같다.

$$\begin{aligned} v_{g,103℃} = y &= \frac{y_2 - y_1}{x_2 - x_1} \times (x - x_1) + y_1 \\ &= \frac{1.4185 - 1.6719}{105 - 100} \times (103 - 100) + 1.6719[\text{m}^3/\text{kg}] \end{aligned}$$

$$= 1.51986[\mathrm{m^3/kg}]$$

[Note] 부록의 표에서 엄밀하게 말하면 비내부에너지(u), 비엔탈피(h), 비엔트로피(s)이다. 그러나 여기에서는 간단하게 내부에너지, 엔탈피, 엔트로피로 표기하였다. 외국 유명 서적에서도 이와 같이 표기하고 있다. 단위를 보면 주어진 값이 단위질량당 내부에너지, 엔탈피, 엔트로피라는 것을 쉽게 알 수 있다. 그리고 이 단원의 본문에서도 비내부에너지, 비엔탈피, 비엔트로피를 각각 간단하게 내부에너지, 엔탈피, 엔트로피로 표기하기도 하였는데 지나치게 용어에 신경 쓰지 않도록 한다.

연습문제 4

† 이 단원의 문제에서 물질의 상태나 필요한 값이 주어지지 않은 경우에는 부록의 표 [A.2~A.6]에서 그 상태를 결정하고 필요한 값을 찾는다.

01 그림의 $P-v$ 선도에서 A 상태의 물 1kg을 일정한 압력(P_0) 하에서 가열할 때 물의 상태 변화는 A→B→C→D로 나타난다. 다음 각 점 혹은 구간에서 물의 상태 또는 이름을 말하라.

(1) 구간 A ~ B

(2) B 점

(3) 구간 B ~ C

(4) C 점

(5) 구간 C ~ D

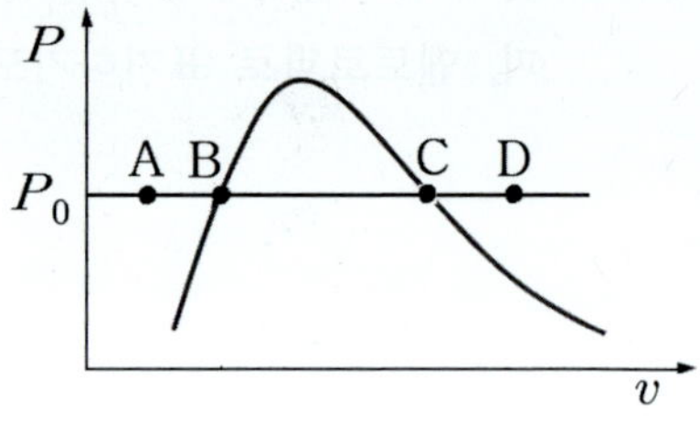

[문제 4.1]

02 부피가 일정한 견고한 용기 내에 건도가 0.4인 액체와 증기 혼합물 20kg이 들어있다. 용기 내 액체의 질량과 증기의 질량을 구하라.

03 액체와 증기 혼합물의 전체질량이 m이고 건도가 x일 때 액체의 질량(m_f)이 다음과 같음을 보여라.

$$m_f = m(1-x)$$

04 밀폐된 견고한 용기 안에 온도가 120℃인 포화액체 상태의 물 300kg이 들어있을 때 용기 안의 압력[kPa]과 용기의 부피[m^3]를 구하라. (Hint: [표 A.2])[4)]

05 압력이 1MPa로 일정하게 유지되는 피스톤-실린더 장치 내에 포화증기 상태의 물 0.4m^3이 들어있을 때, 실린더 내 증기의 온도[℃]와 질량[kg]을 구하라. (Hint: [표 A.3])

06 300℃에서 400L의 용기 내에 40kg의 습증기가 들어있다. 습증기의 건도를 구하라. (Hint: [표 A.2])

4) 온도가 주어지면 온도 기준[표 A.2], 압력이 주어지면 압력 기준[표 A.3]을 이용한다.

07 압력 1MPa에서 건도가 0.2인 습증기 $10m^3$의 질량[kg]을 구하라. (Hint: [표 A.3])

08 부피가 $0.4m^3$인 견고한 용기 내에 압력 0.6MPa에서 평형을 이루고 있는 습증기 2kg이 들어있다. 다음을 구하라. (Hint: [표 A.3])

(1) 증기의 체적[m^3]과 질량[kg] (2) 액체의 체적[m^3]과 질량[kg]

09 압력 200kPa에서 포화액체 상태에 있는 물 1kg에 300kcal의 열을 가했을 때 최종 상태에서 물(습증기)의 건도를 구하라. 단, 1kcal = 4.2kJ이고, 증발과정 동안 압력은 일정하게 유지된다. (Hint: [표 A.3], 정압과정 $q = \Delta h$)

10 온도 80℃에서 건도가 0.4인 습증기 5kg을 완전히 증발시키는데 필요한 열량[kJ]을 구하라. (Hint: [표 A.2])

11 부록 A의 표를 이용하여 다음 물의 각 상태의 상을 결정하라.

(1) 120℃, 500kPa (2) 120℃, $0.5m^3/kg$
(3) 120℃, 150kPa (4) 120℃, $0.001m^3/kg$
(5) 120℃, $0.9m^3/kg$

12 온도 $T = 129$℃에서 물의 포화압력(P_{sat})과 포화액체의 비엔탈피(h_f)를 각각 구하라. (Hint: [표 A.2], 125℃, 130℃ 값; 선형보간법)

13 과열 증기표 [A.4]로부터 압력 0.6MPa, 온도 400℃에서의 물의 단위 질량당 내부에너지(u)를 구하라.

14 압축액 표 [A.5]로부터 200℃, 30MPa에서의 압축수의 비체적(v), 비엔탈피(h), 비엔트로피(s)를 구하라.

15 다음 온도의 포화액체 중에서 단위질량당 증발열이 가장 큰 것은?

① −10℃ ② 0℃ ③ 4℃ ④ 20℃

16 일정한 압력 하에서 10℃의 물 1kg을 가열하여 200℃의 과열증기로 만들었다. 이때 물이 흡수한 열량은 10℃와 200℃ 사이에서 다음 중 어떤 양의 차이와 같은가?

① 비체적 ② 내부에너지 ③ 엔탈피 ④ 엔트로피

17 부피가 일정한 견고한 용기 내에 있는 건포화증기의 압력을 낮추면 건도는 어떻게 변화하는가?

① 증가한다. ② 감소한다. ③ 변하지 않는다. ④ 일정하다.

18 다음 중 임계점에 대한 설명으로 옳은 것은?

① 열을 받아도 온도가 올라가지 않는 점이다.
② 고체, 액체, 기체가 평형 상태로 존재하는 상태이다.
③ 그 점 이하의 온도에서는 액체와 증기가 평형상태로 존재할 수 없다.
④ 그 점 이상의 압력에서는 액체와 증기가 평형상태로 존재할 수 없다.

19 순수물질의 포화액체와 포화증기의 엔탈피 차이는 그 물질의 무엇과 같은가?

① 현열 ② 증발잠열 ③ 내부에너지 ④ 엔트로피

20 온도와 압력이 같은 포화액체 4kg과 포화증기 12kg을 혼합하면 혼합물의 건도는 얼마가 되는가?

① 0.25 ② 0.5 ③ 0.75 ④ 0.925

21 물의 $P-v$ 선도를 도시한 그림에서 습증기 영역에서 등온선과 일치하는 것은?

① 부피 일정 선 ② 압력 일정 선
③ 건도 일정 선 ④ 등엔트로피 선

22 몰리에 선도에서 종축(y축)과 횡축(x축)은 각각 무엇을 나타내는가?

① 압력과 부피 ② 압력과 엔탈피
③ 압력과 엔트로피 ④ 엔탈피와 엔트로피

23 다음 중 몰리에 선도로부터 정확한 값을 얻기가 가장 어려운 것은?

① 포화액체의 엔탈피 ② 건도가 높은 습증기의 엔탈피
③ 과열증기의 엔트로피 ④ 건도가 높은 습증기의 엔트로피

24 습증기에 대해 다음과 같은 2개의 조건이 각각 주어졌다. 이들 값을 알아도 수증기에 대한 몰리에 선도에서 주어진 습증기의 상태량을 결정할 수 없는 조건은?

① 온도와 엔탈피 ② 압력과 엔탈피
③ 온도와 압력 ④ 압력과 엔트로피

25 일정한 부피 하에서 포화증기의 압력을 높였을 때 일어나는 상변화 현상에 대한 설명으로 옳은 것은?

① 모두 포화액체로 변한다.

② 모두 과열증기로 변한다.

③ 일부는 포화증기로 남아있고, 일부는 과열증기로 변한다.

④ 일부는 포화증기로 남아있고, 일부는 포화액체로 변한다.

26 다음 중 포화온도보다 낮은 온도에서 존재하는 물질은?

① 압축수 ② 포화액체 ③ 습증기 ④ 포화증기

27 과열도에 대한 설명으로 옳은 것은?

① 포화온도와 과열증기 온도의 차이이다.

② 압축수 온도와 과열증기 온도의 차이이다.

③ 포화온도와 압축수 온도의 차이이다.

④ 삼중점 온도와 압축수 온도의 차이이다.

28 20℃ 의 물을 가열하여 100℃ 의 포화수로 만들었다. 이때 소요된 열량을 무엇이라 하는가?

① 현열 ② 포화열 ③ 증발열 ④ 과열열

29 증발잠열에 대한 설명으로 옳은 것은?

① 포화액체의 엔탈피이다.

② 포화증기의 엔탈피이다.

③ 증발에 따른 내부에너지의 변화량이다.

④ 포화증기와 포화액체의 엔탈피의 차이이다.

30 습증기를 단열 압축하였을 때 습증기의 건도는?

① 감소한다. ② 증가한다.

③ 증가할 수도 감소할 수도 있다. ④ 변하지 않는다.

31 포화증기를 단열 압축하면?

① 과열증기가 된다.

② 온도가 낮아지고 습증기가 된다.

③ 온도가 높아지고 습증기가 된다.

④ 압력이 높아지고 습도가 증가한다.

32 포화액체의 포화온도를 그대로 유지하면서 압력을 높이면 어떤 상태로 변하는가?

① 포화액체 ② 습증기 ③ 압축액체 ④ 과열증기

33 물의 임계온도(T_c)와 압력(P_c)에 가장 가까운 것은?

① $T_c = 0.01\text{K}$, $P_c = 22\text{MPa}$ ② $T_c = 374℃$, $P_c = 22\text{MPa}$

③ $T_c = 0.01\text{K}$, $P_c = 101.3\text{kPa}$ ④ $T_c = 374℃$, $P_c = 101.3\text{kPa}$

34 물의 삼중점 온도는?

① 0.01K ② 0.01℃ ③ 373.95K ④ 373.95℃

35 순수물질에 대한 설명 중 틀린 것은? [기사 시험]

① 화학 조성이 균일하고 일정한 물질이다.

② 두 개의 상으로 존재할 수 없다.

③ 물과 수증기의 혼합물은 순수 물질이다.

④ 액체 공기와 기체 공기의 혼합물은 순수 물질이 아니다.

36 포화액체와 포화증기의 구분이 없어지는 상태가 물의 경우 고온·고압에서 나타난다. 이 상태를 무엇이라 부르는가? [기사 시험]

① 삼중점 ② 포화점 ③ 임계점 ④ 끓는점

37 밀폐계 내에서 순수물질의 포화액체를 압력을 일정하게 유지하면서 열을 가하여 포화증기로 만들 경우 다음 사항 중 틀린 것은? [기사 시험]

① 온도가 증가한다. ② 건도가 1이 된다.

③ 비체적이 증가한다. ④ 내부에너지가 증가한다.

38 어떤 물질의 질량이 1000kg이고 부피가 1.404m^3이다. 이 물질의 엔탈피가 1344.8kJ/kg이고 압력이 9MPa이라면 물질의 내부에너지는 약 몇 kJ/kg 인가? [기사 시험]

① 1332 ② 1284 ③ 1048 ④ 875

39 체적이 1m^3인 용기에 5kg의 물이 들어 있으며, 압력을 측정해보니 500kPa이었다. 이 용기의 물 중 수증기는 몇 kg인가? 단, 500kPa에서 포화수와 포화증기의 비체적은 각각 0.001093kg/m^3, 0.37480kg/m^3이다. [기사 시험]

① 0.26kg ② 0.72kg ③ 1.53kg ④ 2.66kg

40 과열증기를 냉각시켰더니 포화영역 안으로 들어와서 비체적이 $0.2327\mathrm{m}^3/\mathrm{kg}$이 되었다. 이때 포화액체와 포화증기의 비체적이 각각 $1.097\times10^{-3}\mathrm{m}^3/\mathrm{kg}$과 $0.5243\mathrm{m}^3/\mathrm{kg}$이라면 건도는 얼마인가? [기사 시험]

① 0.964　② 0.772　③ 0.653　④ 0.443

41 포화증기의 비체적이 $v_g = 40\mathrm{m}^3/\mathrm{kg}$인 물의 온도를 구하라. (Hint: 온도 기준 [표 A.2]에서 v_g가 포함되는 두 온도 값을 찾는다.)

42 다음 각 상태의 물의 상(압축액, 습증기, 과열증기)을 결정하라.

(1) 10MPa, $0.01\mathrm{m}^3/\mathrm{kg}$　(2) 1MPa, 200℃

(3) 0.01MPa, 40℃　(4) 200℃, $0.1\mathrm{m}^3/\mathrm{kg}$

43 압력 $P = 0.3\mathrm{MPa}$, 비체적 $v = 0.5\mathrm{m}^3/\mathrm{kg}$인 물의 온도와 건도를 구하라.

44 압력 $P = 0.1\mathrm{MPa}$에서 건도 $x = 0.1$인 물의 증기 부피분율(V_g/V)을 구하라.

45 주전자의 물을 105℃까지 끓이고자 한다. 주전자 뚜껑의 질량이 30kg이고 지름이 15cm일 때 뚜껑 위에 올려야 할 돌덩어리의 질량을 구하라. 단, 대기압은 101kPa이고 중력가속도는 $9.8\mathrm{m/s}^2$이다. (Hint: $P_{물} = P_{대기} + Mg/A$)

46 240℃, 20MPa의 물이 $2.892\mathrm{m}^3/\mathrm{min}$ 흐를 때 질량유량[kg/s]을 구하라.

47 압력밥솥의 뚜껑은 고정되어 있고, 내부 압력에 의해 단면적 $A = 10\mathrm{mm}^2$의 작은 구멍 마개가 열리면 수증기가 외부로 배출될 수 있다. 밥솥 외부의 대기압력이 101.3kPa일 때 밥솥 안의 물을 105℃에서 끓이려면 마개의 질량을 얼마[g]로 해야 하는가? (단, 중력가속도는 $9.8\mathrm{m/s}^2$이다.)

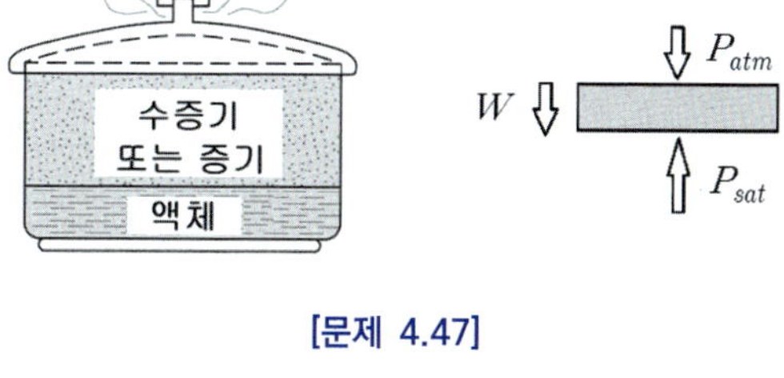

[문제 4.47]

*48 체적이 0.003m^3인 압력밥솥이 있다. 초기상태는 170kPa이고, 포화액체와 포화증기가 각각 절반씩의 체적을 차지하고 있다. 압력을 170kPa로 유지한 상태에서 1kW의 비율로 열을 가할 때 물이 완전히 증발하는 데 걸리는 시간을 다음 표를 이용하여 구하시오.

[국가공무원 5급(기술) 제2차시험]

포화수증기 표($P=170\text{kPa}$)		
	포화액체	포화증기
비체적[m^3/kg]	0.001056	1.032
내부에너지[kJ/kg]	483.0	2,524
엔탈피[kJ/kg]	483.2	2,699

제5장

이상기체와 상태방정식

5.1 기체의 상태변화에 대한 기본법칙
5.2 이상기체의 상태방정식
5.3 정적비열, 정압비열
5.4 이상기체의 내부에너지와 엔탈피
5.5 비열비
5.6 이상기체의 상태변화
5.7* 실제기체의 상태방정식

5.1 기체의 상태변화에 대한 기본법칙

1 보일의 법칙(Boyle's law)

온도가 일정할 때 일정량의 기체의 부피(V)는 압력(P)에 반비례한다.

$$PV = C \qquad \cdots\cdots (5.1)$$

여기에서 C는 상수이고, 상태 1로부터 상태 2로 변화하였을 때

$$P_1 V_1 = P_2 V_2$$

가 성립한다.

2 샤를의 법칙(Charles law)

압력이 일정할 때 일정량의 기체의 부피(V)는 절대온도(T)에 비례한다.

$$\frac{V}{T} = C \qquad \cdots\cdots (5.2)$$

C는 상수이고, 상태 1로부터 상태 2로 변화하였을 때 다음 식이 성립한다.

$$\frac{V_1}{T_1} = \frac{V_2}{T_2}$$

3 보일-샤를의 법칙(Boyle-Charles law)

일정량의 기체가 차지하는 부피(V)와 압력(P)의 곱은 절대온도(T)에 비례한다.

$$\frac{PV}{T} = C \qquad \cdots\cdots (5.3)$$

C는 상수이고, 상태 1로부터 상태 2로 변화하였을 때 다음 식이 성립한다.

$$\frac{P_1 V_1}{T_1} = \frac{P_2 V_2}{T_2}$$

이상기체는 보일-샤를의 법칙을 따르는 기체를 말하며, 보일의 법칙과 샤를의 법칙은 각각 이상기체의 등온과정과 정압과정에 해당된다. 식 (5.2)와 (5.3)에서 T는 절대온도라는 것에 주의한다.

[예제 5.1] 온도 27℃, 압력 300kPa, 부피 0.4m^3인 일정량의 이상기체가 동일한 압력에서 부피가 2배로 팽창하였다면 온도는 몇 ℃가 되는가?

풀이 처음 상태(1)의 온도 $T_1 = 27℃$, 압력 $P_1 = 300\text{kPa}$, 부피 $V_1 = 0.4\text{m}^3$이고, 팽창 후 부피 $V_2 = 2V_1$이다. 압력이 일정하므로 $\frac{V}{T} = C$로부터 팽창 후 온도 T_2가 구해진다.

$$\frac{V_1}{T_1} = \frac{V_2}{T_2}$$

$$\therefore\ T_2 = T_1 \times \frac{V_2}{V_1} = (273 + 27) \times \frac{2V_1}{V_1}[\text{K}]$$

$$= 600[\text{K}] = 600 - 273[℃] = 327[℃]$$

† [예제 5.1]에서 $T_2 = 27℃ \times 2 = 54℃$로 하지 않도록 한다. 상태방정식에서 사용하는 온도는 특별한 언급이 없는 한 절대온도이다.

5.2 이상기체의 상태방정식

다음 상태방정식을 만족하는 기체를 이상기체 또는 완전기체라 한다.

$$P\bar{v} = \bar{R}\,T \qquad \cdots\cdots\cdots\cdots\cdots\cdots (5.4)$$

여기에서 P는 절대압력, $\bar{v}$는 몰 비체적, T는 절대온도이다. $\bar{R}$는 일반기체상수(universal gas constant)라 하며 모든 이상기체에 대하여 적용되는 값이다.[1)]

$$\bar{R} = 8.31441\ \mathrm{kJ/kmol \cdot K}$$

이상기체 1몰(mol)의 부피(V_{1mol})는

$$V_{1mol} = 2.241 \times 10^{-2}\mathrm{m^3/mol} = 22.41\ \mathrm{L/mol}$$

이다. 기체 n몰의 부피를 V라 하면

$$\bar{v} = \frac{V}{n} \qquad \cdots\cdots\cdots\cdots\cdots\cdots (5.5)$$

이므로 몰(n)로 나타내는 상태방정식은 다음과 같다.

$$PV = n\bar{R}\,T \qquad \cdots\cdots\cdots\cdots\cdots\cdots (5.6)$$

그리고 질량(m)으로 상태방정식을 나타내면

$$n = \frac{m}{M} \quad (M\text{은 분자량}) \qquad \cdots\cdots\cdots\cdots\cdots\cdots (5.7)$$

이므로

$$PV = mRT \qquad \cdots\cdots\cdots\cdots\cdots\cdots (5.8)$$

가 된다. 여기에서 기체상수는

$$R = \frac{\bar{R}}{M} = \frac{8.314}{M}\ [\mathrm{kJ/kg \cdot K}] \qquad \cdots\cdots\cdots\cdots\cdots\cdots (5.9)$$

---

1) 일반기체상수 값 8.314J/mol • K와 이상기체 1몰의 부피 22.4L는 기억하도록 한다.

이다. 그리고 비체적 $v=\dfrac{V}{m}$ 와 밀도 $\rho=\dfrac{1}{v}$ 로 나타내면 이상기체의 상태방정식은 다음과 같이 표현된다.

$$Pv = RT \quad \cdots\cdots (5.10)$$

$$P = \rho RT \quad \cdots\cdots (5.11)$$

이상에서 R은 기체상수 또는 특정기체상수라 부른다. 이 값은 기체의 종류마다 다르다.[2)]

설명 이상기체는 실제로 존재하지 않는 기체이지만 밀도가 낮은 실제기체의 $P-V-T$ 거동은 이상기체의 상태방정식과 비슷한 거동을 보인다는 것을 실험적으로 관찰하였다. 밀도가 낮으면 분자 간 평균거리가 충분히 멀어서 분자의 위치에너지를 무시할 수 있다. 이때 입자들은 서로 독립적이며 이상기체라고 부른다. 압력이 낮거나 온도가 높아지면 기체의 밀도가 감소하며 이상기체와 유사한 거동을 나타낸다. 대개의 경우 공기, 산소, 수소, 질소, 헬륨, 이산화탄소 등을 이상기체로 취급할 수 있다.

이상기체 근사에 대한 문제를 정량적으로 설명하기 위해 압축성 인자의 개념을 도입한다. 압축성 인자 Z는 다음 관계식으로 정의된다.

$$Z=\frac{P\bar{v}}{\bar{R}T}, \quad P\bar{v}=Z\bar{R}T \quad \cdots\cdots (5.12)$$

$$Z=\frac{Pv}{RT}, \quad Pv=ZRT \quad \cdots\cdots (5.13)$$

여기에서 몰 비체적 $\bar{v}=\dfrac{V}{n}$, 비체적 $v=\dfrac{V}{m}$ 이다. 이상기체인 경우 $Z=1$ 이며, Z가 1에서 벗어나는 정도로부터 기체의 실제 관계가 이상기체 상태방정식에서 벗어나는 정도를 판단할 수 있다.

일반기체상수($\bar{R}$)로부터 기체상수(R)를 구할 때 필요한 몇 가지 기초적인 기체에 대한 분자량(M)은 다음과 같다.

---

2) 일반기체상수를 그냥 기체상수라고 부르는 분야도 있지만 기계공학에서는 일반적으로 두 상수를 분명하게 구분하여 사용한다.

기체	수소(H_2)	질소(N_2)	산소(O_2)	일산화탄소(CO)
분자량(M)	2	28	32	28
기체	공기	수증기(H_2O)	메탄(CH_4)	이산화탄소(CO_2)
분자량(M)	28.97	18	16	44

[예제 5.2] 수소(H_2)와 일산화탄소(CO)의 기체상수[kJ/kg • K]를 구하라.[3)]

풀이 수소의 분자량은 $2\times1=2$이고 일산화탄소의 분자량은 $12+16=28$이므로 기체상수(R)는 다음과 같다.

(1) 수소: $R=\dfrac{8.314}{M}=\dfrac{8.314}{2}=4.157$ [kJ/kg • K]

(2) 일산화탄소: $R=\dfrac{8.314}{M}=\dfrac{8.314}{28}=0.297$ [kJ/kg • K]

[예제 5.3] 압력 2MPa, 온도 150℃, 부피 0.2m^3인 공기의 질량[kg]을 구하라. 공기의 기체상수 $R=0.287$kJ/kg • K이며 이상기체라고 가정한다.

풀이 MKS 단위계 [kg, m, J, Pa]로 통일하여 질량을 구한다. 이상기체의 상태방정식 $PV=mRT$로부터 질량 m은 다음과 같다.

$$m=\frac{PV}{RT}=\frac{(2\times10^6)\times(0.2)}{287\times(273+150)}=3.29\ [\text{kg}]$$

MKS 단위계로 계산하면 질량의 단위는 kg이다.

[예제 5.4] 기체상수 $R=0.189$kJ/kg • K인 이산화탄소의 30℃, 100kPa에서의 밀도를 구하라. 단, 이산화탄소는 이상기체이다.

풀이 이상기체의 상태방정식 $P=\rho RT$로부터 밀도(ρ)를 구한다.

3) 수소, 산소, 탄소, 질소 등의 기초적인 원소에 대한 원자량은 기억하도록 한다.

$$\rho = \frac{P}{RT} = \frac{100\text{kPa}}{(0.189\,\text{kJ/kg}\cdot\text{K})\times(273+30)\text{K}} = 1.75\,[\text{kg/m}^3]$$

[예제 5.5] [그림 5.1]과 같이 0.9m^3의 용기 A에 17℃, 580kPa의 기체가 들어있고, 용기 B에는 4kg, 27℃, 200kPa의 기체가 들어있다. 밸브를 열어 최종적으로 전체 계가 24℃의 주위와 열역학적 평형을 이룬다. 기체는 이상기체이고 기체상수는 $0.3\text{kJ/kg}\cdot\text{K}$일 때 다음을 구하라. 단, 두 용기를 연결하는 관의 부피는 무시한다.

(1) 초기 상태에서 용기 A에 있는 기체의 질량[kg]

(2) 용기 B의 부피[m^3]

(3) 기체의 최종 압력[kPa]

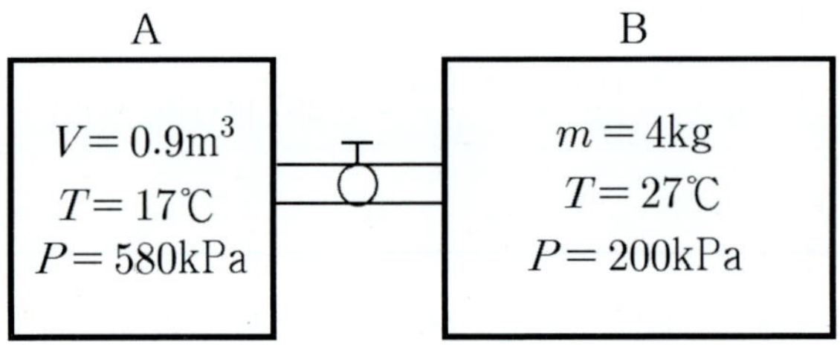

[그림 5.1]

풀이 (1) 용기 A 기체의 질량 m_A

$$m_A = \frac{P_A V_A}{RT_A} = \frac{580(0.9)}{0.3(273+17)} = 6\,[\text{kg}]$$

(2) 용기 B의 부피 V_B

$$V_B = \frac{m_B R T_B}{P_B} = \frac{4(0.3)(273+27)}{200} = 1.8\,[\text{m}^3]$$

(3) 최종 압력 P_f: 최종 상태에서 기체의 온도는 $T_f = 24℃$이고, 질량(m_f)과 부피(V_f)는

$$m_f = m_A + m_B = 6 + 4 = 10\,[\text{kg}]$$
$$V_f = V_A + V_B = 0.9 + 1.8 = 2.7\,[\text{m}^3]$$

이므로 최종 압력(P_f)은 다음과 같다.

$$P_f = \frac{m_f R T_f}{V_f} = \frac{10(0.3)(273+24)}{2.7} = 330[\text{kPa}]$$

R의 단위에 kJ을 사용하였으므로 압력의 단위는 kPa이 된다.

5.3 정적비열, 정압비열

비열은 단위질량 물질의 온도를 단위온도 상승시키는데 필요한 에너지로 정의된다. 이때 필요한 에너지는 일반적으로 과정이 어떻게 실행되느냐에 따라 달라진다. 열역학에서 많이 사용하는 비열에는 정적비열(C_v)과 정압비열(C_p)이 있다.

1 정적비열

부피를 일정하게 유지하면서 단위질량 물질의 온도를 단위온도(1K, 1℃) 높이는데 필요한 열량을 정적비열(C_v)이라 한다.

$$C_v = \left(\frac{\partial u}{\partial T}\right)_v \quad \cdots\cdots (5.14)$$

정적비열(C_v)의 단위는 다음과 같다.

$$[C_v] = \text{kJ/kg} \cdot \text{K},\ \text{kJ/kg} \cdot ℃$$

설명 열역학 제1법칙 $\delta Q = dU + PdV$에서 부피가 일정하면 $dV = 0$이므로 $\delta Q = dU$가 된다. 따라서 부피가 일정하면 공급된 열량(δQ)과 내부에너지 증가(dU)가 같으므로 정적비열은

$$C_v = \frac{1}{m}\left(\frac{\delta Q}{\delta T}\right)_v = \frac{1}{m}\left(\frac{\partial U}{\partial T}\right)_v$$

이다. 여기에서 $\frac{U}{m} = u$ 이므로 $C_v = \left(\frac{\partial u}{\partial T}\right)_v$ 가 된다.

2 정압비열

압력을 일정하게 유지하면서 단위질량 물질의 온도를 단위온도(1K, 1℃) 높이는데 필요한 열량을 정압비열(C_p)이라 한다.

$$C_p = \left(\frac{\partial h}{\partial T}\right)_p \quad \cdots\cdots\cdots\cdots\cdots (5.15)$$

정압비열과 정적비열의 단위는 같다.

$[C_p]$ = kJ/kg • K, kJ/kg • ℃

설명 에너지 보존(열역학 제1법칙)을 나타내는 식 $\delta Q = dH - VdP$ 에서 압력이 일정하면 $dP = 0$ 이므로 $\delta Q = dH$ 이다. 즉, 압력이 일정하면 공급된 열량(δQ)과 엔탈피 증가(dH)가 같으므로 정압비열은

$$C_p = \frac{1}{m}\left(\frac{\delta Q}{\delta T}\right)_p = \frac{1}{m}\left(\frac{\partial H}{\partial T}\right)_p$$

이다. 여기에서 $\frac{H}{m} = h$ 이므로 $C_p = \left(\frac{\partial h}{\partial T}\right)_p$ 가 된다.

† 질량 대신 몰(mol)을 기준으로 하는 비열(몰 기준 비열)은 일반적으로 $\overline{C_v}$, $\overline{C_p}$ 로 나타내며, 단위는 kJ/kmol • K 또는 kJ/kmol • ℃ 이다. $\overline{C_v}$ 와 $\overline{C_p}$ 를 각각 정적 몰비열, 정압 몰비열이라고도 한다.

3 고체와 액체의 비열

비체적 또는 밀도가 일정한 물질을 비압축성 물질이라 한다. 비압축성 물질의 정적비열과 정압비열은 같다($C_p = C_v$). 일반적으로 고체와 액체는 거의 비압축성 물질이므로 이들에 대해서는 첨자를 떼고 비열을 C 로 나타낸다.

$$C_p = C_v = C \quad \cdots\cdots\cdots\cdots (5.16)$$

설명 엔탈피의 정의 $h = u + Pv$의 양변을 미분하면

$$dh = du + Pdv + vdP$$

이다. 부피가 일정한 비압축성 물질에서 $dv = 0$이고, 액체와 고체의 비체적은 매우 작으므로($v = 0$)

$$dh = du$$

가 된다. 따라서 정적비열과 정압비열의 정의에서

$$du = C_v dT, \quad dh = C_p dT$$

이므로 $C_p = C_v = C$이다.

5.4 이상기체의 내부에너지와 엔탈피

이상기체의 내부에너지와 엔탈피는 온도(T)만의 함수이고, 비열과의 관계는 다음과 같다.

$$C_v = \frac{du}{dT} \quad \cdots\cdots\cdots\cdots (5.17)$$

$$C_p = \frac{dh}{dT} \quad \cdots\cdots\cdots\cdots (5.18)$$

따라서 다음 식으로부터 내부에너지와 엔탈피의 변화를 구할 수 있다.

$$du = C_v dT \quad \cdots\cdots\cdots\cdots (5.19)$$

$$dh = C_p dT \quad \cdots\cdots\cdots\cdots (5.20)$$

$$dU = mC_v dT \qquad \cdots\cdots\cdots\cdots\cdots (5.21)$$

$$dH = mC_p dT \qquad \cdots\cdots\cdots\cdots\cdots (5.22)$$

질량 m의 이상기체의 온도가 T_1에서 T_2로 변화했을 때 비열이 일정한 경우 내부에너지와 엔탈피의 총 변화량은 다음과 같다.

$$\Delta U = mC_v(T_2 - T_1) \qquad \cdots\cdots\cdots\cdots\cdots (5.23)$$

$$\Delta H = mC_p(T_2 - T_1) \qquad \cdots\cdots\cdots\cdots\cdots (5.24)$$

설명 순수물질의 내부에너지는 다음과 같이 그 상태를 나타내는 두 개의 독립 상태량으로 결정된다.

$$u = u(T, v),\ u = u(T, P) \text{ 또는 } u = u(P, v)$$

그러나 밀도가 낮은 기체에 대해서는 u가 주로 T에 의해 결정되며 P, v 등의 다른 상태량에는 크게 영향을 받지 않고, 이상기체의 경우 내부에너지가 온도만의 함수라고 알려져 있다.[4)]

$$Pv = RT,\ u = u(T)$$

따라서 $C_v = \dfrac{du}{dT}$, $du = C_v dT$ 이다. 또한

$$h = u + Pv = u(T) + RT = h(T)$$

이므로 이상기체의 엔탈피(h)도 온도(T)만의 함수가 된다. 따라서 정압비열 $C_p = \dfrac{dh}{dT}$ 이고, $dh = C_p dT$ 가 성립한다. 질량이 m일 때 전체 내부에너지와 엔탈피의 변화량은 $dU = mC_v dT$, $dH = mC_p dT$ 로 기술되고, 비열이 일정한 경우 온도가 T_1에서 T_2로 변할 때 이 식을 적분하면 총 변화량은 $\Delta U = mC_v(T_2 - T_1)$, $\Delta H = mC_p(T_2 - T_1)$ 이 된다.

4) 이상기체의 내부에너지와 엔탈피는 온도만의 함수라는 것을 잘 알아두도록 한다. 따라서 온도 변화가 없으면 내부에너지와 엔탈피 변화는 모두 0이다.

5.5 비열비

이상기체의 정압비열(C_p)과 정적비열(C_v)은 다음 관계를 가진다.

$$C_p - C_v = R \quad \cdots\cdots (5.25)$$

그리고 두 비열의 비를 비열비(k)로 정의한다.

$$k = \frac{C_p}{C_v} \quad \cdots\cdots (5.26)$$

이때 기체상수(R)와 정압비열(C_p) 및 정적비열(C_v)의 관계식은 다음과 같다.

$$C_p = \frac{k}{k-1}R \quad \cdots\cdots (5.27)$$

$$C_v = \frac{1}{k-1}R \quad \cdots\cdots (5.28)$$

설명 이상기체의 상태방정식은 $Pv = RT$이므로 엔탈피는

$$h = u + Pv = u + RT \quad \cdots\cdots ①$$

이다. 이 식의 양변을 미분하면

$$dh = du + RdT \quad \cdots\cdots ②$$

이고, $dh = C_p dT$, $du = C_v dT$를 대입하면

$$C_p dT = C_v dT + RdT$$

$$\therefore \; C_p - C_v = R \quad \cdots\cdots ③$$

이 된다. 그리고 비열비 $k = C_p / C_v$에서 $C_p = kC_v$를 식 ③에 대입하여 C_v를 구하면 $C_v = R/(k-1)$이고, $C_p = kC_v = kR/(k-1)$이다. 식 ③으로부터 기체 상수 $R > 0$이므로 $C_p > C_v$라는 것을 알 수 있다. 따라서 비열비 $k = C_p / C_v$는 언제나 1보다 큰 값을 가진다.

[예제 5.6] 정적비열이 $0.7\,\mathrm{kJ/kg \cdot K}$인 이상기체가 가열되어 온도가 20℃에서 300℃까지 증가하였다. 기체의 질량이 5kg이고, 가열 과정에서 부피가 일정할 때 기체의 내부에너지 변화[kJ]를 구하라.

풀이 초기상태 온도 $T_1 = 20℃$, 최종상태 온도 $T_2 = 300℃$이다. 부피가 일정할 때 기체의 내부에너지 변화량(ΔU)은 다음과 같다.

$$\Delta U = mC_v(T_2 - T_1)$$
$$= 5\mathrm{kg} \times \left(0.7\frac{\mathrm{kJ}}{\mathrm{kg \cdot K}}\right) \times (300-20)\mathrm{K} = 980\ [\mathrm{kJ}]$$

여기에서 절대온도 차이는 섭씨온도 차이와 같다($\Delta T[\mathrm{K}] = \Delta T[℃]$).

[예제 5.7] 정압비열이 $5\,\mathrm{kJ/kg \cdot K}$인 이상기체 10kg을 압력을 일정하게 유지하면서 20℃로부터 50℃까지 온도를 높일 때 필요한 열량[kJ]을 구하라.

풀이 초기상태 온도 $T_1 = 20℃$, 최종상태 온도 $T_2 = 50℃$, 질량 $m = 10\mathrm{kg}$이다. 압력이 일정할 때 기체의 온도를 높이기 위해 필요한 열량은 기체의 엔탈피 변화량과 같다.

$$Q = \Delta H = mC_p(T_2 - T_1)$$
$$= (10\mathrm{kg}) \times \left(5\frac{\mathrm{kJ}}{\mathrm{kg \cdot K}}\right) \times (50-20)\mathrm{K} = 1500\ [\mathrm{kJ}]$$

[예제 5.8] [그림 5.2]와 같이 단열된 실린더 안에 이상기체 5kg이 들어있다. 이 기체에 압력을 가하여 온도를 처음보다 10℃ 높이려 한다. 압축 과정에서 기체의 정적비열이 $0.7\,\mathrm{kJ/kg \cdot K}$로 일정할 때 기체에 해 주어야 할 일을 구하라.

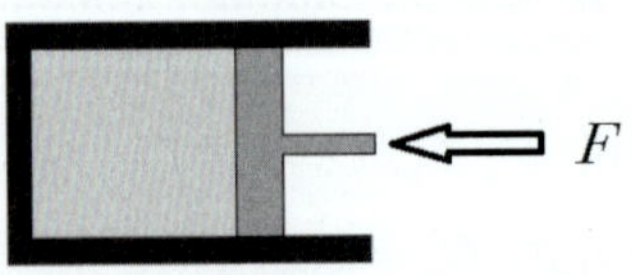

[그림 5.2]

풀이 기체의 질량 $m=5\text{kg}$, 온도 차이 $\Delta T=10℃$이다. 단열이므로 외부와의 열전달 $Q=0$이다. 따라서 제1법칙 $Q=\Delta U+W$에서

$$0=\Delta U+W$$

이므로 기체가 하는 일(W)은

$$W=-\Delta U=-mC_v\Delta T=-5\times0.7\times10=-35\ [\text{kJ}]$$

이다. 기체가 하는 일이 -35kJ이므로 기체는 외부로부터 35kJ의 일을 받는다. 즉, 기체에 해 주어야 할 일은 35kJ이다.

[예제 5.9] 온도 30℃의 이상기체 10kg을 압력을 일정하게 유지하면서 서서히 가열하였다. 가한 열량이 1050 kJ일 때 기체의 최종온도와 내부에너지 변화를 구하라. 단, 기체상수 $R=0.3\text{kJ/kg}\cdot\text{K}$, 비열비 $k=1.4$이다.

풀이 처음온도 $T_1=30℃$, 질량 $m=10\text{kg}$, 가한 열량 $Q=1050\text{kJ}$이다. 먼저 기체의 정압비열과 정적비열을 구한 후 최종온도와 내부에너지 변화를 구한다.

(1) 정압비열: $C_p=\dfrac{kR}{k-1}=\dfrac{1.4\times0.3}{1.4-1}=1.05\ [\text{kJ/kg}\cdot\text{K}]$

(2) 정적비열: $C_v=\dfrac{R}{k-1}=\dfrac{0.3}{1.4-1}=0.75\ [\text{kJ/kg}\cdot\text{K}]$

(3) 최종온도 T_2: 압력이 일정할 때 기체가 받은 열량은 기체의 엔탈피 변화량과 같다.

$$Q=\Delta H=mC_p(T_2-T_1)$$

$$\therefore\ T_2=\frac{Q}{mC_p}+T_1=\frac{1050}{10\times1.05}+(273+30)\,[\text{K}]$$
$$=403\,[\text{K}]=130\,[℃]$$

(4) 내부에너지 변화 ΔU: 처음온도 $T_1=30℃$, 최종온도 $T_2=130℃$

$$\Delta U=mC_v(T_2-T_1)$$
$$=10\times0.75\times(130-30)\,[\text{kJ}]=750\,[\text{kJ}]$$

[예제 5.10] 정압비열 $C_p = a + bT$ [kJ/kg • K]인 이상기체의 온도가 T_1에서 T_2로 변화하였을 때 단위 질량당 엔탈피 변화(Δh)를 구하라. 단, a, b는 상수이고, T, T_1, T_2는 절대온도이다.

풀이 단위 질량당 엔탈피 관계식 $dh = C_p dT$를 적분하면

$$\Delta h = \int_1^2 C_p dT = \int_{T_1}^{T_2} (a + bT) dT$$

$$= \left[aT + \frac{b}{2} T^2 \right]_{T_1}^{T_2} = a(T_2 - T_1) + \frac{b}{2}(T_2^2 - T_1^2)$$

5.6 이상기체의 상태변화

1 정적과정

부피가 일정하게 유지되면서 변화하는 과정을 '정적과정' 또는 '등적과정'이라 한다. 이상기체의 상태방정식 $PV = mRT$에서 '$V =$ 일정'이므로 정적과정에서는 다음 관계식이 성립한다.[5)]

$$\frac{P}{T} = C \quad (C\text{는 상수}) \qquad \cdots\cdots (5.29)$$

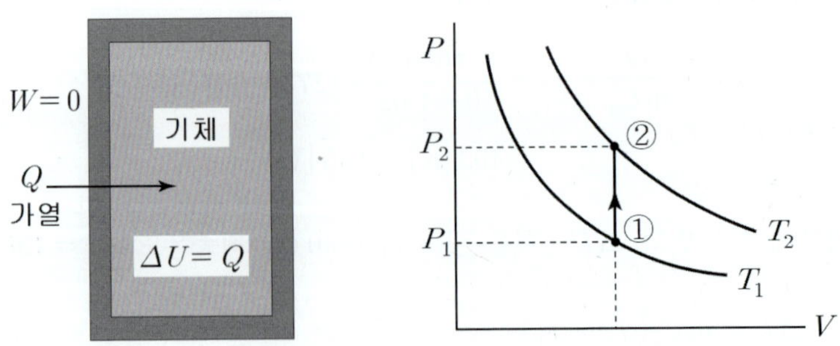

[그림 5.3] 정적과정

5) 이상기체의 상태변화는 각종 시험에 많이 출제된다.

[그림 5.3]과 같이 부피가 일정하게 유지되면서 ①에서 ②로 상태변화하는 과정을 고려한다. 정적과정에서는 부피변화가 없기 때문에 $dV=0$이다. 따라서

$$\delta W = PdV = 0$$

이므로 계가 외부에 대해 하는 일은

$$W = 0 \qquad \cdots\cdots\cdots\cdots\cdots (5.30)$$

이다. 계의 내부에너지 변화는

$$\Delta U = U_2 - U_1 = mC_v(T_2 - T_1) \qquad \cdots\cdots\cdots\cdots\cdots (5.31)$$

이고, 제1법칙 $Q = \Delta U + W$ 로부터 계로 전달된 열량은

$$Q = \Delta U = mC_v(T_2 - T_1) \qquad \cdots\cdots\cdots\cdots\cdots (5.32)$$

가 된다. 여기에서 C_v는 정적비열이다. 즉, 정적과정에서는 계에 출입하는 열이 모두 내부에너지 변화로 연결된다.

[예제 5.11] **[정적과정]** 부피가 $0.3\,\text{m}^3$인 견고한 용기 내에 압력 $200\,\text{kPa}$, 온도 $127\,℃$의 이상기체가 들어있다. 용기를 가열하여 기체의 온도가 $327\,℃$로 증가하였을 때 내부에너지 변화와 가한 열량을 구하라. 단, 기체상수 $R = 0.3\,\text{kJ/kg} \cdot \text{K}$, 정적비열 $C_v = 0.7\,\text{kJ/kg} \cdot \text{K}$이다.

풀이 초기상태 부피 $V_1 = 0.3\,\text{m}^3$, 압력 $P_1 = 200\text{kPa}$, 온도 $T_1 = 127℃$이고, 최종상태 온도 $T_2 = 327℃$이다. 견고한 용기이므로 부피가 일정하다. 먼저 이상기체 상태방정식 $PV = mRT$로부터 기체의 질량(m)은 다음과 같다.

$$m = \frac{P_1 V_1}{RT_1} = \frac{200 \times 0.3}{0.3 \times (273 + 127)} = 0.5\,[\text{kg}]$$

(1) 내부에너지 변화 ΔU

$$\Delta U = mC_v(T_2 - T_1) = 0.5 \times 0.7 \times (327 - 127) = 70\,[\mathrm{kJ}]$$

(2) 가한 열량 Q: 부피가 일정하므로 기체가 한 일 $W = 0$이다. 따라서 제 1법칙 $Q = \Delta U + W = \Delta U$로부터 용기에 가한 열량($Q$)은 내부에너지 변화($\Delta U$)와 같다.

$$Q = \Delta U = 70\,[\mathrm{kJ}]$$

2 정압과정

압력이 일정하게 유지되면서 변화하는 과정을 '정압과정' 또는 '등압과정'이라 한다. 이상기체의 상태방정식 $PV = mRT$에서 '$P =$ 일정'이므로 정압과정에서는 다음 관계식이 성립한다.

$$\frac{V}{T} = C \quad (C\text{는 상수}) \qquad \cdots\cdots (5.33)$$

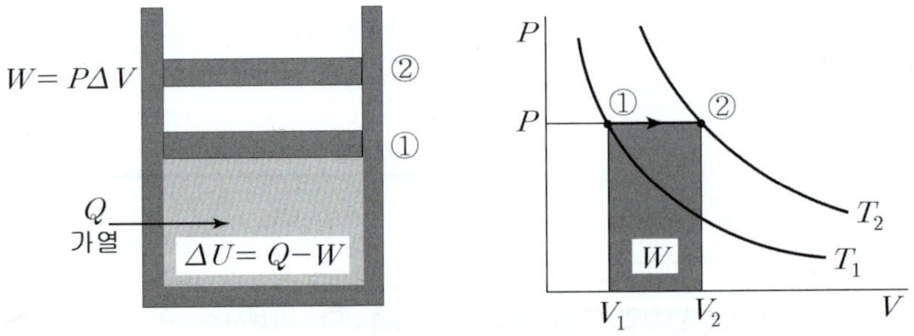

[그림 5.4] 정압과정

[그림 5.4]와 같이 상태 ①에서 상태 ②로 압력이 일정하게 유지되면서 변화하는 과정을 고려한다. 계는 외부로부터 열량 Q를 받아서 W의 일을 수행하고, 이 과정에서 내부에너지 변화 ΔU가 발생한다. 압력이 일정하므로 $P_1 = P_2 = P$이고, (V_1, T_1)에서 (V_2, T_2)로의 상태변화가 있다고 한다. 이때 계가 한 일(W)은

$$W = \int_1^2 P dV = P\int_1^2 dV = P(V_2 - V_1) \qquad \cdots\cdots (5.34)$$

이다. 따라서 계로 전달된 열량(Q)은

$$\begin{aligned} Q = \Delta U + W &= (U_2 - U_1) + (P_2 V_2 - P_1 V_1) \\ &= (U_2 + P_2 V_2) - (U_1 + P_1 V_1) \\ &= H_2 - H_1 \\ &= m C_p (T_2 - T_1) \end{aligned}$$

$$Q = m C_p (T_2 - T_1) \quad \cdots\cdots (5.35)$$

가 된다. 여기에서 C_p는 정압비열이다. 압력이 일정한 과정에서 계로 전달된 열량은 계의 엔탈피 변화량과 같다($Q = \Delta H$). 한편 계의 내부에너지 변화(ΔU)는 다음과 같다.

$$\Delta U = m C_v (T_2 - T_1) \quad \cdots\cdots (5.36)$$

[예제 5.12] **[정압과정]** 압력이 200kPa로 일정하게 유지되는 피스톤-실린더 장치 내에 초기상태에서 온도 30℃의 이상기체 0.2kg이 들어있다. 장치에 열을 가하여 기체의 온도가 130℃로 증가하였을 때 기체의 내부에너지 변화, 가해진 열량, 기체가 한 일을 각각 구하라. 단, 기체의 정적비열 $C_v = 0.7\text{kJ/kg}\cdot\text{K}$, 정압비열 $C_p = 1.0\text{kJ/kg}\cdot\text{K}$이다.

풀이 초기상태 온도 $T_1 = 30℃$, 최종상태 온도 $T_2 = 130℃$, 질량 $m = 0.2\text{kg}$

(1) 내부에너지 변화 ΔU

$$\Delta U = m C_v (T_2 - T_1) = 0.2 \times 0.7 \times (130 - 30) = 14\,[\text{kJ}]$$

(2) 가해진 열량 Q

$$Q = \Delta H = m C_p (T_2 - T_1) = 0.2 \times 1.0 \times (130 - 30) = 20\,[\text{kJ}]$$

(3) 기체가 한 일 W: 제 1법칙 $Q = \Delta U + W$로부터

$$W = Q - \Delta U = 20 - 14 = 6\,[\text{kJ}]$$

† 주어진 조건으로부터 V_1, V_2를 구하여 $W = P(V_2 - V_1)$로 계산해도 동일한 결과가 얻어진다는 것을 확인해 보라.

$$W = P(V_2 - V_1) = P\left(\frac{T_2}{T_1} - 1\right)V_1 = P\left(\frac{T_2 - T_1}{T_1}\right) \times \frac{mRT_1}{P}$$
$$= mR(T_2 - T_1) = m(C_p - C_v)(T_2 - T_1) = \Delta H - \Delta U$$

3 등온과정

온도가 일정하게 유지되면서 변화하는 과정을 '등온과정'이라 한다. 이상기체의 상태방정식 $PV = mRT$에서 'T= 일정'이므로 등온과정에서는 다음 관계식이 성립한다.

$$PV = C \quad (C\text{는 상수}) \qquad \cdots\cdots (5.37)$$

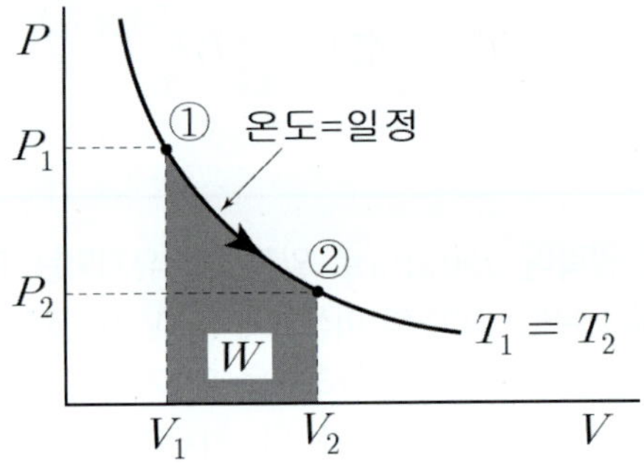

[그림 5.5] 등온과정

[그림 5.5]와 같이 온도가 일정하게 유지되면서 상태 ①에서 상태 ②로 변화하는 과정을 고려한다. 온도가 일정하면 $T_1 = T_2$이므로 내부에너지와 엔탈피 변화는

$$\Delta U = mC_v(T_2 - T_1) = 0 \qquad \cdots\cdots (5.38)$$

$$\Delta H = mC_p(T_2 - T_1) = 0 \qquad \cdots\cdots (5.39)$$

이다. 즉, 등온과정에서는 내부에너지와 엔탈피가 일정하게 유지된다.

온도가 일정할 때 $PV = C$이므로

$$PV = P_1V_1 = P_2V_2 \qquad \therefore\ P = \frac{P_1V_1}{V}$$

이다. 따라서 기체가 한 일(W)은

$$W = \int_1^2 P\,dV = P_1 V_1 \int_1^2 \frac{1}{V} dV = P_1 V_1 \ln\left(\frac{V_2}{V_1}\right) = P_1 V_1 \ln\left(\frac{P_1}{P_2}\right)$$

$$W = P_1 V_1 \ln\left(\frac{V_2}{V_1}\right) = mRT_1 \ln\left(\frac{V_2}{V_1}\right) \quad \cdots\cdots\cdots\cdots (5.40a)$$

$$W = P_1 V_1 \ln\left(\frac{P_1}{P_2}\right) = mRT_1 \ln\left(\frac{P_1}{P_2}\right) \quad \cdots\cdots\cdots\cdots (5.40b)$$

가 된다. 열역학 제1법칙 $Q = \Delta U + W\,(\Delta U = 0)$로부터 $Q = W$이므로 계로 공급된 열(Q)은

$$Q = P_1 V_1 \ln\left(\frac{V_2}{V_1}\right) = mRT_1 \ln\left(\frac{V_2}{V_1}\right) \quad \cdots\cdots\cdots\cdots (5.41a)$$

$$Q = P_1 V_1 \ln\left(\frac{P_1}{P_2}\right) = mRT_1 \ln\left(\frac{P_1}{P_2}\right) \quad \cdots\cdots\cdots\cdots (5.41b)$$

이다. 식 (5.40a)~(5.41b)로부터 등온과정에서는 공급한 열(Q)이 모두 기체가 외부에 하는 일(W)에 사용된다는 것을 알 수 있다. 이상기체의 내부에너지는 온도만의 함수이므로 온도가 일정하면 내부에너지가 일정하다. 즉, 등온과정에서는 내부에너지 변화가 없다.

[예제 5.13] **[등온과정]** 압력 500 kPa, 부피 0.2m^3의 이상기체가 등온과정으로 팽창하여 부피가 $0.3\,\text{m}^3$이 되었다. 기체의 내부에너지 변화[kJ], 기체가 한 일[kJ] 및 기체가 받은 열[kJ]을 구하라.

풀이 초기상태 $P_1 = 500\text{kPa}$, $V_1 = 0.2\text{m}^3$, 최종상태 $V_2 = 0.3\text{m}^3$

(1) 내부에너지 변화 ΔU: 이상기체의 온도가 일정($\Delta T = 0$)하므로

$$\Delta U = mC_v \Delta T = 0$$

(2) 기체가 한 일 W: $W = \int P\,dV$로부터

$$W = P_1 V_1 \ln\left(\frac{V_2}{V_1}\right) = 500 \times 0.2 \times \ln\left(\frac{0.3}{0.2}\right) = 40.5\,[\text{kJ}]$$

(3) 기체가 받은 열 Q: 열역학 제1법칙으로부터

$$Q = \Delta U + W = W = 40.5\ [\mathrm{kJ}]$$

4 가역단열과정

계가 외부와의 열 출입이 없이 상태변화를 하는 과정을 단열과정이라 하고, 특히 마찰 등에 의한 내부 열 발생이 없는 과정을 '가역단열과정' 또는 '등엔트로피 과정'이라 한다. 이상기체의 등엔트로피 과정에서는 다음 관계식들이 성립한다. 여기에서 기체의 비열비 $k = \dfrac{C_p}{C_v}$ 이다.[6)]

$$PV^k = C = \text{일정} \qquad \cdots\cdots (5.42)$$

$$TV^{k-1} = C = \text{일정} \qquad \cdots\cdots (5.43)$$

$$TP^{(1-k)/k} = C = \text{일정} \qquad \cdots\cdots (5.44)$$

$$P_2 = P_1\left(\frac{V_1}{V_2}\right)^k \qquad \cdots\cdots (5.45)$$

$$T_2 = T_1\left(\frac{V_1}{V_2}\right)^{k-1} \qquad \cdots\cdots (5.46)$$

$$T_2 = T_1\left(\frac{P_1}{P_2}\right)^{(1-k)/k} \qquad \cdots\cdots (5.47)$$

$$Q = 0 \qquad \cdots\cdots (5.48)$$

$$\Delta U = mC_v(T_2 - T_1) \qquad \cdots\cdots (5.49)$$

$$\Delta H = mC_p(T_2 - T_1) \qquad \cdots\cdots (5.50)$$

6) 단열과정은 조금 복잡하므로 결과 식들을 먼저 정리하여 나타내었다.

$$W = -\Delta U = mC_v(T_1 - T_2) = \frac{mR}{k-1}(T_1 - T_2) = \frac{1}{k-1}(P_1V_1 - P_2V_2) \quad \cdots\cdots (5.51)$$

설명 가역단열과정에서 밀폐계의 단위질량당 열, 내부에너지, 일에 대한 열역학 제1법칙은 다음과 같다.

$$\delta q = du + Pdv, \quad \delta q = dh - vdP$$

가역단열과정에서 $\delta q = 0$이므로 이 식들은 다음과 같이 표현된다.

$$\delta q = du + Pdv = 0, \quad \delta q = dh - vdP = 0$$

$$\therefore \; du = -Pdv, \quad dh = vdP$$

여기에서 이상기체의 관계식 $du = C_v dT$, $dh = C_p dT$를 대입하면

$$C_v dT = -Pdv \quad \cdots\cdots ①$$

$$C_p dT = vdP \quad \cdots\cdots ②$$

이고, ②÷①을 하여 dT를 소거하면

$$\frac{C_p}{C_v} = -\frac{v}{P}\frac{dP}{dv} \quad \cdots\cdots ③$$

가 된다. 식 ③에 비열비 $k = C_p/C_v$ 를 대입하고 적분할 수 있게 변수를 분리하여 쓰면

$$k\frac{dv}{v} = -\frac{dP}{P} \quad \cdots\cdots ④$$

이다. 식 ④를 적분하면

$$k\ln v = -\ln P + C' \quad (C'\text{은 상수})$$

$$\ln v^k + \ln P = C'$$

$$\ln Pv^k = C'$$

이므로

$$Pv^k = C \ (C\text{는 상수}) \cdots\cdots ⑤$$

의 관계식을 얻는다. 다음에 이상기체 상태방정식($Pv = RT$)을 이용하여 온도와 비체적의 관계를 구한다.

$$Pv^k = (Pv)v^{k-1} = (RT)v^{k-1} = \text{일정}$$

$$\therefore \ Tv^{k-1} = \text{일정} \quad (\because \ R\text{은 상수}) \cdots\cdots ⑥$$

그리고 상태방정식으로부터 $v = RT/P$ 를 구하여 $Pv^k = C$에 대입하여 온도와 압력의 관계를 구한다.

$$Pv^k = P\left(\frac{RT}{P}\right)^k = (T^k P^{1-k})R^k = \text{일정}$$

$$\therefore \ T^k P^{1-k} = \text{일정}$$

이고, 이 식의 양변을 $\frac{1}{k}$승하면 다음 식이 성립한다.

$$TP^{(1-k)/k} = \text{일정} \cdots\cdots ⑦$$

이상의 '$Pv^k = \text{일정}$, $Tv^{k-1} = \text{일정}$, $TP^{(1-k)/k} = \text{일정}$'으로부터

$$P_2 = P_1\left(\frac{V_1}{V_2}\right)^k, \quad T_2 = T_1\left(\frac{V_1}{V_2}\right)^{k-1}, \quad T_2 = T_1\left(\frac{P_1}{P_2}\right)^{(1-k)/k}$$

의 관계식을 얻는다. $v = V/m$이므로 비체적의 비는 체적의 비와 같다.

$$\frac{v_1}{v_2} = \frac{V_1/m}{V_2/m} = \frac{V_1}{V_2}$$

비열비 $k > 1$이므로 이 식들로부터 단열팽창($V_1/V_2 < 1$)에서는 압력과 온도가 떨어지고, 단열압축($V_1/V_2 > 1$)에서는 압력과 온도가 증가한다는 것을 알 수 있다.

가역단열과정에서의 일은 제1법칙 $Q = \Delta U + W$에서 $Q = 0$이므로

$$W = -\Delta U = -mC_v(T_2 - T_1) = mC_v(T_1 - T_2) = \frac{mR}{k-1}(T_1 - T_2)$$

을 구할 수 있다. 단열과정에서 계가 일을 하면($W > 0$) 계는 외부로부터 에너지

유입이 없이 내부에너지를 소비하여 일을 하므로 온도가 떨어진다.

[예제 5.14] **[단열과정]** 단열된 견고한 용기 내에 25℃, 200 kPa의 이상기체 0.5 kg이 들어있다. 회전날개가 용기 내에서 작동하여 30 kJ의 에너지를 기체에 공급하였을 때 기체의 최종 온도와 압력을 구하라. 단, 기체의 정적비열 $C_v = 3\,\text{kJ/kg}\cdot\text{K}$이다.

풀이 초기상태 온도 $T_1 = 25℃$, 압력 $P_1 = 200\text{kPa}$이고, 질량 $m = 0.5\text{kg}$, 기체로 전달된 열량 $Q = 30\text{kJ}$이다. 그리고 견고한 용기이므로 부피가 일정하다.

(1) 최종 온도 T_2: 기체의 부피변화가 없으므로 기체가 한 일 $W = 0$이다. 따라서 열역학 제1법칙 $Q = \Delta U + W$에 의해 내부에너지 증가량은

$$\Delta U = Q$$

이고, 기체가 받은 열량 $Q = 30\,\text{kJ}$이므로

$$\Delta U = mC_v(T_2 - T_1) = Q$$

$$\therefore\ T_2 = \frac{Q}{mC_v} + T_1 = \frac{30}{0.5 \times 3} + 25 = 45\,[℃]$$

(2) 최종 압력 P_2: 질량과 부피가 일정한 과정이므로 이상기체의 상태방정식 $PV = mRT$로부터 $\dfrac{P}{T} = \dfrac{mR}{V} =$ 일정이다.

$$\frac{P_1}{T_1} = \frac{P_2}{T_2}$$

$$\therefore\ P_2 = P_1 \times \frac{T_2}{T_1} = 200 \times \frac{(45 + 273)}{(25 + 273)} = 213\ [\text{kPa}]$$

[예제 5.15] **[가역단열과정]** 온도 27℃, 압력 90 kPa, 부피 2m^3의 이상기체가 가역단열과정으로 압축되어 부피가 $1\,\text{m}^3$이 되었다. 변화 후 기체의 온도와 압력, 기체가 한 일, 내부에너지 변화, 엔탈피 변화를 각각 구하라. 단, 기체의 비열비 $k = 1.4$, 기체상수 $R = 0.3\,\text{kJ/kg}\cdot\text{K}$이다.

풀이 초기상태 온도 $T_1 = 27℃$, 압력 $P_1 = 90\,\text{kPa}$, 부피 $V_1 = 2\text{m}^3$이고, 최종상태 부피 $V_2 = 1\text{m}^3$이다. 이상기체 상태방정식 $PV = mRT$로부터 기체의 질량(m)은 다음과 같다.

$$m = \frac{P_1 V_1}{RT_1} = \frac{90 \times 2}{0.3 \times (273 + 27)} = 2\ [\text{kg}]$$

(1) 변화 후 기체의 온도 T_2

$$T_2 = T_1 \left(\frac{V_1}{V_2}\right)^{k-1} = (273 + 27) \times \left(\frac{2}{1}\right)^{1.4-1} = 396\ [\text{K}] = 123\ [℃]$$

(2) 변화 후 기체의 압력 P_2

$$P_2 = P_1 \left(\frac{V_1}{V_2}\right)^{k} = 90 \times \left(\frac{2}{1}\right)^{1.4} = 238\ [\text{kPa}]$$

(3) 기체가 한 일 W

$$W = \frac{mR}{k-1}(T_1 - T_2) = \frac{2 \times 0.3}{1.4 - 1}(27 - 123) = -144\ [\text{kJ}]$$

기체가 압축되므로 $W < 0$이다.

(4) 내부에너지 변화 ΔU

$$\Delta U = -W = 144\ [\text{kJ}]$$

(5) 엔탈피 변화 ΔH

$$\Delta H = mC_p(T_2 - T_1) = \frac{mkR}{k-1}(T_2 - T_1)$$

$$= \frac{2 \times 1.4 \times 0.3}{1.4 - 1} \times (123 - 27) = 202\ [\text{kJ}]$$

5 폴리트로픽 과정

실제과정에서는 위에서 살펴본 4가지 과정 외에 다른 과정도 일어나게 되는데, 실제과

정에서 압력(P)과 체적(V)의 관계를

$$PV^n = C \quad \cdots\cdots\cdots\cdots (5.52)$$

로 표현할 수 있는 경우가 많이 있다. 여기에서 n과 C는 상수이다. 이러한 관계가 성립하는 과정을 폴리트로픽 과정이라 하고 n을 폴리트로픽 지수라 한다. 여기에서 방정식 $PV^n = C$의 양변에 로그를 취하면

$$\ln P + n \ln V = \ln C \quad \cdots\cdots\cdots\cdots (5.53)$$

가 되므로 실험 데이터를 로그 좌표계에서 직선화하여 직선의 기울기를 구하면 n의 값을 얻을 수 있다.

폴리트로픽 과정은 n의 값에 따라 다음과 같이 앞에서 살펴본 4가지 기본과정을 모두 포함한다.

(1) $n = 0$이면 $P = C$: 정압과정

(2) $n = 1$이면 $PV = C$: 등온과정

(3) $n = k$이면 $PV^k = C$: 단열과정

(4) $n = \infty$ 이면 $V = C$: 정적과정

위의 4가지 과정을 $P-V$ 선도에 나타내면 [그림 5.6]과 같다.

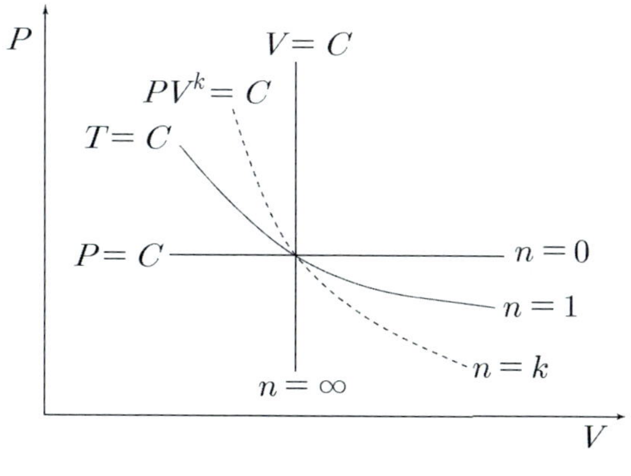

[그림 5.6] 폴리트로픽 과정

이상기체에 대하여 $Pv = RT$를 $Pv^n = C$와 결합하면 단열과정의 식들과 같은 형태의 다음 식들이 얻어진다.

$$PV^n = C \quad \text{또는} \quad \frac{P_2}{P_1} = \left(\frac{V_1}{V_2}\right)^n \qquad \cdots\cdots (5.54)$$

$$TV^{n-1} = C \quad \text{또는} \quad \frac{T_2}{T_1} = \left(\frac{V_1}{V_2}\right)^{n-1} \qquad \cdots\cdots (5.55)$$

$$TP^{(1-n)/n} = C \quad \text{또는} \quad \frac{T_2}{T_1} = \left(\frac{P_1}{P_2}\right)^{(1-n)/n} \qquad \cdots\cdots (5.56)$$

폴리트로픽 과정에서 $P = CV^{-n}$이므로 폴리트로픽 과정에서 일(W)은 다음과 같이 구해진다.

$$W = \int_1^2 PdV = \int_1^2 CV^{-n}dV = C\frac{V_2^{-n+1} - V_1^{-n+1}}{-n+1}$$
$$= \frac{(P_2V_2^n)V_2^{-n+1} - (P_1V_1^n)V_1^{-n+1}}{1-n}$$
$$= \frac{P_2V_2 - P_1V_1}{1-n}$$

$$W = \frac{P_2V_2 - P_1V_1}{1-n} \qquad \cdots\cdots (5.57)$$

여기에서 $C = P_1V_1^n = P_2V_2^n$이다. 이상기체에서 $PV = mRT$이므로 위 식은 다음과 같이 쓸 수 있다.

$$W = \frac{mR(T_2 - T_1)}{1-n} \qquad \cdots\cdots (5.58)$$

$n = 1$인 경우($PV = C$)에 대한 일은 다음과 같다.

$$W = \int_1^2 PdV = C\int_1^2 \frac{1}{V}dV = PV\ln\left(\frac{V_2}{V_1}\right) \qquad \cdots\cdots (5.59)$$

이상기체의 폴리트로픽 과정에서 계에 출입하는 열량은 밀폐계에 대한 열역학 제1법칙으로부터 다음과 같이 구해진다.

$$Q = \Delta U + W = mC_v(T_2 - T_1) + \frac{mR(T_2 - T_1)}{1-n}$$

$$= m(T_2 - T_1)\left(C_v + \frac{R}{1-n}\right)$$

$$= m(T_2 - T_1)\left(C_v + \frac{(k-1)C_v}{1-n}\right)$$

$$= mC_v\frac{n-k}{n-1}(T_2 - T_1)$$

$$= mC_n(T_2 - T_1)$$

$$Q = mC_v\frac{n-k}{n-1}(T_2 - T_1) = mC_n(T_2 - T_1) \quad \cdots\cdots\cdots\cdots\cdots (5.60)$$

여기에서 $R = (k-1)C_v$, k는 비열비이고,

$$C_n = C_v\frac{n-k}{n-1} \quad \cdots\cdots\cdots\cdots\cdots (5.61)$$

을 폴리트로픽 비열이라 한다.

[예제 5.16] [폴리트로픽 과정] 온도 500K, 압력 2MPa의 이상기체 0.4kg이 이상적인 폴리트로픽 과정으로 팽창하여 압력이 0.2MPa이 되었다. 기체의 최종 온도, 기체가 한 일, 기체로 전달된 열량을 구하라. 단, 기체상수 $R = 0.3\text{kJ/kg}\cdot\text{K}$, 정적비열 $C_v = 0.7\text{kJ/kg}\cdot\text{K}$, 폴리트로픽 지수 $n = 1.2$이다.

풀이 초기상태 $T_1 = 500\text{K}$, $P_1 = 2\text{MPa}$, 최종상태 $P_2 = 0.2\text{MPa}$, $m = 0.4\text{kg}$

(1) 기체의 최종 온도 T_2

$$T_2 = T_1\left(\frac{P_1}{P_2}\right)^{(1-n)/n} = 500 \times \left(\frac{2}{0.2}\right)^{(1-1.2)/1.2} = 341\,[\text{K}]$$

(2) 기체가 한 일 W

$$W = \frac{mR(T_2 - T_1)}{1-n} = \frac{0.4 \times 0.3}{1-1.2} \times (341 - 500) = 95.4\,[\text{kJ}]$$

(3) 기체로 전달된 열량 Q

$$Q = \Delta U + W = mC_v(T_2 - T_1) + W$$
$$= 0.4 \times 0.7 \times (341 - 500) + 95.4 = 50.9\,[\mathrm{kJ}]$$

또는, 정압비열 $C_p = C_v + R = 1\mathrm{kJ/kg \cdot K}$ 이므로 비열비 $k = \dfrac{C_p}{C_v} = \dfrac{10}{7}$ 이고,

폴리트로픽 비열(C_n)을 이용하면

$$Q = mC_n(T_2 - T_1) = mC_v\frac{n-k}{n-1}(T_2 - T_1)$$
$$= 0.4 \times (0.7) \times \left(\frac{1.2 - 10/7}{1.2 - 1}\right) \times (341 - 500)\,[\mathrm{kJ}]$$
$$= 50.9\,[\mathrm{kJ}]$$

[예제 5.17] 어떤 이상기체에서 상태 1→상태 2로의 상태변화가 폴리트로픽 과정($PV^n = C$)으로 일어난다. $\dfrac{P_2}{P_1} = 10$, $\dfrac{T_2}{T_1} = 1.5$일 때 폴리트로픽 지수 n의 값을 구하라.

풀이 온도와 압력의 관계식으로부터 n의 값을 구한다. 식 (5.56)에서

$$\frac{T_2}{T_1} = \left(\frac{P_1}{P_2}\right)^{(1-n)/n}$$

이고, 이 식의 양변에 자연로그를 잡으면

$$\ln\left(\frac{T_2}{T_1}\right) = \ln\left(\frac{P_1}{P_2}\right)^{(1-n)/n}$$
$$\ln\left(\frac{T_2}{T_1}\right) = \left(\frac{1-n}{n}\right)\ln\left(\frac{P_1}{P_2}\right)$$
$$n\ln\left(\frac{T_2}{T_1}\right) = (n-1)\ln\left(\frac{P_2}{P_1}\right) \qquad \left(\leftarrow \ln\frac{A}{B} = -\ln\frac{B}{A}\right)$$
$$\therefore\ n = \frac{\ln(P_2/P_1)}{\ln(P_2/P_1) - \ln(T_2/T_1)} = \frac{\ln 10}{\ln 10 - \ln 1.5} = 1.214$$

[보충 학습 5.1] 기체의 양이 몰수로 주어질 때

기계공학에서는 일반적으로 기체의 양을 질량(m[kg])으로 나타내지만 금속, 화공, 물리, 화학 및 각종시험에서 몰수(n[mol])를 사용하는 경우가 많다. 이때는 질량(m) 대신 몰수(n), 기체상수(R[kJ/kg • K]) 대신 일반기체상수($\overline{R}$[kJ/kmol • K])를 사용하면 된다. 그리고 정적비열(C_v[kJ/kg • K])과 정압비열(C_p[kJ/kg • K])로는 각각 $\overline{C_v}$[kJ/kmol • K]와 $\overline{C_p}$[kJ/kmol • K]를 사용한다. $\overline{C_p}$와 $\overline{C_v}$를 각각 정압 몰비열, 정적 몰비열이라고도 한다.

모든 개념과 풀이 방법은 이상에서 보인 것과 같다. 간단하게 말하면, 물질의 양이 질량(m[kg]) 단위로 주어질 때는 m, R, C_p, C_v를 사용하고, 몰(n[mol]) 단위로 주어질 때는 n, $\overline{R}$, $\overline{C_p}$, $\overline{C_v}$를 사용하면 된다.

[1] 이상기체 상태방정식

$$PV = n\overline{R}T$$

[2] 정적과정($\Delta V = 0$)

$$W = 0$$

$$\Delta U = U_2 - U_1 = n\overline{C_v}(T_2 - T_1)$$

$$Q = \Delta U = n\overline{C_v}(T_2 - T_1)$$

[3] 정압과정($dP = 0$)

$$W = \int_1^2 PdV = P\int_1^2 dV = P(V_2 - V_1)$$

$$Q = n\overline{C_p}(T_2 - T_1)$$

$$\Delta U = n\overline{C_v}(T_2 - T_1)$$

[4] 등온과정($\Delta T=0$; $T_1 = T_2$)

$$\Delta U=0,\quad \Delta H=0$$

$$W= P_1 V_1 \ln\left(\frac{V_2}{V_1}\right)= n\overline{R}\, T_1 \ln\left(\frac{V_2}{V_1}\right)$$

$$W= P_1 V_1 \ln\left(\frac{P_1}{P_2}\right)= n\overline{R}\, T_1 \ln\left(\frac{P_1}{P_2}\right)$$

$$Q= W$$

[5] 가역단열과정($Q=0$): 여기에서 비열비 $k=\overline{C_p}/\overline{C_v}$이다.

$$PV^k= C= \text{일정}$$

$$TV^{k-1}= C= \text{일정}$$

$$TP^{(1-k)/k}= C= \text{일정}$$

$$P_2= P_1\left(\frac{V_1}{V_2}\right)^k$$

$$T_2= T_1\left(\frac{V_1}{V_2}\right)^{k-1}$$

$$T_2= T_1\left(\frac{P_1}{P_2}\right)^{(1-k)/k}$$

$$Q=0$$

$$\Delta U= n\overline{C_v}(T_2- T_1)$$

$$\Delta H= n\overline{C_p}(T_2- T_1)$$

$$W = -\Delta U = n\overline{C_v}(T_1 - T_2)$$
$$= \frac{n\overline{R}}{k-1}(T_1 - T_2) = \frac{1}{k-1}(P_1 V_1 - P_2 V_2)$$

5.7* 실제기체의 상태방정식

이상기체의 상태방정식은 압축성인자 Z를 다음과 같이 정의할 때

$$Z = \frac{P\overline{v}}{\overline{R}T} = \frac{Pv}{RT}$$

$Z = 1$인 경우이다. 실제기체의 압축성인자는 1에서 벗어난다. 실제기체에 있어서 압축성인자는 압력 P와 온도 T(또는 T와 v, P와 v)의 함수이며, 이들의 관계는 매우 복잡하고 일부 자료를 제외하고는 실험에 의해 알려져 있다.

지금까지 여러 가지 실제기체의 상태방정식이 제시되었다. 이 중 몇 가지를 소개하면 다음과 같다.[7)]

1 van der Walls 상태방정식

이상기체의 상태방정식은 분자 간의 인력을 무시하고 분자를 크기가 없는 질점으로 생각한 가상적인 기체에 대한 방정식이다. 그러나 증기와 같은 실제기체는 분자간의 인력과 분자의 크기가 있으므로 이들의 영향을 고려하여 상태방정식을 구할 필요가 있다. 이와 같은 영향을 고려하기 위해 1873년에 van der Walls는 이상기체의 상태방정식에 약간의 이론적 수정을 가하여 다음과 같은 상태방정식을 만들었다.

$$\left(P + \frac{a}{v^2}\right)(v - b) = RT \quad \cdots\cdots (1a)$$

또는, $$P = \frac{RT}{v-b} - \frac{a}{v^2} \quad \cdots\cdots (1b)$$

7) 학부과정의 열역학이나 각종 시험 등에서는 거의 모두 이상기체를 주로 다룬다. 그러나 실제기체의 거동은 상당히 복잡하다는 것만 알아두면 되겠다.

이 식을 van der Walls 상태방정식이라 한다. 여기에서 상수 b는 분자가 차지하고 있는 공간(체적)에 대한 수정이며, a/v^2은 분자간의 인력에 대한 수정이다. 이 식에서 $a=b=0$이면 이상기체의 상태방정식이 된다. 식 (1a), (1b)에서 v를 $\bar{v}$, R을 $\overline{R}$로 교체하면 van der Walls 상태방정식을 단위 몰 기준으로 나타낼 수 있다.

한편 1949년에 Redlich와 Kwong은 van der Walls 식보다 훨씬 정확한 다음 상태방정식을 제안하였다.

$$P=\frac{RT}{v-b}-\frac{a}{v(v+b)\sqrt{T}} \quad \cdots\cdots (2)$$

van der Walls 상태방정식은 실제기체의 거동을 나타내기 위한 초기의 시도 중 하나라는 역사적 의미를 가지고 있다.

2 Beattie-Bridgeman 상태방정식

1928년에 제안된 다음 Beattie-Bridgeman 상태방정식은 실험으로 결정되는 5개의 상수를 가지고 있으며 상당히 정확하다고 알려져 있다.

$$P=\frac{\overline{R}\,T}{\bar{v}^2}\left(1-\frac{c}{\bar{v}\,T^3}\right)(\bar{v}+B)-\frac{A}{\bar{v}^2} \quad \cdots\cdots (3)$$

$$A=A_0\left(1-\frac{a}{\bar{v}}\right),\quad B=B_0\left(1-\frac{b}{\bar{v}}\right)$$

3 Benedict-Webb-Rubin 상태방정식

1940년에 Benedict와 Webb 및 Rubin은 상수의 개수를 8개로 늘려 Beattie-Bridgeman 상태방정식을 확장하여 다음과 같은 상태방정식을 제안하였다.

$$P=\frac{\overline{R}\,T}{\bar{v}}+\left(B_0\overline{R}\,T-A_0-\frac{C_0}{T^2}\right)\frac{1}{\bar{v}^2}+\frac{b\overline{R}\,T-a}{\bar{v}^3}$$

$$+\frac{a\alpha}{\bar{v}^6}+\frac{c}{\bar{v}^3T^2}\left(1+\frac{\gamma}{\bar{v}^2}\right)e^{-\gamma/\bar{v}^2} \quad \cdots\cdots (4)$$

4 virial 상태방정식

다음과 같이 압력과 비체적의 곱(Pv)을 무한급수 형태로 전개한 방정식을 virial 상태방정식이라 한다.

$$Pv = RT\left(1 + \frac{B}{v} + \frac{C}{v^2} + \cdots\right) \quad \text{(5a)}$$

$$Pv = RT(1 + B'P + C'P^2 + \cdots) \quad \text{(5b)}$$

여기에서 B, C, ⋯ 와 B', C', ⋯ 등은 '온도의 함수'이며 B와 B'을 제2 virial 계수, C와 C'을 제3 virial 계수라 한다. 많은 경우에 있어서 제3 virial 계수까지 취하면 상당히 정확한 상태방정식이 얻어진다고 한다.

식 (5a), (5b)의 virial 계수는 대개 실제 P, v, T 관계의 실험값으로부터 구한다. 실제 증기의 성질을 이상기체의 성질과 비교하기 위하여 다음과 같이 압축계수(압축성인자) Z를 정의한다.

$$Z = \frac{Pv}{RT} \quad \text{(6)}$$

식 (6)을 이용하면 virial 상태방정식은 다음과 같이 표현된다.

$$Z = 1 + \frac{B}{v} + \frac{C}{v^2} + \cdots \quad \text{(7)}$$

이상기체일 때 $Z = 1(B = C = \cdots = 0)$이며 Z의 값이 1에서 벗어난 정도가 실제 관계식과 이상기체 상태방정식과의 차이를 나타낸다.

연습문제 5

01 온도 127℃, 압력 200kPa, 부피 $4m^3$인 일정량의 이상기체가 동일한 압력 하에서 부피가 $3m^3$으로 줄어들었다면 온도는 몇 ℃가 되는가?

02 산소(O_2)와 이산화탄소(CO_2)의 기체상수를 구하라.

03 압력 800kPa, 부피 $3m^3$, 온도 500K인 이상기체의 질량[kg]을 구하라. 단, 기체상수 $R = 0.3\,kJ/kg \cdot K$이다.

04 밀폐된 견고한 용기에 들어있는 4kg의 이상기체가 가열되어 온도가 50℃에서 200℃까지 상승하였다. 기체의 정적비열이 $0.7\,kJ/kg \cdot K$일 때 기체의 내부에너지 변화[kJ]를 구하라.

05 압력을 일정하게 유지하면서 이상기체 3kg의 온도를 20℃에서 70℃까지 높일 때 필요한 열량[kJ]을 구하라. 단, 기체의 정압비열은 $0.8\,kJ/kg \cdot K$이다.

06 밀폐된 견고한 용기 내에 있는 이상기체 10kg의 온도를 100℃ 높이기 위해 용기에 가해야할 열량[kJ]을 구하라. 단, 기체의 정적비열 $C_v = 0.7\,kJ/kg \cdot K$이다.

07 밀폐된 견고한 용기 내에 온도 200℃의 이상기체 10kg이 들어있다. 용기를 냉각하여 기체가 560kJ의 열을 외부로 방출하였을 때 기체의 온도를 구하라. 단, 기체의 정적비열 $C_v = 0.7\,kJ/kg \cdot K$이다.

08 부피가 $3m^3$인 밀폐된 견고한 용기 내에 압력 100kPa, 온도 280K의 이상기체가 들어있다. 용기를 냉각하여 기체의 온도가 270K로 낮아졌을 때, 기체가 외부로 방출한 열량[kJ]을 구하라. 단, 기체의 정적비열 $C_v = 0.7\,kJ/kg \cdot K$, 기체상수 $R = 0.3\,kJ/kg \cdot K$이다.

09 질량 0.25 kg의 이상기체가 그림과 같이 정적과정으로 상태 ①에서 ②로 변화할 때 다음을 구하라. 기체상수 $R = 2\,\mathrm{kJ/kg \cdot K}$, 정적비열 $C_v = 3\,\mathrm{kJ/kg \cdot K}$이다.

(1) 과정 ①→②에서 기체가 외부에 한 일[kJ]
(2) 점 ①, ②의 온도[K]
(3) 과정 ①→②에서 기체가 흡수한 열량[kJ]

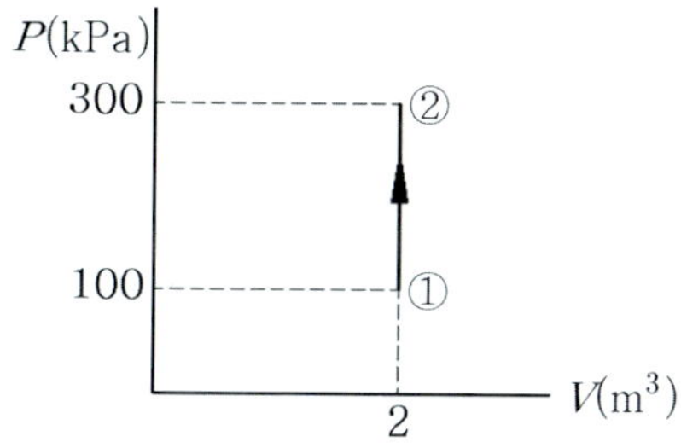

[문제 5.9]

10 압력이 100 kPa로 일정하게 유지되는 피스톤-실린더 장치 내에 온도 120 ℃의 이상기체 0.2 kg이 들어있다. 장치를 냉각하여 기체의 온도가 20 ℃로 감소하였을 때 다음을 구하라. 기체의 정적비열과 정압비열은 다음과 같다.

$$C_v = 0.7\,\mathrm{kJ/kg \cdot K},\quad C_p = 1\,\mathrm{kJ/kg \cdot K}$$

(1) 내부에너지 변화[kJ] (2) 방출한 열량[kJ] (3) 기체가 한 일[kJ]

11 정압과정으로 압력 100 kPa의 이상기체의 내부에너지가 50 kJ 증가하고 부피가 $0.2\,\mathrm{m^3}$ 증가하였을 때, 기체가 외부로부터 받은 열량[kJ]을 구하라.

12 질량 2 kg의 이상기체가 그림과 같이 ①→②로 상태변화하고 있다. 기체의 정적비열 $C_v = 1.5\,\mathrm{kJ/kg \cdot K}$, 기체상수 $R = 0.5\,\mathrm{kJ/kg \cdot K}$일 때 다음을 구하라.

(1) 과정 ①→②에서 기체가 외부에 한 일[kJ]
(2) 점 ①, ②의 온도[K]
(3) 과정 ①→②에서 기체가 흡수한 열량[kJ]

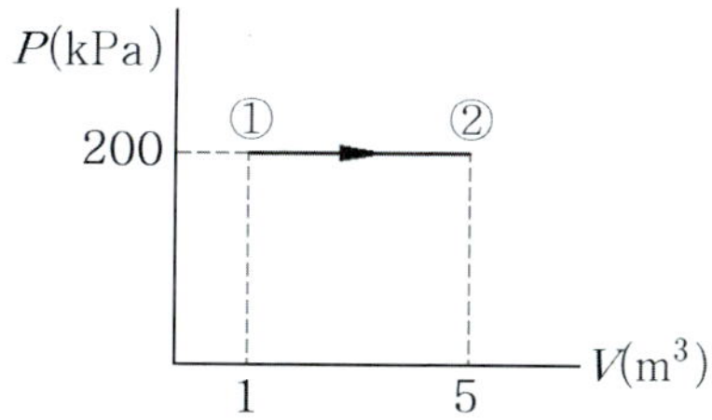

[문제 5.12]

13 정압과정으로 압력 100 kPa의 이상기체가 50 kJ의 열을 외부로 방출하고 부피가 $0.2\,\mathrm{m^3}$ 감소하였을 때 기체의 내부에너지 변화[kJ]를 구하라.

14 이상기체가 들어있는 단면적 $0.04\,\mathrm{m^2}$의 피스톤-실린더 장치가 있다. 압력을 100 kPa로 일정하게 유지하면서 2 kcal의 열을 기체로 공급하였을 때 기체가 팽창하여 피스톤이 50 cm 이동하였다면 기체의 내부에너지 변화[kJ]는 얼마인가? 단, 1kcal는 4.2 kJ이다.

15 온도 400K, 부피 $2\,m^3$의 이상기체 10kg을 등온과정으로 팽창시켜 부피가 $6m^3$이 되었다. 기체가 한 일[kJ]을 구하라. 단, 기체상수는 0.3kJ/kg • K이다.

16 일정량의 이상기체가 그림과 같이 일정 온도에서 ①→②로 상태변화하고 있을 때 다음을 구하라.

(1) 점 ①에서의 기체의 부피 V_1[m^3]

(2) 과정 ①→②에서 기체가 한 일[kJ]

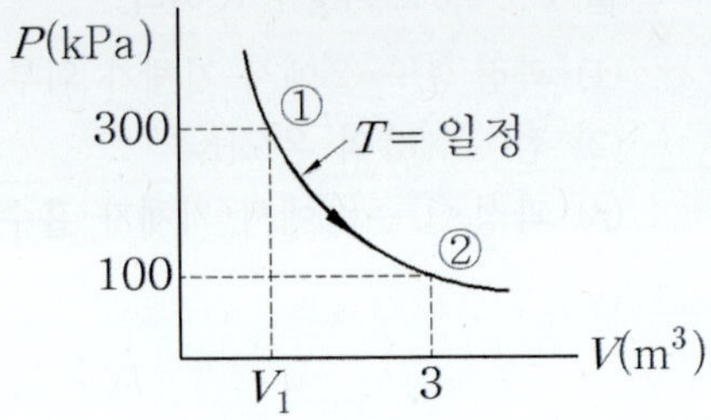

[문제 5.16]

17 부피 $2\,m^3$, 압력 300kPa의 이상기체를 등온과정으로 냉각하여 부피가 $1m^3$이 되었다. 기체가 방출한 열량[kJ]을 구하라.

18 압력 100kPa의 이상기체를 가역단열과정으로 압축하여 부피를 절반(1/2)으로 줄였을 때 기체의 최종 압력[kPa]을 구하라. 단, 기체의 비열비 $k = 1.4$이다.

19 온도 300K의 이상기체를 가역단열과정으로 압축하여 압력을 2배로 증가시켰을 때 기체의 최종 온도[K]를 구하라. 단, 기체의 비열비 $k = 1.4$이다.

20 압력 800kPa, 온도 200℃의 이상기체 0.5kg이 가역단열과정으로 팽창하여 압력이 200kPa로 감소하였다. 비열비 $k = 1.4$, 기체상수 $R = 0.3$kJ/kg • K일 때 다음을 구하라.

(1) 기체의 최종 온도[℃] (2) 내부에너지 변화[kJ] (3) 기체가 한 일[kJ]

21 온도 50℃, 압력 0.2MPa의 이상기체 3kg이 폴리트로픽 과정으로 압축되어 압력 2MPa, 온도 250℃로 변하였다. 폴리트로픽 지수를 구하고, 이 과정 동안 기체가 한 일[kJ]과 열전달량[kJ]을 구하라. 단, 기체상수 $R = 0.3$kJ/kg • K, 정적비열 $C_v = 0.7$kJ/kg • K이다.

22 정적비열이 0.72kJ/kg • K인 이상기체가 폴리트로픽 과정으로 변화할 때 폴리트로픽 비열을 구하라. 단, 비열비 $k = 1.4$, 폴리트로픽 지수 $n = 1.25$이다.

23 초기 상태에서 압력이 5bar, 체적이 $2m^3$인 일정량의 이상기체가 일정한 온도 하에서 서서히 팽창하여 체적이 $16m^3$이 되었다. 팽창 과정에서 외부에 한 일[MJ]과 외부로부터 받은 열량[MJ]을 구하라.
[중등교사 임용시험-기계 · 금속]

24 어떤 이상기체가 온도, 압력, 부피가 각각 27℃, 1기압, 100L인 상태에 있다. 이 기체를 온도, 부피가 각각 57℃, 22L인 상태로 만들었을 때, 기체의 압력과 가장 가까운 값은? [공무원 임용시험]

① 0.2기압 ② 5기압 ③ 9.6기압 ④ 10기압

25 어떤 이상기체를 등온 압축하여 부피를 반으로 줄이는데 200J의 일이 필요했다고 한다. 부피를 $\frac{1}{8}$로 줄이려면 얼마의 일[J]이 필요한가? [공무원 임용시험]

① 25 ② 600 ③ 800 ④ 1600

26 이상기체가 초기상태(T_1, V_1)에서 최종상태($T_2 = T_1$, $V_2 = 2V_1$)로 변할 때의 내부에너지 변화량은? [공무원 임용시험]

① 0 ② $-\ln 2$ ③ $\ln 2$ ④ $\exp(2)$

27 이상기체 2kg이 등온과정을 통하여 1bar, 300K에서 10bar, 300K로 압축할 때 필요한 일의 절댓값은? 단, $\ln 10 = 2.3$, R은 기체상수이다. [공무원 임용시험]

① $690R$ ② $750R$ ③ $1380R$ ④ $2070R$

28 그림은 일정량의 이상기체 상태가 A → B → C를 따라 변화할 때 부피와 온도의 관계를 나타낸 것이다. 이에 대한 설명으로 옳은 것은? [공무원 임용시험]

① A → B 과정에서 기체가 한 일은 0이다.
② A → B 과정에서 기체의 압력은 2배가 된다.
③ B → C 과정에서 내부에너지는 일정하다.
④ A → B 과정에서는 열을 흡수하고 B → C 과정에서는 열을 방출한다.

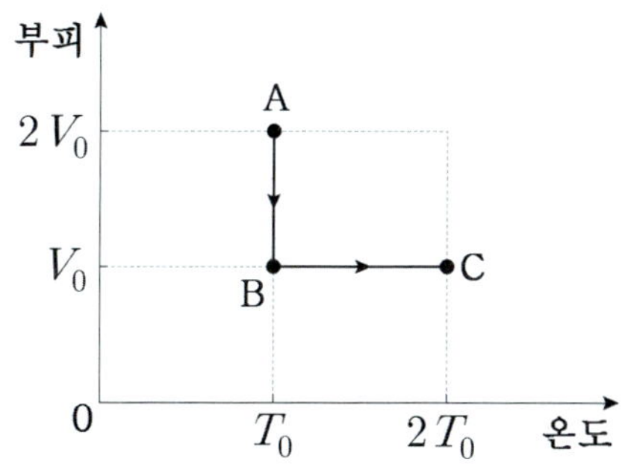

[문제 5.28]

29 어떤 질소 통에 15kg의 질소를 가득 채우면 압력이 30기압이 된다. 질소 통의 압력을 20기압으로 낮추려면 몇 kg의 질소를 빼내야 하는가? (단, 통 속에 있는 질소는 이상기체이고 온도는 일정하다고 가정한다) [공무원 임용시험]

① 2.5 ② 5.0 ③ 10 ④ 12

30 닫힌계에서 1.0kg의 이상기체가 $RT=3.0\text{kJ/kg}$로 주어지는 온도에서 가역 등온팽창을 하여 최종압력은 초기압력의 $1/e$배로 감소하였다. 이 과정에서의 출입되는 열의 양 [kJ]은 얼마인가? (단, e는 자연로그 $\ln x$의 밑으로 $\ln x = \log_e x$이다.) [공무원 임용시험]

① 0 ② 1.0 ③ 1.5 ④ 3.0

31 이상기체에 대한 설명으로 가장 옳은 것은? [공무원 임용시험]

① 분자 간의 상호작용이 존재한다.
② 내부에너지는 온도만의 함수이다.
③ 상태방정식은 $PV=T$이다.
④ 압축인자 Z는 2 이상이다.

32 닫힌계에서 압력 200kPa, 부피 2m^3인 공기가 가역등압공정을 통해 부피가 4m^3로 팽창하였다. 팽창 중에 내부에너지가 200kJ 큼 증가하였다면 팽창에 필요한 열량은? [공무원 임용시험]

① 100kJ ② 200kJ ③ 400kJ ④ 600kJ

33 비리얼 상태방정식은 아래와 같이 표현될 수 있다. 여기에서, B, C, D…를 비리얼 상수라고 하는데, 이는 무엇의 함수인가? [공무원 임용시험]

$$PV/RT = 1 + BP + CP^2 + DP^3 + \cdots$$

① 온도 및 압력 ② 압력 ③ 온도 ④ 부피

34 이상기체의 식 $PV^n = C$에서 $n=0$일 때, 변화 과정은? (단, C=상수) [공무원 임용시험]

① 등온과정 ② 정압과정 ③ 단열과정 ④ 정적과정

35 이상기체를 사용한 닫힌계, 폴리트로픽 공정에서 폴리트로픽 지수(n)가 2라고 하자. 초기 온도 27℃에서 127℃까지 공정의 온도가 상승했다면, 최종 부피는 초기 부피의 몇 배가 되겠는가? [공무원 임용시험]

① 1/4배 ② 3/4배 ③ 4/3배 ④ 4배

36 2kg의 이상기체가 300K에서 15L의 일정한 부피의 용기 안에 들어있다. 이 기체에 2kJ의 열을 가했을 때 온도가 340K로 변했다. 이 과정 동안 기체의 엔탈피 변화량은 얼마인가? (단, 기체상수 $R=8\text{J/kg}\cdot\text{K}$이다.) [공무원 임용시험]

① 2kJ ② 2.32kJ ③ 2.64kJ ④ 2.96kJ

37 공기 1kg을 정적과정으로 10℃에서 130℃까지 가열하고, 그 다음에 정압과정으로 130℃에서 210℃까지 가열한다고 할 때, 전체 가열에 필요한 열량[kJ]은? (단, $C_V = 0.7\text{kJ/kg}\cdot℃$이고 $C_P = 1.00\text{kJ/kg}\cdot℃$이다.) [공무원 임용시험]

① 161kJ ② 162kJ ③ 163kJ ④ 164kJ

38 단열 압축-팽창하는 원통형 실린더 내부 공기의 기체 방정식은 $P_1 V_1^{\gamma} = P_2 V_2^{\gamma}$이다. 온도가 300K인 공기의 부피를 1/10로 압축한다면, 압축 후 공기의 온도는 압축 전에 비해 몇 K 올라가는가? (단, $\gamma = 2$이고, 공기는 이상기체로 간주한다.)

[공무원 임용시험]

① 270K ② 300K ③ 2700K ④ 3000K

39 어떤 밀폐시스템이 압력 $P_1 = 2\text{bar}$, 체적 $V_1 = 0.1\text{m}^3$인 상태에서 가역팽창과정을 거쳐 압력 $P_2 = 1\text{bar}$, 체적 $V_2 = 0.3\text{m}^3$이 되었다. 이 과정이 $P-V$ 선도에서 직선으로 표시된다면 이 과정 동안 시스템이 한 일은? [기사 시험]

① 10kJ ② 20kJ ③ 30kJ ④ 45kJ

40 마찰이 없는 피스톤과 실린더로 구성된 밀폐계에 분자량이 25인 이상기체가 2kg 들어 있다. 기체의 압력이 100kPa로 일정할 때 체적이 1m^3에서 2m^3으로 변화한다면 이 과정 중 열전달량은? 단, 정압비열은 $1.0\text{kJ/kg}\cdot\text{K}$이다. [기사 시험]

① 150kJ ② 202kJ ③ 268kJ ④ 300kJ

41 체적이 0.1m^3인 피스톤-실린더 장치 안에 0.5kg의 이상기체가 430.5kPa 하에 있다. 정압과정으로 가열하여 온도가 400K가 되었다. 이 과정 동안 일과 열전달량은? 단, 기체상수는 $0.287\text{kJ/kg}\cdot\text{K}$, 정압비열은 $1.004\text{kJ/kg}\cdot\text{K}$이다. [기사 시험]

① 14.35kJ, 35.85kJ ② 14.35kJ, 50.20kJ
③ 43.05kJ, 79.80kJ ④ 43.05kJ, 64.55kJ

42 다음 중 기체상수 $R[\text{kJ/kg}\cdot\text{K}]$의 값이 가장 큰 기체는? [기사 시험]

① 산소(O_2) ② 수소(H_2)
③ 일산화탄소(CO) ④ 이산화탄소(CO_2)

43 피스톤-실린더 장치 내부에 압력 50kPa, 체적 0.05m^3인 기체가 들어있다. 이 기체가 $PV^{1.4} = C$인 과정을 따르도록 가열하여 기체의 체적이 0.2m^3이 되었다면, 이 과정 동안 시스템이 한 일은? [기사 시험]

① 1.33kJ ② 2.66kJ ③ 3.99kJ ④ 5.32kJ

44 어떤 이상기체 1kg을 일정한 체적 하에서 20℃로부터 100℃까지 온도를 높이는데 836kJ의 열량이 소요되었다. 이 기체의 분자량이 2라고 한다면 정압비열(kJ/kg℃)은? [기사 시험]

① 2.09 ② 6.27 ③ 10.5 ④ 14.6

45 어떤 이상기체 1kg이 압력 100kPa, 온도 30℃의 상태에서 체적 0.8m^3을 점유한다면 기체상수(kJ/kg·K)는 얼마인가? [기사 시험]

① 0.251 ② 0.264 ③ 0.275 ④ 0.293

46 이상기체의 내부에너지(u)는 어떤 함수인가? [기사 시험]

① 압력과 온도의 함수이다. ② 압력만의 함수이다.
③ 체적과 압력의 함수이다. ④ 온도만의 함수이다.

47 비열비가 1.29, 분자량이 44인 이상기체의 정압비열은 약 몇 kJ/kg·K인가? (단, 일반기체상수는 8.314kJ/kmol·K이다.) [기사 시험]

① 0.51 ② 0.69 ③ 0.84 ④ 0.91

48 어떤 시스템 내에 정압비열이 1.0kJ/kg·K인 이상기체 1kg이 채워져 있다. 초기 온도 50℃ 상태에서 323kJ의 열량을 가하여 팽창시킬 때 변경 후 체적은 변경 전 체적의 약 몇 배가 되는가? (단, 정압과정으로 팽창한다.) [기사 시험]

① 1.5배 ② 2배 ③ 2.5배 ④ 3배

49 온도 20℃, 압력 100kPa인 이상기체 1kg을 정압과정으로 가열 팽창시켜 체적을 5배로 할 때 온도는 약 몇 ℃가 되는가? [기사 시험]

① 1192℃ ② 1242℃ ③ 1312℃ ④ 1442℃

50 피스톤-실린더 장치 내부에 존재하는 150℃, 0.5MPa의 이상기체 0.2kg이 압력이 일정한 과정에서 원래 체적의 2배로 늘어난다. 이 과정에서의 일은 약 몇 kJ인가? (단, 기체상수는 0.287kJ/kg·K이다.) [기사 시험]

① 12.3 ② 16.5 ③ 20.5 ④ 24.3

51 1MPa, 230℃ 상태에서 압축계수가 0.95인 기체가 있다. 이 기체의 실제 비체적은 약 몇 m^3/kg인가? (단, 기체상수는 461J/kg·K이다.) [기사 시험]

① 0.14 ② 0.18 ③ 0.22 ④ 0.26

52 그림은 열적으로 고립된 실린더 속에서 같은 종류의 기체가 얇은 벽으로 나누어진 것을 나타낸다. 초기에 왼쪽 부분의 압력, 부피, 온도는 각각 $3P$, $2V$, T_1이고, 오른쪽은 P, V, T_2이다. 이상기체라고 가정할 때, 얇은 벽을 제거한 후에 평형 상태에 도달하였을 때 온도(T_f)와 압력(P_f)을 구하여 T_1, T_2, P로 나타내라. [중등교사 임용시험-물리]

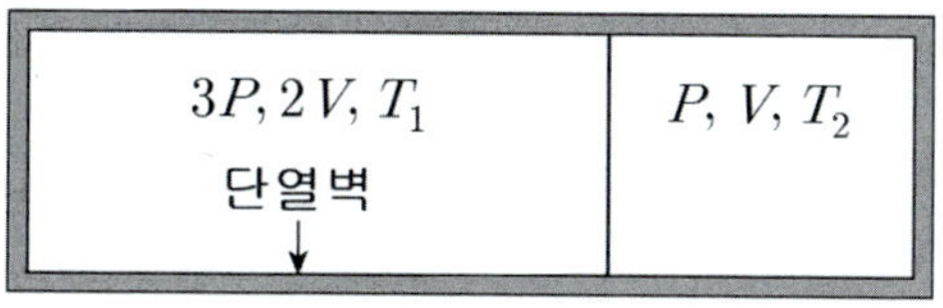

[문제 5.52]

53 그림과 같은 피스톤-실린더 장치 안에 이상기체 2kg이 들어 있다. 피스톤의 단면적은 100cm^2이고, 피스톤은 축 방향으로 일정한 힘 $F = 1\text{kN}$을 받고 있다. 실린더 속의 기체를 가열하여 온도를 10K 높였을 때 다음을 구하라. 단, 기체의 정적비열은 0.7kJ/kg • K, 기체상수는 0.3kJ/kg • K이고, 피스톤과 실린더 사이 마찰과 대기압은 무시한다.

[문제 5.53]

(1) 기체의 내부에너지 변화량[kJ] (2) 기체가 한 일[kJ]
(3) 기체가 받은 열량[kJ]

54 정압비열이 5.19kJ/kg • K인 헬륨이 100kPa, 300K로부터 700kPa, 420K까지 압축되고, 압축과정에서 $q_{out} = 20\text{kJ/kg}$의 열이 방출된다. 헬륨의 질량유량 $\dot{m} = 90\text{kg/min}$일 때 압축기 입력동력 $\dot{W}_C$[kW]을 구하라. 단, 헬륨은 이상기체이며, 정상유동이고 운동에너지와 위치에너지는 무시한다. (Hint: 정상유동에서 에너지 보존 방정식(3장), Δh는 C_p 사용)

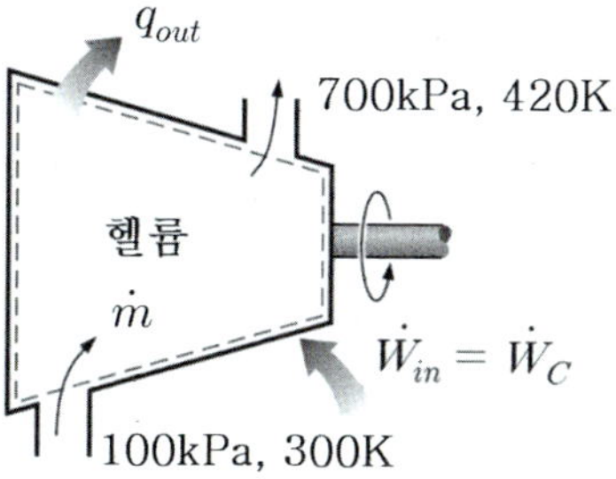

[문제 5.54] 압축기

55 정압비열이 $0.52\text{kJ/kg} \cdot \text{K}$인 아르곤이 $450℃$, 80m/s로 단열 터빈에 유입되어 150m/s로 나온다. 아르곤의 질량유량 $\dot{m} = 2.87\text{kg/s}$이고, 터빈의 출력동력 $\dot{W}_t = 250\text{kW}$일 때 터빈 출구에서 아르곤의 온도[℃]를 구하라. 단, 아르곤은 이상기체이며, 정상유동이고 위치에너지는 무시한다.

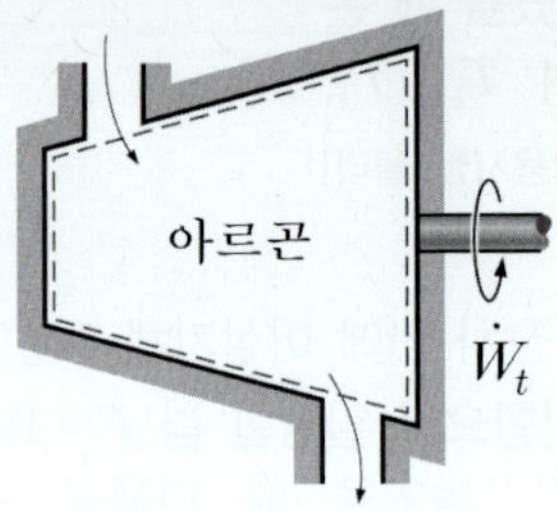

[문제 5.55] 단열 터빈

제6장

열역학 제2법칙

6.1 방향성을 갖는 현상과 열역학 제2법칙

3장에서는 밀폐계에서 일어나는 과정에 대해 열역학 제1법칙을 적용하여 열과 일 사이의 관계를 살펴보았다. 열역학 제1법칙은 에너지 보존법칙을 말하며, 에너지는 보존되는 물리량이므로 열역학 제1법칙을 위반하는 현상은 일어나지 않는다. 그러나 열역학 제1법칙을 만족한다 해도 다음과 같이 실제로는 일어날 수 없는 현상이 많다.

1 온도 차이에 의한 열전달

온도가 서로 다른 두 물체가 접촉하고 있을 때, 온도가 높은 물체로부터 온도가 낮은 물체로의 열전달이 일어나며, 그 반대의 현상은 일어나지 않는다는 것을 일상생활에서 잘 알고 있다.

예를 들어 방 안에 있는 공기보다 더 뜨거운 물체는 공기로 열을 빼앗겨 결국에는 식게 된다[그림 6.1]. 이 과정에서 물체가 잃은 에너지와 주위 공기가 얻은 에너지는 같고 이것은 열역학 제1법칙을 만족한다.

이 현상과 반대 방향의 과정, 즉 방 안의 공기로부터 물체가 열을 전달받아 공기보다 뜨거운 물체가 더욱 더 뜨거워지는 과정을 생각해 보자. 이 과정은 공기가 잃은 에너지의 양은 물체가 받은 에너지의 양과 같으므로 열역학 제1법칙을 만족시킨다. 그러나 이런 현상은 일어나지 않는다.

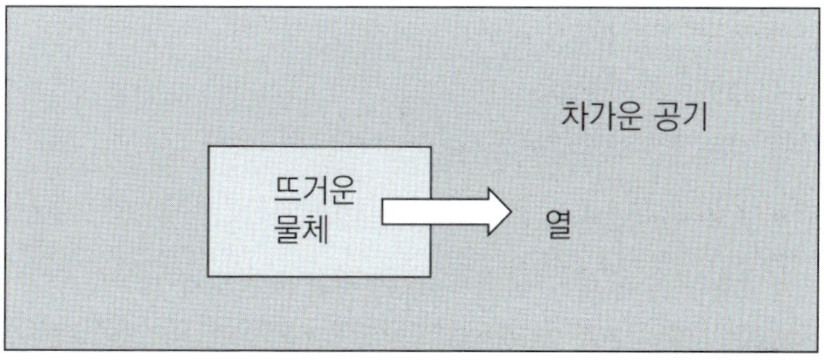

[그림 6.1] 뜨거운 물체가 차가운 공기로부터 열을 받아 더 뜨겁게 되지 않는다.

2 전기와 열

니크롬선과 같은 전기저항체에 전류를 흘려 열을 발생하는 전열기를 살펴보자[그림 6.2]. 전열기를 켜면 저항체에 공급된 전기에너지는 열로 바뀌어 공기에 전달된다. 이때 소모된 전기에너지는 공기로 전달된 에너지의 양과 같으므로 이 과정은 열역학 제1법칙을 만족한다.

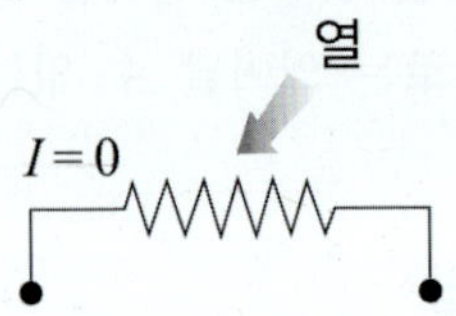

[그림 6.2] 전열선을 가열해도 전기가 흐르지 않는다.

그러나 이 과정을 거꾸로 되돌리는 현상은 일어나지 않는다. 즉 저항체를 가열해도 저항체에는 전류가 흐르지 않는다. 공기가 저항체에 공급한 열과 저항체에 발생하는 전기에너지가 같으면 이 과정은 열역학 제1법칙을 만족하지만 이와 같은 일은 일어나지 않는다.

3 마찰

고체와 고체 사이의 마찰이나 유체 유동에서의 마찰은 기계적인 에너지를 열에너지 형태로 소산시킨다. 그러나 발생된 열에너지가 자연스럽게 기계적인 일로 변환되고 원래의 상태로 되돌아가는 일은 일어나지 않는다.

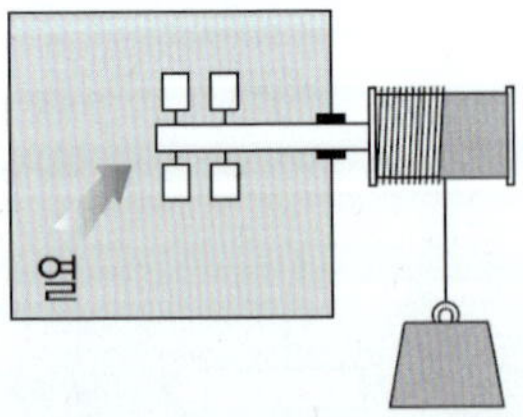

[그림 6.3] 날개에 열을 가해도 축이 회전하지 않는다.

예를 들어 [그림 6.3]과 같이 물체를 낙하시켜 날개바퀴를 돌리는 장치를 생각해보자. 물체가 낙하하면 회전하는 날개바퀴가 용기 안에 있는 유체를 휘젓게 되고 날개와 유체 사이에서 마찰열이 발생한다. 이 과정에서 에너지 보존법칙에 의해 물체의 위치에너지는 감소하고 유체의 내부에너지는 증가한다. 그러나 이 과정을 거꾸로 되돌리는 과정, 즉 유체에서 날개바퀴에 열을 전달하여 물체를 본래의 위치로 들어 올리는 과정은 열역학 제1법칙을 만족하여도 자연적으로 일어나지는 않는다.

4 자유팽창과 혼합 및 확산

[그림 6.4]와 같이 단열된 용기를 얇은 막으로 분리한 후, 한쪽에만 기체를 넣었다가 막을 파괴하면 기체는 용기 전체에 고르게 분산된다. 즉 처음의 기체 부피는 V이고 나중 부피는 $2V$가 된다. 이와 같은 것을 자유팽창이라고 하며 용기 내부 전체를 하나의 계로 생각하면 외부로의 열전달이 없으므로 계의 내부 에너지는 막의 파괴 전후에 동일하고 대부분의 저압기체에서 온도 변화도 거의 없다. 여기에서 기체가 다시 원래의 부피(V)로 저절로 압축된다는 것은 상상하기 어려우며 아직 그러한 경우가 관찰된 바는 없다.

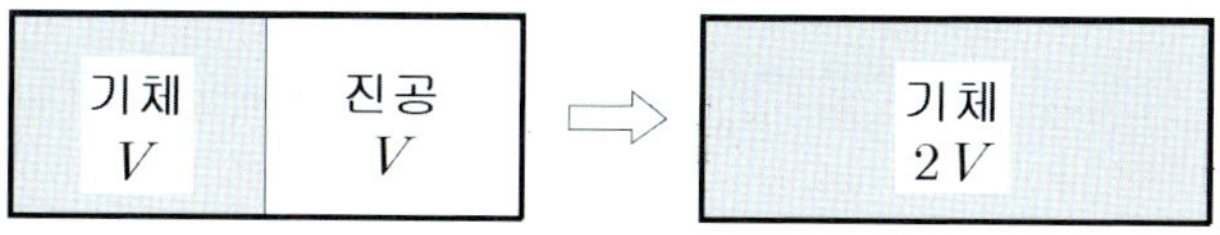

[그림 6.4] 기체의 자유팽창

이와 비슷한 예는 막의 좌우에 서로 다른 두 기체가 있는 경우이다. [그림 6.4]와 같이 막을 파괴하면 두 기체는 자연스럽게 혼합된다. 그러나 혼합된 후 저절로 두 기체가 분리되어 원상태로 되돌아가는 일은 일어나지 않는다. 또한 잉크를 물에 떨어뜨렸을 때 잉크는 물속에서 자연스럽게 확산된다. 그러나 확산된 잉크가 저절로 모여서 다시 원상태로 되돌아가는 일은 일어나지 않는다.

5 열역학 제2법칙

이상에서 살펴본 바와 같이 자연계에서 일어나는 과정은 어떤 정해진 방향성을 가지고 있다. 이러한 방향성으로 인하여 열역학 제1법칙을 만족하지만 실제 자연에서는 일어날 수 없는 현상이 많이 있으며, 이러한 경험과 실험결과 등을 일반화하여 열역학 제2법칙이라 부른다.

열역학 제2법칙은 단순히 열을 일로 변환하는 경우를 한정하여 표현하는 것이 아니라 모든 자연현상이 어떤 제한(방향성)을 받고 있는 것을 나타낸다. 즉, 자연현상은 어떤 정해진 방향으로 일어나고 그 과정을 거꾸로 되돌리는 일은 스스로 일어나지 않는다.

6.2 열역학 제2법칙 서술

열역학 제2법칙은 여러 사람들에 의해 여러 가지로 서술되었는데, 대표적인 것은 켈빈-플랑크(Kelvin-Plank) 서술과 클라시우스(Clausius)서술이다.

1 Kelvin-Plank 서술

"하나의 열원으로부터 열을 전달받아 사이클의 과정으로 열을 일로 변환시키는 열기관을 만들 수 없다."

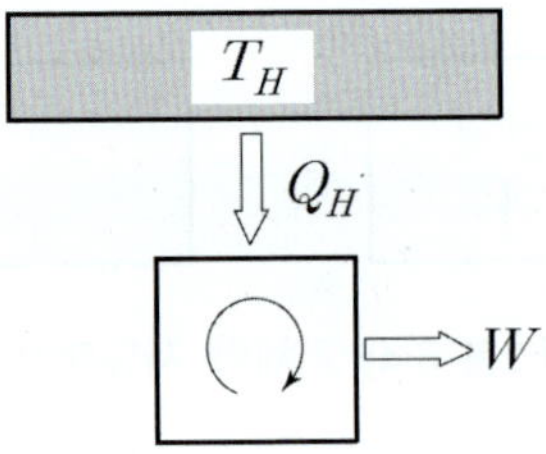

[그림 6.5] Kelvin-Planck 서술

이 말은 어떤 열원으로부터 전달받은 열의 일부가 일로 교환되고, 나머지 열은 다른 낮은 온도의 열원으로 방출해야 한다는 것을 의미한다. 즉, 열효율 100%의 열기관은 존재하지 않는다는 것을 뜻하고 있다.

열효율이 100%인 기관을 제2종 영구기관이라 한다. 이것은 공급된 열을 모두 일로 바꾸는 기관으로 열역학 제2법칙에 어긋나므로 만들 수 없다.

† Kelvin-Plank 서술에 의하면 하나의 열원과 열 교환을 하면서 사이클을 수행하는 시스템은 그 주변에 순 일을 발생시킬 수 없다. 즉, 사이클의 순 일(W_{cycle})은 양(+)이 될 수 없다는 것이므로 이것을 식으로 표현하면 다음과 같다.

$$W_{cycle} \leq 0 \quad (\text{ 열원이 하나일 때 })$$

2 Clausius 서술

"낮은 온도의 물체로부터 그보다 높은 온도의 물체로 열을 전달하는 것 외에 다른 어떠한 변화도 남기지 않고 사이클로 작동하는 장치를 만들 수 없다."

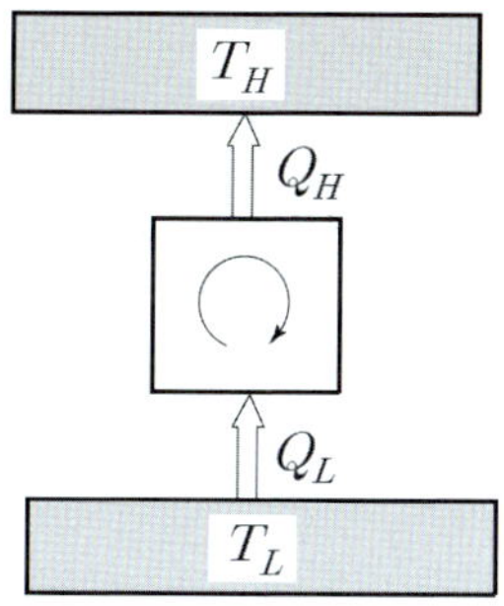

[그림 6.6] Clausius 서술

이 말은 냉동기나 열펌프와 관련이 있다. 즉, 열은 고온부로부터 저온부로 이동하지만 자연적으로 저온부에서 고온부로 흐르지 않는다. 따라서 주위로부터 냉동기로의 일의 전달이 있어야 냉동기를 사용하여 저온의 물체로부터 고온의 물체로 열을 전달할 수 있다는 것을 의미한다.

6.3 열기관

높은 온도의 열원으로부터 열을 공급받아 일부의 열을 상대적으로 낮은 온도의 열원으로 전달하고 일을 발생시키는 장치를 열기관(heat engine)이라 한다.

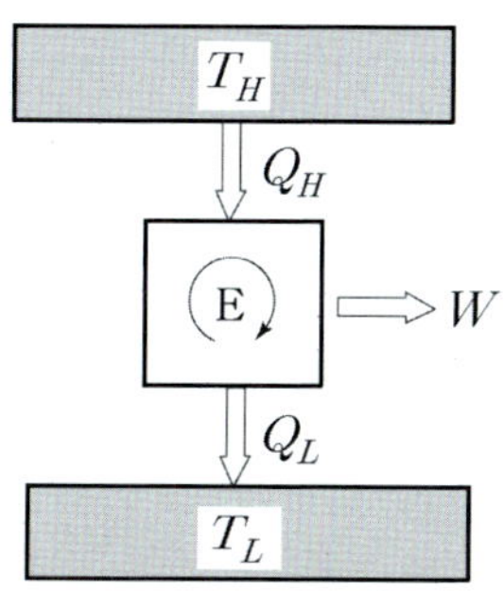

[그림 6.7] 두 열원 사이에서 작동하는 열기관

열기관은 일반적으로 다음과 같은 특징을 가진다.

(1) 사이클로 작동한다.

(2) 높은 온도의 열원(연소, 태양에너지, 핵반응 등)으로부터 열을 받는다.

(3) 받은 열의 일부를 일로 변환한다.

(4) 낮은 온도의 열 침전원(강, 대기 등)에 남은 열을 방출한다.

하나의 열원과의 열 교환만으로 작동하는 열기관은 없으므로 열기관을 구성하기 위해서는 [그림 6.7]과 같이 최소한 두 개의 열원이 필요하다. [그림 6.7]의 열기관 E는 온도 T_H인 고온열원으로부터 Q_H의 열을 공급받아서 W의 일을 하고, 온도 T_L의 저온열원으로 Q_L의 열을 방출한다. 열역학 제1법칙에 의해

$$Q_H = W + Q_L \qquad \cdots\cdots (6.1)$$

$$W = Q_H - Q_L \qquad \cdots\cdots (6.2)$$

이다. 공급된 열량(Q_H)에 대하여 열기관이 하는 일(W)의 비를 열기관의 열효율이라 한다. 즉, 열효율(η)은 다음과 같이 정의된다.

$$\eta = \frac{W}{Q_H} = \frac{Q_H - Q_L}{Q_H} = 1 - \frac{Q_L}{Q_H} \qquad \cdots\cdots (6.3)$$

열기관의 열효율은 1보다 작다($\eta < 1$).

[예제 6.1] 한 사이클 동안에 1000 cal의 열을 공급받아서 2100 J의 일을 하는 열기관의 열효율은 얼마인가? 단, 1 cal = 4.2 J이다.

풀이 한 사이클 동안 공급받은 열량 $Q_H = 1000\,\text{cal} = 1000 \times 4.2\text{J} = 4200\text{J}$이고, 기관이 한 일 $W = 2100\text{J}$이므로 열기관의 열효율(η)은 다음과 같다.

$$\eta = \frac{W}{Q_H} = \frac{2100}{4200} = 0.5 = 50[\%]$$

[예제 6.2] 한 사이클 동안에 고온열원으로부터 5000cal의 열을 공급받아서 저온열원으로 2000 cal의 열을 방출하는 열기관의 열효율을 구하라.

풀이 공급받은 열량 $Q_H = 5000\,\text{cal}$, 방출한 $Q_L = 2000\,\text{cal}$이므로 열효율(η)은 다음과 같다.

$$\eta = \frac{W}{Q_H} = \frac{Q_H - Q_L}{Q_H} = 1 - \frac{Q_L}{Q_H} = 1 - \frac{2000}{5000} = 0.6 = 60\,[\%]$$

[예제 6.3] 한 사이클 동안에 14kJ의 일을 하고 저온열원으로 5kcal의 열을 방출하는 열기관의 열효율을 구하라. 단, $1\text{kcal} = 4.2\text{kJ}$이다.

풀이 한 사이클 동안 열기관이 한 일 $W = 14\,\text{kJ}$, 방출한 열량 $Q_L = 5\,\text{kcal}$이다. 열역학 제1법칙에 의해 한 사이클 당 고온열원으로부터 공급받은 열량은

$$Q_H = W + Q_L$$

이므로 열기관의 열효율(η)은 다음과 같다.

$$\eta = \frac{W}{Q_H} = \frac{W}{W + Q_L} = \frac{14}{14 + (5 \times 4.2)} = 0.4 = 40\,[\%]$$

[예제 6.4] 가열로로부터 50MW의 열이 열기관에 전달되고 있다. 강에 방출되는 폐기열이 30MW일 때 열기관의 순 출력[MW]과 열효율을 구하라.

풀이 가열로는 고온열원이고 강은 저온열원이다. 이때 열기관이 공급받은 동력($\dot{Q}_H$)과 방출한 동력($\dot{Q}_L$)은 각각

$$\dot{Q}_H = 50\text{MW}, \quad \dot{Q}_L = 30\,\text{MW}$$

이므로, 열기관의 순 출력($\dot{W}$)과 열효율(η)은 다음과 같다.

$$\dot{W} = \dot{Q}_H - \dot{Q}_L = 50 - 30 = 20\,[\text{MW}]$$

$$\eta = \frac{\dot{W}}{\dot{Q}_H} = \frac{20}{50} = 0.4 = 40\,[\%]$$

6.4 냉동기와 열펌프

1 냉동기

높은 온도의 물체로부터 낮은 온도의 물체로 흐르는 열전달 과정은 어떠한 장치도 없이 자연적으로 일어난다. 그러나 낮은 온도의 물체로부터 높은 온도의 물체로 열을 전달하기 위해서는 특별한 장치가 필요한데, 이와 같은 일을 하는 장치를 냉동기라 한다. 냉동기도 열기관처럼 사이클 장치이며 냉동 사이클에 사용되는 작업유체를 냉매라 한다.

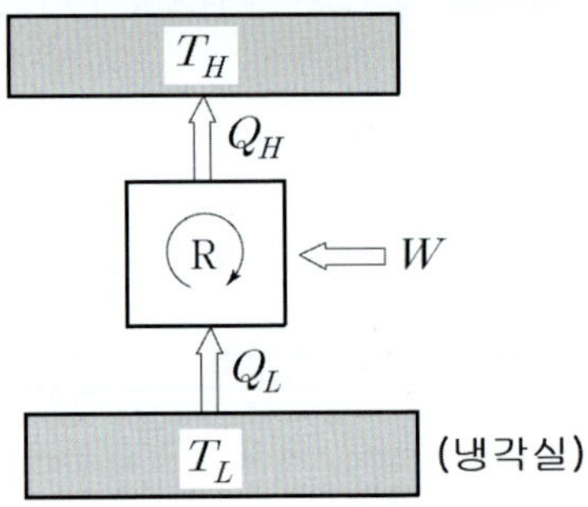

[그림 6.8] 두 열원 사이에서 작동하는 냉동기

[그림 6.8]에 두 열원 사이에서 작동하는 냉동기의 구조를 나타내었다. 냉동 사이클은 열기관 사이클을 역으로 작동시킨 것으로 생각할 수 있다. [그림 6.8]은 두 열원 사이에서 W의 일을 외부로부터 공급받아 온도 T_L의 저온열원에서 Q_L의 열을 흡수하고, 온도 T_H의 고온열원에 Q_H의 열을 방출하는 냉동 사이클을 나타낸다. 이 과정에서 열역학 제1법칙에 의해

$$Q_H = Q_L + W \qquad \cdots\cdots (6.4)$$

가 성립한다. 냉동기의 효율은 성능계수로 표현되며 일반적으로 COP_R으로 나타낸다. 냉

동기에서 저온열원은 냉각실(냉동실)에 해당되고, 냉동기의 목적은 냉각실로부터 열(Q_L)을 제거하는 것이며, 이것을 실행하기 위해서 일(W)을 투입해야 한다. 따라서 냉동기의 성능계수($\mathrm{COP_R}$)를 다음과 같이 정의한다.

$$\mathrm{COP_R} = \frac{Q_L}{W} \quad \cdots\cdots\cdots\cdots\cdots\cdots (6.5)$$

여기에서 일은

$$W = Q_H - Q_L \quad \cdots\cdots\cdots\cdots\cdots\cdots (6.6)$$

이므로 성능계수를 다음과 같이 쓸 수 있다.

$$\mathrm{COP_R} = \frac{Q_L}{W} = \frac{Q_L}{Q_H - Q_L} = \frac{1}{Q_H/Q_L - 1} \quad \cdots\cdots\cdots\cdots\cdots\cdots (6.7)$$

열기관의 열효율과 달리 냉동기의 성능계수는 1보다 큰 값이 될 수 있다.

2 열펌프

냉동 사이클의 방열부 열(Q_H)을 목적으로 사용할 때 이 장치를 열펌프(heat pump)라 한다. 열펌프는 일을 투입하여 외부로부터 열량 Q_L을 흡수하고 Q_H를 방출하여 실내 등의 난방을 하는 장치이다. 열펌프의 성능계수($\mathrm{COP_H}$)는

$$\mathrm{COP_H} = \frac{Q_H}{W} = \frac{Q_H}{Q_H - Q_L} = \frac{1}{1 - Q_L/Q_H} \quad \cdots\cdots\cdots\cdots\cdots\cdots (6.8)$$

로 정의한다. 식 (6.5)와 (6.8)에서 Q_H와 Q_L이 고정된 값이면

$$\mathrm{COP_H} = \mathrm{COP_R} + 1 \quad \cdots\cdots\cdots\cdots\cdots\cdots (6.9)$$

이 된다. 여기에서 $\mathrm{COP_R}$이 양의 값이므로 이 관계식으로부터 이상적인 열펌프의 성능계수는 항상 1보다 크다는 것을 알 수 있다.

[예제 6.5] **[냉장고의 열 방출]** 2kW의 전력을 투입하여 6kW의 열을 냉각실로부터 흡수하는 냉장고가 있다. 냉장고의 성능계수와 냉장고로부터 냉장고가 설치되어 있는 방에 방출하는 열량[kW]을 구하라.

풀이 단위 시간당 투입되는 일 $\dot{W}=2\text{kW}$, 제거하는 열량 $\dot{Q}_L=6\text{kW}$이다.

(1) 성능계수(COP_R)

$$\text{COP}_\text{R} = \frac{\dot{Q}_L}{\dot{W}} = \frac{6}{2} = 3$$

(2) 냉장고가 설치되어 있는 방에 방출하는 열량: 저온부는 냉각실이고, 고온부는 방이 되므로 방(고온부)에 방출하는 열량은 $\dot{Q}_H$가 된다.

$$\dot{Q}_H = \dot{Q}_L + \dot{W} = 6 + 2 = 8\,[\text{kW}]$$

[Note] [예제 6.5]로부터 냉각실에서 제거된 열($\dot{Q}_L$)과 냉장고에 공급된 전기에너지($\dot{W}$)가 모두($\dot{Q}_H$) 방 안의 공기로 전달된다는 것을 알 수 있다. 즉, 냉장고를 켜 두면 계속하여 $\dot{Q}_H$의 열을 방 안으로 내보내므로 그 만큼 방 안 온도가 올라갈 수 있다. 이로 인해 특히 여름에 문을 닫고 냉장고를 켜 두면 무척 덥게 될 것이다.

[예제 6.6] **[열펌프에 의한 난방]** 방 안으로 30kW의 열을 공급하여 난방을 하는 열펌프가 있다. 열펌프의 성능계수가 2.5일 때 열펌프의 소비전력[kW]과 열펌프가 실외 공기로부터 흡수하는 열량[kW]을 구하라.

풀이 고온열원은 방 안이 되고 저온열원은 실외가 된다. 여기에서 고온열원부에 보내는 열량 $\dot{Q}_H=30\text{kW}$, 성능계수 $\text{COP}_\text{H}=2.5$이다.

(1) 소비전력($\dot{W}$): 열펌프의 성능계수 $\text{COP}_\text{H} = \dfrac{\dot{Q}_H}{\dot{W}}$이므로

$$\dot{W} = \frac{\dot{Q}_H}{\text{COP}_\text{H}} = \frac{30}{2.5} = 12\,[\text{kW}]$$

(2) 실외 공기로부터 흡수하는 열량($\dot{Q}_L$): 열역학 제1법칙으로부터

$$\dot{Q}_L = \dot{Q}_H - \dot{W} = 30 - 12 = 18\,[\text{kW}]$$

6.5 가역과정과 비가역과정

주위에 아무런 변화(흔적)도 남기지 않고 원래의 상태(처음 상태)로 되돌아갈 수 있는 과정을 가역과정이라 하고, 그렇지 않은 과정을 비가역과정이라 한다.

가역과정은 항상 역학적 및 열적으로 평형상태를 유지하면서 이루어지는 변화이므로 어떠한 마찰도 수반되지 않는다. 공기 저항이 없는 진공 중의 단진자 운동이나 마찰이 없는 피스톤-실린더 장치에서의 기체의 준 평형 팽창과 압축 등은 가역과정의 예이다. 가역과정은 실제로 자연계에서는 일어나지 않는 현상이며 실제과정을 단순화시킨 이상적인 과정이다. 실제장치로 가역과정에 매우 가깝게 만들 수는 있지만 결코 완전한 가역과정을 만들 수는 없다. 즉, 자연현상에서 일어나는 과정은 모두 비가역과정이다.

비가역과정은 한쪽 방향으로는 저절로 일어나지만 반대 방향으로는 저절로 일어나지 않는 과정을 말한다. 다음은 알기 쉬운 비가역과정의 예이다.

① 온도가 다른 물체를 접촉시켜 놓을 때 고온의 물체로부터 저온의 물체로 열이 이동하는 현상

② 방의 한쪽에서 향수병을 열어 놓았을 때 향수 냄새가 방 전체로 퍼지는 현상

③ 잉크를 물에 떨어뜨렸을 때 잉크가 물속에서 확산되는 현상

④ 기체의 자유 팽창과정

⑤ 진동하던 추가 공기와의 마찰 저항으로 마침내 정지하는 현상

6.6 카르노 사이클과 카르노 열기관

열기관은 사이클 장치이며, 열기관의 작업유체는 각 사이클의 끝에서 초기상태로 되돌아간다. 열기관의 일은 사이클의 특정 부분에서 작업유체에 의해 발생하며, 사이클의 다른

부분에서는 작업유체에 일(열량)이 가해진다. 열기관의 효율은 사이클을 이루는 각 과정이 어떻게 수행되는가에 따라 결정된다. 어떠한 마찰도 수반되지 않는 가역과정에서 순일(정미 일)이 최대가 되므로 가장 효율이 좋은 사이클은 모든 과정이 가역과정으로 이루어진 가역사이클이다.[1]

가역 열기관과 비가역(실제) 열기관의 열효율에 대한 것으로 다음과 같은 '카르노원리'가 있다.

(1) 두 개의 열원(열저장조) 사이에서 작동하는 비가역 열기관의 효율은 동일한 두 열저장조 사이에서 작동하는 가역 열기관의 효율보다 항상 낮다.

(2) 동일한 두 열원 사이에서 작동하는 모든 가역 열기관의 효율은 같다.

두 열원으로 구성되는 사이클 중에서 열효율이 최대인 사이클을 카르노 사이클(Carnot cycle)이라 하고, 이 사이클에서 작동하는 열기관을 카르노 기관(카르노 열기관)이라 한다. 고온열원과 저온열원의 절대온도를 각각 T_H와 T_L이라 하면 카르노 기관의 열효율(카르노 효율)은 다음과 같이 표현된다.

$$\eta_c = \frac{W}{Q_H} = 1 - \frac{Q_L}{Q_H} = 1 - \frac{T_L}{T_H} \qquad \cdots\cdots\cdots\cdots\cdots (6.10)$$

가역사이클인 경우 열전달의 비 $(Q_H/Q_L) = T_H/T_L$이 된다. 이와 같은 온도눈금을 Kelvin 눈금이라 부르며, 이 눈금에 의한 온도를 절대온도라 한다. 식 (6.10)은 카르노 효율(열효율)이라고 하며, 이 효율은 절대온도가 T_H와 T_L인 열에너지 저장조 사이에서 작동하는 열기관이 가질 수 있는 가장 높은 효율이다. 절대온도 T_H와 T_L 사이에서 작동하는 모든 실제(비가역) 열기관의 효율은 카르노 효율보다 낮다. 실제 열기관은 실제 사이클에 관련된 모든 비가역성을 완전히 제거할 수는 없으므로 최대 이론 효율(카르노 효율)에 도달할 수 없다.

카르노 사이클의 $P-V$ 선도는 [그림 6.9]와 같다.

1) 카르노 사이클의 특성을 잘 알아두도록 한다.

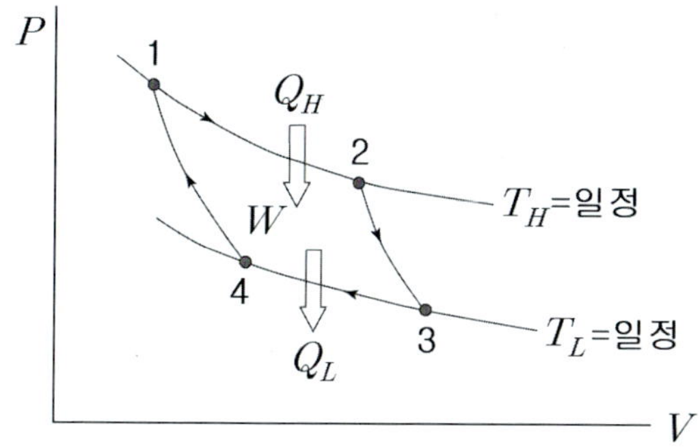

[그림 6.9] 카르노 사이클

카르노 사이클은 다음 네 과정으로 구성된다[그림 6.10].

(1) 가역 등온팽창: 과정 1→2, 온도 T_H = 일정. 고온열원과 접촉하여 기체가 서서히 팽창하는 과정이며 고온열원으로부터 Q_H의 열을 공급받는다.

(2) 가역 단열팽창: 과정 2→3. 단열과정. 주위와 열 교환이 없이 기체는 주위에 일을 하면서 온도가 T_L로 낮아질 때까지 서서히 팽창한다.

(3) 가역 등온압축: 과정 3→4, 온도 T_L = 일정. 저온열원과 접촉하여 기체가 압축되면서 저온열원으로 Q_L의 열을 방출한다.

(4) 가역 단열압축: 과정 4→1, 단열과정. 기체는 가역적인 방법으로 압축되어 초기상태로 되돌아간다. 이 과정에서 온도가 T_L로부터 T_H로 높아지고 하나의 사이클이 완성된다.

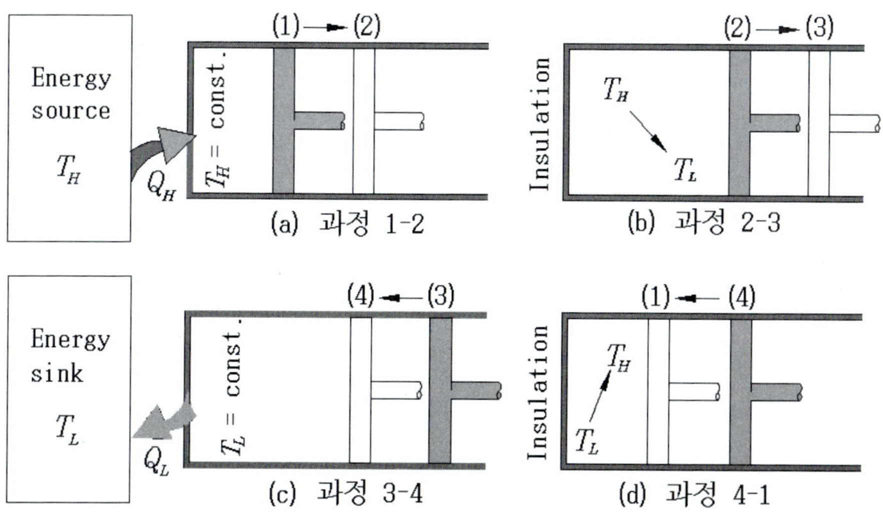

[그림 6.10]

작업유체가 여러 가지 변화를 거쳐 다시 처음상태로 되돌아가는 일련의 과정을 사이클이라 하고, 사이클을 구성하는 모든 과정이 가역인 사이클을 가역사이클이라 한다. 카르노 사이클은 주어진 두 열원 사이에서 존재하는 열기관 사이클 중 가장 효율이 좋은 이상적인 가역사이클이다. 카르노 기관은 1824년 프랑스의 물리학자 카르노(Sadi Carnot)가 제시하였는데 열기관의 작업유체로 이상기체를 사용한 이상적인 열기관이다.

카르노 기관의 열효율은 작업유체의 종류와는 무관하고 고온열원과 저온열원의 온도만으로 결정되며, 효율을 높이기 위해서는 두 열원의 온도 차이를 크게 해야 한다. 그러나 저온열원의 온도가 절대온도 0K는 될 수 없으므로 열효율 100%인 열기관은 존재하지 않는다. 실제 열기관의 효율은 마찰 등의 비가역적 요인에 의한 손실 때문에 언제나 카르노 사이클의 효율보다 작다.

[예제 6.7] 고온열원 온도 $T_H = 327℃$, 저온열원 온도 $T_L = 27℃$ 사이에서 작동하는 카르노기관의 열효율을 구하라.

풀이 $T_H = 327 + 273 = 600\text{K}$, $T_L = 27 + 273 = 300\text{K}$이므로 카르노기관의 열효율($\eta$)은 다음과 같다.

$$\eta = 1 - \frac{T_L}{T_H} = 1 - \frac{300}{600} = 0.5 = 50[\%]$$

[Note] 카르노 기관의 열효율 식에서 온도(T_L, T_H)는 절대온도[K]라는 것에 주의한다. 섭씨온도[℃]를 그대로 대입하여

$$\eta = 1 - \frac{T_L}{T_H} = 1 - \frac{27}{327} = 0.92$$

로 하지 않도록 한다. 단, 절대온도 차이는 섭씨온도 차이와 같으므로 다음과 같이 온도 차이 $T_H - T_L$에는 섭씨온도를 그대로 사용해도 된다.

$$\eta = \frac{T_H - T_L}{T_H} = \frac{327 - 27}{327 + 273} = 0.5$$

[예제 6.8] 카르노 열기관이 700K의 고온열원으로부터 열을 받아서 한 사이클 당 400kJ의 일을 하고 300K의 저온열원으로 열을 방출한다. 한 사이클 당 방출하는 열량[kJ]을 구하라.

풀이 고온열원 온도 $T_H = 700\text{K}$, 저온열원 온도 $T_L = 300\text{K}$, 한 사이클 당 기관이 하는 일 $W = 400\text{kJ}$이다. 카르노기관의 열효율 식으로부터 고온열원으로부터 받은 열량(Q_H)은

$$\eta = \frac{W}{Q_H} = \frac{T_H - T_L}{T_H}$$

$$\therefore \quad Q_H = \left(\frac{T_H}{T_H - T_L}\right) W = \left(\frac{700}{700 - 300}\right) \times 400 = 700\ [\text{kJ}]$$

이다. 따라서 저온열원으로 방출한 열량(Q_L)은 다음과 같다.

$$Q_L = Q_H - W = 700 - 400 = 300\ [\text{kJ}]$$

[예제 6.9] 카르노 열기관이 500K의 고온열원과 300K의 저온열원 사이에서 작동하고 있다. 고온열원으로부터 600kJ의 열을 공급받을 때 기관이 하는 일[kJ]을 구하라.

풀이 고온열원 온도 $T_H = 500\text{K}$, 저온열원 온도 $T_L = 300\text{K}$, 고온열원으로부터 공급받는 열량 $Q_H = 600\text{kJ}$이다. 카르노기관의 열효율 식으로부터 기관이 하는 일(W)은 다음과 같다.

$$\eta = \frac{W}{Q_H} = \frac{T_H - T_L}{T_H}$$

$$\therefore \quad W = \left(\frac{T_H - T_L}{T_H}\right) Q_H = \left(\frac{500 - 300}{500}\right) \times 600 = 240\ [\text{kJ}]$$

6.7 카르노 냉동기와 카르노 열펌프

카르노 사이클은 가역사이클이므로 사이클의 모든 과정을 역으로 되돌릴 수 있다. [그림 6.11]에 도시된 역카르노 사이클의 $P-V$ 선도는 과정의 방향이 역이라는 점을 제외하고는 카르노 사이클의 $P-V$ 선도 [그림 6.9]와 같다.

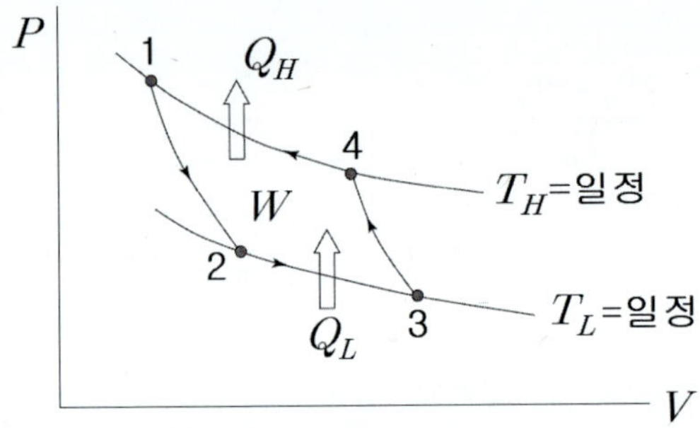

[그림 6.11] 역카르노 사이클

이와 같이 역카르노 사이클로 작동하는 냉동기와 열펌프를 각각 카르노 냉동기와 카르노 열펌프라 하며, 성능계수는 다음과 같이 표현된다.

$$\mathrm{COP_R} = \frac{Q_L}{W} = \frac{Q_L}{Q_H - Q_L} = \frac{T_L}{T_H - T_L} = \frac{1}{T_H/T_L - 1} \quad \cdots\cdots (6.11)$$

$$\mathrm{COP_H} = \frac{Q_H}{W} = \frac{Q_H}{Q_H - Q_L} = \frac{T_H}{T_H - T_L} = \frac{1}{1 - T_L/T_H} \quad \cdots\cdots (6.12)$$

식 (6.11)과 (6.12)의 성능계수는 온도 T_H와 T_L 사이에서 작동하는 냉동기나 열펌프가 가질 수 있는 이론적인 최대 성능계수이다. 이 두 온도 사이에서 작동하는 모든 실제 냉동기나 열펌프는 이보다 더 낮은 성능계수를 가진다.

역카르노 사이클도 카르노 사이클과 마찬가지로 가역사이클이다. 카르노 사이클로 작동할 때 열기관에서는 최대 일이 얻어지고, 역카르노 사이클로 작동할 때 냉동기와 열펌프에서는 최소 입력 일이 얻어진다. 즉, 동일한 열량(Q_L 또는 Q_H)을 얻기 위해 냉동기 또는 열펌프에 투입해야 할 일은 역카르노 사이클로 작동할 때 최소가 된다.

[예제 6.10] 27℃와 7℃ 사이에서 역카르노 사이클로 작동하는 냉동기의 성능계수를 구하라.

풀이 고온열원 온도 $T_H = 27℃$, 저온열원 온도 $T_L = 7℃$ 이므로 냉동기의 성능계수는 다음과 같다.

$$\mathrm{COP_R} = \frac{Q_L}{W} = \frac{T_L}{T_H - T_L} = \frac{7+273}{27-7} = 14$$

[예제 6.11] 역카르노 사이클로 작동하는 냉장고가 있다. 냉장실을 −3℃로 유지하기 위해 이곳으로부터 20kW의 열이 사이클로 흡수된다. 그리고 사이클로부터 일정한 온도 24℃의 대기로 열이 전달될 때, 냉장고를 작동시키는데 필요한 동력[kW]을 구하라.

풀이 고온열원 온도 $T_H = 24℃$, 저온열원 온도 $T_L = -3℃$, 저온열원(냉장실)로부터 흡수하는 열량 $\dot{Q}_L = 20\mathrm{kW}$ 이다. 냉장고의 성능계수로부터 다음과 같이 냉장고를 작동시키는데 필요한 동력($\dot{W}$)이 구해진다.

$$\mathrm{COP_R} = \frac{\dot{Q}_L}{\dot{W}} = \frac{T_L}{T_H - T_L}$$

$$\therefore \quad \dot{W} = \dot{Q}_L \times \frac{T_H - T_L}{T_L} = 20 \times \frac{24-(-3)}{273+(-3)} = 2\,[\mathrm{kW}]$$

[예제 6.12] 27℃와 −3℃ 사이에서 역카르노 사이클로 작동하는 열펌프의 성능계수를 구하라.

풀이 고온열원 온도 $T_H = 27℃$, 저온열원 온도 $T_L = -3℃$ 이므로 열펌프의 성능계수($\mathrm{COP_H}$)는 다음과 같다.

$$\mathrm{COP_H} = \frac{Q_H}{W} = \frac{T_H}{T_H - T_L} = \frac{27+273}{27-(-3)} = 10$$

[예제 6.13] 겨울에 집을 난방하기 위해 열펌프를 사용하고 있다. 집 밖의 온도가 $-10℃$ 일 때 집 안을 $17℃$로 유지하기 위해서는 $580\mathrm{kW}$의 열을 집 안으로 공급해야 한다. 열펌프를 가동하는데 필요한 최소 동력[kW]을 구하라.

풀이 고온열원 온도 $T_H = 17℃$, 저온열원 온도 $T_L = -10℃$, 고온열원(방 안)으로 공급해야 할 열량 $\dot{Q}_H = 580\,\mathrm{kW}$ 이다. 카르노 열펌프를 사용할 때 최소 동력이 되므로 다음과 같이 카르노 열펌프의 성능계수($\mathrm{COP_H}$)로부터 열펌프를 가동하는데 필요한 최소 동력($\dot{W}$)을 구한다.

$$\mathrm{COP_H} = \frac{\dot{Q}_H}{\dot{W}} = \frac{T_H}{T_H - T_L}$$

$$\therefore \; \dot{W} = \dot{Q}_H \times \frac{T_H - T_L}{T_H} = 580 \times \frac{17-(-10)}{273+17} = 54\,[\mathrm{kW}]$$

연습문제 6

01 다음 중 열역학 제2법칙의 대한 표현이 아닌 것을 모두 고르면?

① 열효율 100 %의 열기관은 존재하지 않는다.
② 열은 높은 온도의 물체로부터 낮은 온도의 물체로 흐른다.
③ 에너지의 공급이 없이 영원히 작동하는 영구기관을 만들 수 없다.
④ 어떤 고립된 계의 총 에너지는 항상 일정하다.

02 다음 중 열역학 제2법칙에 해당하는 것을 모두 고르면?

① 열역학적 계에 열을 가하면 계의 내부에너지가 증가한다.
② 역학적인 일은 전부 열로 바꿀 수 있지만 열을 전부 일로 바꿀 수는 없다.
③ 방 안에 퍼진 향수 기체의 입자들은 자연적으로 한 곳에 모이지 않는다.
④ 물체 A와 B가 각각 제 3의 물체 C와 열 평형 상태에 있으면 A와 B는 서로 열 평형상태에 있다.

03 다음 중 가역과정에 가장 가까운 것을 고르면?

① 폭포의 물이 아래로 떨어진다.
② 나무를 마찰시키면 마찰열이 발생한다.
③ 전열기에 전기를 흐르게 하면 열이 발생한다.
④ 진공 중에서 벽시계의 추가 단진자 운동을 한다.
⑤ 온도가 높은 물체로부터 온도가 낮은 물체로 열이 흘러간다.

04 고온열원으로부터 1초당 1000 J의 열을 공급받아서 300J의 일을 하고, 저온열원으로 700 J의 열을 방출하는 열기관의 열효율은 얼마[%]인가?

05 1 kcal의 열을 흡수하여 1680 J의 일을 하는 열기관의 열효율은 얼마[%]인가?

06 열효율이 30 %인 열기관에 10 kcal의 열을 공급하면 열기관은 몇 kJ의 일을 하는가?

07 성능계수가 1.5인 냉장고가 냉장실로부터 180kJ/min의 열을 제거한다. 냉장고의 소비 전력[kW]과 외부에 방출한 단위시간당 열전달량[kW]을 구하라.

08 소비 동력 1kW 당 168 kJ/min의 열량을 냉장실에서 제거하는 냉동기의 성능계수를 구하라. 또, 단위 시간당 외부에 방출하는 열량은 몇 kW 인가?

09 소비 동력 1kW 당 84kJ/min 의 열량을 집 안에 공급하는 열펌프의 성능계수를 구하라. 또 외부로부터 단위 시간당 흡수하는 열량은 몇 kW 인가?

10 다음과 같이 온도 1000K 의 고온열원으로부터 열을 공급받아 일을 하고 500K 의 저온열원으로 열을 방출하는 두 개의 열기관이 있다. 두 열기관에 대하여 열역학 제1법칙과 제2법칙을 검토하여 이와 같은 열기관이 가능한가를 판정하라.

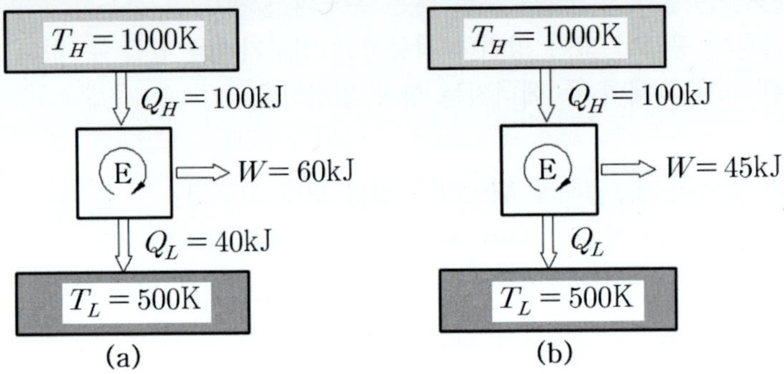

[문제 6.10]

11 고온열원 227℃, 저온열원 27℃ 에서 작동하는 카르노사이클의 열효율은 얼마[%]인가?

12 127℃ 의 고온열원으로부터 에너지를 공급받고, 27℃ 의 저온열원으로 에너지를 방출하는 열기관의 최대 열효율은 얼마[%]인가?

13 카르노 열기관이 500K 의 고온열원으로부터 한 사이클당 50kcal 의 열을 공급받아서 300K 의 저온열원으로 열을 방출한다. 한 사이클당 기관이 하는 일[kJ]과 사이클의 열효율을 구하라.

14 300K 와 260K 사이에서 역카르노 사이클로 작동하는 냉동기의 성능계수와 열펌프의 성능계수를 구하라.

15 어떤 사람이 온도가 20℃ 인 실내에서 작동하고 냉장실을 4℃ 로 유지하는 성능계수가 20 인 냉장고를 개발하였다고 한다. 이 주장이 타당한가를 검토하라.

16 냉동실을 −10℃ 로 유지하기 위해 냉동실로부터 5kJ/s 의 열을 제거하는 냉동기가 있다. 외부 온도가 25℃ 일 때 냉동기에 공급해야할 최소 동력[kW]을 구하라.

17 역카르노 사이클로 작동하는 공기조화시스템이 실내 온도를 25℃로 유지하기 위해 집으로부터 310kJ/s의 열을 외부로 방출하고 있다. 바깥 온도가 37℃일 때 공기조화 시스템을 작동하는데 필요한 동력[kW]을 구하라.

18 겨울에 집 안의 온도를 27℃로 일정하게 유지하기 위해 카르노 열펌프를 사용하려 한다. 바깥 온도가 −5℃이고 집 안의 열 손실률이 1800kJ/min일 때 열펌프를 가동하는데 필요한 전력(동력, kW)을 구하라.

19 높은 열원의 온도를 T_H, 낮은 열원의 온도를 T_L이라 하고, 이 두 열원 사이에서 가역적으로 작동하는 엔진(동력 사이클)이 있다. 이 엔진의 효율은 80%이다. $T_H = 2000\,\text{K}$일 때 받은 에너지는 Q_H이며 순환 과정을 거쳐 한 일은 250kJ이다. Q_H와 T_L을 구하고 낮은 열원에 방출한 에너지 Q_L을 구하시오. [중등교사 임용시험-기계·금속]

20 카르노 열기관에서 사이클마다 213.5kgf·m의 일을 하기 위하여 열량 1kcal가 공급된다. 저열원의 온도가 27℃이면 고열원의 온도는 몇 도[℃]인지 계산식을 세우고 답을 구하시오. 열의 일당량은 1kcal = 427kgf·m로 한다.
[중등교사 임용시험-기계·금속]

21 이상적인 Carnot 사이클의 과정이 아닌 것은? [중등교사 임용시험-기계]
① 등온 압축 ② 단열 팽창 ③ 단열 압축 ④ 정압 팽창

22 가역과정에 대한 설명 중 옳은 것은? [중등교사임용시험-기계]
① 과정 간에 체적 또는 압력이 일정한 과정
② 과정 간에 온도 및 열의 변동이 없는 과정
③ 계가 경계를 통하여 이동할 때 주위에 어떠한 변화도 남기지 않는 과정
④ 계가 경계를 통하여 이동할 때 평형이 유지되지 않는 과정

23 열역학 제2법칙을 옳게 설명한 것은? [중등교사 임용시험-기계]
① 에너지 보존법칙이다.
② 저온 물체에서 고온 물체로 열을 전달하는 장치를 만들 수 없다.
③ 제2종 영구기관은 실현될 수 없다.
④ 어떤 방법으로도 계를 절대온도 0K에 이르게 할 수 없다.

24 800℃와 200℃ 사이에서 작동하는 열기관이 가질 수 있는 최대 효율에 가장 가까운 것은? [공무원 임용시험]
① 25% ② 33% ③ 56% ④ 76%

25 어떤 Carnot 냉동기에서 고열원의 온도는 300K 이고 저열원의 온도는 250K 이다. 저온에서 흡수된 열량이 150J 일 때, 이 계에 가해주어야 할 일[J]은? [공무원 임용시험]

① 30 ② 40 ③ 50 ④ 100

26 열역학 제2법칙에 대한 표현으로 옳지 않은 것은? [공무원 임용시험]

① 계에 의해 흡수된 열이 계에 의해 수행된 일로만 전환하는 장치는 없다.
② 한 온도에서 높은 온도로 열을 전달하는 것만으로 구성된 공정은 없다.
③ 총 에너지는 일정하며 한 에너지 상태에서 다른 에너지 상태로 전환될 뿐이다.
④ 계에 의해 흡수된 열이 계에 의해 수행되는 일로 완전히 전환되는 순환공정은 없다.

27 원자력 발전소를 원자력 반응기의 온도와 강물의 온도 사이에서 운전되는 열기관으로 볼 때, 반응기의 온도가 500K 이고 강물의 온도가 300K 이며 1200MW 의 순 일을 생산한다면 강물로 버려져야 할 최소 열[MW]은? [공무원 임용시험]

① 800 ② 1800 ③ 2000 ④ 3000

28 열 흡수 온도가 283K 이고 열 방출 온도가 300K 인 Carnot 냉동기의 성능계수는? [공무원 임용시험]

① 13.6 ② 14.6 ③ 15.6 ④ 16.6

29 $T_H = 450\text{K}$ 의 고온열원으로부터 10.0kJ 을 흡수한 열기관이 $T_C = 350\text{K}$ 의 저온열원으로 열을 방출하였다. 이 Carnot 순환기관에서 열이 일로 전환되는 효율(η)은? 단, 작동유체는 이상기체이다. [공무원 임용시험]

① 0.12 ② 0.22 ③ 0.32 ④ 0.42

30 그림은 고열원에서 500kJ 의 열을 흡수하여 W 의 일을 하고 저열원으로 300kJ 의 열을 방출하는 열기관을 도시적으로 나타낸 것이다. 이 열기관의 열효율[%]은? [공무원 임용시험]

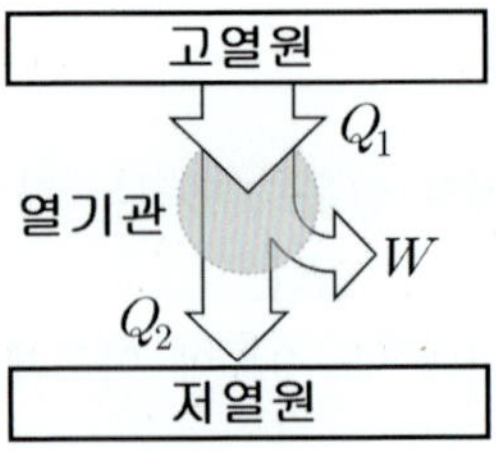

[문제 6.30]

① 20 ② 30 ③ 40 ④ 50

31 고열원에서 열을 흡수하여 외부에 일을 하고 저열원으로 열을 방출하는 열기관이 있다. 이 열기관의 열효율이 40%이고 저열원으로 방출한 열이 600J일 때 열기관이 외부에 한 일[J]은? [공무원 임용시험]

① 200 ② 240 ③ 360 ④ 400

32 어떤 열기관이 시간당 150kJ의 일을 하면서 낮은 온도의 열원으로 시간당 350kJ의 열을 방출한다. 이 열기관의 열효율[%]은? [공무원 임용시험]

① 20 ② 30 ③ 40 ④ 50

33 내부 온도가 10K로 유지되는 카르노 냉동기가 있다. 냉동기의 내부에서 2J의 열을 흡수하여 온도가 300K로 유지되는 외부로 배출하기 위해 냉동기에 가해야 하는 일[J]은? [공무원 임용시험]

① 28 ② 38 ③ 48 ④ 58

34 냉동속도를 4kJ/s로 하기 위하여 냉동시스템은 2kW의 동력을 필요로 한다. 열 방출이 27℃에서 일어나면 계가 유지할 수 있는 최저 가능 온도[℃]는? [공무원 임용시험]

① −13℃ ② −33℃ ③ −53℃ ④ −73℃

35 전기로 동작하는 카르노 열펌프를 난방기로 사용하여 건물 내부 온도를 300K로 유지하고 있다. 건물 외부 온도는 250K로 일정하고, 건물 내부에서 외부로 새어 나가는 열에너지가 초당 9kJ일 때, 카르노 열펌프에 공급하고 있는 전력의 크기는? [공무원 임용시험]

① 500W ② 1,500W ③ 3,000W ④ 6,000W

36 찬 물과 뜨거운 물을 섞으면 미지근한 물이 되지만, 미지근한 물이 저절로 찬 물과 뜨거운 물로 나누어지지는 않는다. 이 현상을 설명하는 법칙은?

① 열역학 제0법칙 ② 열역학 제1법칙
③ 열역학 제2법칙 ④ 열역학 제3법칙

37 카르노 사이클(Carnot cycle)의 순환과정으로 옳은 것은? [공무원 임용시험]

① 등온팽창 → 단열팽창 → 등온압축 → 단열압축
② 단열팽창 → 등온팽창 → 단열압축 → 등온압축
③ 등온팽창 → 등온압축 → 단열압축 → 단열팽창
④ 단열팽창 → 단열압축 → 등온팽창 → 등온압축

38 역카르노 사이클(Carnot cycle)의 순환과정으로 옳은 것은? [공무원 임용시험]

① 등온팽창 → 단열팽창 → 등온압축 → 단열압축
② 단열팽창 → 등온팽창 → 단열압축 → 등온압축
③ 등온팽창 → 등온압축 → 단열압축 → 단열팽창
④ 단열팽창 → 단열압축 → 등온팽창 → 등온압축

39 고열원 500℃ 와 저열원 35℃ 사이에 열기관을 설치하였을 때, 사이클 당 10MJ 의 공급열량에 대해서 7MJ 의 일을 하였다고 주장한다면, 이 주장은? [기사 시험]

① 가역기관이라면 타당한 주장이다.
② 비가역기관이라면 타당한 주장이다.
③ 열역학적으로 타당한 주장이다.
④ 열역학적으로 타당하지 않은 주장이다.

40 그림과 같은 열기관 사이클이 있을 때 실제 가능한 공급열량(Q_H)과 일량(W)은 얼마인가? (단, Q_L은 방열량이다.) [기사 시험]

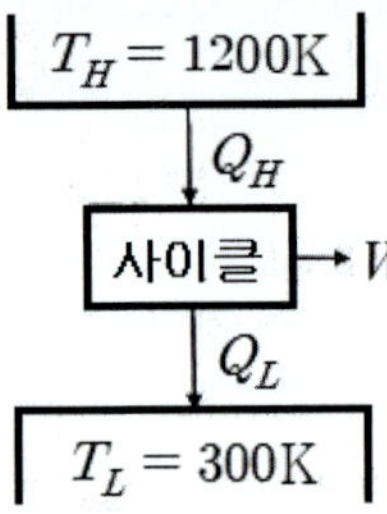

① $Q_H = 100kJ$, $W = 80kJ$
② $Q_H = 110kJ$, $W = 80kJ$
③ $Q_H = 100kJ$, $W = 90kJ$
④ $Q_H = 110kJ$, $W = 90kJ$

41 이상적인 역카르노 사이클로 작동하는 에어컨으로써 실내 온도를 12℃ 로 일정하게 유지하고자 한다. 실외 온도가 32℃ 이고 1초에 570cal의 열이 실내로 유입되고 있다. 다음을 구하라. 단, 1cal = 4.2J, (절대온도 = 섭씨온도 + 273)이다.

(1) 1초당 외부로 배출하는 열량[cal]
(2) 에어컨을 구동하는데 필요한 동력[W]

42 고온열원 900K 와 저온열원 300K 사이에서 작동하는 카르노 열기관이 1분당 1800kJ 의 열량을 공급받고 있을 때 열기관의 동력[kW]을 구하라.

43 성능계수가 4인 냉동기로써 7,200kJ/h 의 속도로 냉동할 때 필요한 동력[kW]을 구하라.

44 그림과 같이 두 열원(T_1, T_2) 사이에서 두 개의 카르노기관이 연결되어 작동하고 있다. 첫 번째 기관과 두 번째 기관이 하는 일이 각각 W_1, W_2일 때 기관의 전체 열효율을 구하라. 단, 기관의 전체 열효율은 첫 번째 기관이 흡수한 열량(Q_1)에 대한 전체 일 ($W_1 + W_2$)의 비로 정의한다.

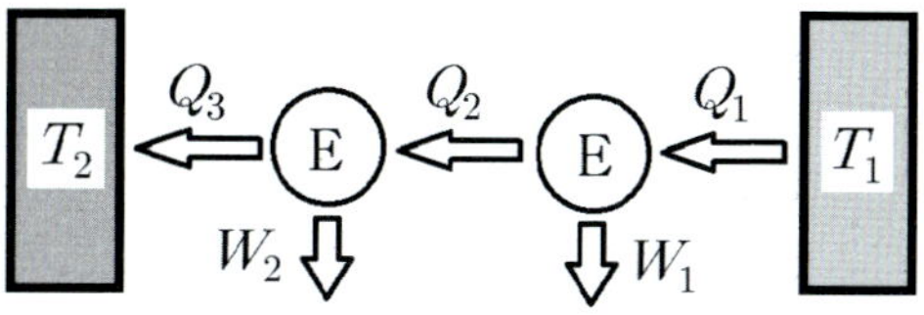

[문제 6.44] 연결된 두 개의 카르노기관

45 그림과 같이 온도 1000K와 250K의 두 열원 사이에서 카르노 사이클로 작동하는 열기관 두 개가 직렬로 연결되어 있다. 두 열기관의 열효율이 같을 때 중간에 있는 열원의 온도 T[K]를 구하라.

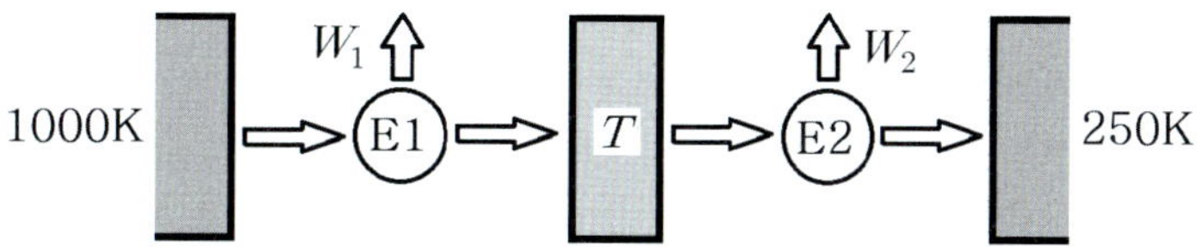

[문제 6.45] 직렬로 연결된 두 개의 카르노 열기관

46 그림과 같이 연료로부터 Q_F의 열량을 받아서 일(W)을 생산하는 엔진(E)이 있다. 엔진에 연결된 냉동기(R)는 엔진의 일(W)로 구동된다. 엔진의 열효율이 40%이고 냉동기의 성능계수가 3일 때, 냉동기가 실내로부터 3.6kJ의 열을 흡수하기 위해 연료가 엔진에 공급해야할 열량(Q_F)을 구하라.

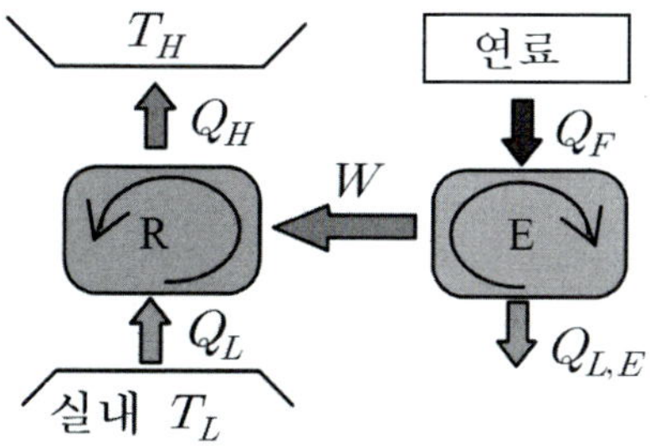

[문제 6.46] 열기관과 냉동기

47 그림에서 냉동실을 250K로 유지하려 한다. 엔진은 400K의 고온 열저장조로부터 열을 받아 일(W)을 하고 300K의 대기로 열을 방출한다. 냉장고는 엔진의 출력 일(W)로써 구동되며, 냉동실로부터 열을 흡수하고 300K의 대기로 열을 방출한다. 이때 냉동실로부터 흡수하는 열량(Q_{L2})에 대한 열저장조로부터 받는 열량(Q_{H1})의 비(Q_{H1}/Q_{L2})를 구하라. 단, 모든 장치는 이상적인 가역과정으로 작동한다.

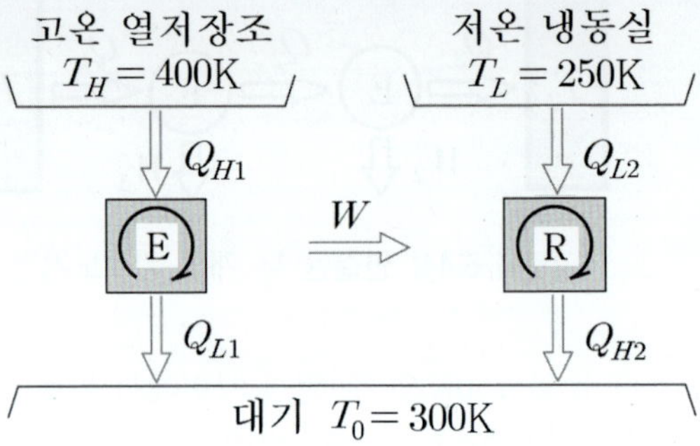

[문제 6.47] 열기관과 냉동기

48 그림과 같이 가역 열기관(H.E.)과 가역 열펌프(H.P.)의 조합으로 구성된 장치가 있다. 열기관은 57℃의 열원으로부터 Q_{W1}의 열을 받아 W의 일을 하고 나머지 열을 24℃ 저온열원으로 방출한다. 열펌프는 열기관으로부터 W의 일을 받아 57℃ 열원으로부터 Q_{W2}의 열을 흡수하여 157℃ 고온열원으로 Q_H의 열을 공급한다. 총 폐열에너지 ($Q_{W1} + Q_{W2}$)가 133MJ일 때 고온열원으로 공급하는 열량(Q_H)을 구하라. 단, (절대온도=섭씨온도+273)으로 한다. (Hint: 가역과정에서 $Q_1/Q_2 = T_1/T_2$, 혹은 열효율과 성능계수로부터 Q_{W1}, Q_{W2}와 W의 관계식을 먼저 구한다.)

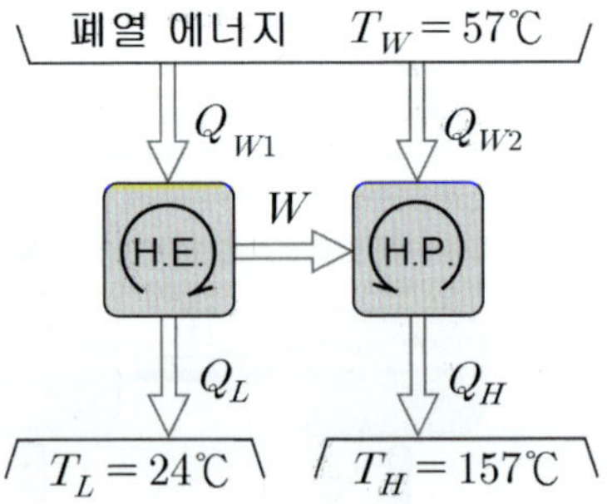

[문제 6.48] 열기관과 열펌프

제7장

엔트로피

7.1 Clausius 부등식

열역학 제2법칙에서는 부등식을 사용한 표현을 종종 사용한다. 예를 들어 실제 열기관의 효율은 동일한 두 열저장조 사이에서 작동하는 가역 열기관의 효율보다 작다. 마찬가지로 비가역 냉동기나 열펌프의 성능계수는 동일한 온도 한계 사이에서 작동하는 가역 냉동기나 열펌프의 성능계수보다 작다.

Clausius 부등식은 모든 열역학적 사이클에 대해 다음과 같이 표현된다.

$$\oint\left(\frac{\delta Q}{T}\right)\leq 0 \quad \cdots\cdots (7.1)$$

여기에서 δQ는 사이클의 한 부분 동안 시스템 경계의 일부분에서의 열전달을 나타내며, T는 경계 부분의 절대온도이다. 기호 $\oint$는 적분이 전체 사이클과 전체 경계에서 수행된다는 것을 나타낸다. 시스템으로부터 또는 시스템에 전달되는 열량은 미소 열전달의 합으로 볼 수 있으므로 $\left(\frac{\delta Q}{T}\right)$의 사이클 적분은 미소 열전달을 경계면의 절대 온도로 나눈 값들의 합이 된다.

식 (7.1)에서 등호는 가역 사이클에 대해 성립하고 부등호는 비가역 사이클에 대해 성립한다.

$$\oint\left(\frac{\delta Q}{T}\right)=0 \quad \text{(가역 사이클)} \quad \cdots\cdots (7.2)$$

$$\oint\left(\frac{\delta Q}{T}\right)<0 \quad \text{(비가역 사이클)} \quad \cdots\cdots (7.3)$$

[참고 7.1] Clausius 부등식 증명[1)]

Clausius 부등식은 [그림 7.1]의 시스템을 이용하여 증명할 수 있다. 그림의 아래에 있는 시스템(T)은 외부로부터 δQ의 에너지를 받아 δW_{sys}의 일을 한다. 여기에서 δQ의 에너

1) 증명은 크게 의미 있는 것이 아니므로 참고로 하고 식 (7.1)~(7.3)을 알면 된다.

지는 온도 T_R의 열 저장조로부터 전달받는다. 열 저장조(T_R)와 시스템(T) 사이의 열전달 결과로 비가역성이 개입되지 않는다는 것을 확실하게 하기 위해 가역 사이클을 수행하는 하나의 중간 시스템을 통해 열전달이 이루어진다고 한다. 그림과 같이 중간 시스템은 열 저장조로부터 δQ_R을 공급받아 δW_{rev}의 일을 하고 δQ의 열을 시스템으로 전달한다.

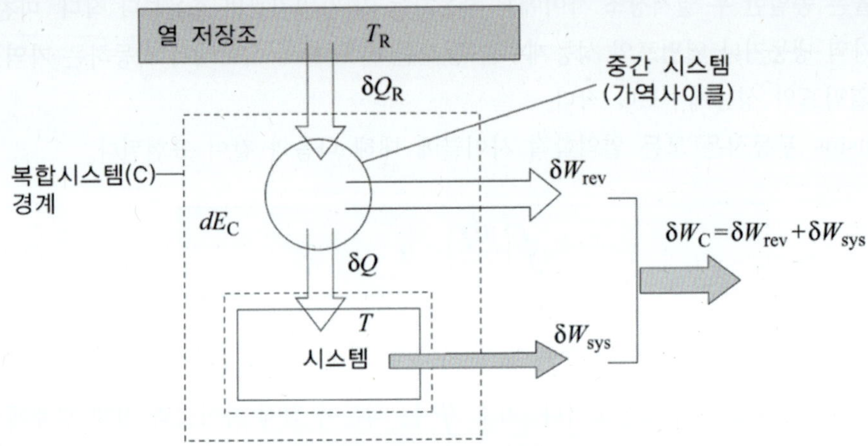

[그림 7.1] Clausius 부등식 증명

[그림 7.1]에서 점선으로 그려진 복합 시스템에 에너지 보존 법칙을 적용하면

$$\delta W_C = \delta Q_R - dE_C \quad \cdots\cdots ①$$

이다. 여기에서 δW_C는 복합 시스템의 총 일($\delta W_{rev} + \delta W_{sys}$)이며, dE_C는 복합 시스템의 총 에너지 변화량이다. 사이클 장치가 가역장치이므로 켈빈온도 측도의 정의로부터

$$\frac{\delta Q_R}{T_R} = \frac{\delta Q}{T} \quad \cdots\cdots ②$$

이다. 식 ②로부터 $\delta Q_R = T_R \dfrac{\delta Q}{T}$이고 이 식을 식 ①에 대입하면 다음 식이 얻어진다.

$$\delta W_C = T_R \frac{\delta Q}{T} - dE_C \quad \cdots\cdots ③$$

중간 시스템이 정수 개(n 개)의 사이클을 수행하는 동안에 시스템이 하나의 사이클을 수행한다고 할 때, 한 사이클에서 에너지 변화량은 0이므로 복합 시스템의 총 에너지 사이클 적분 $\oint dE_C = 0$이다. 따라서 식 ③으로부터 복합 시스템의 전체 일은 다음과 같이

표현된다.

$$\oint \delta W_C = \oint \left(T_R \frac{\delta Q}{T} - dE_C \right) = T_R \oint \left(\frac{\delta Q}{T} \right)$$

$$\therefore \quad W_C = T_R \oint \left(\frac{\delta Q}{T} \right) \quad \cdots\cdots ④$$

복합 시스템의 일부가 사이클을 수행하기 때문에 복합 시스템도 사이클을 수행한다. 이상에서 살펴본 복합 시스템은 하나의 열 저장조(T_R)와의 열전달에 의해 에너지를 주고받아서 한 사이클 동안에 W_C의 일을 하고 있다.

그런데 "하나의 열원으로부터 열을 전달받아 사이클의 과정으로 순 일(정미 일, net work)을 생산하는 시스템은 없다"는 열역학 제2법칙에 대한 Kelvin-Planck 서술에 의하면, W_C는 양의 값이 될 수 없다($W_C \le 0$). 따라서 T_R은 절대온도로서 양의 값이므로 식 ④로부터 다음과 같은 부등식을 얻는다.

$$\oint \left(\frac{\delta Q}{T} \right) \le 0 \quad \cdots\cdots ⑤$$

7.2 엔트로피 변화

계가 초기상태 1에서 최종상태 2로 변하는 동안 계의 엔트로피(entropy, S) 변화를 다음과 같이 정의한다.

$$\Delta S = S_2 - S_1 = \int_1^2 \frac{\delta Q}{T} \quad \cdots\cdots (7.4)$$

여기에서 Q는 외부에서 계로, 또는 계에서 외부로 전달된 에너지이고, T는 절대온도이다. 즉, 엔트로피 변화는 열로 전달된 에너지뿐만 아니라 열전달이 발생하는 온도에도 의존한다. 엔트로피(S)는 종량적 상태량이고 SI 단위는 [J/K]이다. 그리고 단위 질량당 엔트로피를 비엔트로피라 하며 일반적으로 s로 나타낸다. 비엔트로피의 SI 단위는 [J/kg • K]이다.

일정 온도(T_0)를 유지하면서 상태 변화(1→2)가 일어났을 때 식 (7.4)를 적분하면

$$\Delta S = S_2 - S_1 = \int_1^2 \frac{\delta Q}{T_0} = \frac{1}{T_0}\int_1^2 \delta Q = \frac{{}_1Q_2}{T_0}$$

이다. 여기에서 전달된 열량 ${}_1Q_2$를 Q로 나타내면 온도 $T = T_0$로 일정한 계에서 Q의 열전달이 일어났을 때, 엔트로피 변화 ΔS는 다음과 같이 표현된다.

$$\Delta S = \frac{Q}{T_0} \quad \text{(등온과정)} \qquad \cdots\cdots (7.5)$$

이 식은 일정한 온도로 열을 공급하거나 흡수하는 열저장조에서 전달된 열량을 구하는데 특히 유용하다.

$$Q = T_0 \Delta S \quad \text{(등온과정)} \qquad \cdots\cdots (7.6)$$

T_0는 항상 양(+)이므로 ΔS의 부호는 Q의 부호와 같다. 따라서 계로 열이 유입되면 ($Q > 0$) 계의 엔트로피가 증가($\Delta S > 0$)하고, 계로부터 외부로 열이 방출되면($Q < 0$) 계의 엔트로피는 감소한다($\Delta S < 0$).

[예제 7.1] [그림 7.2]와 같이 피스톤-실린더 장치에 온도가 300 K인 물의 액체와 수증기 혼합물이 들어 있다. 피스톤 장치에 의해 실린더 내의 압력을 일정하게 유지하면서 1200kJ의 열이 실린더 벽을 통하여 물로 전달되었다. 물이 완전히 증발하지 않고 남아 있을 때 이 과정에서 일어나는 실린더 내 물(액체+수증기)의 엔트로피 변화를 구하라.

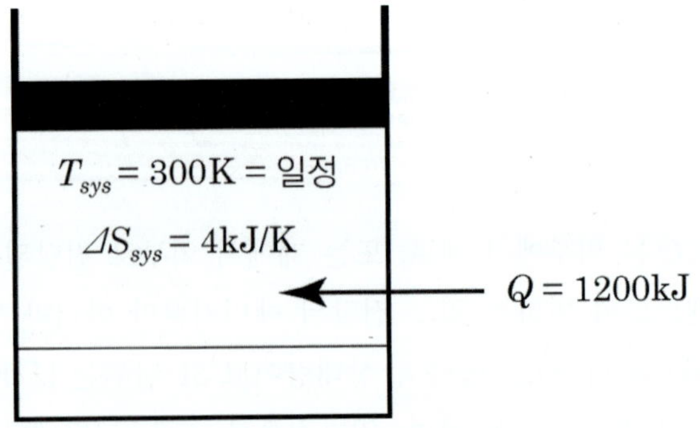

[그림 7.2] 열전달로 인한 계의 엔트로피 증가

풀이 물이 증발하고 있는 중에는 온도가 300K로 일정하다. 즉, 물(액체+수증기) 전체를 하나의 계로 보면 계의 온도는 일정한 온도 $T_{sys}=300\text{K}$이고, 계로 전달된 열량 $Q=1200\,\text{kJ}$이므로 계의 엔트로피 변화는 다음과 같다.

$$\Delta S_{sys}=\frac{Q}{T_{sys}}=\frac{1200\,\text{kJ}}{300\,\text{K}}=4\,[\text{kJ/K}])$$

계로 열이 유입되었으므로 계의 엔트로피 변화는 양(+)이다. 즉, 계의 엔트로피가 $4\,[\text{kJ/K}]$ 증가하였다.

[예제 7.2] 온도 127℃의 증기가 800kJ의 열을 받으면서 등온과정으로 팽창할 때 증기의 엔트로피 변화를 구하라.

풀이 온도가 일정하므로 엔트로피 변화(ΔS)는 다음과 같다. 여기에서 일정온도 $T_0=127$℃이고, 증기로 유입된 열량 $Q=800\,\text{kJ}$이다.

$$\Delta S=\frac{Q}{T_0}=\frac{800}{273+127}=2\,[\text{kJ/K}]$$

증기가 외부로부터 열을 받았으므로 증기의 엔트로피가 증가하였다.
† 엔트로피 식 $\Delta S=Q/T_0$에서 T_0는 절대온도라는 것에 주의한다.

[예제 7.3] 온도 500K의 이상기체 1kg이 등온과정으로 팽창하여 외부에 1500kJ의 일을 하였다. 이 과정에서 기체의 엔트로피 변화를 구하라.

풀이 온도가 일정하므로 이상기체의 내부에너지 변화 $\Delta U=0$이다. 따라서 열역학 제1 법칙에서 기체로 전달된 열량은

$$Q=\Delta U+W=W=1500\,[\text{kJ}]$$

이고, 엔트로피 변화(ΔS)는 다음과 같다.

$$\Delta S=\frac{Q}{T_0}=\frac{1500}{500}=3\,[\text{kJ/K}]$$

기체는 외부로부터 열을 받아서($Q > 0$) 팽창하였고 엔트로피가 증가하였다.

† 이상기체의 내부에너지는 온도만의 함수이다. 따라서 등온과정(온도가 일정한 과정)이면 내부에너지 변화가 없다($\Delta U = 0$).

[예제 7.4] 동력이 4kW 인 기관을 1시간 동안 제동 실험하여 발생한 마찰열이 모두 대기 중으로 전달되었을 때 대기의 엔트로피 변화를 구하라. 단, 대기 온도는 27℃ 이다.

풀이 기관의 동력(일률) $P = 4\mathrm{kW}$ 이고 제동시간 $t = 1\mathrm{h}$ 이므로 제동실험에서 발생한 마찰열(Q)은

$$Q = Pt = 4\mathrm{kW} \times 1\mathrm{h} = 4\frac{\mathrm{kJ}}{\mathrm{s}} \times 3600\mathrm{s} = 14,400\,\mathrm{kJ}$$

이다. 대기는 아주 크므로 온도가 $T_0 = 27℃$ 로 일정하다고 할 수 있다. 따라서 대기의 엔트로피 변화(ΔS)는 다음과 같다.

$$\Delta S = \frac{Q}{T_0} = \frac{14400\,\mathrm{kJ}}{(273+27)\mathrm{K}} = 48[\mathrm{kJ/K}]$$

[예제 7.5] 온도 500K 와 300K 의 두 열원 사이에서 작동하는 카르노 열기관이 있다. 이 기관의 등온팽창 과정에서 엔트로피가 4kJ/K 증가하였을 때, 고온열원으로부터 사이클로 유입된 열량[kJ]을 구하라.

풀이 카르노 사이클에서 고온열원 온도 $T_H = 500\mathrm{K}$ 이고, T_H가 일정하게 유지되면서 고온열원으로부터 Q_H의 열량을 전달받아서 기체가 팽창된다. 팽창과정에서 엔트로피 증가량 $\Delta S = 4\mathrm{kJ/K}$ 이므로 사이클로 유입된 열량(Q_H)은 다음과 같다.

$$\Delta S = \frac{Q_H}{T_H}$$

$$\therefore\ Q_H = T_H \Delta S = 500 \times 4 = 2000\ [\mathrm{kJ}]$$

한편, 이 문제에서 온도 $T_L = 300\mathrm{K}$ 인 저온열원으로 방출한 열량(Q_L)은 다음과 같다.

$$Q_L = T_L \Delta S = 300 \times 4 = 1200 \text{ [kJ]}$$

7.3 엔트로피 증가 원리

엔트로피 증가 원리는 다음과 같이 기술된다. 엔트로피 증가 원리는 열역학 제2법칙의 또 다른 표현이다.

(1) 닫힌계(고립계)에서 어떤 상태 변화가 일어났을 때, 그 계의 엔트로피는 항상 증가하거나, 가역 과정인 경우에만 일정하다. 즉, 닫힌계의 엔트로피는 결코 감소하지 않는다.
(2) 모든 과정에서 우주의 총 엔트로피는 증가하거나 일정하다. 즉, 우주의 엔트로피는 결코 감소할 수 없다.

하나의 고립계는 여러 개의 계를 포함할 수 있다. 예를 들면 [그림 7.3]과 같이 계와 그 주위를 열과 일과 물질 전달이 없는 임의의 큰 경계로 둘러쌀 수 있으므로 하나의 계와 그 주위는 고립계를 구성한다. 여기에서 계와 그 주위는 고립계를 구성하는 계이므로, 고립계의 엔트로피 변화는 계와 그 주위의 엔트로피 변화의 합이 된다. 따라서 다음 관계식이 구해진다.

$$\Delta S_{total} = \Delta S_{sys} + \Delta S_{surr} \geq 0 \quad \cdots\cdots (7.7)$$

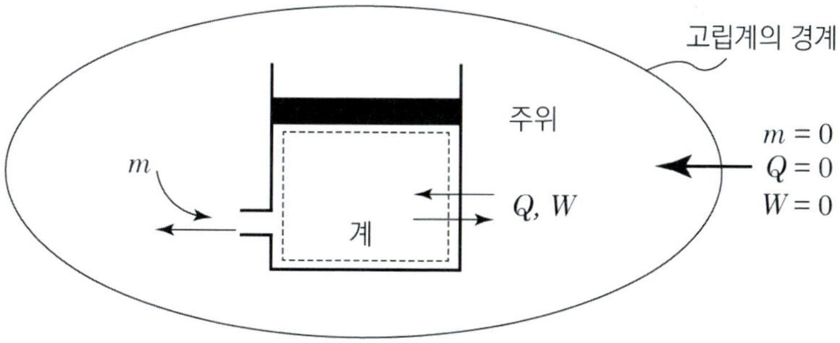

[그림 7.3] 계와 계의 주위는 하나의 고립계를 구성한다.

식 (7.7)에서 ΔS_{surr}은 계 주위의 엔트로피 변화를 나타낸다. 등호는 가역과정에서 성립하고 부등호는 비가역과정에서 성립한다. 즉, 가역과정에서 계의 총엔트로피 변화 $\Delta S_{total} = 0$이다.

엔트로피 증가의 원리는 계의 엔트로피(ΔS_{sys})가 감소할 수 없다는 것을 의미하지 않는다. 계와 주위를 포함하는 전체 엔트로피(ΔS_{total})는 감소할 수 없지만 계의 엔트로피는 감소할 수 있다. 즉, 고립계가 여러 개(N 개)의 하부계(subsystem)로 구성될 때 고립계의 총엔트로피는 증가하거나 일정하다($\Delta S_{total} = \sum_{i=1}^{N} \Delta S_i \geq 0$). 그러나 고립계를 구성하는 하부계의 엔트로피(ΔS_i)는 증가하거나 감소할 수 있다.

[Note] 터빈과 열기관과 같이 일을 얻는 장치는 가역과정($\Delta S_{total} = 0$)으로 작동할 때 가장 많은 일(최대 일)을 하고, 압축기와 펌프 또는 냉동기와 같이 일을 소비하는 장치는 가역과정으로 작동할 때 가장 적은 일(최소 일)을 필요로 한다.
이 원리를 적용하여 열기관의 '**최대 출력 일**'과 냉동기의 '**최소 입력 일**'을 구할 수 있다.

[예제 7.6] 온도가 800K인 열 저장탱크 A로부터 온도가 300K인 열 저장탱크 B로 1200kJ의 열이 전달될 때, A와 B의 엔트로피 변화와 총 엔트로피 변화를 구하라. 단, 열 저장탱크의 온도는 모두 일정하다고 가정한다.

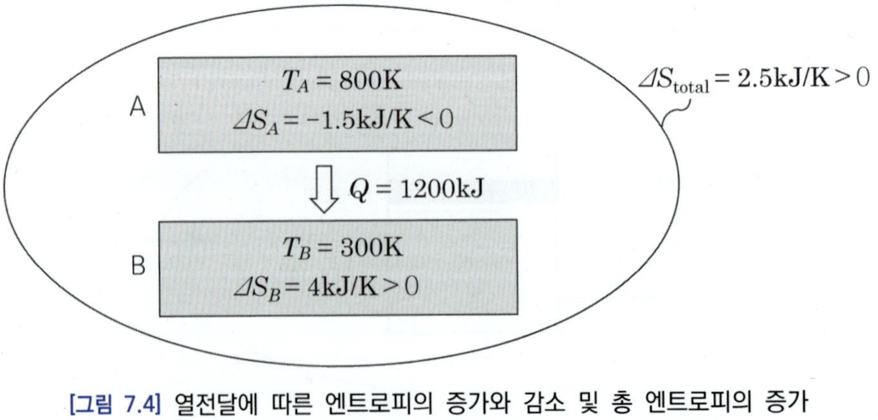

[그림 7.4] 열전달에 따른 엔트로피의 증가와 감소 및 총 엔트로피의 증가

풀이 고온의 열 저장탱크 A 에서는 1200kJ 의 열이 방출되고, 저온인 B 는 1200kJ 의 열을 전달받는다.

$$Q_A = -1200\text{kJ}, \quad Q_B = +1200\text{kJ}$$

따라서 A 와 B 의 엔트로피 변화는

$$\Delta S_A = \frac{Q_A}{T_A} = \frac{-1200\,\text{kJ}}{800\,\text{K}} = -1.5\,\text{kJ/K}$$

$$\Delta S_B = \frac{Q_B}{T_B} = \frac{+1200\,\text{kJ}}{300\,\text{K}} = +4\,\text{kJ/K}$$

이고, 총 엔트로피 변화는

$$\Delta S_{total} = \Delta S_A + \Delta S_B = -1.5 + 4\,[\text{kJ/K}] = +2.5\,[\text{kJ/K}]$$

이다. [그림 7.4]에 전체 시스템을 나타내었다. 이 예제로부터 열을 방출한 A 는 엔트로피가 감소하고, 열을 흡수한 B 는 엔트로피가 증가한다는 것을 알 수 있다. 그러나 총 엔트로피 변화는 양(+)이다. 즉, 각각의 엔트로피는 감소할 수 있지만 총 엔트로피는 증가하였다($\Delta S_{total} > 0$). 결과적으로 보면 열전달이 일어남으로써, 즉, 어떤 현상이 일어남으로써 전체적으로 2.5 kJ/K 의 엔트로피가 생성되었다.

[Note] [예제 7.6]에서 만일 온도가 낮은 B로부터 온도가 높은 A로 열이 전달된다면 B는 열을 방출하고, A는 열을 전달받는다.

$$Q_A = +1200\text{kJ}, \quad Q_B = -1200\text{kJ}$$

따라서 A와 B의 엔트로피 변화와 총 엔트로피 변화는 다음과 같다.

$$\Delta S_A = +1.5\,\text{kJ/K}, \quad \Delta S_B = -4\,\text{kJ/K}, \quad \Delta S_{total} = -2.5\,[\text{kJ/K}]$$

이때는 총 엔트로피 변화가 음(−)이 된다. 이것은 엔트로피 증가 원리에 어긋나므로 이와 같은 일은 일어날 수 없다. 즉, 저온의 물체로부터 고온의 물체로 열이 전달되는 현상은 저절로 일어나지 않는다.

[보충 학습 7.1] 열역학 제3법칙

"절대 온도 0도($T=0\text{K}$)에 있는 순수 결정체는 완전한 질서 상태에 있으며 이때의 엔트로피는 0이다."라는 것을 열역학 제3법칙이라 한다.

열역학 제3법칙은 20세기 초에 공식화되었다. 초기의 연구는 주로 W. H. Nernst(1864~1941)와 M. Planck(1858~1947)에 의해 수행되었다. 통계적인 관점에서 엔트로피는 분자의 무작위성의 척도, 즉 어느 순간에서 분자의 위치에 대한 불확정성이다. 고체 상태에서도 물체의 분자는 지속적으로 진동하며 그 위치에 대한 불확정성을 가지고 있다. 그러나 이 진동은 온도가 낮아짐에 따라 점점 약해지며 절대 0도에서 분자의 운동은 완전히 멈추게 된다. 이것은 궁극적인 분자의 질서 상태를 나타낸다. 그러므로 온도가 절대 0도인 순수 결정체는 분자의 상태에 대한 불확정성이 없으므로 절대 0도인 순수 결정체의 엔트로피는 0이다.

열역학 제1법칙과 2법칙으로부터 내부에너지와 엔트로피라는 상태량을 각각 이끌어낸 것과는 달리 제3법칙에서는 절대 0도에서의 엔트로피에 대한 문제만을 다룬다. 열역학 제3법칙은 엔트로피를 정하는 절대 기준점을 제공하며, 이 기준점을 기준으로 결정된 엔트로피를 절대 엔트로피라 한다.

7.4 엔트로피 관계식

미소 엔트로피 변화 $dS=\left(\frac{\delta Q}{T}\right)$는 열역학 제1법칙 $\delta Q=dU+PdV$와 결합하여 다음과 같은 유용한 관계식을 제공해 준다.[2)]

$$TdS=dU+PdV \quad \cdots\cdots (7.8)$$

$$TdS=dH-VdP \quad \cdots\cdots (7.9)$$

위 식을 단위 질량에 대해 쓰면 다음과 같다.

2) 이 식들은 모두 기억하도록 한다.

$$Tds = du + Pdv \quad \cdots\cdots (7.10)$$

$$Tds = dh - vdP \quad \cdots\cdots (7.11)$$

s, u, h, v는 각각 비엔트로피, 비내부에너지, 비엔탈피, 비체적이다.

설명 정지해 있거나 중력의 영향을 받지 않는 밀폐계에 대한 에너지 식은

$$\delta Q = dU + \delta W \quad \cdots\cdots ①$$

이다. 여기에서 부피의 압축과 팽창만이 관계되는 단순시스템에서 일은

$$\delta W = PdV$$

이고, $dS = \left(\dfrac{\delta Q}{T}\right)$로부터

$$\delta Q = TdS$$

이므로 두 식을 에너지 식 ①에 대입하면

$$TdS = dU + PdV \quad \cdots\cdots ②$$

가 된다. 그리고 엔탈피 $H = U + PV$를 미분하면

$$dH = dU + PdV + VdP$$

이고, 이 식으로부터

$$dU + PdV = dH - VdP$$

이다. 따라서 식 ②로부터

$$TdS = dH - VdP \quad \cdots\cdots ③$$

의 관계식을 얻는다.

7.5 이상기체의 엔트로피 변화

1 이상기체의 엔트로피 변화에 대한 미분식

정적비열 C_v, 정압비열 C_p를 사용하면 이상기체의 단위 질량당 엔트로피(s)에 대한 다음의 유용한 관계식을 얻는다.[3)]

$$Tds = C_v dT + P dv \quad \cdots\cdots (7.12)$$

$$ds = C_v \frac{dT}{T} + R\frac{dv}{v} \quad \cdots\cdots (7.13)$$

$$Tds = C_p dT - v dP \quad \cdots\cdots (7.14)$$

$$ds = C_p \frac{dT}{T} - R\frac{dP}{P} \quad \cdots\cdots (7.15)$$

설명 이상기체에서 $du = C_v dT$ 이므로

$$Tds = du + Pdv = C_v dT + P dv \quad \cdots\cdots ①$$

이다. 이 식을 T로 나누어주고 상태방정식

$$Pv - RT$$

에서

$$\frac{P}{T} = R \times \frac{1}{v}$$

을 구하여 대입하면

$$ds = C_v \frac{dT}{T} + \frac{P}{T}dv = C_v \frac{dT}{T} + R\frac{dv}{v} \quad \cdots\cdots ②$$

3) 이후에 엔트로피 변화에 대한 여러 가지 공식을 유도하였는데 모두 식 (7.13)과 (7.15)를 적분하여 구한 것이다. 많은 공식을 기억할 필요가 없고 이 식을 사용할 줄 알면 된다.

가 된다. 또한 $dh = C_p dT$ 이므로

$$Tds = dh - vdP = C_p dT - vdP \quad \cdots\cdots ③$$

이고, 이 식을 T로 나누어주고 상태방정식 $Pv = RT$에서 $v/T = R/P$을 구하여 대입하면 다음 식이 얻어진다.

$$ds = C_p \frac{dT}{T} - \frac{v}{T} dP = C_p \frac{dT}{T} - R\frac{dP}{P} \quad \cdots\cdots ④$$

이상기체의 정적비열(C_v)과 정압비열(C_p)은 일반적으로 온도의 함수이다. 따라서 함수 $C_v(T)$와 $C_p(T)$를 알면 식 ②와 ④를 적분하여 엔트로피 변화를 구할 수 있다.

† 이상기체의 내부에너지와 엔탈피는 온도만의 함수[$u = u(T)$, $h = h(T)$]이다. 그러나 식 ②와 ④는 이상기체의 엔트로피가 온도만의 함수가 아님을 보여준다.

2 비열이 일정한 경우 이상기체의 엔트로피 변화

식 (7.13) 또는 (7.15)를 이용하면 이상기체의 엔트로피 변화를 쉽게 구할 수 있다. 식 (7.13)에서

$$ds = C_v \frac{dT}{T} + R\frac{dv}{v}$$

이므로 이 식을 적분하면

$$\Delta s = s_2 - s_1 = \int_1^2 C_v \frac{dT}{T} + R\ln\left(\frac{v_2}{v_1}\right) \quad \left[\frac{\text{kJ}}{\text{kg}\cdot\text{K}}\right] \quad \cdots\cdots (7.16)$$

이다. 그리고 식 (7.15)를 이용하면

$$ds = C_p \frac{dT}{T} - R\frac{dP}{P}$$

$$\Delta s = s_2 - s_1 = \int_1^2 C_p \frac{dT}{T} - R\ln\left(\frac{P_2}{P_1}\right) \quad \left[\frac{\text{kJ}}{\text{kg}\cdot\text{K}}\right] \quad \cdots\cdots (7.17)$$

이다. 일반적으로 이상기체의 비열은 온도의 함수이다. 식 (7.16)과 (7.17)에서 정적비열 (C_v)과 정압비열(C_p)이 일정한 경우

$$\int_1^2 \frac{dT}{T} = \ln\left(\frac{T_2}{T_1}\right)$$

이므로 엔트로피 변화(Δs, ΔS)는 다음과 같이 표현된다.

$$\Delta s = s_2 - s_1 = C_v \ln\left(\frac{T_2}{T_1}\right) + R\ln\left(\frac{v_2}{v_1}\right) \quad \left[\frac{\text{kJ}}{\text{kg} \cdot \text{K}}\right] \qquad \cdots\cdots\cdots (7.18)$$

$$\Delta S = S_2 - S_1 = mC_v \ln\left(\frac{T_2}{T_1}\right) + mR\ln\left(\frac{v_2}{v_1}\right) \quad \left[\frac{\text{kJ}}{\text{K}}\right] \qquad \cdots\cdots\cdots (7.19)$$

$$\Delta s = s_2 - s_1 = C_p \ln\left(\frac{T_2}{T_1}\right) - R\ln\left(\frac{P_2}{P_1}\right) \quad \left[\frac{\text{kJ}}{\text{kg} \cdot \text{K}}\right] \qquad \cdots\cdots\cdots (7.20)$$

$$\Delta S = S_2 - S_1 = mC_p \ln\left(\frac{T_2}{T_1}\right) - mR\ln\left(\frac{P_2}{P_1}\right) \quad \left[\frac{\text{kJ}}{\text{K}}\right] \qquad \cdots\cdots\cdots (7.21)$$

[예제 7.7] 이상기체 2kg이 온도 300K, 압력 500kPa에서 온도 700K, 압력 200kPa로 변하였을 때 엔트로피 변화를 구하라. 단, 기체의 정압비열은 1kJ/kg • K이고 기체상수는 0.3kJ/kg • K이다.[4)]

풀이 질량 $m = 2\text{kg}$, 초기상태 온도 $T_1 = 300\text{K}$, 압력 $P_1 = 500\text{kPa}$이고, 최종상태 온도 $T_2 = 700\text{K}$, 압력 $P_2 = 200\text{kPa}$이다. 정압비열 $C_p = 1\text{kJ/kg} \cdot \text{K}$와 압력($P_1$, P_2)가 주어졌으므로 엔탈피와 엔트로피의 관계식

$$Tds = dh - vdP = C_p dT - vdP$$

를 이용한다. $Pv = RT$에서 $v/T = R/P$이므로

$$ds = C_p \frac{dT}{T} - \frac{v}{T}dP = C_p \frac{dT}{T} - R\frac{dP}{P}$$

4) 공부할 때는 결과 식을 이용하지 말고 기본 미분 식을 적분하여 구하도록 한다.

이고, 이 식을 적분하면 단위 질량당 엔트로피 변화(Δs)는

$$\Delta s = \int_1^2 C_p \frac{dT}{T} - R\int_1^2 \frac{dP}{P} = C_p \ln\left(\frac{T_2}{T_1}\right) - R\ln\left(\frac{P_2}{P_1}\right)$$

$$= 1 \times \ln\left(\frac{700}{300}\right) - 0.3 \times \ln\left(\frac{200}{500}\right) \ [\mathrm{kJ/kg \cdot K}]$$

$$= 1.12\ [\mathrm{kJ/kg \cdot K}]$$

이고, 총 엔트로피변화(ΔS)는 다음과 같다.

$$\Delta S = m\,\Delta s = 2 \times 1.12 = 2.24\ [\mathrm{kJ/K}]$$

3 기본 과정에서 이상기체의 엔트로피 변화[5)]

식 (7.18)~(7.21)로부터 밀폐 계에서 일어나는 세 가지 기본 과정(정적과정, 정압과정, 등온과정)에서 이상기체의 엔트로피 변화는 다음과 같이 표현된다. 여기에서 상태 1에서 상태 2로 변하며, 단위 질량당 엔트로피 변화 $\Delta s = s_2 - s_1$, 총 엔트로피 변화 $\Delta S = S_2 - S_1$이고, 정적비열(C_v)과 정압비열(C_p)이 일정하다고 가정한다.

[1] 정적과정($dv = 0$): $\ln\left(\frac{v_2}{v_1}\right) = 0$, $\frac{P}{T} = (\text{일정})$

$$\Delta s = C_v \ln\left(\frac{T_2}{T_1}\right) = C_v \ln\left(\frac{P_2}{P_1}\right) \quad \left[\frac{\mathrm{kJ}}{\mathrm{kg \cdot K}}\right] \qquad \cdots\cdots\cdots\cdots (7.22)$$

$$\Delta S = m C_v \ln\left(\frac{T_2}{T_1}\right) = m C_v \ln\left(\frac{P_2}{P_1}\right) \quad \left[\frac{\mathrm{kJ}}{\mathrm{K}}\right] \qquad \cdots\cdots\cdots\cdots (7.23)$$

[2] 정압과정($dP = 0$): $\ln\left(\frac{P_2}{P_1}\right) = 0$, $\frac{V}{T} = (\text{일정})$, $v_2/v_1 = V_2/V_1$

$$\Delta s = C_p \ln\left(\frac{T_2}{T_1}\right) = C_p \ln\left(\frac{v_2}{v_1}\right) \quad \left[\frac{\mathrm{kJ}}{\mathrm{kg \cdot K}}\right] \qquad \cdots\cdots\cdots\cdots (7.24)$$

5) 기사시험이나 공무원 임용시험 등을 볼 때는 결과 식을 곧바로 사용하면 된다.

$$\Delta S = mC_p \ln\left(\frac{T_2}{T_1}\right) = mC_p \ln\left(\frac{v_2}{v_1}\right) \quad \left[\frac{kJ}{K}\right] \qquad \cdots\cdots (7.25)$$

[3] 등온과정$(dT=0)$: $\ln\left(\frac{T_2}{T_1}\right)=0$, $PV=$ (일정), $v_2/v_1 = V_2/V_1$

$$\Delta s = R\ln\left(\frac{v_2}{v_1}\right) = R\ln\left(\frac{P_1}{P_2}\right) \quad \left[\frac{kJ}{kg \cdot K}\right] \qquad \cdots\cdots (7.26)$$

$$\Delta S = mR\ln\left(\frac{v_2}{v_1}\right) = mR\ln\left(\frac{P_1}{P_2}\right) \quad \left[\frac{kJ}{K}\right] \qquad \cdots\cdots (7.27)$$

[예제 7.8] **[정적과정]** 부피가 $3\,m^3$인 밀폐된 견고한 용기 안에 압력 150 kPa, 온도 27 ℃ 의 이상기체가 들어있다. 용기를 가열하여 기체의 압력이 500 kPa이 되었을 때 기체의 엔트로피 변화를 구하라. 단, 기체의 정적비열 $C_v = 0.7\,kJ/kg \cdot K$, 기체상수 $R = 0.3\,kJ/kg \cdot K$이다.

풀이 초기상태 부피 $V_1 = 3m^3$, 압력 $P_1 = 150\,kPa$, 온도 $T_1 = 27$ ℃ 이고, 가열 후 최종상태 압력 $P_2 = 500\,kPa$이다. 먼저 기체의 질량(m)을 구한다.

$$m = \frac{P_1 V_1}{RT_1} = \frac{150 \times 3}{0.3 \times (273+27)} = 5\ [kg]$$

견고한 용기이므로 부피가 일정한 정적과정($T/P=$ 일정)이다.

$$\Delta S = mC_v \int_1^2 \frac{dT}{T} = mC_v \ln\left(\frac{T_2}{T_1}\right) = mC_v \ln\left(\frac{P_2}{P_1}\right)$$

$$= 5 \times 0.7 \times \ln\left(\frac{500}{150}\right) = 4.21\ [kJ/K]$$

[예제 7.9] **[정압과정]** 비열이 일정한 이상기체 2 kg이 일정한 압력 100 kPa 하에서 300K 로부터 600K 로 가열되었을 때 기체의 엔트로피 변화를 구하라. 단, 기체의 정압비열은 $5\,kJ/kg \cdot K$이다.

풀이 기체의 질량 $m = 2\,\text{kg}$, 초기상태 압력 $P_1 = 100\,\text{kPa}$, $T_1 = 300\text{K}$ 이고, 가열 후 최종상태 온도 $T_2 = 600\text{K}$ 인 정압과정이다.

$$\Delta S = mC_p \int_1^2 \frac{dT}{T} = mC_p \ln\left(\frac{T_2}{T_1}\right)$$

$$= 2 \times 5 \times \ln\left(\frac{600}{300}\right) = 6.93\ [\text{kJ/K}]$$

[예제 7.10] **[등온과정]** 피스톤-실린더 장치 안에 압력 $100\,\text{kPa}$, 온도 $30\,℃$ 의 이상기체가 들어 있다. 기체의 온도를 일정하게 유지하면서 압축하여 압력을 $500\,\text{kPa}$로 상승시켰을 때, 기체의 단위 질량당 엔트로피 변화와 단위 질량당 압축 일을 구하라. 단, 기체상수 $R = 0.3\,\text{kJ/kg} \cdot \text{K}$ 이다.

풀이 기체의 초기상태 압력 $P_1 = 100\,\text{kPa}$, 온도 $T_1 = 30\,℃$ 이고, 압축 된 후 최종상태 압력 $P_2 = 500\text{kPa}$인 등온과정이다.

- 단위 질량당 엔트로피 변화(Δs)

$$\Delta s = -R\int_1^2 \frac{dP}{P} = -R\ln\left(\frac{P_2}{P_1}\right)$$

$$= -0.3 \times \ln\left(\frac{500}{100}\right) = -0.483\ [\text{kJ/kg} \cdot \text{K}]$$

- 온도가 일정할 때 내부에너지 변화 $\Delta u = 0$이므로 단위 질량당 에너지에 대한 열역학 제1법칙 $q = \Delta u + w = w$로부터 기체가 한 일(w)은 다음과 같다.

$$w = q = T_0\,\Delta s = (273 + 30) \times (-0.483) = -146\ [\text{kJ/kg}]$$

$w < 0$이므로 기체는 외부로부터 일을 받고 압축되었다. 즉, 압축에 소요된 단위 질량당 일은 $146\,\text{kJ/kg}$이다.

† 등온과정에서 압력변화가 주어지면 $Tds = -vdP$를 이용하고, 부피변화가 주어지면 $Tds = Pdv$를 이용하는 것이 편리하다.

[보충 학습 7.2] 기체의 양이 몰수로 주어질 때

이상에서 물질의 양이 질량(m[kg]) 단위로 주어질 때 질량 m[kg], 기체상수 R [kJ/kg • K], 정압비열 C_p[kJ/kg • K], 정적비열 C_v[kJ/kg • K]를 사용하여 이상기체의 엔트로피 변화를 구하였다.

한편 물질의 양이 몰(n[mol]) 단위로 주어질 때는 m, R, C_p, C_v 대신 n[mol], 일반 기체상수 $\overline{R}$[kJ/kmol • K], 정압 몰비열 $\overline{C_p}$[kJ/kmol • K], 정적 몰비열 $\overline{C_v}$[kJ/kmol • K]를 사용한다. 그리고 비체적(v)은 몰 비체적($\overline{v}$)으로 대체한다.

즉, 다음 식을 사용하여 엔트로피 변화를 구하면 된다. 총 엔트로피 변화는 $\Delta S = n\Delta s$이다. 모든 개념과 풀이 방법은 이상에서 보인 바와 같다.

$$P\overline{v} = \overline{R}T, \quad PV = n\overline{R}T$$

$$ds = \overline{C_v}\frac{dT}{T} + \overline{R}\frac{d\overline{v}}{\overline{v}}$$

$$ds = \overline{C_p}\frac{dT}{T} - \overline{R}\frac{dP}{P}$$

7.6 고체와 액체의 엔트로피 변화

비압축성 물질에서 비열 $C = C_v = C_p$이므로 엔트로피 관계식은 다음과 같다. 상태 1에서 상태 2로 변화하며 $\Delta s = s_2 - s_1$, $\Delta S = S_2 - S_1$이고, m은 질량이다.

$$ds = \frac{du}{T} = C\frac{dT}{T} \quad \left[\frac{\text{kJ}}{\text{kg} \cdot \text{K}}\right] \qquad \cdots\cdots (7.28)$$

$$\Delta s = \int_1^2 C(T)\frac{dT}{T} = C_p \ln\left(\frac{T_2}{T_1}\right) \quad \left[\frac{\text{kJ}}{\text{kg} \cdot \text{K}}\right] \qquad \cdots\cdots (7.29)$$

$$\Delta S = m\Delta s = mC_p \ln\left(\frac{T_2}{T_1}\right) \ \left[\frac{\text{kJ}}{\text{K}}\right] \quad \cdots\cdots (7.30)$$

설명 고체와 액체는 비체적이 거의 일정($dv = 0$)하므로 체적변화에 의한 일은 무시할 수 있다. 따라서 이 경우에는 흡수한 열량이 모두 내부에너지 변화로 전환된다. 따라서

$$\delta q = Tds = du + Pdv = du = C(T)\,dT \quad \cdots\cdots ①$$

이므로 단위질량당 엔트로피 변화(Δs)에 대한 식은 다음과 같다.

$$ds = C(T)\frac{dT}{T} \quad \cdots\cdots ②$$

$$\Delta s = s_2 - s_1 = \int_1^2 C(T)\frac{dT}{T} = C_{avg}\ln\left(\frac{T_2}{T_1}\right) = C_p \ln\left(\frac{T_2}{T_1}\right)$$

여기에서 C_{avg}는 고려하는 온도 범위에서의 물질의 평균비열인데, 고체와 액체에서 $C_{avg} = C_p$이다. 한편 식 ②로부터 비압축성 물질의 엔트로피 변화는 온도만의 함수라는 것을 알 수 있다.

[예제 7.11] 물 20kg을 1기압 하에서 30℃부터 70℃까지 가열할 때 엔트로피 변화를 구하라. 단, 물의 정압비열 $C_p = 4.2\,\text{kJ/kg}\cdot\text{K}$이다.

풀이 물의 질량 $m = 20\text{kg}$, 초기상태 온도 $T_1 = 30℃$, 가열 후 최종상태 온도 $T_2 = 70℃$이다. 물은 거의 비압축성 물질이므로 식 (7.30)으로부터 물의 엔트로피변화(ΔS)는 다음과 같다.

$$\Delta S = mC_p \ln\left(\frac{T_2}{T_1}\right) = 20 \times 4.2 \times \ln\left(\frac{70+273}{30+273}\right) = 10.4\,[\text{kJ/K}]$$

[예제 7.12] 질량이 m이고 비열이 C인 두 개의 동일한 금속이 있다. 초기상태에서 두 금속의 온도는 각각 T_1, T_2이다. 외부와 단열된 상태에서 두 금속을 접촉시키고 열평형 상태에 도달했을 때 두 금속의 온도와 총 엔트로피 변화를 구하라. 단, 비열 C는 일정하다.

풀이 단열된 밀폐계에서의 열역학 제1법칙에 의해 시스템 전체의 열전달과 내부에너지 변화는 $Q = \Delta U_{total} = 0$이다. 따라서 열평형 상태의 온도를 T_f라 하면 비열이 일정할 때 $\Delta U = mC\Delta T$이므로

$$mC(T_f - T_1) + mC(T_f - T_2) = 0$$

이다. 이 식을 풀면 열평형 온도(T_f)는

$$T_f = \frac{T_1 + T_2}{2}$$

가 된다. 여기에서 금속의 부피가 일정($dV = 0$)하므로

$$TdS = dU + PdV = dU = mCdT$$

$$\therefore \ dS = mC\frac{dT}{T}$$

이다. 이 식을 적분하면 초기온도 T_1인 물체의 엔트로피 변화는

$$(\Delta S)_1 = (S_f - S_i)_1 = \int_{T_1}^{T_f} mC\frac{dT}{T} = mC\ln\left(\frac{T_f}{T_1}\right)$$

이고, 초기온도 T_2인 물체의 엔트로피 변화는

$$(\Delta S)_2 = (S_f - S_i)_2 = \int_{T_2}^{T_f} mC\frac{dT}{T} = mC\ln\left(\frac{T_f}{T_2}\right)$$

이다. 따라서 총 엔트로피변화는 다음과 같다.

$$(\Delta S)_{total} = (\Delta S)_1 + (\Delta S)_2 = mC\ln\left(\frac{T_f}{T_1}\right) + mC\ln\left(\frac{T_f}{T_2}\right)$$

$$= mC\ln\left(\frac{T_f}{T_1} \times \frac{T_f}{T_2}\right) = mC\ln\left[\frac{(T_1 + T_2)^2}{4T_1T_2}\right]$$

7.7 카르노 사이클의 T-S 선도

카르노 사이클을 온도-엔트로피($T-S$) 선도에 나타내면 사이클로 공급된 열량(Q_H), 사이클에서 방출한 열량(Q_L), 사이클이 한 순 일(W)을 쉽게 구할 수 있다.

카르노 사이클은 두 개의 가역단열과정과 두 개의 등온과정으로 구성된다. 등온과정에서 온도는

'$T=$ 일정'

이고, 가역단열과정에서 사이클로 전달되는 열이 없으므로 엔트로피 변화는

$dS=\delta Q/T=0$, 즉 엔트로피 '$S=$ 일정'

이다. 따라서 카르노 사이클은 [그림 7.5]와 같이 $T-S$ 선도에서 하나의 직사각형을 이룬다. 여기에서 1→2는 **가역 등온팽창 과정**, 2→3은 **가역 단열팽창 과정**, 3→4는 **가역 등온압축 과정**, 4→1은 **가역 단열압축 과정**이다.

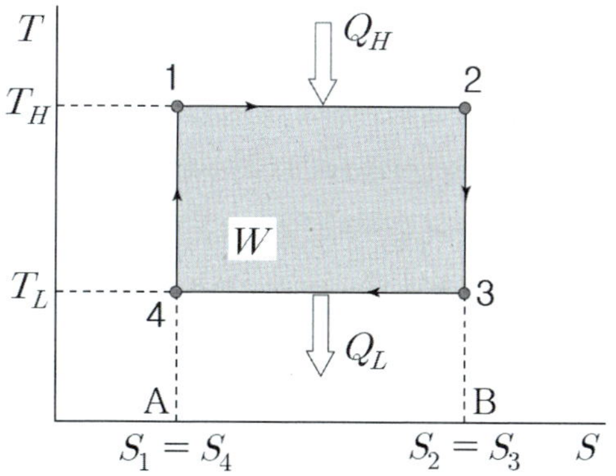

[그림 7.5] 카르노 사이클: 동력 사이클

엔트로피 변화를 $\Delta S=S_2-S_1=S_3-S_4$로 나타내면, 한 사이클을 수행하였을 때 사이클로 공급된 열량(Q_H)은

$$Q_H=T_H\Delta S \qquad (7.31)$$

이고, 사이클에서 방출된 열량(Q_L)은

$$Q_L = T_L \Delta S \quad \cdots\cdots\cdots\cdots (7.32)$$

이며, 사이클이 한 순 일(W)은

$$W = Q_H - Q_L = (T_H - T_L)\Delta S \quad \cdots\cdots\cdots\cdots (7.33)$$

이다. 식 (7.31) ~ (7.33)은 $T-S$ 선도에서

Q_H = 사각형 (1 − 2 − B − A) 의 면적
Q_L = 사각형 (4 − 3 − B − A) 의 면적
W = 사각형 (1 − 2 − 3 − 4) 의 면적

과 같다. 그리고 식 (7.31) ~ (7.33)으로부터 카르노 사이클의 열효율(η)은 다음과 같이 표현된다.

$$\eta = \frac{W}{Q_H} = \frac{(T_H - T_L)\Delta S}{T_H \Delta S} = \frac{T_H - T_L}{T_H} = 1 - \frac{T_L}{T_H}$$

$$\eta = \frac{W}{Q_H} = 1 - \frac{T_L}{T_H} \quad \cdots\cdots\cdots\cdots (7.34)$$

식 (7.34)에서 온도(T_H, T_L)는 절대온도라는 것에 유의한다. 카르노 기관의 열효율(η)은 작업유체의 종류와는 무관하고 고온열원과 저온열원의 온도만으로 결정되며, 열효율을 높이기 위해서는 두 열원의 온도 차이를 크게 해야 한다. 그러나 저온열원의 온도가 절대온도 0K ($T_L = 0$K)는 될 수 없으므로 열효율 100% ($\eta = 1$)인 열기관은 존재하지 않는다. 그리고 실제 열기관의 열효율은 마찰 등의 비가역적인 요인에 의한 손실 때문에 언제나 카르노 사이클의 열효율보다 작다.

[예제 7.13] 온도가 각각 300K와 600K인 두 열원 사이에서 작동되는 카르노 사이클의 등온팽창 과정에서 작업유체의 엔트로피가 50J/K 증가하였다. 한 사이클을 완료하였을 때, 사이클로 공급된 열량[kJ], 사이클에서 방출된 열량[kJ], 사이클이 한 순 일[kJ], 사이클의 열효율을 구하라.

풀이 고온열원 온도 $T_H = 600\,\mathrm{K}$, 저온열원 온도 $T_L = 300\mathrm{K}$ 이고, 등온팽창 과정의 엔트로피 변화량 $\Delta S = 50\mathrm{J/K}$ 이므로 구하는 값은 다음과 같다.

- 공급된 열량(Q_H)

$$Q_H = T_H \Delta S = 600\mathrm{K} \times 50\frac{\mathrm{J}}{\mathrm{K}} = 30{,}000[\mathrm{J}] = 30\,[\mathrm{kJ}]$$

- 방출된 열량(Q_L)

$$Q_L = T_L \Delta S = 300\mathrm{K} \times 50\frac{\mathrm{J}}{\mathrm{K}} = 15{,}000[\mathrm{J}] = 15\,[\mathrm{kJ}]$$

- 순 일(W)

$$W = (T_H - T_L)\Delta S = (600 - 300)\mathrm{K} \times 50\frac{\mathrm{J}}{\mathrm{K}} = 15{,}000[\mathrm{J}] = 15\,[\mathrm{kJ}]$$

혹은, $W = Q_H - Q_L = 30 - 15 = 15[\mathrm{kJ}]$

- 열효율(η)

$$\eta = 1 - \frac{T_L}{T_H} = 1 - \frac{300}{600} = 0.5 = 50[\%]$$

혹은, $\eta = \dfrac{W}{Q_H} = \dfrac{15}{30} = 0.5 = 50[\%]$

연습문제 7

01 온도 127℃의 증기 2kg이 500kJ/kg의 열을 받으면서 가역과정으로 등온 팽창할 때 증기의 엔트로피 변화[kJ/K]를 구하라.

02 출력이 10PS인 기관을 2시간 동안 제동 실험하여 발생한 마찰열이 모두 대기 중으로 전달되었을 때 대기의 엔트로피 변화[kJ/K]를 구하라. 단, 대기 온도는 15℃이고, 1마력(PS)은 736W로 한다.

03 운석이 바다에 떨어져 바닷물의 엔트로피가 80kJ/K 증가하였다. 운석의 충돌로 인하여 바닷물에 전달된 마찰열은 몇 kcal인가? 바닷물의 온도는 5℃이다.

04 이상기체 1kg이 밀폐된 견고한 용기 내에서 가열되어 20℃로부터 500℃까지 온도가 올라갔다. 다음을 구하라. 단, 정적비열 $C_v = 0.7\,\mathrm{kJ/kg \cdot K}$이다.

(1) 기체가 받은 열량[kJ]

(2) 엔트로피 변화[kJ/K]

05 이상기체 2kg을 일정한 압력 하에서 가열하여 온도를 20℃에서 80℃로 높였다. 다음을 구하라. 단, 정압비열 $C_p = 5\,\mathrm{kJ/kg \cdot K}$이다.

(1) 기체가 받은 열량[kJ]

(2) 기체의 엔트로피 변화량[kJ/K]

06 이상기체 0.2kg을 일정한 압력 120kPa 하에서 가열하여 온도를 300℃로 높였다. 기체의 처음 부피가 $0.15\,\mathrm{m^3}$일 때 엔트로피 변화[kJ/K]를 구하라. 단, 기체의 정압비열과 기체상수 값은 다음과 같다.

$$C_p = 1\,\mathrm{kJ/kg \cdot K}, \quad R = 0.3\,\mathrm{kJ/kg \cdot K}$$

07 처음 온도 t_1인 이상기체 2kg을 일정한 압력 하에서 가열하여 온도를 2배로 높였다 ($t_2 = 2t_1$). 이때 기체가 받은 열량이 300kJ이면 기체의 엔트로피 변화[kJ/K]는 얼마인가? 단, t_1은 섭씨온도이고, 정압비열 $C_p = 1.5\,\mathrm{kJ/kg \cdot K}$이다.

08 그림과 같이 외부로부터 단열시킨 탱크를 칸막이로 이등분하여 한 쪽에만 이상기체를 채우고 반은 진공으로 만들었다.

(1) 칸막이를 치웠을 때 나타나는 현상으로 옳은 것을 모두 고르면?

① 외부에 일을 해 준다.
② 내부에너지가 증가한다.
③ 비가역 과정이다.
④ 기체의 온도가 내려간다.
⑤ 기체의 온도는 변하지 않는다.

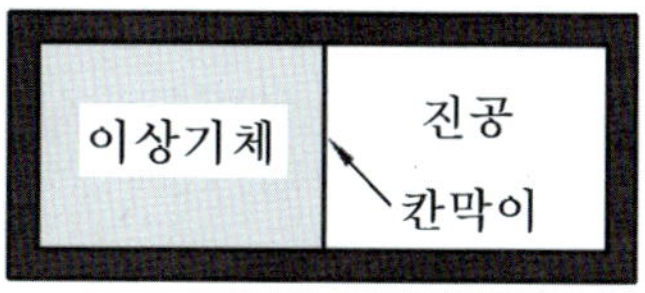

[문제 7.8]

(2) 칸막이를 제거하면 기체가 탱크의 전 공간을 채우게 된다. 이때 기체의 단위 질량당 엔트로피 변화를 구하라. 단, 기체상수 $R = 0.3\,\mathrm{kJ/kg \cdot K}$ 이다.

09 압력 $500\,\mathrm{kPa}$의 이상기체 $2\,\mathrm{kg}$이 외부로부터 열을 받고 등온과정으로 팽창하여 압력이 $100\,\mathrm{kPa}$이 되었다. 팽창 과정에서 $300\,\mathrm{kJ}$의 일을 하였을 때 다음을 구하라. 단, 기체상수 $R = 0.3\,\mathrm{kJ/kg \cdot K}$ 이다.

(1) 처음 상태의 온도[K]와 부피[$\mathrm{m^3}$]　　(2) 최종 상태의 부피[$\mathrm{m^3}$]
(3) 기체가 받은 열량[kJ]　　(4) 엔트로피 변화[kJ/K]

10 부피 $2\,\mathrm{m^3}$, 압력 $200\,\mathrm{kPa}$의 이상기체가 등온과정으로 팽창하여 부피가 $5\,\mathrm{m^3}$이 되었다. 팽창 후의 압력[kPa]과 단위질량당 엔트로피[$\mathrm{kJ/kg \cdot K}$] 변화를 구하라. 단, 기체상수 $R = 0.3\,\mathrm{kJ/kg \cdot K}$ 이다.

11 그림과 같은 피스톤-실린더 장치에 들어있는 이상기체에 $12\,\mathrm{kJ}$의 열을 공급하였다. 초기상태에서 기체의 압력이 $200\,\mathrm{kPa}$, 온도가 $300\,\mathrm{K}$일 때 다음을 구하라. 단, 피스톤과 실린더 사이의 마찰은 무시하며, $\pi = 3$이고 정압비열과 정적비열의 값은 다음과 같다. (Hint: 정압과정)

$$C_p = 1\,\mathrm{kJ/kg \cdot K},$$
$$C_v = 0.7\,\mathrm{kJ/kg \cdot K}$$

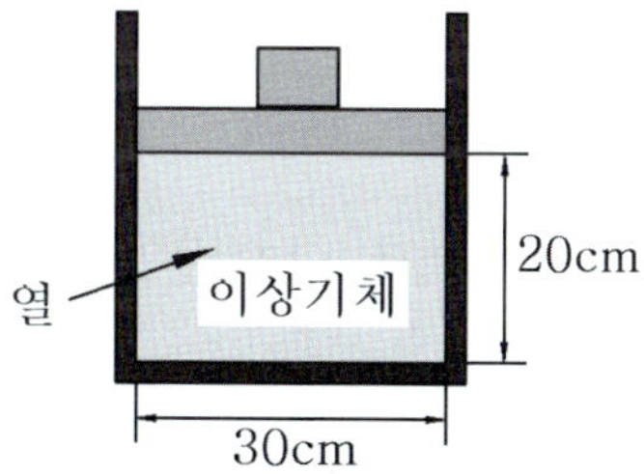

[문제 7.11]

(1) 기체의 질량[kg]　　(2) 기체의 최종 온도[K]
(3) 기체가 한 일[kJ]　　(4) 기체의 엔트로피 변화[kJ/K]

12 이상기체 10kg이 100kPa, 300K에서 500kPa, 400K로 압축되었을 때 엔트로피 변화[kJ/K]를 구하라. 기체상수 $R = 0.3\text{kJ/kg} \cdot \text{K}$, 비열비 $k = 1.4$이다.

13 20℃의 물 5kg을 80℃까지 가열할 때 엔트로피 변화[kJ/K]를 구하라. 단, 물의 정압비열은 4.2kJ/kg • K이다.

14 10℃ 물 40kg과 90℃ 물 60kg을 단열된 용기에서 균일하게 혼합하였다. 혼합물이 최종 열평형 상태에 도달했을 때 혼합물의 총 엔트로피 변화[kJ/K]를 구하라. 단, 물의 정압비열은 4.2kJ/kg • K이다.

15 카르노 열기관이 800K인 고온열원으로부터 한 사이클 당 400kJ의 열을 흡수하여 300K의 저온열원으로 열을 방출한다. 다음 물음에 답하라.

(1) 열기관 사이클을 $T-S$ 선도에 나타내라.

(2) 한 사이클 당 기관이 한 일[kJ]과 사이클의 열효율을 구하라.

(3) 고온열원과 저온열원의 엔트로피[kJ/K] 변화의 크기(ΔS)를 구하라.

16 그림과 같은 사이클로 작동하는 카르노 기관이 있다. 작업유체가 한 사이클을 완료할 때 다음을 구하라.

(1) 기관이 흡수한 열량[kJ]

(2) 기관에서 외부로 방출한 열량[kJ]

(3) 기관이 한 일[kJ]

(4) 기관의 열효율[%]

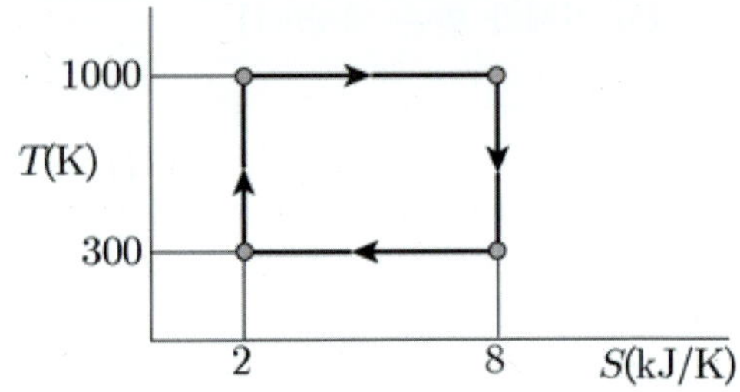

[문제 7.16]

17 등엔트로피 변화는? [중등교사 임용시험-기계]

① 단열 변화 ② 등온 변화

③ 등압 변화 ④ 등적 변화

18 이상기체의 엔탈피(h)와 엔트로피(s)에 대하여 다음 관계식 중 옳은 것은? [중등교사 임용시험-기계]

① $Tds = dh + vdp$ ② $Tds = dh - vdp$

③ $Tds = dh - pdv$ ④ $Tds = dh + pdv$

19 가역 사이클에서 성립되는 클라우시우스의 적분은 다음 표현 중 어느 것이 옳은가?
[중등교사 임용시험-기계]

① $\oint \frac{dQ}{T} > 0$　② $\oint \frac{dQ}{T} = 0$　③ $\oint \frac{dQ}{T} < 0$　④ $\oint \frac{dQ}{T} \geq 0$

20 외부로부터 고립된 두 계(system)가 열적 접촉을 하고 있다. 온도 500K인 계에서 250J의 열이 온도 250K인 계로 이동하였을 때, 두 계의 총 엔트로피 변화는? 단, 열이 이동하는 과정에서 두 계의 온도 변화는 없다. [공무원 임용시험]

① 0.5J/K 만큼 감소　② 1.0J/K 만큼 감소
③ 0.5J/K 만큼 증가　④ 1.0J/K 만큼 증가

21 100℃의 물 0.5kg이 끓어 모두 100℃의 수증기가 되었다. 이 과정에서 물의 엔트로피 변화량은? 단, 물의 기화열은 2,260kJ/kg이다. [공무원 임용시험]

① 약 3kJ/K　② 약 6kJ/K　③ 약 11.3kJ/K　④ 약 22.6kJ/K

22 다음 설명 중 옳지 않은 것은? [공무원 임용시험]

① 열은 항상 뜨거운 물체에서 차가운 물체로 흐른다.
② 모든 가역 과정에서 총 엔트로피 변화량은 항상 양(+)의 값을 가진다.
③ 두 개의 열원을 이용하여 구동되는 열기관의 효율은 카르노 기관보다 높을 수 없다.
④ 내부 에너지 변화량(ΔU)은 초기 상태와 최종 상태의 값만으로 계산이 가능하다.

23 항상 400K로 유지되는 열원이 300K의 주위로 12,000kJ의 열을 방출할 때 발생되는 전체 엔트로피 변화[kJ/K]는? [공무원 임용시험]

① 10　② 30　③ 40　④ 70

24 강성적 상태량(intensive property)이 아닌 것은? [공무원 임용시험]

① 온도　② 압력　③ 표면장력　④ 엔트로피

25 이상기체의 엔트로피 변화가 〈보기〉와 같은 식으로 표현될 수 있는 공정으로 가장 옳은 것은? [공무원 임용시험]

$$\Delta S = mC_v \ln(T_2/T_1)$$

① 일정압력 가열　② 일정부피 가열
③ 단열압축　④ 가열압축

26 다음의 열역학적 관계식 중 잘못된 것은? [공무원 임용시험]

① $dG = -SdT + VdP$ ② $dA = -SdT - PdV$
③ $dH = TdS - VdP$ ④ $dU = TdS - PdV$

27 300K인 이상기체 2kg을 일정한 압력에서 600K로 가열하였을 때, 엔트로피 변화[J/K]는? (단, 기체의 C_p[J/kg • K] $= 30 + 5 \times 10^{-3}T$, $\ln 2 = 0.7$로 한다.) [공무원 임용시험]

① 22.5J/K ② 30J/K ③ 45J/K ④ 60J/K

28 0℃, 2g의 얼음이 0℃에서 모두 물로 바뀌었을 때 엔트로피 변화량[J/K]은? (단, 잠열은 335J/g이다.) [공무원 임용시험]

① 3.35 ② $\frac{670}{273}$ ③ $\frac{335}{273}$ ④ $\frac{33.5}{273}$

29 100℃의 수증기(포화증기) 4kg이 100℃의 물(포화액체)로 응축되었을 때 수증기의 엔트로피 변화량[kJ/K]은? 단, 물의 증발잠열은 2256.5kJ/kg이다. [공무원 임용시험]

① −16.4 ② 13.2 ③ −24.2 ④ 22.6

30 계가 비가역 사이클을 이룰 때 Clausius의 적분을 옳게 나타낸 것은? (단, T는 절대온도, Q는 열량이다.) [기사 시험]

① $\oint\left(\frac{\delta Q}{T}\right) < 0$ ② $\oint\left(\frac{\delta Q}{T}\right) > 0$
③ $\oint\left(\frac{\delta Q}{T}\right) \leq 0$ ④ $\oint\left(\frac{\delta Q}{T}\right) \geq 0$

31 체적이 일정한 용기 안에 온도 15℃, 압력 100kPa의 이상 기체 5kg이 들어있다. 이 기체가 50℃가 될 때까지 가열되는 동안의 엔트로피 증가량은 약 몇 kJ/K인가? (단, 기체의 정적비열은 0.7171kJ/kg • K이다.) [기사 시험]

① 0.411 ② 0.486 ③ 0.575 ④ 0.732

32 기관의 실린더 내에서 1kg의 공기가 온도 120℃에서 열량 40kJ를 얻어 등온팽창 한다고 하면 엔트로피의 변화는 얼마인가? [기사 시험]

① 0.102kJ/kg • K ② 0.132kJ/kg • K
③ 0.162kJ/kg • K ④ 0.192kJ/kg • K

33 마찰이 없는 실린더 내에 온도 500K, 비엔트로피 3kJ/kg • K인 이상기체가 2kg 들어있다. 이 기체의 비엔트로피가 10kJ/kg • K이 될 때까지 등온과정으로 가열한다면 가열량은 약 몇 kJ인가? [기사 시험]

① 1400kJ ② 2000kJ ③ 3500kJ ④ 7000kJ

34 4kg의 공기가 들어 있는 용기 A(체적 $0.5m^3$)와 진공 용기 B(체적 $0.3m^3$)사이를 밸브로 연결하였다. 이 밸브를 열어서 공기가 자유팽창하여 평형에 도달했을 경우 엔트로피 증가량은 약 몇 kJ/K인가? (단, 온도 변화는 없으며 공기의 기체상수는 0.287kJ/kg • K이다.) [기사 시험]

① 0.54 ② 0.49 ③ 0.42 ④ 0.37

35 물 10kg을 1기압 하에서 20℃로부터 60℃까지 가열할 때 엔트로피 증가량은 약 몇 kJ/K인가? (단, 물의 정압비열은 4.18kJ/kg • K이다.) [기사 시험]

① 9.78 ② 5.35 ③ 8.32 ④ 14.8

36 3kg의 공기가 400K에서 830K까지 가열될 때 엔트로피 변화량은 약 몇 kJ/K인가? (단, 이때 압력은 120kPa에서 480kPa까지 변화하였고, 공기의 정압비열은 1.005kJ/kg • K, 공기의 기체상수는 0.287kJ/kg • K이다.) [기사 시험]

① 0.584 ② 0.719 ③ 0.842 ④ 1.007

37 0℃ 얼음 1kg이 열을 받아서 100℃ 수증기가 되었다면, 엔트로피 증가량은 약 몇 kJ/K인가? (단, 얼음의 융해열은 336kJ/kg이고, 물의 기화열은 2264kJ/kg이며, 물의 정압비열은 4.186kJ/kg • K이다.) [기사 시험]

① 8.6 ② 10.2 ③ 12.8 ④ 14.4

38 비열이 0.9kJ/kg • K, 질량이 0.7kg으로 동일하며, 온도가 각각 200℃와 100℃인 두 금속 덩어리를 접촉시켜서 온도가 평형에 도달하였을 때 총 엔트로피 변화량은 약 몇 J/K인가? [기사 시험]

① 8.86 ② 10.42 ③ 13.25 ④ 16.87

39 4kg의 공기를 15℃에서 일정 체적으로 가열하여 엔트로피가 3.35kJ/K 증가하였다. 이때 공기의 온도[K]는? (단, 공기의 정적비열은 0.717kJ/kg • K이다.) [기사 시험]

① 927 ② 337 ③ 533 ④ 483

40 다음의 열기관이 열역학 제1법칙과 제2법칙을 만족하면서 출력일(W) 이 최대가 될 때, W의 값으로 옳은 것은? (단, T는 온도, Q는 열량을 나타낸다.)[6] [기사 시험]

① 34kJ ② 29kJ
③ 24kJ ④ 19kJ

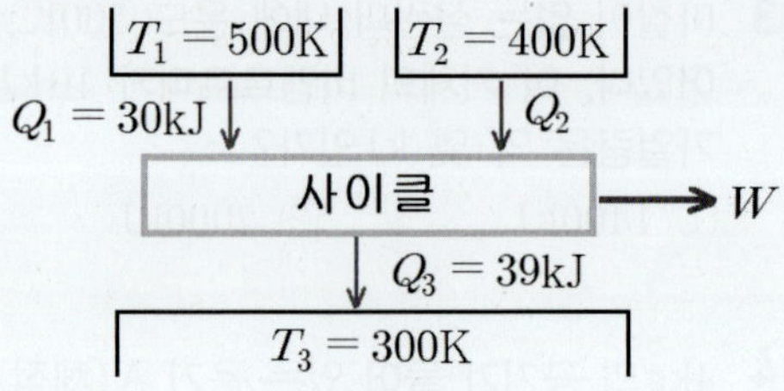

[문제 7.40]

41 절대온도가 0에 접근할수록 순수 물질의 엔트로피는 0에 접근한다는 절대 엔트로피 값의 기준을 규정한 법칙은? [기사 시험]

① 열역학 제0법칙 ② 열역학 제1법칙
③ 열역학 제2법칙 ④ 열역학 제3법칙

42 1kg의 이상기체가 100℃를 유지하면서 가역 등온 팽창하여 외부에 500kJ의 일을 하였다. 이 때 엔트로피의 변화량은 약 몇 kJ/K인가? [기사 시험]

① 1.895 ② 1.665 ③ 1.467 ④ 1.340

43 서로 같은 단위를 사용할 수 없는 것으로 나타낸 것은? [기사 시험]

① 비내부에너지와 비엔탈피 ② 비열과 비엔트로피
③ 비엔탈피와 비엔트로피 ④ 열과 일

44 피스톤-실린더 장치 안에 이상기체 1kg이 400K, 200kPa 상태로 들어있다. 이 기체가 300K의 아주 큰 주위로 열을 빼앗겨 온도가 300K가 되었다. 그동안 압력은 일정하고, 공기의 정압 비열은 1.004kJ/kg•K일 때 기체와 주위를 합친 총 엔트로피 증가량은 약 몇 kJ/K인가? [기사 시험]

① 0.0229 ② 0.0458 ③ 0.1674 ④ 0.3347

45 마찰이 없는 피스톤-실린더 장치에 들어있는 300K의 이상기체가 등온과정으로 팽창하면서 1200J의 일을 하였다. 기체의 엔트로피 변화량[J/K]을 구하라.

46 마찰이 없는 피스톤-실린더 장치에 들어있는 300K의 이상기체가 600J의 일을 받아서 등온과정으로 압축되었다. 기체의 엔트로피 변화량[J/K]을 구하라.

6) 잘 만든 좋은 문제.

47 온도 900K 인 매우 큰 고온 물체와 온도 300K 인 매우 큰 저온 물체가 접촉하고 있다. 36kJ 의 열이 한 물체에서 다른 물체로 흐를 때 총 엔트로피 변화량[J/K]을 구하라. 단, 두 물체의 온도는 일정하다.

48 질량 27.3kg, 온도 0℃ 의 물이 얼어서 전부 0℃ 의 얼음으로 바뀔 때 엔트로피 변화량[J/K]을 구하라. 단, 얼음의 융해열은 334kJ/kg이다.

49 고체 상태의 질량 300kg, 온도 600K 의 납덩어리가 600K 에서 전부 녹았을 때 엔트로피 변화량[kJ/K]을 구하라. 단, 납의 융해열은 23kJ/kg이다.

50 그림과 같이 단열된 용기 내에서 동일한 비열과 질량을 가진 두 개의 금속 A, B가 열 접촉을 하여 최종적으로 열평형상태에 도달하였다. 초기상태에서 두 금속의 온도가 각각 900K 와 300K 일 때 다음을 구하라. 금속의 질량은 10kg 이고, 비열은 0.45 kJ/kg • K 이다.

(1) 금속의 최종 온도[K]

(2) 총 엔트로피 변화량[kJ/K]

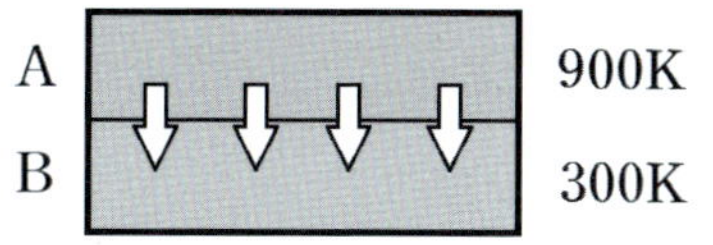

[문제 7.50]

51* 그림과 같이 부피가 일정한 두 개의 탱크가 있고, 탱크 A와 B의 온도는 각각 1200K, 300K 이다. A와 B 사이에 설치된 열기관은 A에서 열을 흡수하여 일을 하고 B로 열을 방출한다. A와 B에 모두 5kg의 이상기체가 들어있을 때 다음을 구하라. 단, 기체의 정적비열은 0.7kJ/kg • K 이다. (Hint: 가역과정 $\Delta S_{total} = 0$에서 열기관의 일이 최대가 된다.)

(1) 열기관이 최대 일을 할 때 A와 B의 최종 온도[K]

(2) 열기관의 최대 일[kJ]

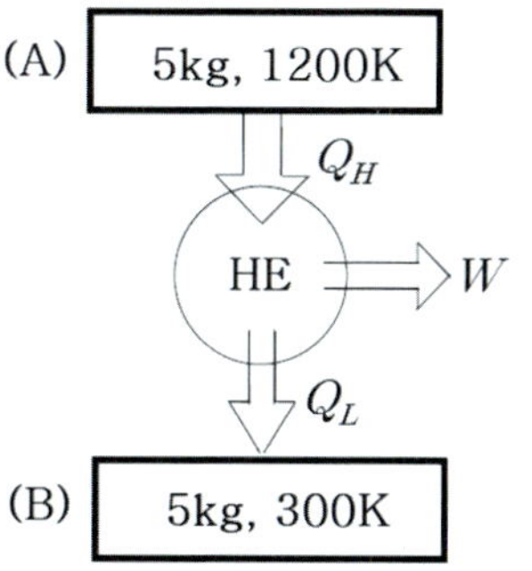

[문제 7.51]

제8장

기체 동력사이클

8.1 내연기관 개요

1 서론

열에너지를 기계적 일로 변환시키는 장치를 열기관이라 한다. 열에너지는 보통 연료의 연소에 의해 발생시키지만 물질의 화학 반응에 의한 열, 자연에 존재하는 태양열과 지열, 핵반응에 의한 열 등을 이용할 수 있다.

열기관에서 열을 일로 변환하는 데에는 매개 역할을 하는 유체, 즉 작동유체가 필요하다. 이 작동유체의 가열방법에 따라 열기관을 내연기관과 외연기관으로 나눈다. 외연기관은 증기기관과 같이 연료의 연소에 의해 발생한 열이 보일러 벽을 통해 물에 전달되어 증기를 발생하고 이 증기에 의해 일을 얻는 것으로서, 작동유체인 증기와 연소가스가 서로 다른 기관이다. 이에 반해 내연기관은 가솔린기관과 같이 실린더 내에서 연료의 연소에 의해 발생한 고온고압가스에 의해 직접 일을 하는 것으로서, 연소 생성물 자체가 작동유체 역할을 한다.

내연기관은 비교적 소형으로써 큰 출력을 얻을 수 있으며, 열효율이 높고 취급하기가 쉬우므로 자동차, 항공기, 선박 등의 원동기로 널리 사용되고 있다.

2 내연기관의 작동 원리

내연기관이란 기관 내부에서 연료를 연소시켜 고온고압의 가스를 만들고, 그 열에너지를 기계적인 일로 변환시키는 열기관을 말한다. 내연기관에서는 연소 가스 자체가 작동유체의 역할을 하므로 액체나 기체 연료가 주로 사용된다.

가솔린기관이나 디젤기관과 같은 왕복운동 기관에서는 연소가스가 팽창하면서 원통형 실린더 내에서 피스톤에 에너지를 전달하여 동력을 발생한다. 한편 가스터빈, 제트기관, 로켓기관과 같은 속도형 기관은 연소가스를 고속으로 분출시켜 동력을 얻는다.

3 내연기관의 종류

[1] 왕복운동 기관

왕복운동 기관은 피스톤이 실린더 안을 왕복운동하면서 동력을 발생시키는 장치이므로 피스톤 기관이라고도 하며, 점화 방식에 따라 불꽃점화 기관, 압축착화 기관, 소구기관으로 나눈다.

(1) **불꽃점화 기관**: 불꽃점화 기관(SI 엔진)은 실린더 안으로 연료와 공기의 혼합기를 흡입하고 이것을 압축한 다음 전기 불꽃을 사용하여 점화시키는 기관이다.[1] 사용하는 연료에 따라 가솔린기관, 가스기관, 등유기관으로 나누어진다. 이 중에서 가솔린을 연료로 하는 가솔린기관은 구조가 간단하고 높은 출력을 얻을 수 있으므로 가장 많이 사용되고 있다.

(2) **압축착화 기관**: 압축착화 기관(CI 엔진)은 공기를 실린더 안으로 흡입하고 압축하여 고온고압의 압축공기를 만든 다음 연료를 분사하여 자연발화시키는 기관이다. 연료로는 경유와 중유를 사용하며, 열효율이 높으므로 가솔린기관 다음으로 많이 사용되고 있다. 디젤기관이 대표적인 압축착화 기관이다.

(3) **소구기관**: 소구기관은 소구라고 불리는 점화장치를 시동 버너로써 가열하여 적열된 상태로 되게 하고 이것을 이용하여 분사된 연료를 점화시키는 기관이다. 소형 선박의 동력원으로 사용되었으나 현재는 거의 사용되지 않고 있다.

[2] 가스터빈

가스터빈은 공기를 압축하여 연소기로 보내고, 그 속에 연료를 분사하여 생성되는 고온고압의 연소가스로써 터빈을 회전시켜 동력을 얻는 기관이다. 연료로는 경유를 이용하며 주로 항공기나 발전소 등에 사용된다.

[3] 제트기관

제트기관은 기관 안으로 공기를 흡입하여 압축하고 연료를 분사시켜 얻은 고온고압의 연소가스를 기관의 뒤쪽으로 분사시켜 그 반동력으로 추진력을 얻는 기관이다. 항공기용 기관으로 많이 사용되고 있다.

[4] 로켓기관

로켓기관은 연료와 함께 연소에 필요한 산소를 가지고 있어서 공기가 없는 공간에서도 비행이 가능하도록 만든 기관이다. 제트기관과 같이 연소가스를 분사시켜 추진력을 얻는다. 공기가 없는 공간에서도 비행할 수 있으므로 대기권 밖을 비행하는 인공위성이나 우주선 등의 분사 추진 기관으로 사용되고 있다.

---

1) '불꽃점화(식) 기관' 또는 '전기점화(식) 기관'이라고 한다.

8.2 엔진에 관한 용어

[그림 8.1]에 내연기관의 왕복운동 기관에 사용되는 엔진의 개략적인 구조를 나타내었다.

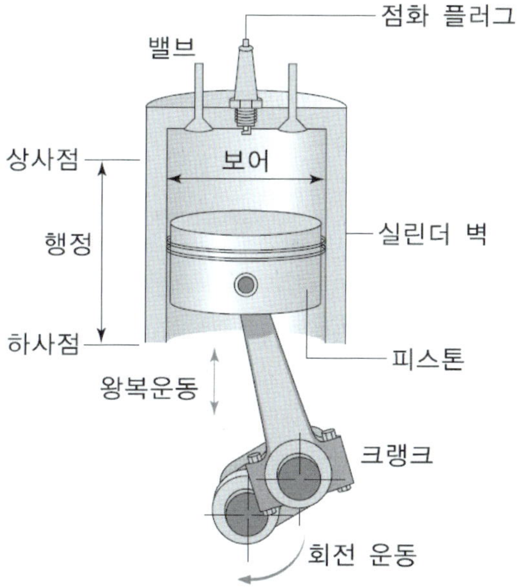

[그림 8.1] 왕복운동 기관의 엔진

[그림 8.1]은 두 개의 밸브가 장착된 실린더 내에서 상하로 왕복운동할 수 있는 피스톤을 보여주고 있다. 실린더의 머리 부분에 설치된 점화 플러그는 가솔린기관에서 사용되며, 디젤기관에서는 그림의 점화 플러그 대신 연료 분사기를 장착하여 사용한다. 공기 또는 공기와 연료의 혼합물이 흡기밸브를 통해 실린더 안으로 유입되고, 연소가스는 배기밸브를 통해 실린더 밖으로 배출된다.

엔진에서의 주요 용어는 다음과 같다.[2)]

(1) 보어(D): 실린더 안지름 또는 피스톤 지름을 보어라 하는데, 실린더 안지름 또는 내경이라고 그대로 부르기도 한다. 이상적으로 실린더 안지름은 피스톤 지름과 같다[그림 8.2(a)].

(2) 상사점(TDC): 피스톤이 실린더의 가장 위쪽에 있을 때 피스톤 헤드 부분의 위치를

2) 엔진에 관한 용어의 정의를 모두 알아두도록 한다.

상사점이라 한다. 왕복운동하는 피스톤이 상사점에 있을 때 실린더 내부 체적이 최소가 된다[그림 8.2(b)].

(3) 하사점(BDC): 피스톤이 실린더의 가장 아래쪽에 있을 때 피스톤 헤드 부분의 위치를 하사점이라 한다. 피스톤이 하사점에 있을 때 실린더 내부 체적이 최대가 된다[그림 8.2(c)].

(4) 행정(S): 피스톤은 실린더 내 두 지점(상사점과 하사점)을 왕복운동하므로 상사점과 하사점 사이의 거리는 피스톤이 한 방향으로 움직일 수 있는 최대 거리이며 이것을 행정이라 한다[그림 8.2(a)].

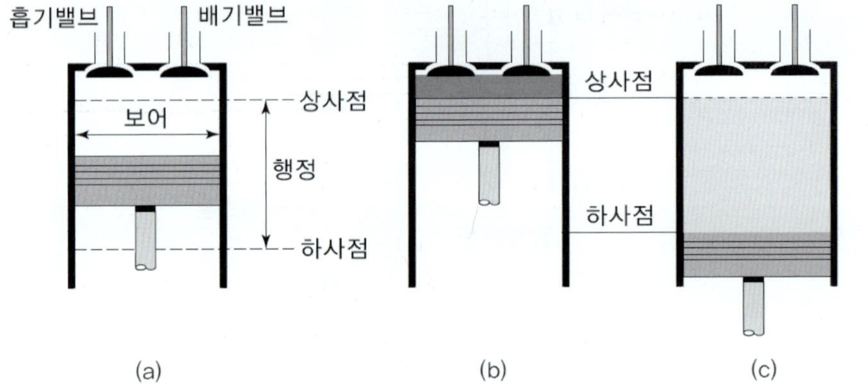

[그림 8.2] 왕복운동 기관의 구성 요소 명칭

(5) 틈새체적, 연소실체적 (V_C): 피스톤이 상사점에 도달하여 실린더 내부 체적이 최소가 되었을 때 이를 틈새체적(간극체적, 통극체적) 또는 연소실 체적이라고 한다[그림 8.2(b)].

(6) 배기체적(배기량), 행정체적(V_S): 피스톤이 하사점에서 상사점으로 이동하면서 피스톤이 밀어낸 체적을 배기체적 또는 행정체적이라 한다. 피스톤 지름이 D, 행정이 S이면 배기체적은 다음과 같다.

$$V_S = \frac{\pi}{4} D^2 S \qquad \cdots\cdots (8.1)$$

(7) 총 행정체적(총 배기량, V): 기관의 총 행정체적을 말하며 행정체적과 실린더 수(Z)의 곱과 같다.

$$V = V_S Z = \frac{\pi}{4} D^2 S Z \qquad \cdots\cdots (8.2)$$

총 행정체적은 총 배기량을 말하며 기관의 크기를 나타내는 일반적인 척도로 사용된다.[3)]

(8) 압축비(r): 실린더 내에 형성되는 최대 체적과 최소 체적의 비를 압축비라 한다. [그림 8.2(b),(c)]에서 최대체적 $V_{max} = V_C + V_S$, 최소 체적은 연소실 체적 V_C이므로 압축비는 다음과 같다.

$$r = \frac{V_{max}}{V_C} = \frac{V_C + V_S}{V_C} = 1 + \frac{V_S}{V_C} \quad \cdots\cdots (8.3)$$

여기에서 압축비는 압력비가 아니라는 것에 주의한다.

(9) 평균유효압력(MEP, P_{me}): 전 동력행정을 하는 동안 평균유효압력이 피스톤에 작용하면, 실제 사이클 동안 발생하는 순 일(W_{net}, 정미 일)과 동일한 크기의 일을 생성하는 압력으로 정의한다[그림 8.3]. 이를 식으로 표현하면 다음과 같다.

$$W_{net} = 힘 \times 거리 = (P_{me} \times 피스톤면적) \times 행정 = P_{me} \times V_S$$

$$P_{me} = \frac{W_{net}}{V_{max} - V_{min}} = \frac{W_{net}}{V_S} \quad \cdots\cdots (8.4)$$

여기에서 W_{net}는 한 사이클 동안 기관이 한 순 일(정미 일)이다. 평균유효압력은 동일한 크기의 왕복운동 기관의 성능을 비교하는 매개 변수로 사용된다.[4)] 동일한 배기량의 두 기관에서 높은 평균유효압력을 가진 것이 더 큰 순 일을 생산하므로 기관의 속도가 같다면 더 큰 동력을 생산하게 될 것이다.

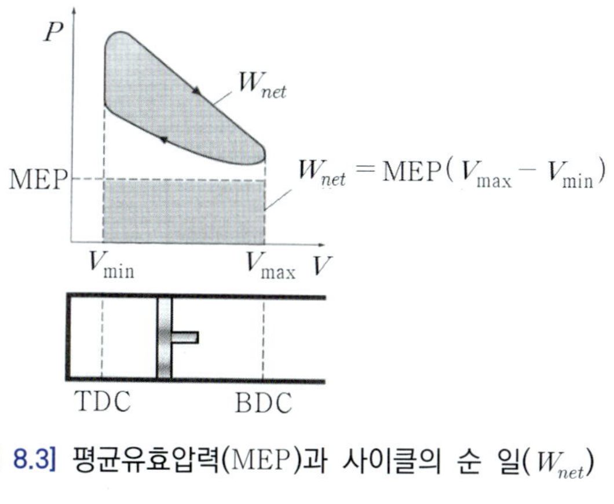

[그림 8.3] 평균유효압력(MEP)과 사이클의 순 일(W_{net})

3) 일상생활에서는 대개 총 배기량을 간단하게 배기량이라고 한다.
4) 실제 기관의 지압선도에서 구한 평균유효압력을 도시평균유효압력이라고도 한다.

[그림 8.3]과 같이 기관의 압력(P)과 실린더 체적(V)의 관계를 나타낸 $P-V$ 선도를 지압선도(indicator diagram)라 한다. 그림에서 $V_{max}-V_{min}$은 행정체적 V_S이고, V_{min}은 연소실 체적 V_C가 된다.

[예제 8.1] 실린더 안지름이 90mm, 행정이 80mm, 실린더 수가 4개인 왕복운동 기관이 있다. 연소실 체적이 60cm^{3}일 때 다음을 구하라.

(1) 행정체적[cm^3]　　(2) 압축비

(3) 총배기량[cm^3]

풀이 실린더 안지름 $D=9\text{cm}$, 행정 $S=8\text{cm}$, 실린더 수 $Z=4$, 연소실 체적 $V_C=60\text{cm}^3$이다.

(1) 행정체적: $V_S=\dfrac{\pi}{4}D^2S=\dfrac{\pi}{4}\times 9^2\times 8=508.9\,[\text{cm}^3]$

(2) 압축비: $r=1+\dfrac{V_S}{V_C}=1+\dfrac{508.9}{60}=9.48$

(3) 총배기량: $V=V_SZ=508.9\times 4=2035.6\,[\text{cm}^3]$

[예제 8.2] 최대 체적이 600cm^{3}이고 행정체적이 550cm^{3}인 가솔린기관의 연소실 체적과 압축비를 구하라.

풀이 최대 체적 $V_{max}=600\text{cm}^3$, 행정체적 $V_S=550\text{cm}^3$이다.

(1) 연소실 체적(V_C): $V_{max}=V_C+V_S$

$$\therefore\ V_C=V_{max}-V_S=600-550=50\,[\text{cm}^3]$$

(2) 압축비: $r=\dfrac{V_{max}}{V_C}=\dfrac{600}{50}=12$

[예제 8.3] 실린더 안지름이 80mm, 행정이 90mm인 왕복운동 기관의 평균유효압력이 200kPa일 때 한 사이클 당 순 일[J]을 구하라.

풀이 MKS 단위로 통일하여 순 일을 구한다. 실린더 안지름 $D=0.08\text{m}$, 행정 $S=0.09\text{m}$, 평균유효압력 $P_{me}=200\text{kPa}=200\times10^3\text{Pa}$이다.

$$W_{net}=P_{me}\times V_S=P_{me}\times\frac{\pi}{4}D^2\times S$$

$$=(200\times10^3)\times\frac{\pi}{4}\times0.08^2\times0.09\,[\text{J}]=90.5\,[\text{J}]$$

8.3 4행정 사이클 가솔린기관

가솔린기관은 가솔린과 공기의 혼합기체를 실린더 안으로 공급하고 점화시켜 동력을 얻는 왕복 피스톤식 기관이다. 4행정 가솔린기관은 흡입행정, 압축행정, 팽창행정, 배기행정을 순서대로 반복하면서 작동한다. 이들 4개 행정의 순환과정을 1사이클이라 한다. [그림 8.4]에 4행정 가솔린기관의 작동 순서를 나타내었다.

(1) **흡입행정:** 흡기밸브가 열리고, 피스톤이 하강하면서 새로운 혼합기를 실린더 안으로 흡입하는 행정이다[그림 8.4(a)].

(2) **압축행정:** 모든 밸브가 닫히고 피스톤이 상승하면서 흡입된 혼합기를 압축하는 행정이다. 흡입된 물질의 온도와 압력을 높이기 위해 피스톤이 실린더 내부에서 일을 하게 된다[그림 8.4(b)].

(3) **팽창행정:** 압축행정 다음에 점화 플러그에 의하여 점화하면 혼합기는 급격히 연소하여 고온고압의 연소가스가 되어 팽창하면서 피스톤을 밀어 동력을 발생시킨다[그림 8.4(c)]. 기체의 팽창에 의해 동력이 발생하므로 동력행정이라고도 한다.

(4) **배기행정:** 팽창행정이 끝난 후에 배기밸브를 열고 연소가스를 실린더 밖으로 배출시키는 행정이다[그림 8.4(d)]. 배기행정이 끝나면 기관의 상태는 다시 처음 상태로 되돌아가게 된다.

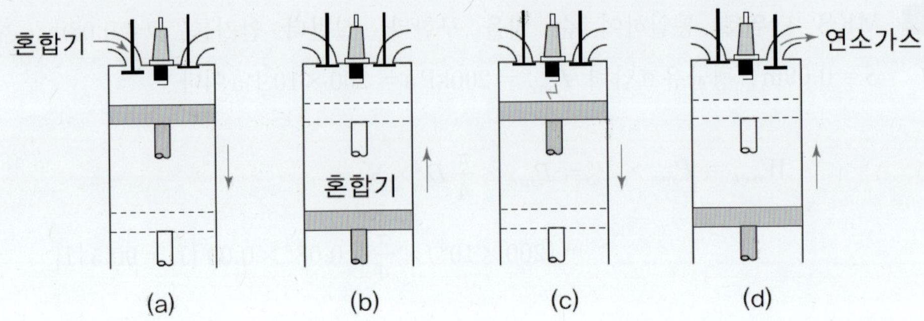

[그림 8.4] 4행정 사이클 기관의 작동순서: (a) 흡입행정 (b) 압축행정 (c) 팽창행정 (d) 배기행정

8.4 공기표준 해석

내연기관의 기체 동력사이클에서 작동유체는 전 사이클에 걸쳐 기체 상태를 유지한다. 불꽃점화 기관, 디젤기관, 가스터빈 등이 이에 해당된다. 이들 기관에서 에너지는 연료의 연소에 의해 공급된다. 이 연소 과정 때문에 사이클 과정 동안에 작동유체의 조성이 공기와 연료의 혼합기에서 연소 생성물로 변화한다. 그러나 공기가 연소실에서 거의 화학적 반응을 일으키지 않는 질소로 구성되어 있다고 생각하면 작동유체는 거의 공기와 유사하다고 볼 수 있다.[5)]

왕복운동 내연기관에서는 피스톤이 매 회전의 끝에서 출발 위치로 되돌아오므로 하나의 기계적인 사이클을 구성한다. 그러나 작동유체는 완전한 열역학적 사이클을 이루지 못한다. 사이클의 어떤 시점에서 작동유체는 초기상태로 복원되지 않고 기관 밖으로 배출된다. 이와 같이 실제 기체의 동력사이클은 다소 복잡하다. 따라서 이론적인 해석을 용이하게 하기 위해 다음과 같은 공기표준 가정을 사용한다.

(1) 작동유체는 일정량의 공기이고, 밀폐시스템을 이루거나 정상상태 유동에 의하여 사이클을 구성한다.

(2) 공기는 이상기체라고 가정한다.

(3) 연소 과정은 외부 열원에 의한 가열 과정으로 대체된다. 즉, 고온열원으로부터 사이클로 열이 전달된다.

5) 기체 동력사이클 해석은 지금까지 공부한 이상기체에 대한 지식을 종합적으로 적용하여 수행된다고 볼 수 있다.

(4) 배기과정은 저온열원으로의 열전달로 대체된다.

(5) 사이클을 구성하는 모든 과정은 내부적으로 가역과정이며 운동에너지와 위치에너지는 무시한다.

해석을 더욱 단순하게 하기 위해 사용하는 또 하나의 가정은 공기의 비열은 일정하며 그 값은 실온(25℃)에서의 값이라는 것이다. 이와 같은 가정을 '공기표준 가정' 또는 '냉공기표준 가정'이라 부른다. 공기표준 가정을 적용할 수 있는 사이클을 공기표준 사이클이라 부른다. 공기표준 가정은 해석을 매우 단순화시켜 주고, 이 단순화된 모형은 주요 변수들이 실제 기관의 성능에 미치는 영향을 정성적으로 연구할 수 있게 한다.[6]

8.5 카르노 사이클

2개의 가역등온과정과 2개의 가역단열과정으로 구성되는 카르노 사이클은 이미 앞에서 설명하였다. [그림 8.5]에 카르노 사이클의 $P-V$ 선도와 $T-S$ 선도를 도시하였다. 이상기체를 카르노 사이클의 작업유체로 사용하였을 경우 다음과 같이 사이클의 열효율(η_c)이 구해진다.

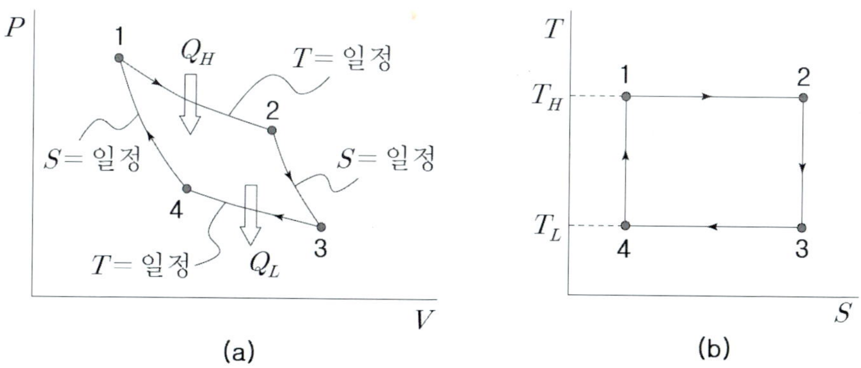

[그림 8.5] 이상기체의 카르노 사이클: (a) $P-V$ 선도 (b) $T-S$ 선도

사이클은 등온과정 1→2에서 Q_H의 열을 흡수하여 등온과정 3→4에서 Q_L의 열을 방

6) 그러나 이와 같은 공기표준 해석이 내연기관에 대한 연구를 매우 간편화시켰지만 계산된 평균유효 압력, 작동온도, 압력에 대한 값들은 대부분 실제 엔진의 값과는 차이가 있다.

출하고 $W = Q_H - Q_L$의 일을 한다.

작업유체의 양을 m [kg], 고온열원과 저온열원의 온도를 각각 T_H[K], T_L[K]라 한다. 등온과정의 열전달 식 (5.41a)로부터

$$Q_H = mRT_1 \ln\left(\frac{V_2}{V_1}\right) \quad \cdots\cdots ①$$

$$Q_L = mRT_4 \ln\left(\frac{V_3}{V_4}\right) \quad \cdots\cdots ②$$

이다. 여기에서 $T_1 = T_2 = T_H$, $T_3 = T_4 = T_L$이다. 과정 2→3, 4→1은 가역단열과정(등엔트로피 과정)이므로 $TV^{k-1} = C$ 이다. 따라서

$$\frac{T_3}{T_2} = \frac{T_L}{T_H} = \left(\frac{V_2}{V_3}\right)^{k-1} \quad \cdots\cdots ③$$

$$\frac{T_4}{T_1} = \frac{T_L}{T_H} = \left(\frac{V_1}{V_4}\right)^{k-1} \quad \cdots\cdots ④$$

이다. 식 ③, ④에서

$$\frac{V_2}{V_3} = \frac{V_1}{V_4}$$

$$\therefore \ \frac{V_2}{V_1} = \frac{V_3}{V_4} \quad \cdots\cdots ⑤$$

이 되므로 식 ①, ②로부터

$$\frac{Q_L}{Q_H} = \frac{mRT_4 \ln\left(\frac{V_3}{V_4}\right)}{mRT_1 \ln\left(\frac{V_2}{V_1}\right)} = \frac{T_4}{T_1} = \frac{T_L}{T_H} \quad \cdots\cdots ⑥$$

이다. 따라서 카르노 사이클의 열효율(η_c)은 다음과 같이 표현된다.

$$\boxed{\eta_c = \frac{W}{Q_H} = \frac{Q_H - Q_L}{Q_H} = 1 - \frac{Q_L}{Q_H} = 1 - \frac{T_L}{T_H}} \quad \cdots\cdots (8.5)$$

식 ④, ⑤, ⑥을 이용하여 열효율을 등엔트로피 압축비

$$r_{vs} = \frac{V_4}{V_1} = \frac{V_3}{V_2} \qquad (8.6)$$

로 나타내면 다음과 같다.

$$\eta_c = 1 - \left(\frac{1}{r_{vs}}\right)^{k-1} = 1 - (r_{vs})^{1-k} \qquad (8.7)$$

식 (8.5)로부터 이상기체를 작업유체로 하는 카르노 사이클의 열효율은 두 열원의 온도만으로 결정된다는 것을 알 수 있다. 이와 같이 카르노 기관의 열효율이 작업유체의 종류와 무관하게 온도만으로 결정되므로, 이 성질을 이용하여 물질의 성질에 의존하지 않는 온도 눈금을 생각할 수 있다. 이렇게 하여 정한 것이 열역학적 절대온도눈금(Kelvin 눈금, K)이다.

식 (8.5)에서 T_H와 T_L은 이상기체의 고온과 저온이 된다. 이 식에서 카르노 사이클의 효율이 100%가 되기 위해서는 $T_L = 0$이 되어야 한다. 그런데 물질의 온도를 절대온도 0K로 낮출 수 없으므로 효율 100%의 열기관은 불가능하다.

지금까지 살펴본 카르노 사이클의 성질을 정리하면 다음과 같다.

(1) 동일한 열원을 사용하는 모든 카르노 열기관의 열효율은 작업유체에 관계없이 모두 동일하다.

(2) 사용하는 열원이 같을 때 비가역 열기관의 열효율은 카르노 기관의 열효율보다 높을 수 없다.

[예제 8.4] **고온열원 온도 600K, 저온열원 온도 300K 사이에서 작동하는 카르노 기관의 열효율을 구하라.**

풀이 고온열원 온도 $T_H = 600\text{K}$, 저온열원 온도 $T_L = 300\text{K}$일 때 카르노 기관의 열효율 (η_c)은 다음과 같다.

$$\eta_c = 1 - \frac{T_L}{T_H} = 1 - \frac{300}{600} = 0.5$$

[예제 8.5] 공기표준 카르노 사이클에서 고온부에서 공급한 열량이 1500 kJ/kg이고, 등엔트로피 압축비가 8일 때 사이클의 열효율과 출력 일[kJ/kg]을 구하라. 공기의 비열비 $k = 1.4$이다.

풀이 공급한 열량 $Q_H = 1500\,\text{kJ/kg}$, 등엔트로피 압축비 $r_{vs} = 8$, 비열비 $k = 1.4$이므로 다음과 같이 열효율(η_c)과 출력일(W)이 구해진다.

$$\eta_c = \frac{W}{Q_H} = 1 - (r_{vs})^{1-k} = 1 - (8)^{1-1.4} = 0.565$$

$$\therefore \quad W = \eta_c Q_H = 0.565 \times 1500 = 847.5\ [\text{kJ/kg}]$$

8.6 오토 사이클

오토 사이클(Otto cycle)은 전기점화식 왕복운동 기관의 이상적인 사이클이다. 대부분의 전기점화 기관에서는 피스톤이 실린더 내부에서 4개의 행정을 실행하고, 각각의 열역학적 사이클마다 크랭크축은 2번의 회전을 하게 된다. 이러한 기관을 4행정 내연기관이라 하는데 실제의 4행정 사이클을 열역학적으로 해석하기는 쉬운 일이 아니다. 그러나 공기표준 가정을 이용하면 비교적 간단하게 해석할 수 있다. 이와 같이 실제 작동 사이클과 매우 유사하며 단순화된 사이클이 바로 이상적인 오토 사이클이다.

피스톤-실린더 장치에서 오토 사이클의 작동을 [그림 8.6]에 도시하였고, 이에 대응하는 $P-V$ 선도와 $T-S$ 선도를 [그림 8.7]에 나타내었다. [그림 8.7]에서 볼 수 있듯이 오토 사이클은 다음과 같은 2개의 단열과정과 2개의 정적과정으로 이루어져 있다.

(1) 1→2: [가역단열 압축] 등엔트로피 압축. 압축비 V_1/V_2로 압축한다.

(2) 2→3: [정적 가열] 일정한 체적에서 기체로 열이 전달되어 기체의 온도가 상승한다. 실제 기관에서는 정적 연소가 일어난다.

(3) 3→4: [가역단열 팽창] 등엔트로피 팽창. 체적 $V_4 = V_1$까지 팽창한다.

(4) 4→1: [정적 방열] 일정한 체적에서 열을 방출하고 기체의 온도가 내려간다.

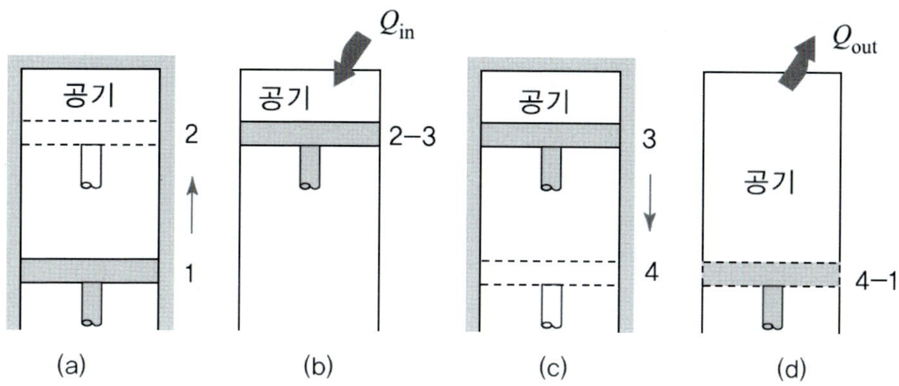

[그림 8.6] 오토사이클: (a) 단열압축 (b) 열 흡수 (c) 단열팽창 (d) 열 방출

[그림 8.7]에 실제 기관의 피스톤 위치를 나타내었다. 그림에서 V_2는 연소실 체적이고, $V_S = V_1 - V_2$는 행적체적을 나타낸다. 여기에서 압축 전후의 부피 비를 압축비(r)라 한다.

$$r = \frac{V_1}{V_2} = \frac{V_4}{V_3} \quad \cdots\cdots (8.8)$$

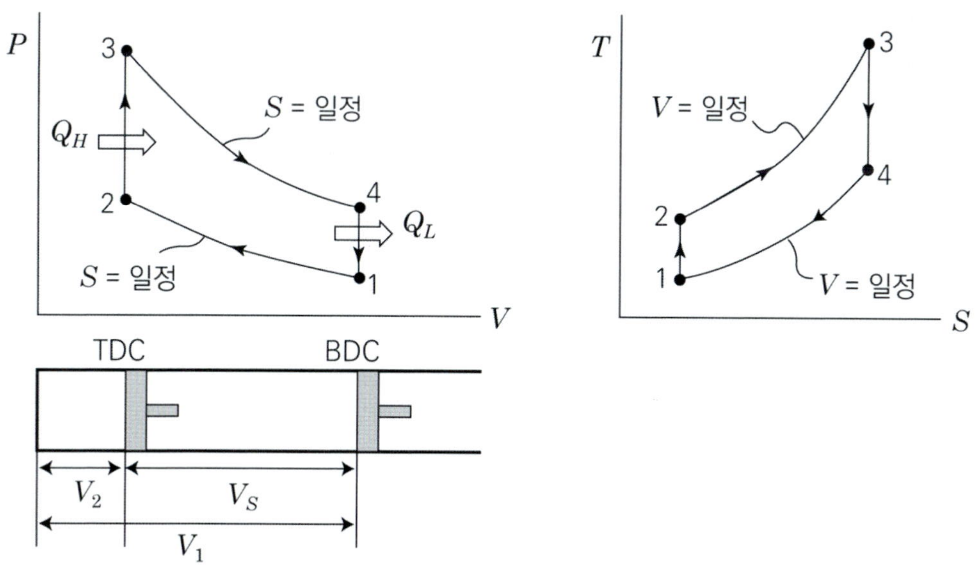

[그림 8.7] 오토 사이클의 $P-V$ 선도와 $T-S$ 선도

사이클은 정적과정 2→3에서 Q_H의 열을 흡수하여 정적과정 4→1에서 Q_L의 열을 방출하고 $W = Q_H - Q_L$의 일을 한다.

작업유체의 양을 m[kg]이라 하고, 각 점의 온도를 T_1, T_2, T_3, T_4라 한다. 오토 사이클에서는 열의 출입이 모두 일정 체적($V_3 = V_2$, $V_4 = V_1$)에서 이루어지므로 다음과 같이 흡수된 열과 방출된 열 및 일이 구해진다.[7)]

$$Q_H = mC_v(T_3 - T_2) \quad \cdots\cdots (8.9)$$

$$Q_L = mC_v(T_4 - T_1) \quad \cdots\cdots (8.10)$$

$$W = Q_H - Q_L = mC_v[(T_3 - T_2) - (T_4 - T_1)] \quad \cdots\cdots (8.11)$$

다음에 가역단열 과정을 이용하여 각 점의 온도 사이의 관계를 구한다. 즉, 등엔트로피 과정인 1→2, 3→4의 과정에서는 $TV^{k-1} = C$의 관계가 성립하므로

$$\frac{T_2}{T_1} = \left(\frac{V_1}{V_2}\right)^{k-1} = r^{k-1} \quad \cdots\cdots (8.12)$$

$$\frac{T_3}{T_4} = \left(\frac{V_4}{V_3}\right)^{k-1} = \left(\frac{V_1}{V_2}\right)^{k-1} = r^{k-1} \quad \cdots\cdots (8.13)$$

이다. 여기에서 $V_3 = V_2$, $V_4 = V_1$이다. 식 (8.12)와 (8.13)의 우변이 같으므로 다음과 같은 온도 사이의 관계식이 얻어진다.

$$\frac{T_2}{T_1} = \frac{T_3}{T_4}$$

$$\therefore \ \frac{T_3}{T_2} = \frac{T_4}{T_1} \quad \cdots\cdots (8.14)$$

이 식을 이용하면 다음과 같이 오토 사이클의 이론 열효율(η_{th})이 구해진다.

$$\eta_{th} = \frac{W}{Q_H} = \frac{Q_H - Q_L}{Q_H} = 1 - \frac{Q_L}{Q_H}$$

$$= 1 - \frac{mC_v(T_4 - T_1)}{mC_v(T_3 - T_2)} = 1 - \frac{T_4 - T_1}{T_3 - T_2}$$

---

7) 사이클 문제는 여러 가지를 구해야 하므로 외관상 매우 복잡해 보인다. 그러나 선도를 그려놓고 하나하나 구해나가면 크게 어려운 것이 없다. 모두가 기본적인 정적, 정압, 등온, 단열 과정으로 구성되어 있다.

$$= 1 - \frac{T_1}{T_2}\frac{(T_4/T_1 - 1)}{(T_3/T_2 - 1)}$$

$$= 1 - \frac{T_1}{T_2} \quad (\leftarrow \; T_3/T_2 = T_4/T_1)$$

$$= 1 - \frac{1}{r^{k-1}}$$

$$\eta_{th} = 1 - \frac{T_1}{T_2} = 1 - \frac{1}{r^{k-1}} = 1 - r^{1-k} \quad \cdots\cdots\cdots\cdots\cdots (8.15)$$

식 (8.15)의 결과로부터 오토 사이클의 열효율은 압축비(r)와 비열비(k)만의 함수라는 것을 알 수 있다. 압축비 $r > 1$이므로 압축비가 일정하면 비열비가 클수록 열효율이 증가한다. 비열비가 일정하면 압축비가 클수록 열효율이 높아진다[그림 8.8]. 그러나 실제 오토 사이클 기관에서는 압축비가 너무 클 경우에는 노킹이라는 이상 폭발 현상이 일어나므로 압축비는 제한을 받게 된다. 일반적으로 많이 사용하는 압축비의 범위는 6 ~ 12이다.

한편 열효율 $\eta_{th} = 1 - T_1/T_2 = 1 - T_4/T_3$이므로 최저온도($T_1$)가 낮을수록, 최고온도($T_3$)가 높을수록 열효율($\eta_{th}$)이 증가한다.

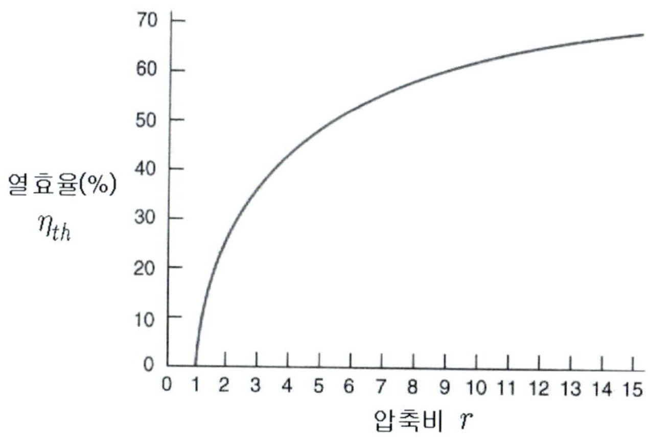

[그림 8.8] 오토 사이클의 열효율 ($k = 1.4$)

[예제 8.6] 압축비가 8인 공기표준 오토 사이클의 최고 온도가 1500K 이고, 최저 온도가 300K 일 때 다음을 구하라. 단, 공기의 비열비 $k = 1.4$이고, 정적비열 $C_v = 0.7\,\text{kJ/kg} \cdot \text{K}$이다.

(1) 압축행정이 끝난 후의 공기 온도[K]

(2) 한 사이클 당 공급된 열량[kJ/kg]

(3) 사이클의 이론 열효율(η_{th})

(4) 한 사이클 당 순 일[kJ/kg][8)]

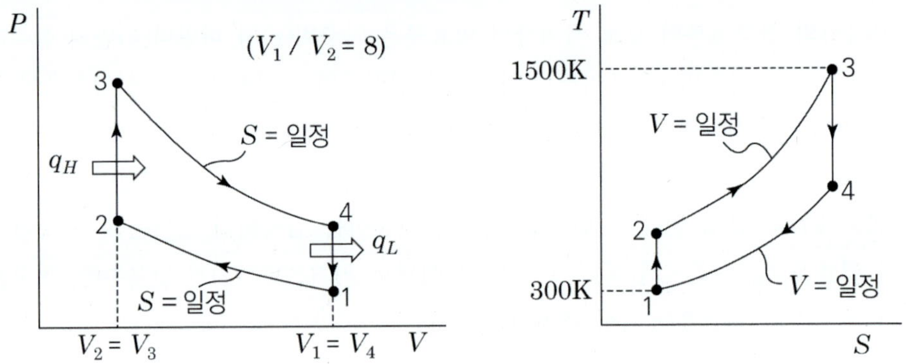

[그림 8.9] 오토 사이클의 $P-V$ 선도와 $T-S$ 선도

풀이 [그림 8.9]에 주어진 사이클의 $P-V$ 선도와 $T-S$ 선도를 나타내었다. 두 선도에서 주어진 값은 다음과 같다.[9)]

- 최고 온도 $T_3 = 1500\text{K}$
- 최저 온도 $T_1 - 300\text{K}$
- 압축비 $r = V_1 / V_2 = 8$

(1) 1→2에서 등엔트로피 과정($TV^{k-1} = C$)으로 압축되므로 압축행정이 끝난 후 (점 2)의 공기 온도(T_2)는 다음과 같다.

$$\frac{T_2}{T_1} = \left(\frac{V_1}{V_2}\right)^{k-1} = r^{k-1}$$

8) '한 사이클 당 순 일'은 '사이클의 순 일' 또는 '사이클의 순 출력일(정미 출력일)'이라고 한다.

9) 사이클 문제는 $P-V$ 선도와 $T-S$ 선도를 그려놓으면 이해가 쉬워진다.

$$\therefore \; T_2 = T_1 r^{k-1} = 300 \times 8^{1.4-1} = 689.2\,[\mathrm{K}]$$

(2) 2→3의 정적과정에서 열이 전달되므로 한 사이클 당 공급된 단위 질량당 열량($q_H = q_{23}$)은 다음과 같다.

$$q_H = q_{23} = C_v(T_3 - T_2) = 0.7 \times (1500 - 689.2) = 567.6\,[\mathrm{kJ/kg}]$$

(3) 사이클의 이론 열효율(η_{th})

$$\eta_{th} = \frac{w_{net}}{q_H} = 1 - \frac{1}{r^{k-1}} = 1 - \frac{1}{8^{1.4-1}} = 0.565$$

(4) 한 사이클 당 순 일[kJ/kg]

$$w_{net} = \eta_{th} q_H = 0.565 \times 567.6 = 320.7\,[\mathrm{kJ/kg}]$$

[예제 8.7] 압축비가 9인 공기표준 오토 사이클이 있다. 압축 초기 온도와 압력이 각각 300K, 100kPa이고, 한 사이클 당 700kJ/kg의 열을 공급받을 때 다음을 구하라. 공기의 비열비 $k = 1.4$, 정적비열 $C_v = 0.7\mathrm{kJ/kg \cdot K}$, 기체상수 $R = 0.3\mathrm{kJ/kg \cdot K}$라고 가정한다.

(1) 각 과정이 완료된 후의 온도[K]와 압력[kPa]

(2) 한 사이클 당 순 일 w_{net}[kJ/kg]

(3) 사이클의 이론 열효율(η_{th})

(4) 평균유효압력[MEP]

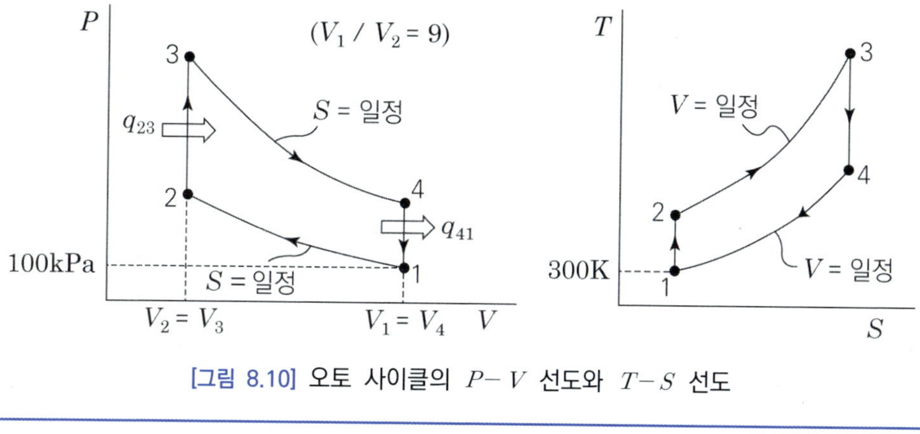

[그림 8.10] 오토 사이클의 $P-V$ 선도와 $T-S$ 선도

풀이 주어진 사이클의 $P-V$ 선도와 $T-S$ 선도는 [그림 8.10]과 같고, 주어진 값은 다음과 같다.

- 정적과정으로 공급받는 열량: $q_H = q_{23} = 700\,[\mathrm{kJ/kg}]$
- 점 1에서 온도와 압력: $T_1 = 300\mathrm{K}$, $P_1 = 100\mathrm{kPa}$
- 압축비: $r = V_1/V_2 = V_4/V_3 = 9$

(1) ○ 1→2는 등엔트로피 과정($TV^{k-1} = C$, $PV^k = C$)이다.

$$\frac{T_2}{T_1} = \left(\frac{V_1}{V_2}\right)^{k-1} = r^{k-1}$$

$$\therefore\ T_2 = T_1 r^{k-1} = 300 \times 9^{1.4-1} = 722.5\,[\mathrm{K}] \cdots\cdots ①$$

$$\frac{P_2}{P_1} = \left(\frac{V_1}{V_2}\right)^{k} = r^{k}$$

$$\therefore\ P_2 = P_1 r^{k} = 100 \times 9^{1.4} = 2167.4\,[\mathrm{kPa}] \cdots\cdots ②$$

- 2→3의 과정은 정적과정($P/T = C$)이고 $q_{23} = 700\,[\mathrm{kJ/kg}]$의 열량을 전달받는다.

$$q_{23} = C_v(T_3 - T_2)$$

$$\therefore\ T_3 = T_2 + \frac{q_{23}}{C_v} = 722.5 + \frac{700}{0.7} = 1722.5\,[\mathrm{K}] \cdots\cdots ③$$

$$\frac{P_3}{T_3} = \frac{P_2}{T_2}$$

$$\therefore\ P_3 = P_2 \times \frac{T_3}{T_2} = 2167.4 \times \frac{1722.5}{722.5} = 5167.3\,[\mathrm{kPa}] \cdots\cdots ④$$

- 3→4는 등엔트로피 과정이다.

$$\frac{T_4}{T_3} = \left(\frac{V_3}{V_4}\right)^{k-1} = \left(\frac{V_2}{V_1}\right)^{k-1} = \left(\frac{1}{r}\right)^{k-1} = r^{1-k}$$

$$\therefore\ T_4 = T_3 r^{1-k} = 1722.5 \times 9^{1-1.4} = 715.3\,[\mathrm{K}] \cdots\cdots ⑤$$

$$\frac{P_4}{P_3} = \left(\frac{V_3}{V_4}\right)^{k} = \left(\frac{V_2}{V_1}\right)^{k} = \left(\frac{1}{r}\right)^{k} = r^{-k}$$

$$\therefore \ P_4 = P_3 r^{-k} = 5167.3 \times 9^{-1.4} = 238.4\,[\text{kPa}] \cdots\cdots ⑥$$

(2) 4→1의 과정에서 방출한 열량(q_{41})은

$$q_{41} = C_v(T_4 - T_1) = 0.7 \times (715.3 - 300) = 290.7\,[\text{kJ/kg}]$$

이고, 한 사이클 당 순 일(w_{net})은 다음과 같다.

$$w_{net} = q_{23} - q_{41} = 700 - 290.7 = 409.3\,[\text{kJ/kg}] \cdots\cdots ⑦$$

(3) 사이클의 이론 열효율(η_{th})

$$\eta_{th} = 1 - \frac{1}{r^{k-1}} = 1 - \frac{1}{9^{1.4-1}} = 0.585 \cdots\cdots ⑧$$

또는, $\eta_{th} = \dfrac{w_{net}}{q_{23}} = \dfrac{409.3}{700} = 0.585$ (OK)

(4) 이상기체 상태방정식에서

$$v_1 = \frac{RT_1}{P_1} = \frac{0.3 \times 300}{100} = 0.9\,[\text{m}^3/\text{kg}] \cdots\cdots ⑨$$

이고, 압축비 $r = \dfrac{V_1}{V_2} = \dfrac{V_1/m}{V_2/m} = \dfrac{v_1}{v_2}$ 에서

$$v_2 = \frac{v_1}{r} = \frac{0.9}{9} = 0.1\,[\text{m}^3/\text{kg}] \cdots\cdots ⑩$$

이므로 평균유효압력(MEP)은 다음과 같다.

$$\text{MEP} = \frac{w_{net}}{v_1 - v_2} = \frac{409.3}{0.9 - 0.1} = 511.6\,[\text{kPa}] \cdots\cdots ⑪$$

[참고 8.1] 오토 사이클 기관의 평균유효압력

오토 사이클 기관에 대해 다음과 같은 평균유효압력(P_{me}) 식이 유도된다.

$$P_{me} = \frac{W}{V_1 - V_2} = \frac{Q_H \eta_{th}}{V_1 - V_2} = \frac{Q_H}{V_1} \times \frac{1}{(1 - V_2/V_1)} \times \eta_{th}$$

$$= \frac{Q_H}{V_1} \times \frac{1}{(1 - 1/r)} \times \eta_{th} \quad (\leftarrow\ r = \frac{V_1}{V_2})$$

$$= \frac{P_1 Q_H}{mRT_1} \times \frac{r}{r-1} \times \left[1 - \frac{1}{r^{k-1}}\right] \quad (\leftarrow\ P_1 V_1 = mRT_1)$$

$$= \frac{q_H P_1}{RT_1} \times \frac{r}{r-1} \times \left[1 - \frac{1}{r^{k-1}}\right] \quad (\leftarrow\ q_H = \frac{Q_H}{m})$$

[예제 8.7]에 위 식을 적용하여 평균유효압력을 구하면 다음과 같다.

$$P_{me} = \frac{700 \times 100}{0.3 \times 300} \times \frac{9}{9-1} \times \left[1 - \frac{1}{9^{1.4-1}}\right] = 511.7\,[\mathrm{kPa}]\ (\mathrm{OK})$$

[예제 8.8] 연소실 체적이 행정체적의 10% 인 공기표준 오토 사이클 기관의 이론 열효율을 구하라. 단, 비열비 $k = 1.4$이다.

풀이 연소실 체적을 V_C, 행정체적을 V_S라 하면 $V_C = 0.1\,V_S$이다. 따라서 압축비(r)는

$$r = \frac{V_C + V_S}{V_C} = 1 + \frac{V_S}{V_C} = 1 + \frac{V_S}{0.1\,V_S} = 11$$

이고, 이론 열효율(η_{th})은 다음과 같다.

$$\eta_{th} = 1 - \frac{1}{r^{k-1}} = 1 - \frac{1}{11^{1.4-1}} = 0.617$$

8.7 디젤 사이클

디젤기관은 가솔린기관과는 달리 처음에 공기만을 실린더 속에 흡입하여 이것을 높은 압축비로써 단열 압축한다. 이 압축된 공기에 연료를 분사하면 압축된 공기는 고온이므로 자연 발화하여 연료가 연소된다. 즉, 공기의 압축열만으로 연료의 착화온도에 이르게 하므로 폭발에 의한 압력 상승을 피하기 위하여 연료 공급을 적절히 조절하여 일정한 압력 하에서 연소를 하게 한다.

공기표준 디젤 사이클(Diesel cycle)은 압축 점화 내연기관의 이상적인 사이클로서 [그림 8.11]과 같이 2개의 단열과정과 1개의 정압과정 및 1개의 정적과정으로 이루어져 있다.

(1) 1→2: [가역단열 압축] 등엔트로피 압축. 압축비 V_1/V_2로 압축한다.
(2) 2→3: [정압 가열] 일정한 압력에서 기체로 열이 전달되어 기체의 온도가 상승한다. 실제 기관에서는 정압 연소가 일어난다.
(3) 3→4: [가역단열 팽창] 등엔트로피 팽창. 체적 $V_4 = V_1$까지 팽창한다.
(4) 4→1: [정적 방열] 일정한 체적에서 열을 방출하고 기체의 온도가 내려간다.

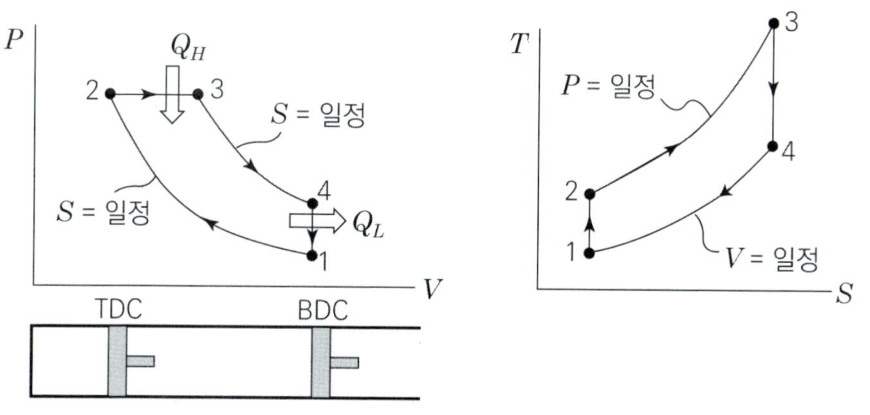

[그림 8.11] 디젤 사이클의 $P-V$ 선도와 $T-S$ 선도

오토 사이클에서는 일정한 체적 하에서 기체로의 열전달이 일어나지만, 디젤 사이클에서는 일정한 압력 하에서 기체로의 열전달이 일어난다. 나머지 세 과정은 같다고 볼 수 있다.

디젤 사이클에서도 다음과 같이 압축비를 정의한다.

$$r = \frac{V_1}{V_2} \quad \cdots\cdots (8.16)$$

오토 사이클과 달리 팽창비 V_4/V_3은 압축비 V_1/V_2와 같지 않다. 사이클은 정압과정 $2 \rightarrow 3$에서 Q_H의 열을 흡수하여 정적과정 $4 \rightarrow 1$에서 Q_L의 열을 방출하고 $W = Q_H - Q_L$의 일을 한다.

작업유체의 양을 m [kg]이라 하고, 각 점의 온도를 T_1, T_2, T_3, T_4라 하면 다음과 같이 흡수된 열과 방출된 열 및 일이 구해진다.

$$Q_H = mC_p(T_3 - T_2) = mkC_v(T_3 - T_2) \quad \cdots\cdots (8.17)$$

$$Q_L = mC_v(T_4 - T_1) \quad \cdots\cdots (8.18)$$

$$W = Q_H - Q_L = mC_v[k(T_3 - T_2) - (T_4 - T_1)] \quad \cdots\cdots (8.19)$$

다음에 가역단열 과정을 이용하여 각 점의 온도 사이의 관계를 구한다. 즉, 등엔트로피 과정인 $1 \rightarrow 2$, $3 \rightarrow 4$의 과정에서는 $TV^{k-1} = C$의 관계가 성립하므로

$$\frac{T_2}{T_1} = \left(\frac{V_1}{V_2}\right)^{k-1} = r^{k-1} \quad \cdots\cdots (8.20)$$

$$\frac{T_4}{T_3} = \left(\frac{V_3}{V_4}\right)^{k-1} = \left(\frac{V_2}{V_1} \times \frac{V_3}{V_2}\right)^{k-1} = \left(\frac{r_c}{r}\right)^{k-1} \quad \cdots\cdots (8.21)$$

이다. 여기에서 다음과 같이 새롭게 정의되는

$$r_c = \frac{V_3}{V_2} \quad \cdots\cdots (8.22)$$

을 차단비(단절비, cut-off ratio)라 한다. 디젤 사이클에서는 $V_4 = V_1$, $V_3 \neq V_2$이다. $2 \rightarrow 3$은 정압 과정($P_2 = P_3$)이므로 $V/T = C$에서

$$\frac{T_3}{T_2} = \frac{V_3}{V_2} = r_c \quad \cdots\cdots (8.23)$$

이고, 식 (8.20)과 (8.21)을 곱하면 T_1과 T_4의 관계식이 얻어진다.

$$\left(\frac{T_2}{T_1}\right)\left(\frac{T_4}{T_3}\right) = r^{k-1}\left(\frac{r_c}{r}\right)^{k-1} = r_c^{k-1}$$

$$\therefore \quad \frac{T_4}{T_1} = \frac{T_3}{T_2} \times r_c^{k-1} = r_c \times r_c^{k-1} = r_c^k$$

$$\frac{T_4}{T_1} = r_c^k \quad \cdots\cdots (8.24)$$

이상의 관계식을 이용하면 다음과 같이 디젤 사이클의 이론 열효율(η_{th})이 구해진다.

$$\begin{aligned}\eta_{th} &= \frac{W}{Q_H} = \frac{Q_H - Q_L}{Q_H} = 1 - \frac{Q_L}{Q_H} = 1 - \frac{mC_v(T_4 - T_1)}{mkC_v(T_3 - T_2)} \\ &= 1 - \frac{T_4 - T_1}{k(T_3 - T_2)} = 1 - \frac{T_1}{kT_2} \times \frac{(T_4/T_1 - 1)}{(T_3/T_2 - 1)} \\ &= 1 - \frac{1}{kr^{k-1}} \times \frac{(r_c^k - 1)}{(r_c - 1)}\end{aligned}$$

$$\eta_{th} = 1 - \frac{1}{r^{k-1}}\left[\frac{r_c^k - 1}{k(r_c - 1)}\right] \quad \cdots\cdots (8.25)$$

디젤 사이클의 열효율은 압축비(r) 뿐만 아니라 차단비(r_c)에도 의존한다. 여기에서 차단비 $r_c > 1$이므로 압축비가 동일할 때 디젤 사이클의 열효율이 오토 사이클의 열효율보다 낮다. 또한 차단비가 증가하면 디젤 사이클의 열효율은 감소한다[그림 8.12]. 일반적으로 디젤기관에서는 12 ~ 22의 압축비를 사용한다.

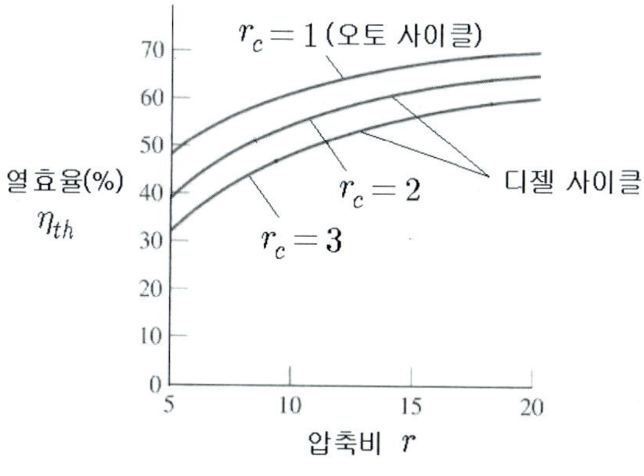

[그림 8.12] 디젤 사이클의 열효율 ($k = 1.4$)

[예제 8.9] 압축비 18, 차단비 2인 공기표준 디젤기관의 열효율을 구하라. 또, 이 기관의 최저 온도가 300K 일 때 이 기관과 같은 온도 범위에서 작동하는 카르노 기관의 열효율을 구하라. 단, 비열비 $k=1.4$이다.

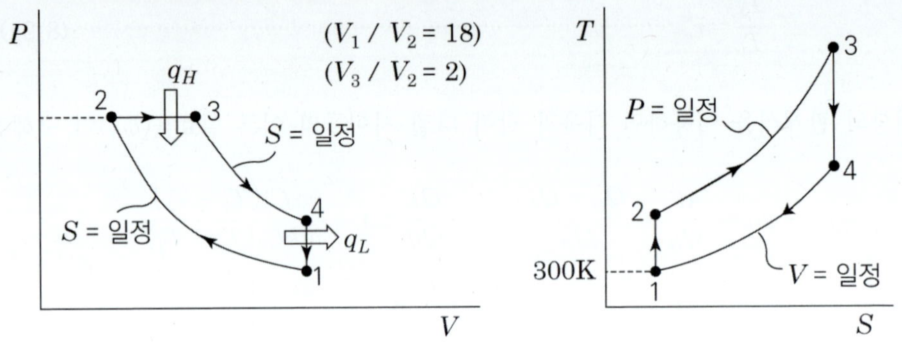

[그림 8.13] 디젤 사이클의 $P-V$ 선도와 $T-S$ 선도

풀이 주어진 사이클의 선도는 [그림 8.13]과 같다.

(1) 공기표준 디젤기관의 열효율(η_{th}): 압축비 $r=18$, 차단비 $r_c=2$, 비열비 $k=1.4$이므로 열효율(η_{th})은 다음과 같다.

$$\eta_{th}=1-\frac{1}{r^{k-1}}\left[\frac{r_c^k-1}{k(r_c-1)}\right]=1-\frac{1}{18^{1.4-1}}\times\left[\frac{2^{1.4}-1}{1.4\times(2-1)}\right]$$
$$=0.632=63.2\%$$

(2) 기관의 최저 온도가 300K 일 때 이 기관과 같은 온도 범위에서 작동하는 카르노 기관의 열효율(η_c): $r=\frac{V_1}{V_2}=18$, $r_c=\frac{V_3}{V_2}=2$이다. [그림 8.13]에서 사이클의 최저 온도 $T_1=300\text{K}$이고, 최고온도 T_3을 구한다. 1→2는 가역단열과정이므로

$$T_2=T_1\left(\frac{V_1}{V_2}\right)^{k-1}=T_1 r^{k-1} \quad \cdots\cdots ①$$

이고, 2→3은 정압과정이므로

$$\frac{T_3}{V_3}=\frac{T_2}{V_2}$$

$$\therefore \quad T_3 = T_2\left(\frac{V_3}{V_2}\right) = T_2 r_c \quad \cdots\cdots ②$$

이다. 식 ①을 ②에 대입하면 다음과 같이 T_3가 구해진다.

$$T_3 = T_2 r_c = T_1 r^{k-1} \times r_c$$
$$= 300 \times 18^{1.4-1} \times 2 = 1907[\mathrm{K}]$$

따라서 두 열원 $T_L = T_1$, $T_H = T_3$사이에서 작동하는 카르노 사이클의 열효율 (η_c)은 다음과 같다.

$$\eta_c = 1 - \frac{T_1}{T_3} = 1 - \frac{300}{1907} = 0.843 = 84.3\,[\%]$$

카르노 기관의 열효율은 디젤기관의 열효율보다 높다.

[예제 8.10] 압축비 18, 차단비 2인 공기표준 디젤 사이클이 있다. 압축 초기의 온도, 압력, 부피가 각각 300K, 100kPa, 1900cm³일 때 다음을 구하라. 단, 공기의 비열비 $k = 1.4$이고 정적비열 $C_v = 0.717\mathrm{kJ/kg \cdot K}$이며 기체상수 $R = 0.287\mathrm{kJ/kg \cdot K}$이다.

(1) 각 과정에서 최종상태의 부피[cm³], 온도[K], 압력[kPa]

(2) 한 사이클 당 순 일 W_{net}[kJ]

(3) 사이클의 이론 열효율(η_{th})

(4) 평균유효압력[MEP]

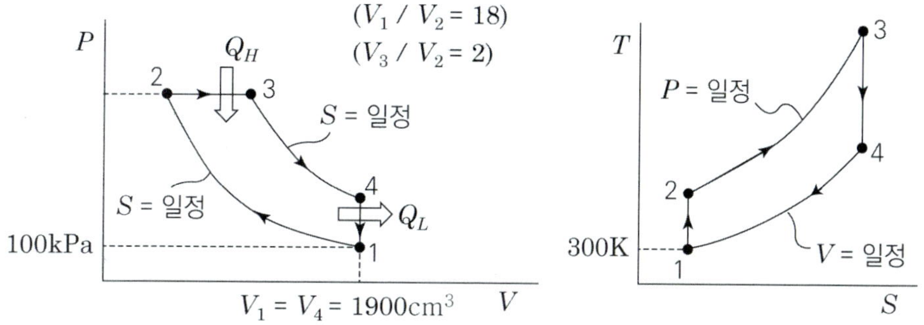

[그림 8.14] 디젤 사이클의 $P-V$ 선도와 $T-S$ 선도

풀이 [그림 8.14]에 주어진 사이클의 $P-V$ 선도와 $T-S$ 선도를 나타내었다. 두 선도에서 주어진 값은 다음과 같다.

- $T_1 = 300\text{K}$, $P_1 = 100\text{kPa}$, $V_1 = V_4 = 1900\text{cm}^3$
- 압축비 $r = V_1/V_2 = 18$
- 차단비 $r_c = V_3/V_2 = 2$

(1) 부피는 압축비와 차단비의 정의로부터 구할 수 있다.

$$r = \frac{V_1}{V_2} \quad \therefore \ V_2 = \frac{V_1}{r} = \frac{1900}{18} = 105.6\,[\text{cm}^3] \cdots\cdots ①$$

$$r_c = \frac{V_3}{V_2} \quad \therefore \ V_3 = r_c V_2 = 2 \times 105.6 = 211.2\,[\text{cm}^3] \cdots\cdots ②$$

$$V_4 = V_1 = 1900\,[\text{cm}^3] \ (\leftarrow \text{정적 과정}) \cdots\cdots ③$$

- 1→2는 등엔트로피 과정($TV^{k-1} = C$, $PV^k = C$)이다.

$$\frac{T_2}{T_1} = \left(\frac{V_1}{V_2}\right)^{k-1} = r^{k-1}$$

$$\therefore \ T_2 = T_1 r^{k-1} = 300 \times 18^{1.4-1} = 953.3\,[\text{K}] \cdots\cdots ④$$

$$\frac{P_2}{P_1} = \left(\frac{V_1}{V_2}\right)^{k} = r^{k}$$

$$\therefore \ P_2 = P_1 r^k = 100 \times 18^{1.4} = 5719.8\,[\text{kPa}] \cdots\cdots ⑤$$

- 2→3의 과정은 정압과정($T/V = C$)이다.

$$P_3 = P_2 = 5719.8\,[\text{kPa}] \cdots\cdots ⑥$$

$$\frac{T_3}{V_3} = \frac{T_2}{V_2}$$

$$\therefore \ T_3 = T_2 \times \frac{V_3}{V_2} = 953.3 \times 2 = 1906.6\,[\text{K}] \cdots\cdots ⑦$$

- 3→4는 등엔트로피 과정($TV^{k-1} = C$, $PV^k = C$)이다.

$$\frac{T_4}{T_3} = \left(\frac{V_3}{V_4}\right)^{k-1}$$

$$\therefore\ T_4 = T_3\left(\frac{V_3}{V_4}\right)^{k-1} = 1906.6 \times \left(\frac{211.2}{1900}\right)^{1.4-1} = 791.8\,[\mathrm{K}] \cdots\cdots ⑧$$

$$\frac{P_4}{P_3} = \left(\frac{V_3}{V_4}\right)^{k}$$

$$\therefore\ P_4 = P_3\left(\frac{V_3}{V_4}\right)^{k} = 5719.8 \times \left(\frac{211.2}{1900}\right)^{1.4} = 264.1\,[\mathrm{kPa}] \cdots\cdots ⑨$$

(2) 작동유체(공기)의 질량(m)은 다음과 같다.

$$m = \frac{P_1 V_1}{RT_1} = \frac{100 \times (1900 \times 10^{-6})}{0.287 \times 300} = 0.00221\,[\mathrm{kg}] \cdots\cdots ⑩$$

2→3의 정압 가열과정에서 사이클로 전달된 열량은

$$Q_H = mC_p(T_3 - T_2) = mkC_v(T_3 - T_2)$$
$$= 0.00221 \times 1.4 \times 0.717 \times (1906.6 - 953.3)\,[\mathrm{kJ}]$$
$$= 2.115\,[\mathrm{kJ}] \cdots\cdots ⑪$$

이고, 4→1의 정적 방열과정에서 방출된 열량은

$$Q_L = mC_v(T_4 - T_1) = 0.00221 \times 0.717 \times (791.8 - 300)\,[\mathrm{kJ}]$$
$$= 0.779\,[\mathrm{kJ}] \cdots\cdots ⑫$$

이므로 한 사이클 당 순 일(W_{net})은 다음과 같다.

$$W_{net} = Q_H - Q_L = 2.115 - 0.779 = 1.336\,[\mathrm{kJ}] \cdots\cdots ⑬$$

(3) 사이클의 이론 열효율(η_{th})

$$\eta_{th} = \frac{W_{net}}{Q_H} = \frac{1.336}{2.115} = 0.632 = 63.2\,[\%] \cdots\cdots ⑭$$

(4) 평균유효압력(MEP)은 다음과 같다.

$$\text{MEP} = \frac{W_{net}}{V_{\max} - V_{\min}} = \frac{W_{net}}{V_1 - V_2} = \frac{1.336 \times 10^3}{(1900 - 105.6) \times 10^{-6}} [\text{Pa}]$$

$$= 7.445 \times 10^5 [\text{Pa}]$$

$$= 744.5 [\text{kPa}] \cdots\cdots ⑮$$

[참고 8.2] 디젤 사이클 기관의 평균유효압력

[예제 8.10]에서 각각의 양을 수치로 구하여 최종적으로 평균유효압력을 구하였다. 이와 같은 과정으로 다음과 같은 평균유효압력(P_{me}) 식을 유도할 수 있다.

$$P_{me} = \frac{W}{V_1 - V_2} = \frac{Q_H \eta_{th}}{V_1 - V_2}$$

$$= \frac{Q_H}{V_1} \times \frac{1}{(1 - V_2 / V_1)} \times \eta_{th} = \frac{Q_H}{V_1} \times \frac{1}{(1 - 1/r)} \times \eta_{th}$$

$$= \frac{Q_H}{V_1} \times \frac{r}{r-1}\left[1 - \frac{1}{r^{k-1}}\left\{\frac{r_c^k - 1}{k(r_c - 1)}\right\}\right] \cdots\cdots ①$$

[예제 8.10]에 식 ①을 적용하면 다음 값이 구해진다.

$$P_{me} = \frac{2.115(\text{kJ})}{1.9 \times 10^{-3}(\text{m}^3)} \times \frac{18}{18-1}\left[1 - \frac{1}{18^{1.4-1}}\left\{\frac{2^{1.4} - 1}{1.4 \times (2-1)}\right\}\right]$$

$$= 744.4 [\text{kPa}] \quad (\text{OK})$$

여기에서 구한 값이 [예제 8.10]의 결과와 일치함을 확인하라.

8.8 사바테 사이클

불꽃점화 기관이나 압축착화 기관의 실제 $P-V$ 선도에서 일어나는 열 공급은 정적 또는 정압 과정에서 벗어나 있으며, 경우에 따라서는 이들이 복합된 것으로 생각하는 것이 편리하다. 이를 사바테 사이클(Sabathe cycle) 또는 공기표준 복합 사이클 또는 이중 사이클이라 한다. 사바테 사이클은 고속 디젤기관의 기본 사이클이다.

[그림 8.15]에 사바테 사이클의 $P-V$ 선도와 $T-S$ 선도를 나타내었다. 고속 디젤기관에서 특히 이 사이클과 유사하게 작동하며, 이 기관에서는 분사된 연료 중 일부가 2→3에서 정적 연소하고, 나머지는 3→4에서 정압 연소한다. 따라서 정적과정(2→3)에서 Q_V가, 정압과정(3→4)에서 Q_P가 전달되어 전체 공급 열량은 $Q_H = Q_V + Q_P$가 된다.

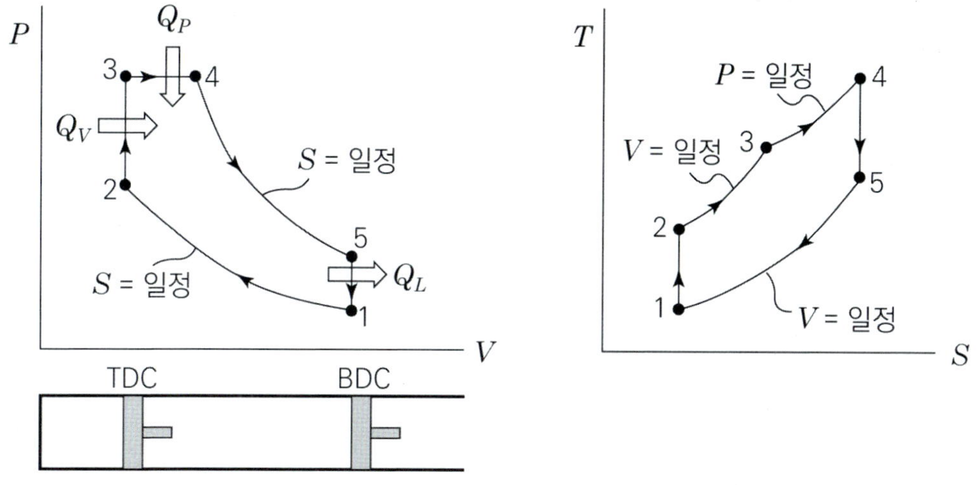

[그림 8.15] 사바테 사이클의 $P-V$ 선도와 $T-S$ 선도

사바테 사이클은 다음 5가지 기본 과정으로 구성된다.

(1) 1→2: [가역단열 압축] 등엔트로피 압축. 압축비 V_1/V_2로 압축한다.
(2) 2→3: [정적 가열] 일정한 체적에서 기체로 열이 전달되어 기체의 온도가 상승한다. 실제 기관에서는 정적 연소가 일어난다.
(3) 3→4: [정압 가열] 일정한 압력에서 기체로 열이 전달되어 기체의 온도가 상승한다. 실제 기관에서는 정압 연소가 일어난다.
(4) 4→5: [가역단열 팽창] 등엔트로피 팽창. 체적 $V_5 = V_1$까지 팽창한다.
(5) 5→1: [정적 방열] 일정한 체적에서 열을 방출하고 기체의 온도가 내려간다.

[그림 8.15]의 사바테 사이클 선도에서 다음과 같이 압축비(r), 차단비(r_c) 및 압력비(r_p)를 정의한다.

$$r = \frac{V_1}{V_2} = \frac{V_5}{V_3}, \quad r_c = \frac{V_4}{V_3}, \quad r_p = \frac{P_3}{P_2} = \frac{P_4}{P_2} \qquad (8.26)$$

사바테 사이클의 5가지 기본 과정의 상태변화 식은 다음과 같다.[10)]

(1) 1→2: 등엔트로피 과정

$$T_1 V_1^{k-1} = T_2 V_2^{k-1}$$

$$\therefore \quad T_2 = T_1 \left(\frac{V_1}{V_2} \right)^{k-1} = T_1 r^{k-1} \qquad (8.27)$$

$$P_1 V_1^k = P_2 V_2^k$$

$$\therefore \quad P_2 = P_1 \left(\frac{V_1}{V_2} \right)^k = P_1 r^k \qquad (8.28)$$

(2) 2→3: 정적과정

$$\frac{T_3}{P_3} = \frac{T_2}{P_2}$$

$$\therefore \quad T_3 = T_2 \left(\frac{P_3}{P_2} \right) = T_2 r_p \qquad (8.29)$$

(3) 3→4: 정압과정

$$\frac{T_4}{V_4} = \frac{T_3}{V_3}$$

$$\therefore \quad T_4 = T_3 \left(\frac{V_4}{V_3} \right) = T_3 r_c \qquad (8.30)$$

(4) 4→5: 등엔트로피 과정

$$T_5 V_5^{k-1} = T_4 V_4^{k-1}$$

$$\therefore \quad T_5 = T_4 \left(\frac{V_4}{V_5} \right)^{k-1} \qquad (8.31)$$

10) 사바테 사이클은 오토사이클과 디젤 사이클에 비해 더 복잡해보이지만 4가지 기본과정을 이해하고 순서대로 적용해나가면 된다. 해석 과정은 모두 같다.

$$P_5 V_5^k = P_4 V_4^k$$

$$\therefore \quad P_5 = P_4 \left(\frac{V_4}{V_5} \right)^k \quad \cdots\cdots (8.32)$$

이들 식을 이용하면 각 과정이 완료된 후의 온도와 압력을 구할 수 있다. 기본적인 물리량의 관계식은 다음과 같다.

(1) 열량

- 공급 열량

$$\begin{aligned} Q_H &= Q_V + Q_P \\ &= mC_v(T_3 - T_2) + mC_p(T_4 - T_3) \\ &= mC_v[(T_3 - T_2) + k(T_4 - T_3)] \end{aligned}$$

$$Q_H = mC_v[(T_3 - T_2) + k(T_4 - T_3)] \quad \cdots\cdots (8.33)$$

- 방출 열량

$$Q_L = mC_v(T_5 - T_1) \quad \cdots\cdots (8.34)$$

(2) 온도

- $T_2 = T_1 r^{k-1}$ ⋯⋯ (8.35)
- $T_3 = T_2 \left(\frac{P_3}{P_2} \right) = T_2 r_p = T_1 r_p r^{k-1}$ ⋯⋯ (8.36)
- $T_4 = T_3 \left(\frac{V_4}{V_3} \right) = T_3 r_c = T_1 r_c r_p r^{k-1}$ ⋯⋯ (8.37)
- $T_5 = T_4 \left(\frac{V_4}{V_5} \right)^{k-1} = T_4 \left(\frac{V_4}{V_3} \frac{V_3}{V_5} \right)^{k-1} = T_4 \left(\frac{r_c}{r} \right)^{k-1}$

$$= \left(T_1 r_c r_p r^{k-1} \right) \frac{r_c^{k-1}}{r^{k-1}} = T_1 r_p r_c^k$$

$$T_5 = T_1 r_p r_c^k \quad \cdots\cdots (8.38)$$

(3) 압력

- $P_2 = P_1 r^k$ ⋯⋯ (8.39)

- $P_3 = P_2\left(\dfrac{P_3}{P_2}\right) = P_2 r_p = P_1 r_p r^k$ ············ (8.40)
- $P_4 = P_3 = P_1 r_p r^k$ ············ (8.41)
- $P_5 = P_4\left(\dfrac{V_4}{V_5}\right)^k = P_4\left(\dfrac{V_4}{V_3}\dfrac{V_3}{V_5}\right)^k = P_4\left(\dfrac{r_c}{r}\right)^k = \left(P_1 r_p r^k\right)\dfrac{r_c^k}{r^k} = P_1 r_p r_c^k$

$P_5 = P_1 r_p r_c^k$ ············ (8.42)

(4) 이론 열효율(η_{th})[11]

$$\eta_{th} = 1 - \frac{T_5 - T_1}{(T_3 - T_2) + k(T_4 - T_3)} = 1 - \frac{1}{r^{k-1}}\left[\frac{r_p r_c^k - 1}{(r_p - 1) + k r_p (r_c - 1)}\right]$$

$$\eta_{th} = 1 - \frac{1}{r^{k-1}}\left[\frac{r_p r_c^k - 1}{(r_p - 1) + k r_p (r_c - 1)}\right] \quad \cdots\cdots (8.43)$$

(5) 평균유효압력(P_{me})

$$\begin{aligned} P_{me} &= \frac{P_1}{(k-1)(r-1)}\left[r^k\{(r_p - 1) + k r_p (r_c - 1)\} - r(r_p r_c^k - 1)\right] \\ &= \frac{P_1 Q_H}{mRT_1} \times \left(\frac{r}{r-1}\right) \times \eta_{th} \\ &= \frac{P_1 Q_H}{mRT_1} \times \left(\frac{r}{r-1}\right)\left[1 - \frac{1}{r^{k-1}}\left\{\frac{r_p r_c^k - 1}{(r_p - 1) + k r_p (r_c - 1)}\right\}\right] \end{aligned} \quad (8.44)$$

식 (8.43)에서 $r_c = 1$이면 오토사이클의 열효율, $r_p = 1$이면 디젤 사이클의 열효율이 된다. 오토 사이클과 디젤 사이클은 모두 사바테 사이클의 특별한 경우로써 얻어질 수 있다. 압축비가 같으면 이론적인 열효율은 오토사이클이 가장 좋고, 사바테 사이클($r_c \neq 1$, $r_p \neq 1$)이 그 다음이며, 디젤 사이클의 열효율이 가장 낮다.

$$\eta_{th,\,\mathrm{Otto}} > \eta_{th,\,\mathrm{Sabatte}} > \eta_{th,\,\mathrm{Diesel}}$$

그러나 세 사이클 모두 압축비가 클수록 열효율이 높아진다.

11) [참고 8.4]와 [참고 8.5]에 식 (8.43)과 (8.44)의 유도 과정을 기술하였다.

실제 기관의 열효율

불꽃점화 기관(SI 엔진, 가솔린기관)에서 공기와 연료의 혼합기는 연료의 자연발화 온도 이하의 온도까지 압축되고, 점화 플러그의 점화에 의해 연소가 시작된다. 압축착화 기관(CI 엔진, 디젤기관)에서는 공기가 연료의 자연발화 온도 이상까지 압축되고, 이 고온의 공기 속으로 연료가 분사되어 공기와 접촉함으로써 연소가 시작된다. 디젤기관에서는 가솔린기관의 점화플러그 대신 연료 분사기가 설치되어 있다. 이에 따라 가솔린기관에서는 자연발화 또는 기관 노크의 발생을 억제하기 위해 압축비를 어느 한도 이하로 제한한다. 일반적으로 가솔린기관의 압축비는 7 ~ 10의 범위에 있고, 실제 가솔린기관의 열효율은 25 ~ 30% 정도이다. 그러나 디젤기관의 경우에는 압축행정 동안 공기만 압축되므로 자연발화 가능성이 없다. 이에 따라 디젤기관은 대개 12 ~ 24의 높은 압축비에서 작동하도록 설계되어 있다. 따라서 디젤기관이 가솔린기관보다 훨씬 더 높은 압축비에서 작동하므로 일반적으로 가솔린기관에 비해 더 효율적이다. 또한 디젤기관은 가솔린기관에 비해 더 낮은 회전수로 작동하기 때문에 연료를 훨씬 더 완전하게 연소시킨다. 따라서 유해물질인 일산화탄소(CO)가 적게 배출된다. 대형 디젤기관의 열효율은 35 ~ 40% 정도이다. 열효율이 높고 연료비가 적게 들므로 기관차, 대형 선박, 대형 트럭과 같은 큰 동력을 요구하는 기관에서는 디젤기관을 사용하고 있다.

[예제 8.11] 압축비가 20인 공기표준 사바테 사이클이 있다. 압축 초기 온도와 압력이 각각 300K, 0.1MPa이고, 정적과정에서 500kJ/kg, 정압과정에서 400kJ/kg의 열이 사이클로 전달될 때 다음을 구하라. 단, 공기의 기체상수 $R = 0.287\,\mathrm{kJ/kg \cdot K}$, 정적비열 $C_v = 0.717\,\mathrm{kJ/kg \cdot K}$, 비열비 $k = 1.4$이다.

(1) 각 과정의 최종상태의 온도[K]와 압력[MPa]

(2) 사이클의 순 일 w_{net}[kJ/kg]

(3) 사이클의 이론 열효율(η_{th})

(4) 평균유효압력(MEP)

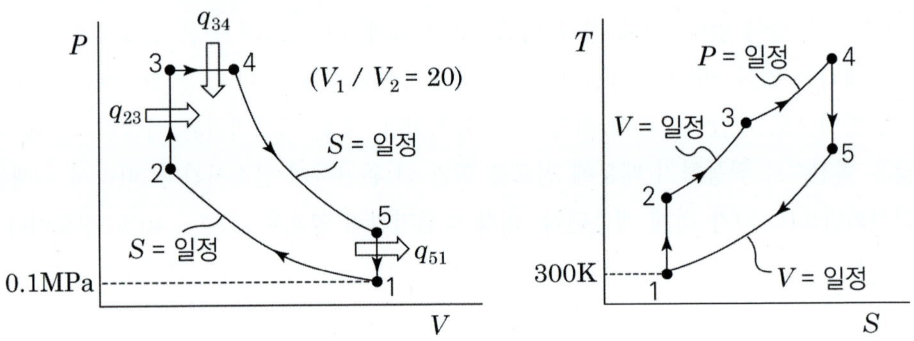

[그림 8.16] 사바테 사이클의 $P-V$ 선도와 $T-S$ 선도

풀이 [그림 8.16]에 주어진 사이클의 선도를 나타내었다. 선도에서 주어진 값은 다음과 같다.

- 압축 초기 점(1): $T_1 = 300\mathrm{K}$, $P_1 = 0.1\mathrm{MPa}$
- 사이클로 전달된 열량: $q_V = q_{23} = 500\mathrm{kJ/kg}$, $q_P = q_{34} = 400\mathrm{kJ/kg}$
- 압축비: $r = \dfrac{V_1}{V_2} = \dfrac{V_5}{V_3} = 20$

(1) • $T_2 = T_1 r^{k-1} = 300 \times 20^{1.4-1} = 994.3\,[\mathrm{K}]$ ……………… ①

$P_2 = P_1 r^k = 0.1 \times 20^{1.4} = 6.629\,[\mathrm{MPa}]$ ……………… ②

• 2→3 과정은 정적과정($P/T = C$)이고 $q_{23} = 500\,[\mathrm{kJ/kg}]$의 열량을 전달받는다.

$$q_{23} = C_v(T_3 - T_2)$$

$$\therefore \ T_3 = T_2 + \frac{q_{23}}{C_v} = 994.3 + \frac{500}{0.717} = 1691.7[\text{K}] \cdots\cdots ③$$

$$\frac{P_3}{T_3} = \frac{P_2}{T_2}$$

$$\therefore \ P_3 = P_2 \times \frac{T_3}{T_2} = 6.629 \times \frac{1691.7}{994.3} = 11.279[\text{MPa}] \cdots\cdots ④$$

• 3→4 과정은 정압과정($V/T = C$)이고 $q_{34} = 400\,[\text{kJ/kg}]$의 열량을 전달받는다.

$$P_4 = P_3 = 11.279\,[\text{MPa}] \cdots\cdots ⑤$$

$$q_{34} = C_p(T_4 - T_3) = kC_v(T_4 - T_3)$$

$$\therefore \ T_4 = T_3 + \frac{q_{34}}{kC_v} = 1691.7 + \frac{400}{1.4 \times 0.717} = 2090.2\,[\text{K}] \cdots\cdots ⑥$$

$$\frac{V_3}{T_3} = \frac{V_4}{T_4}$$

$$\therefore \ r_c = \frac{V_4}{V_3} = \frac{T_4}{T_3} = \frac{2090.2}{1691.7} = 1.236 \cdots\cdots ⑦$$

• 4→5 과정은 등엔트로피 과정이다.

$$T_5 V_5^{k-1} = T_4 V_4^{k-1}$$

$$\therefore \ T_5 = T_4\left(\frac{V_4}{V_5}\right)^{k-1} = T_4\left(\frac{V_4}{V_3}\frac{V_3}{V_5}\right)^{k-1} = T_4\left(\frac{r_c}{r}\right)^{k-1}$$

$$= 2090.2 \times \left(\frac{1.236}{20}\right)^{1.4-1} = 686.4[\text{K}] \cdots\cdots ⑧$$

5→1 과정은 정적과정($P/T = C$)이다.

$$\frac{P_5}{T_5} = \frac{P_1}{T_1}$$

$$\therefore \ P_5 = P_1\left(\frac{T_5}{T_1}\right) = 0.1 \times \frac{686.4}{300} = 0.229\,[\text{MPa}] \cdots\cdots ⑨$$

(2) 5→1 과정에서 방출한 열량(q_{51})은

$$q_{51} = C_v(T_5 - T_1) = 0.717 \times (686.4 - 300) = 277\,[\mathrm{kJ/kg}] \quad \cdots\cdots\cdots\cdots ⑩$$

이고, 사이클의 순 일(w_{net})은 다음과 같다.

$$w_{net} = (q_{23} + q_{34}) - q_{51} = (500 + 400) - 277 = 623\,[\mathrm{kJ/kg}] \quad \cdots\cdots\cdots\cdots ⑪$$

(3) 사이클의 이론 열효율(η_{th})

$$\eta_{th} = \frac{w_{net}}{q_H} = \frac{w_{net}}{q_{23} + q_{34}} = \frac{623}{500 + 400} = 0.692 \quad \cdots\cdots\cdots\cdots ⑫$$

(4) 이상기체 상태방정식에서

$$v_1 = \frac{RT_1}{P_1} = \frac{0.287 \times 300}{100} = 0.861\ [\mathrm{m^3/kg}] \quad \cdots\cdots\cdots\cdots ⑬$$

이고, 평균유효압력(MEP)은 다음과 같다.

$$\begin{aligned}
\mathrm{MEP} &= \frac{w_{net}}{v_1 - v_2} = \frac{w_{net}}{v_1(1 - v_2/v_1)} = \frac{w_{net}}{v_1(1 - 1/r)} \\
&= \frac{w_{net}}{v_1} \times \frac{r}{r-1} \\
&= \frac{623}{0.861} \times \frac{20}{20-1}\ [\mathrm{kPa}] \\
&= 761.7\,[\mathrm{kPa}] \quad \cdots\cdots\cdots\cdots ⑭
\end{aligned}$$

[참고 8.3] [예제 8.11] 결과 검토

$$r = 20, \quad r_c = 1.236, \quad r_p = \frac{P_3}{P_2} = \frac{11.279}{6.629} = 1.701$$

$$\begin{aligned}
\eta_{th} &= 1 - \frac{1}{r^{k-1}}\left[\frac{r_p r_c^k - 1}{(r_p - 1) + k r_p (r_c - 1)}\right] \\
&= 1 - \frac{1}{20^{1.4-1}}\left[\frac{1.701 \times 1.236^{1.4} - 1}{(1.701 - 1) + 1.4 \times 1.701 \times (1.236 - 1)}\right]
\end{aligned}$$

$$= 0.692 \ (\text{OK})$$

[참고 8.4] 사바테 사이클의 이론 열효율

식 (8.35) ~ (8.38)에서 T_2, T_3, T_4, T_5를 모두 T_1으로 표현하면

$$T_2 = T_1 r^{k-1}, \ T_3 = T_1 r_p r^{k-1}, \ T_4 = T_1 r_c r_p r^{k-1}, \ T_5 = T_1 r_p r_c^k$$

이고, 이 식들을 사용하면 다음과 같이 이론 열효율(η_{th})이 구해진다.

$$\begin{aligned}
\eta_{th} &= 1 - \frac{Q_L}{Q_H} = 1 - \frac{mC_v(T_5 - T_1)}{mC_v[(T_3 - T_2) + k(T_4 - T_3)]} \\
&= 1 - \frac{T_5 - T_1}{(T_3 - T_2) + k(T_4 - T_3)} \\
&= 1 - \frac{T_1 r_p r_c^k - T_1}{(T_1 r_p r^{k-1} - T_1 r^{k-1}) + k(T_1 r_c r_p r^{k-1} - T_1 r_p r^{k-1})} \\
&= 1 - \frac{T_1 (r_p r_c^k - 1)}{T_1 r^{k-1}[(r_p - 1) + k r_p (r_c - 1)]} \\
&= 1 - \frac{1}{r^{k-1}} \left[\frac{r_p r_c^k - 1}{(r_p - 1) + k r_p (r_c - 1)} \right]
\end{aligned}$$

[참고 8.5] 사바테 사이클의 평균유효압력

먼저 일(W)을 구한 다음 평균유효압력(P_{me})을 구한다.

$$\begin{aligned}
W &= Q_H - Q_L \\
&= mC_v[(T_3 - T_2) + k(T_4 - T_3)] - mC_v(T_5 - T_1) \\
&= mC_v[(T_3 - T_2) + k(T_4 - T_3) - (T_5 - T_1)] \\
&= mC_v[(T_1 r_p r^{k-1} - T_1 r^{k-1}) + k(T_1 r_c r_p r^{k-1} - T_1 r_p r^{k-1}) - (T_1 r_p r_c^k - T_1)] \\
&= mT_1 C_v[r^{k-1}(r_p - 1) + k r_p r^{k-1}(r_c - 1) - (r_p r_c^k - 1)] \\
&= mT_1 C_v[r^{k-1}\{(r_p - 1) + k r_p (r_c - 1)\} - (r_p r_c^k - 1)]
\end{aligned}$$

이고, 평균유효압력의 정의에서

$$P_{me} = \frac{W}{V_1 - V_2} = \frac{W}{V_1(1 - V_2/V_1)}$$
$$= \frac{W}{V_1(1-1/r)} = \frac{W}{V_1} \times \frac{r}{r-1}$$
$$= \frac{mT_1C_v}{V_1} \times \left[r^{k-1}\{(r_p - 1) + kr_p(r_c - 1)\} - (r_p r_c^k - 1)\right] \times \frac{r}{r-1}$$

이다. 여기에서 $C_v = \dfrac{R}{k-1}$, $mRT_1 = P_1V_1$이므로

$$\frac{mT_1C_v}{V_1} = \frac{mT_1}{V_1} \times \frac{R}{k-1} = \frac{P_1V_1}{V_1} \times \frac{1}{k-1} = \frac{P_1}{k-1}$$

이다. 따라서 평균유효압력(P_{me})은 다음과 같다.

$$P_{me} = \frac{P_1}{(k-1)(r-1)}\left[r^k\{(r_p - 1) + kr_p(r_c - 1)\} - r(r_p r_c^k - 1)\right]$$

한편 이론 열효율(η_{th})의 정의와 이상기체 상태방정식으로부터

$$W = \eta_{th}Q_H, \quad V_1 = \frac{mRT_1}{P_1}$$

이고, 이 식을 이용하면 평균유효압력은 다음과 같이 표현된다.

$$P_{me} = \frac{W}{V_1} \times \frac{r}{r-1} = \frac{\eta_{th}Q_H}{V_1} \times \frac{r}{r-1} = \frac{P_1Q_H}{mRT_1} \times \left(\frac{r}{r-1}\right) \times \eta_{th}$$
$$= \frac{P_1Q_H}{mRT_1} \times \left(\frac{r}{r-1}\right)\left[1 - \frac{1}{r^{k-1}}\left\{\frac{r_p r_c^k - 1}{(r_p - 1) + kr_p(r_c - 1)}\right\}\right]$$

8.9 스털링 사이클과 에릭슨 사이클

온도 T_H인 고온열원과 T_L인 저온열원 사이에서 작동하는 열기관 중 가장 효율이 높은 기관은 카르노 사이클로 작동하는 기관이다. 스털링 사이클(Stirling cycle)과 에릭슨 사이클(Ericsson cycle)은 카르노 사이클과 같이 T_H에서 등온가열과정과 T_L에서 등온방열과정을 포함하고 있다. 두 사이클이 카르노 사이클과 다른 점은 카르노 사이클의 등엔트로피 과정이 스털링 사이클에서는 정적과정으로 대체되고, 에릭슨 사이클에서는 정압과정으로 대체된다는 점이다.

두 사이클의 정적과정과 정압과정에서는 재생을 이용한다. 재생은 사이클의 일부 기간 동안 작동유체로부터 열에너지 저장기(재생기)로 열이 전달되고, 또 다른 일부 기간 동안 그 저장 장치에서 작동 유체로 열을 되돌려 주는 과정이다. 즉, 재생기는 사이클의 어느 기간 동안 작동유체로부터 에너지를 받아서 저장해 두었다가 또 다른 기간에 저장한 에너지를 작동유체로 되돌려 주는 장치이다.

[그림 8.17]과 같이 스털링 사이클은 '**2개의 등온과정과 2개의 정적과정**'으로 이루어진다.

(1) 1→2: [등온 압축] 작업유체가 압축되고 외부로 열을 방출한다.
(2) 2→3: [정적 가열] 일정한 체적에서 내부(재생기)로부터 열량을 공급받는다.
(3) 3→4: [등온 팽창] 작업유체가 외부로부터 열량을 공급받고 팽창한다.
(4) 4→1: [정적 방열] 일정한 체적에서 내부(재생기)로 열이 방출된다.

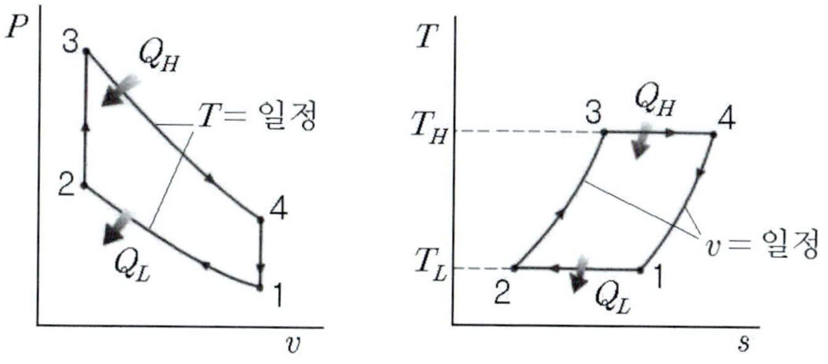

[그림 8.17] 스털링 사이클: (a) $P-v$ 선도 (b) $T-s$ 선도. 이상적인 경우 $T-s$ 선도에서 $2-3$ 아래의 면적과 $1-4$ 아래의 면적이 같으면 스털링 사이클의 열효율은 카르노 사이클의 열효율과 같다.

에릭슨 사이클은 정적과정이 정압과정으로 대치되는 것 외에는 스털링 사이클과 동일한 과정으로 작동한다. [그림 8.18]와 같이 에릭슨 사이클은 '**2개의 등온과정과 2개의 정압과정**'으로 구성되어 있다.

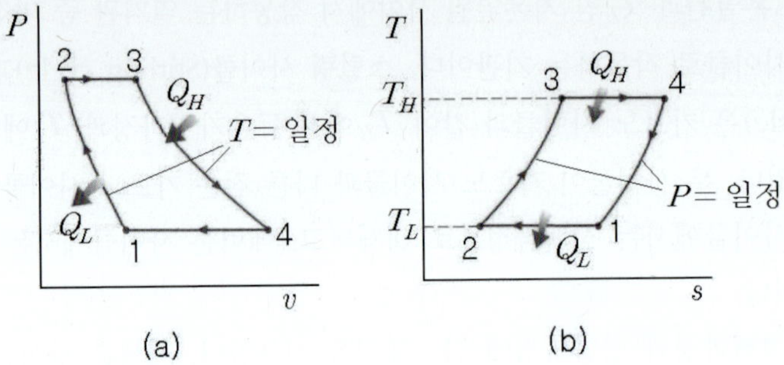

[그림 8.18] 에릭슨 사이클: (a) $P-v$ 선도 (b) $T-s$ 선도. 이상적인 경우 $T-s$ 선도에서 $2-3$ 아래의 면적과 $1-4$ 아래의 면적이 같으면 에릭슨 사이클의 열효율은 카르노 사이클의 열효율과 같다.

2개의 열원으로 구성되는 사이클 중 가장 효율이 높은 카르노 사이클은 **2개의 등온과정**을 갖는다. 이상에서 살펴 본 바와 같이 스털링 사이클과 에릭슨 사이클은 오토사이클, 디젤 사이클, 사바테 사이클과는 달리 모두 2개의 등온과정을 갖는다는 특징을 가지고 있다.

[그림 8.17(b)]와 [그림 8.18(b)]와 같이 일정한 온도에서 열 공급과정 3→4와 열 방출과정 1→2가 있다. 따라서 과정 4→1과 과정 2→3을 열교환기로 연결시키면(즉, 4→1에서 방출한 열량이 완전히 회수되어 모두 2→3으로 공급된다면), 외부로부터의 열 공급은 고온열원 T_H에서만 일어나고(과정 3→4), 외부로의 열 방출은 저온열원 T_L에서만 일어나게(과정 1→2) 된다. 이때 스털링 사이클과 에릭슨 사이클의 열효율은 동일한 두 온도 $(T_H,\ T_L)$ 사이에서 작동하는 카르노 사이클의 열효율과 같아진다.[12)]

$$\eta_{\text{th, Stirling}} = \eta_{\text{th, Ericsson}} = \eta_{\text{th, Carnot}} = 1 - \frac{T_L}{T_H} \qquad \cdots\cdots (8.45)$$

스털링 사이클과 에릭슨 사이클을 실제로 적용할 때는 등온압축과 등온팽창을 실현하는 압축기나 기관을 제작하기가 어렵고, 열교환기에서 유한한 온도 차이에 의한 열손실과 유동에 의한 압력 손실이 발생하는 등의 문제점이 있다. 최근에 두 사이클이 많이 연구되고

12) [예제 8.12]와 [연습문제 14번]에서 두 사이클의 효율 식을 유도하였다.

있는데 특히 역 스털링 사이클은 헬륨(He)을 냉매로 하는 극저온용 기체 냉동기의 기본 사이클로 관심을 받고 있다.

[예제 8.12] **[에릭슨 사이클]** 이상기체를 작동유체로 하여 온도 T_H인 고온열원과 온도 T_L인 저온열원 사이에서 작동하는 이상적인 에릭슨 사이클의 열효율을 구하라.

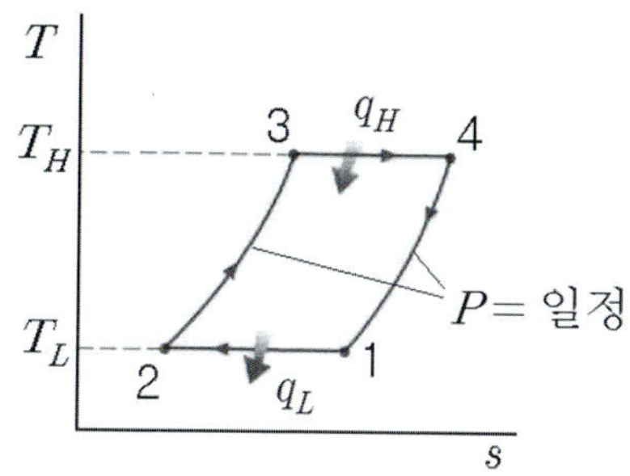

[그림 8.19] 이상적인 에릭슨 사이클의 $T-s$ 선도

풀이 [그림 8.19]에 에릭슨 사이클의 $T-s$ 선도를 나타내었다. 이상적인 에릭슨 사이클에서는 2→3에서 공급받은 열량과 4→1에서 방출한 열량이 같으므로 사이클 전체에서, 3→4에서 열량이 공급되고 1→2에서 열량이 방출된다. 온도(T)가 일정한 과정 1→2, 3→4와 같은 가역등온과정에서 단위 질량당 열전달량(q)은 다음과 같이 엔트로피 변화량(Δs)으로 표현된다.

$$q = T\Delta s$$

등온과정($dT=0$)에서 이상기체의 엔트로피 변화(Δs)를 구하면

$$Tds = dh - vdP = C_p dT - vdP = -vdP$$

$$\therefore\ ds = -\frac{v}{T}dP = -\frac{R}{P}dP \quad (\leftarrow \text{ 이상기체에서 } pv = RT)$$

$$\Delta s = \int_i^f ds = -R\int_i^f \frac{dP}{P}$$

$$\therefore\ \Delta s = s_f - s_i = -R\ln\frac{P_f}{P_i}$$

이다. 따라서 [그림 8.19]의 3→4와 1→2에서의 공급된 열량(q_H)과 방출된 열량

(q_L)은 다음과 같다.

$$q_H = T_H(s_4 - s_3) = T_H \times \left(-R\ln\frac{P_4}{P_3}\right) = RT_H\ln\frac{P_3}{P_4}$$

$$q_L = T_L(s_1 - s_2) = T_L \times \left(-R\ln\frac{P_1}{P_2}\right) = RT_L\ln\frac{P_2}{P_1}$$

에릭슨 사이클에서 $P_1 = P_4$, $P_2 = P_3$이므로 $\frac{P_2}{P_1} = \frac{P_3}{P_4}$이다. 따라서 사이클의 열효율$(\eta_{th})$은 다음과 같다.

$$\eta_{th} = \frac{w_{net}}{q_H} = \frac{q_H - q_L}{q_H} = 1 - \frac{q_L}{q_H}$$

$$= 1 - \frac{RT_L\ln(P_2/P_1)}{RT_H\ln(P_3/P_4)}$$

$$= 1 - \frac{T_L}{T_H}$$

이것은 동일한 온도$(T_H,\ T_L)$의 두 열원 사이에서 작동하는 카르노 사이클의 열효율(η_c)과 같다.

[Note] 카르노 사이클, 스털링 사이클, 에릭슨 사이클의 네 과정

(1) 카르노 사이클: 2개의 등온과정+2개의 단열과정

(2) 스털링 사이클: 2개의 등온과정+2개의 정적과정

(3) 에릭슨 사이클: 2개의 등온과정+2개의 정압과정

8.10 브레이턴 사이클

내연기관에서는 연소가스의 열에너지를 피스톤의 왕복운동을 통하여 기계적인 일로 변환한다. 이에 반해 가스터빈은 터빈의 날개에 직접 연소 가스를 충돌시켜 회전 일을 얻는다. 이와 같은 가스터빈의 기본 요소는 압축기, 연소실, 터빈이며 이 기본 3요소만을 갖는 것을 단순 가스터빈이라 한다.

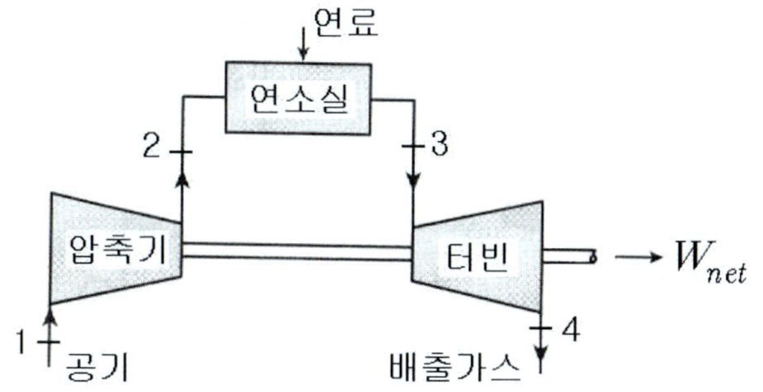

[그림 8.20] 개방형 가스터빈

공기표준 브레이턴 사이클(Brayton cycle)은 '**가스터빈에 대한 이상적인 사이클로**'서 줄 사이클(Joule cycle)이라고도 부른다. [그림 8.20]과 [그림 8.21]에 단순(기본) 개방형 가스터빈과 폐쇄형 가스터빈의 구성을 나타내었다.

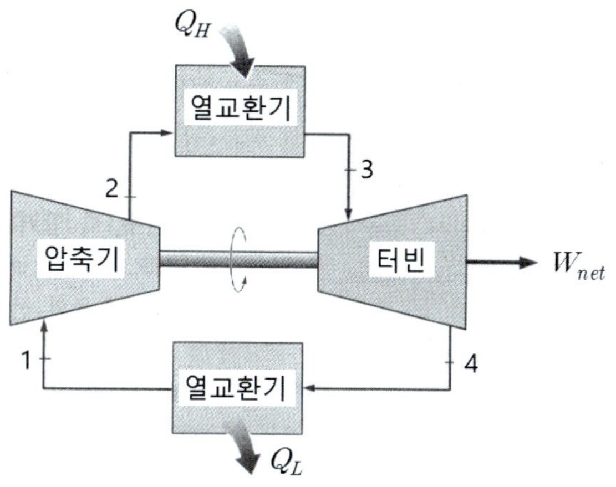

[그림 8.21] 폐쇄형(밀폐형) 가스터빈

공기표준 브레이턴 사이클은 [그림 8.22]와 같이 '2**개의 단열과정과** 2**개의 정압과정**'으로 이루어진다.

(1) 1→2: [가역단열 압축] 등엔트로피 압축(압축기)

(2) 2→3: [정압 가열] 연소기에서 정압 연소가 일어난다. 일정한 압력에서 열을 받고 기체의 온도가 상승한다.

(3) 3→4: [가역단열 팽창] 등엔트로피 팽창(터빈)

(4) 4→1: [정압 방열] 일정한 압력에서 열을 방출하고 기체의 온도가 내려간다.

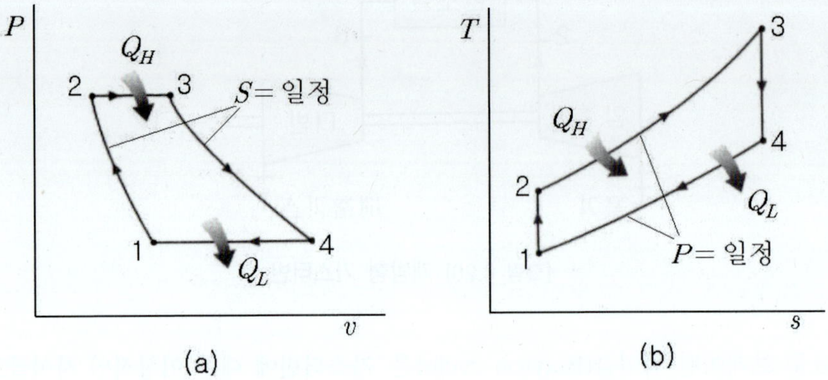

[그림 8.22] 브레이턴 사이클: (a) $P-v$ 선도 (b) $T-s$ 선도

[그림 8.22]에서 공급열량(Q_H), 방열량(Q_L), 터빈 일(W_t), 압축기 일(W_c) 및 사이클의 순 일(W_{net})은 다음과 같다.[13)]

$$Q_H = H_3 - H_2 = mC_p(T_3 - T_2) \quad \cdots\cdots (8.46)$$

$$Q_L = H_4 - H_1 = mC_p(T_4 - T_1) \quad \cdots\cdots (8.47)$$

$$W_t = H_3 - H_4 = mC_p(T_3 - T_4) \quad \cdots\cdots (8.48)$$

$$W_c = H_2 - H_1 = mC_p(T_2 - T_1) \quad \cdots\cdots (8.49)$$

$$W_{net} = Q_H - Q_L = W_t - W_c \quad \cdots\cdots (8.50)$$

그리고 사이클의 열효율은 다음과 같다.

$$\eta_{th} = \frac{W_{net}}{Q_H} = \frac{Q_H - Q_L}{Q_H} = 1 - \frac{Q_L}{Q_H} = 1 - \frac{mC_p(T_4 - T_1)}{mC_p(T_3 - T_2)}$$

$$= 1 - \frac{T_1(T_4/T_1 - 1)}{T_2(T_3/T_2 - 1)} \quad \cdots\cdots ①$$

여기에서 과정 1→2, 3→4는 등엔트로피 과정이고 $P_3 = P_2$, $P_4 = P_1$이므로

$$\frac{P_2}{P_1} = \left(\frac{T_2}{T_1}\right)^{k/(k-1)} = \frac{P_3}{P_4} = \left(\frac{T_3}{T_4}\right)^{k/(k-1)}$$

13) 이 식들은 모두 각각의 요소(압축기, 터빈, 열교환기)에 대한 에너지 보존 식이다.

$$\therefore \ \frac{T_2}{T_1} = \frac{T_3}{T_4} \quad 또는 \quad \frac{T_3}{T_2} = \frac{T_4}{T_1} \quad \cdots\cdots ②$$

이다. 식 ②를 ①에 대입하면 브레이턴 사이클의 열효율(η_{th})은 다음과 같이 표현된다.

$$\eta_{th} = 1 - \frac{T_1}{T_2} = 1 - \frac{1}{r_p^{(k-1)/k}} \quad \cdots\cdots (8.51)$$

여기에서 r_p는 압력비이고, k는 비열비이다.

$$r_p = \frac{P_2}{P_1} = \frac{P_3}{P_4} \quad \cdots\cdots (8.52)$$

압축 후와 팽창 후의 온도는 압력비의 함수로서 다음과 같다.

$$T_2 = T_1 r_p^{(k-1)/k}, \qquad T_4 = T_3 r_p^{-(k-1)/k} \quad \cdots\cdots (8.53)$$

브레이턴 사이클의 열효율은 압력비만의 함수이고, $r_p > 1$, $k > 1$이므로 압력비가 증가하면 열효율이 증가한다[그림 8.23].

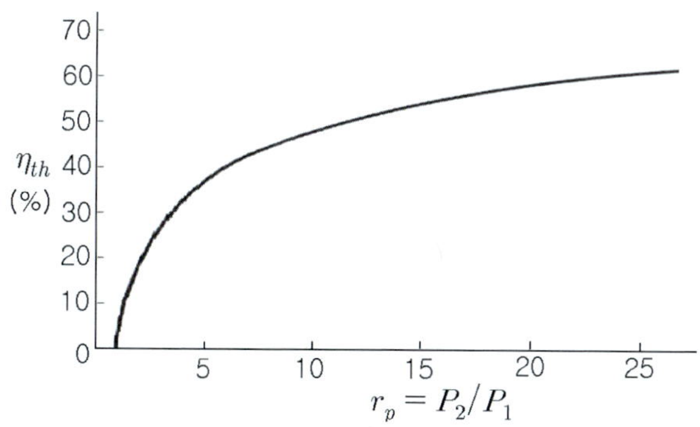

[그림 8.23] 압력비에 따른 브레이턴 사이클의 열효율

[예제 8.13] 공기표준 브레이턴 사이클에서 압력 $0.1\,\mathrm{MPa}$, 온도 $300\,\mathrm{K}$에서 압축기로 유입된 공기가 $0.5\,\mathrm{MPa}$로 압축되어 나온다. 사이클의 최고 온도가 $1100\,\mathrm{K}$일 때 공기 $1\,\mathrm{kg}$에 대하여 다음을 구하라. 공기의 비열비 $k=1.4$, 정압비열 $C_p=1.0035\,\mathrm{kJ/kg\cdot K}$이다.

(1) 사이클 각 점에서의 온도[K]

(2) 압축기 일 w_c[kJ/kg], 터빈 일 w_t[kJ/kg]

(3) 사이클의 순 일 w_{net}[kJ/kg]

(4) 사이클의 열효율(η_{th})

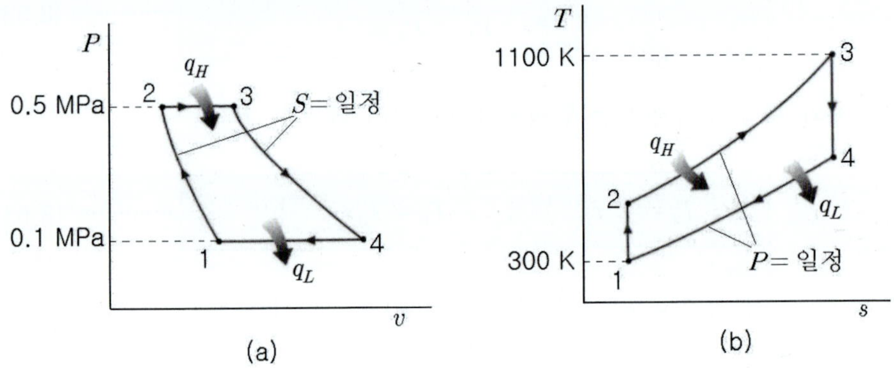

[그림 8.24] 공기표준 브레이턴 사이클의 $P-v$ 선도와 $T-s$ 선도.

풀이 주어진 사이클의 $P-v$ 선도와 $T-s$ 선도는 [그림 8.24]와 같다. 선도로부터 주어진 압력과 온도 및 압력비는 다음과 같다.

- $P_1=P_4=0.1\,\mathrm{MPa}$, $P_2=P_3=0.5\,\mathrm{MPa}$
- $T_1=300\,\mathrm{K}$, $T_3=1100\,\mathrm{K}$
- 압력비 $r_p=P_2/P_1=5$

(1) $T_2=T_1 r_p^{(k-1)/k}=300\times(5)^{(1.4-1)/1.4}=475.1\,[\mathrm{K}]$

$T_4=T_3 r_p^{-(k-1)/k}=1100\times(5)^{-(1.4-1)/1.4}=694.5\,[\mathrm{K}]$

(2) $w_c=C_p(T_2-T_1)=1.0035\times(475.1-300)=175.7\,[\mathrm{kJ/kg}]$

$w_t=C_p(T_3-T_4)=1.0035\times(1100-694.5)=406.9\,[\mathrm{kJ/kg}]$

(3) $w_{net} = w_t - w_c = 406.9 - 175.7 = 231.2$ [kJ/kg]

(4) $\eta_{th} = 1 - \dfrac{T_1}{T_2} = 1 - \dfrac{300}{475.1} = 0.369 = 36.9$[%]

또는, $\eta_{th} = 1 - \dfrac{1}{r_p^{(k-1)/k}} = 1 - \dfrac{1}{(5)^{(1.4-1)/1.4}} = 0.369 = 36.9$[%] (OK)

[예제 8.14] [예제 8.13]에서 사이클로 유입된 열량 q_H와 방출한 열량 q_L을 구하라. 그리고 이 값으로부터 사이클의 순 일 w_{net}를 구한 후, 열효율의 정의 ($\eta_{th} = w_{net}/q_H$)에 의해 η_{th}를 구하여 [예제 8.13]의 결과를 확인하라.

풀이 (1) $q_H = C_p(T_3 - T_2) = 1.0035 \times (1100 - 475.1) = 627.1$ [kJ/kg]

$q_L = C_p(T_4 - T_1) = 1.0035 \times (694.5 - 300) = 395.9$ [kJ/kg]

(2) $w_{net} = q_H - q_L = 627.1 - 395.9 = 231.2$ [kJ/kg]

$\eta_{th} = \dfrac{w_{net}}{q_H} = \dfrac{231.2}{627.1} = 0.369 = 36.9$ [%] (OK)

연습문제 8

01 실린더 안지름이 85mm, 행정이 100mm, 실린더 수가 4개인 왕복운동 기관이 있다. 연소실 체적이 50cm^3일 때 다음을 구하라.

(1) 행정체적[cm^3]

(2) 압축비

(3) 총배기량[cm^3]

02 최대 체적이 800cm^3이고 행정체적이 720cm^3인 가솔린기관의 연소실 체적[cm^3]과 압축비를 구하라.

03 틈새체적이 행정체적의 8%인 가솔린기관의 압축비를 구하라.

04 실린더 안지름이 7cm, 행정이 8cm인 왕복운동 기관의 평균유효압력이 150kPa일 때 한 사이클 당 순 일[J]을 구하라.

05 저열원의 온도가 17℃인 카르노 사이클 기관에서 사이클 당 200kJ의 일을 얻기 위해 필요로 하는 열량이 400kJ일 때 고열원의 온도[℃]를 구하라.

06 공기표준 카르노 사이클에서 고온부에서 공급한 열량이 1200kJ/kg이고, 등엔트로피 압축비가 10일 때 다음을 구하라. 공기의 비열비 $k = 1.4$이다.

(1) 사이클의 열효율

(2) 출력 일[kJ/kg]

(3) 방열량[kJ/kg]

07 [오토 사이클] 압축비가 9인 공기표준 오토 사이클에서 압축 초기 온도와 압력이 각각 290K, 200kPa이고, 한 사이클 당 1000kJ/kg의 열을 공급받을 때 다음을 구하라. 공기의 정적비열은 0.717kJ/kg • K, 기체상수 $R = 0.287\text{kJ/kg} \cdot \text{K}$, 비열비 $k = 1.4$라고 가정한다.

(1) 사이클의 각 상태의 온도와 압력

(2) 사이클의 순 일(w_{net})

(3) 사이클의 이론 열효율(η_{th})

(4) 평균유효압력[MEP]

08 행정체적이 연소실체적의 7배인 공기표준 오토 사이클 기관의 이론 열효율을 구하라. 단, 비열비 $k=1.4$이다.

09 압축비 $r=15$, 차단비 $r_c=2$인 공기표준 디젤기관의 이론 열효율(η_{th})을 구하라. 단, 비열비 $k=1.4$이다.

10 [디젤 사이클] 압축비가 15인 공기표준 디젤 사이클이 있다. 압축 초기 온도와 압력이 각각 300K, 100kPa이고, 한 사이클 당 1200kJ/kg의 열을 공급받을 때 다음을 구하라. 공기의 정적비열은 0.717kJ/kg • K, 비열비 $k=1.4$라고 가정한다.

(1) 각 과정이 완료된 후의 온도[K]와 압력[kPa]

(2) 사이클의 순 일 w_{net}[kJ/kg]

(3) 사이클의 이론 열효율(η_{th})

(4) 평균유효압력[MEP]

11 공기표준 디젤 사이클 기관에서 공기의 최고 온도가 2070K, 최저 온도가 300K이고, 최고 압력이 4MPa, 최저 압력이 0.1MPa일 때 다음을 구하라. 공기의 비열비 $k=1.4$이고, 정적비열은 0.717kJ/kg • K, 기체상수 $R=0.287$kJ/kg • K이다.

(1) 압축비(r)

(2) 단절비(r_c)

(3) 사이클의 이론 열효율(η_{th})

(4) 사이클의 순 일 w_{net}[kJ/kg]

(5) 평균유효압력[MEP]

12 [사바테 사이클] 압축비가 15인 공기표준 사바테 사이클이 있다. 압축 초기 온도와 압력이 각각 300K, 0.1MPa이고, 정적과정에서 800kJ/kg, 정압과정에서 400kJ/kg의 열이 사이클로 전달될 때 다음을 구하라. 단, 공기의 정적비열 $C_v=0.717$kJ/kg • K, 기체상수 $R=0.287$kJ/kg • K, 비열비 $k=1.4$이다.

(1) 각 과정의 최종상태 온도와 압력

(2) 사이클의 순 일 w_{net}[kJ/kg]

(3) 사이클의 이론 열효율(η_{th})

(4) 평균유효압력[MEP]

13 실린더 안지름과 행정이 각각 90mm이고, 연소실 체적이 71.5cc인 4행정 1실린더 가솔린엔진의 압축비를 구하시오. [중등교사 임용시험-기계 · 금속]

14 [스털링 사이클] 이상기체를 작동유체로 하여 온도 T_H인 고온열원과 온도 T_L인 저온열원 사이에서 작동하는 이상적인 스털링 사이클의 열효율을 구하라.

15 [스털링 사이클] 헬륨을 작동유체로 하는 이상적인 스털링 사이클이 있다. 사이클의 최저온도와 최고온도가 각각 300K, 2000K이고, 최저압력과 최고압력이 각각 0.15MPa, 3MPa이다. 헬륨의 기체상수 $R = 2.077\,\mathrm{kJ/kg \cdot K}$일 때 다음을 구하라.

(1) 외부 열원으로부터 사이클로 전달된 열량 q_H[kJ/kg]

(2) 사이클로부터 외부로 방출된 열량 q_L[kJ/kg]

(3) 사이클의 순 일 w_{net}[kJ/kg]

(4) 사이클의 이론 열효율(η_{th})

16 [에릭슨 사이클] 헬륨을 작동유체로 하는 이상적 에릭슨 사이클이 있다. 사이클의 최저온도와 최고온도가 각각 300K, 1600K이고, 최저압력과 최고압력이 각각 0.17MPa, 1.4MPa이다. 질량유량이 0.5kg/s일 때 다음을 구하라. 헬륨의 기체상수 $R = 2.077\,\mathrm{kJ/kg \cdot K}$이다.

(1) 외부 열원으로부터 사이클로 전달된 단위 시간당 열량 $\dot{Q}_H$[kW]

(2) 사이클로부터 외부로 방출된 단위 시간당 열량 $\dot{Q}_L$[kW]

(3) 사이클이 생산하는 순 동력 $\dot{W}_{net}$[kW]

(4) 사이클의 이론 열효율(η_{th})

17 [브레이턴 사이클] 공기 표준 브레이턴 사이클에서 압축기 입구의 온도와 압력이 각각 300K, 0.1MPa이고, 터빈 입구의 온도가 압력이 각각 1300K, 0.8MPa일 때 작업유체인 공기 1kg에 대해 다음을 구하라. 공기의 비열비 $k = 1.4$, 정압비열 $C_p = 1.0035\,\mathrm{kJ/kg \cdot K}$이다.

(1) 사이클 각 점에서의 온도[K]

(2) 압축기 일 w_c[kJ/kg], 터빈 일 w_t[kJ/kg]

(3) 사이클의 순 일 w_{net}[kJ/kg]

(4) 사이클로 유입된 열량 q_H[kJ/kg], 사이클에서 방출한 열량 q_L[kJ/kg]

(5) 사이클의 이론 열효율(η_{th})

18 피스톤 지름이 90mm, 행정이 100mm, 연소실 체적이 $31\mathrm{cm}^3$인 4행정 4기통 기관에 대한 아래 물음에 답하시오. 단, $\pi = 3$으로 하고, 소수 둘째자리에서 반올림한다.

[중등교사 임용시험-농공]

(1) 총 배기량[cm^3]을 계산하는 과정과 답을 쓰시오.

(2) 압축비(ϵ)를 계산하는 과정과 답을 쓰시오.

19 공기표준 브레이턴 사이클에서 사이클로의 열 공급과 사이클에서의 열 방출에 대한 설명으로 옳은 것은?

① 일정한 압력에서 열이 공급되고 방출된다.
② 일정한 체적에서 열이 공급되고 방출된다.
③ 일정한 압력에서 열이 공급되고, 일정한 체적에서 열이 방출된다.
④ 일정한 체적에서 열이 공급되고, 일정한 압력에서 열이 방출된다.

20 공기표준 브레이턴 사이클은 어떤 기관의 이상 사이클인가?

① 불꽃점화 기관　② 압축착화 기관
③ 증기 원동소　④ 가스 터빈

21 이상적인 오토 사이클(Otto cycle)의 열효율을 증가시키는 방안으로 모두 맞는 것은? [기사 시험]

① 압축비 증가, 비열비 증가　② 압축비 증가, 비열비 감소
③ 압축비 감소, 비열비 증가　④ 압축비 감소, 비열비 감소

22 다음 설명 중 옳지 않은 것은? [기사 시험]

① 오토사이클의 열효율은 압축비의 함수이다.
② 오토사이클은 전기점화식 내연기관의 이상적인 사이클이다.
③ 디젤 사이클은 압축점화식 내연기관의 이상적인 사이클이다.
④ 압축비가 동일할 때 디젤 사이클의 열효율이 오토사이클의 열효율보다 높다.

23 디젤 사이클에 대한 설명으로 옳지 않은 것은? [기사 시험]

① 두 개의 등엔트로피 과정이 포함되어 있다.
② 압축점화 내연기관의 이상적인 사이클이다.
③ 한 개의 등온과정과 한 개의 정압과정이 포함되어 있다.
④ 압축비가 동일할 때 오토사이클보다 열효율이 낮다.

24 오토 사이클(Otto cycle)의 이론열효율(η)은? 단, k는 비열비, ϵ는 압축비이다. [기사 시험]

① $\eta = 1-(\epsilon)^{k-1}$　② $\eta = 1-(1/\epsilon)^{k-1}$　③ $\eta = 1-(\epsilon)^{k}$　④ $\eta = 1-(1/\epsilon)$

25 오토 사이클(Otto cycle)에서 단열압축을 할 때 압축 전 압력이 200kPa이고, 압축이 끝났을 때 압력이 1600kPa이면 압축비는? 단, 공기의 비열비 $k=1.4$이다. [기사 시험]

① 3.4　② 4.4　③ 5.4　④ 6.4

26 오토 사이클의 효율이 54.1%이면 압축비는? 단, 공기의 비열비 $k = 1.4$이다. [기사 시험]

① 6 ② 7 ③ 8 ④ 9

27 이상적인 디젤 사이클로 작동하는 디젤기관의 압축비가 16이고, 압축 전 공기 온도가 90℃이면 압축 후 공기 온도[℃]는? 단, 공기의 비열비 $k = 1.4$이다. [기사 시험]

① 1127℃ ② 1027℃ ③ 927℃ ④ 827℃

28 오토 사이클로 작동되는 내연기관에서 연소실체적이 행정체적의 10%이면 기관의 이론 열효율은? 단, 공기의 비열비 $k = 1.4$이다. [기사 시험]

① 52% ② 58% ③ 62% ④ 68%

29 피스톤 지름이 8cm이고 행정이 10cm인 압축기의 지압선도로부터 구한 평균유효압력이 2bar일 때 한 사이클 당 압축일[J]은? [기사 시험]

① 79.5J ② 83.5J ③ 92.5J ④ 100.5J

30 가솔린 내연기관의 작동은 압력(P)–부피(V) 도표에서 그림과 같이 나타낼 수 있다. 내연기관이 외부로부터 일을 받는 구간은 어디인가? [공무원 임용시험]

① A
② B
③ C
④ D

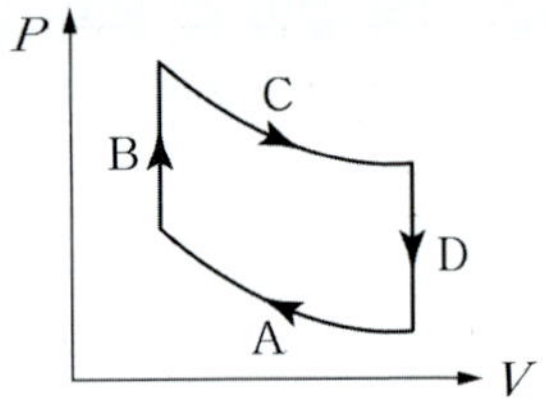

[문제 8.30]

31 내연기관에서 연소실 체적을 증가시키면 열효율은 어떻게 되는가? [기사 시험]

① 증가한다. ② 감소한다.
③ 변화가 없다. ④ 증가할 수도 감소할 수도 있다.

32 두 개의 등엔트로피 과정과 두 개의 정적과정으로 이루어진 사이클은? [기사시험]

① 오토 사이클 ② 디젤 사이클
③ 카르노 사이클 ④ 스털링 사이클

33 다음 기체동력 사이클 중 두 개의 정압과정이 포함된 사이클은? [기사시험]

① 디젤 사이클 ② 카르노 사이클
③ 에릭슨 사이클 ④ 스털링 사이클

34 두 개의 정적과정과 두 개의 등온과정으로 구성된 동력 사이클은? [기사 시험]

① 브레이턴 사이클 ② 에릭슨 사이클
③ 스털링 사이클 ④ 오토 사이클

35 어느 왕복동 내연기관에서 실린더 안지름이 6.8cm, 행정이 8cm일 때 평균유효압력은 1200kPa이다. 이 기관의 1행정당 유효 일은 약 몇 kJ인가? [기사 시험]

① 0.09 ② 0.15 ③ 0.35 ④ 0.48

36 실제 가스터빈 사이클에서 최고온고가 630℃이고, 터빈효율이 80%이다. 손실 없이 단열팽창 한다고 가정했을 때의 온도가 290℃라면 실제 터빈 출구에서의 온도는? (단, 가스의 비열은 일정하다고 가정한다.) [기사 시험]

① 348℃ ② 358℃ ③ 368℃ ④ 378℃

37 공기표준 사이클로 작동되는 디젤 사이클의 이론적인 열효율은 약 몇 %인가? (단, 비열비는 1.4, 압축비는 16이며, 차단비(cut-off ratio)는 1.8이다.) [기사 시험]

① 50.1 ② 53.2 ③ 58.6 ④ 62.4

38 압축비 16, 압력비 2.3, 차단비 1.6, 공기의 비열비 1.4인 이상적인 사바테 사이클의 열효율은 약 몇 %인가?[14] [기사 시험]

① 55.52 ② 58.41 ③ 61.54 ④ 64.88

39 Brayton 사이클에서 압축기 소요일은 175kJ/kg, 공급열은 627kJ/kg, 터빈 발생일은 406kJ/kg로 작동될 때 사이클의 열효율은 약 얼마인가? [기사 시험]

① 0.28 ② 0.37 ③ 0.42 ④ 0.48

40 최고온도 1300K와 최저온도 300K 사이에서 작동하는 공기표준 브레이턴 사이클의 열효율은 얼마인가? 단, 압력비는 9, 공기의 비열비는 1.4이다. [기사 시험]

① 30% ② 36% ③ 42% ④ 47%

41 공기표준 브레이턴 사이클에서 최고압력이 500kPa, 최저압력이 100kPa이다. 비열비가 1.4일 때, 이 사이클의 열효율은 약 몇 %인가? [기사 시험]

① 3.9% ② 18.9% ③ 36.9% ④ 26.9%

---

14) '사바테 사이클 열효율 공식까지 외워야 하나?'라는 생각이 든다.

42 그림에서 $T_1 = 561\text{K}$, $T_2 = 1010\text{K}$, $T_3 = 690\text{K}$, $T_4 = 383\text{K}$ 인 공기를 작동유체로 하는 공기표준 브레이턴 사이클의 이론 열효율은? [기사 시험]

① 0.388
② 0.465
③ 0.317
④ 0.412

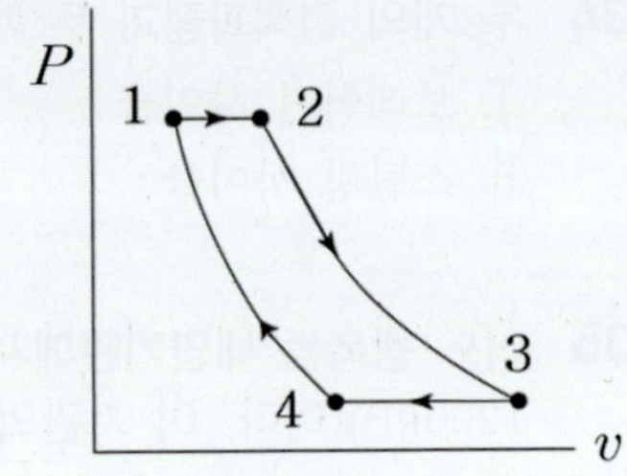

[문제 8.42]

43 그림과 같은 공기표준 브레이턴 사이클에서 작동유체 1kg당 터빈 일은 얼마인가? 단, $T_1 = 300\text{K}$, $T_2 = 475.1\text{K}$, $T_3 = 1100\text{K}$, $T_4 = 694.5\text{K}$ 이고, 공기의 정압비열과 정적비열은 각각 1.0035kJ/kg • K, 0.7165kJ/kg • K 이다. [기사 시험]

① 406.9kJ/kg
② 290.6kJ/kg
③ 627kJ/kg
④ 448kJ/kg

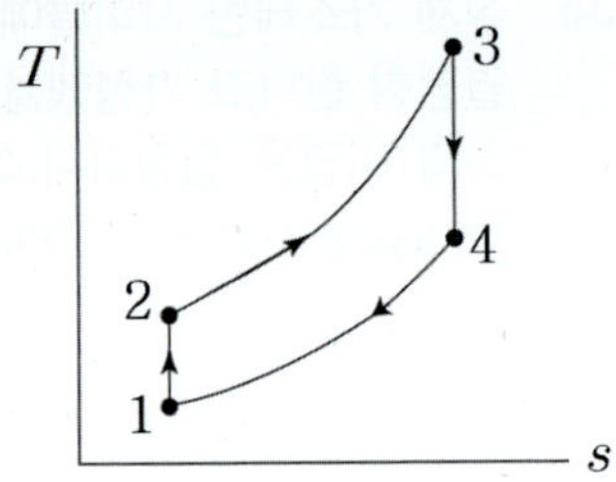

[문제 8.43]

44 오토 사이클로 작동되는 기관에서 실린더의 극간체적이 행정체적의 15% 라고 하면 이론 열효율은 약 얼마인가? (단, 비열비 $k = 1.4$ 이다.) [기사 시험]

① 39.3%　② 45.2%
③ 50.6%　④ 55.7%

45 다음은 오토 사이클의 온도-엔트로피($T - s$) 선도이다. 이 사이클의 열효율을 온도를 이용하여 나타낼 때 옳은 것은? (단, 공기의 비열은 일정한 것으로 본다.) [기사 시험]

① $1 - \dfrac{T_C - T_D}{T_B - T_A}$　② $1 - \dfrac{T_B - T_A}{T_C - T_D}$

③ $1 - \dfrac{T_A - T_D}{T_B - T_C}$　④ $1 - \dfrac{T_B - T_C}{T_A - T_D}$

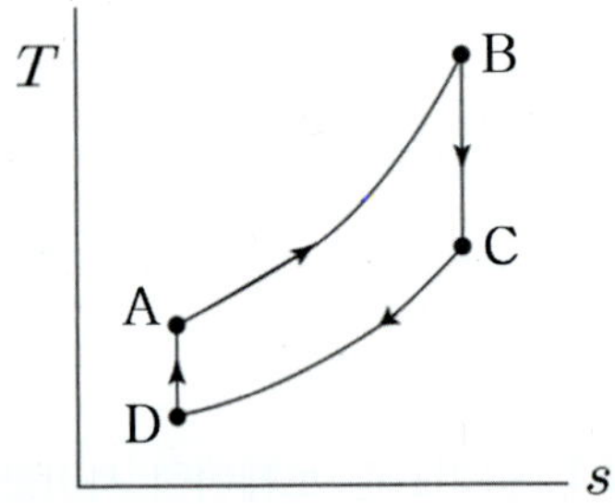

[문제 8.45]

46 오토 사이클의 열효율이 55% 일 때 101.3kPa, 20℃ 의 공기가 압축되는 압축비는 얼마인가? (단, 공기의 비열비는 1.4이다) [기사 시험]

① 5.28 ② 6.32 ③ 7.36 ④ 8.18

47 1회의 팽창행정(폭발행정)에서 0.5kcal의 열에너지를 630J의 운동에너지로 바꾸는 가솔린기관에 대해 다음을 구하라. 단, 1kcal = 4200J이다.

(1) 기관의 열효율

(2) 1회의 팽창행정에서 버리는 열에너지[J]

(3) 1분 동안 1200회 팽창행정이 일어날 때 기관의 동력[kW]

48* 다음 그림과 같이 20kg의 이상기체가 $P-T$ 선도에서 사이클 과정을 겪는다. $T_1 = 300$K, $P_1 = 200$kPa, $T_3 = 1800$K, $P_3 = 400$kPa일 때, 한 사이클 당 발생 일을 구하시오. (단, 기체상수 $R = 0.3$kJ/kg • K 이고, 과정 4→1과 과정 2→3은 각각 정압과정이다) [국가공무원 5급(기술) 제2차시험]

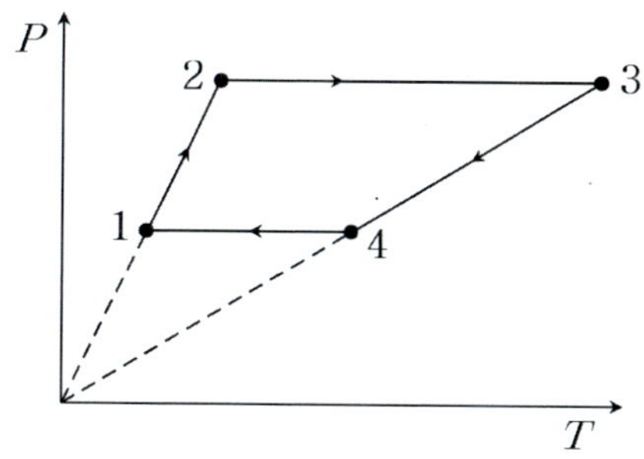

[문제 8.48]

제9장

증기 동력사이클

9.1 증기원동소의 개요

1 증기원동소의 기본 구성 요소

증기원동소는 증기를 이용하여, 태운 연료의 열에너지를 기계적인 에너지로 바꾸어 동력을 발생시키는 장치이다. 증기원동소는 화력발전소와 원자력발전소 등에서 전기를 생산하는데 사용되고 있다.

증기원동소의 기본적인 구성 요소(장치)는 다음과 같다.

(1) **보일러:** 보일러(boiler)는 액체 상태인 물을 가열하여 고온·고압의 과열증기를 만드는 장치이다.
(2) **터빈:** 보일러로부터 유입된 고온·고압의 증기를 팽창시켜 날개에 충돌시킴으로써 기계적인 에너지를 발생시키는 장치이다. 터빈(turbine)은 노즐, 날개차, 누설 방지 장치, 조속기 등으로 구성되어 있다.
(3) **응축기:** 응축기(condenser, 복수기)는 터빈에서 팽창한 후 에너지를 소모하고 나온 저압의 증기를 냉각시켜 다시 액체 상태인 물을 만드는 장치이다.
(4) **펌프:** 펌프(pump)는 응축기에서 액체로 변한 물을 보일러로 공급하는 일을 한다.

오늘날 사용하고 있는 대형 동력 발생장치 중 대표적인 것이 증기 동력사이클을 이용하는 것이다. 증기 동력사이클의 작동유체로는 일반적으로 안전성이 높은 물이 사용되고 있다. 여기에서는 물을 사용하는 증기 동력사이클에 대해 알아본다.[1)]

2 증기 동력사이클 해석의 기초: 열역학 제1법칙

열역학 제1법칙은 근본적으로 에너지 보존법칙을 나타낸다. 증기원동소의 기본 구성 요소인 보일러, 터빈, 응축기, 펌프 등은 모두 정상유동 장치이고, 입구와 출구가 각각 하나씩이다. 그리고 증기 동력사이클에서 수증기와 물의 운동에너지와 위치에너지의 변화량은 일반적으로 열전달량과 일에 비해 매우 작으므로 무시한다.

1) 특별한 언급이 없으면 9장에서 다루는 모든 증기원동소의 작업유체는 물이다.

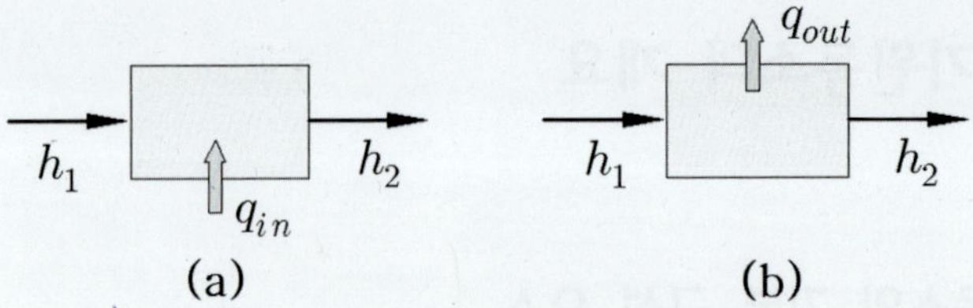

[그림 9.1] 계로 열의 출입이 있을 때 열역학 제1법칙

이와 같은 가정 하에서 [그림 9.1(a)]와 같이 계로 '유입되는 증기(물)의 단위 질량당 열량'을 q_{in}이라 하면 에너지 보존 식은 다음과 같다.[2)]

$$h_1 + q_{in} = h_2, \quad q_{in} = h_2 - h_1 \qquad \cdots\cdots (9.1)$$

여기에서 아래 첨자 1과 2는 각각 입구와 출구를 나타낸다. 마찬가지로 [그림 9.1(b)]와 같이 계에서 '방출되는 증기(물)의 단위 질량당 열량'을 q_{out}이라 하면 에너지 보존 식은 다음과 같다.

$$h_1 = h_2 + q_{out}, \quad q_{out} = h_1 - h_2 \qquad \cdots\cdots (9.2)$$

일반적으로 펌프는 전기에너지를 기계적 에너지로 바꾸어 작동유체에 에너지를 공급하고, 터빈은 작동유체로부터 에너지를 받아서 전기를 발생시킨다. 따라서 펌프와 터빈에서의 에너지 출입은 [그림 9.2]와 같고, 각각에 대한 에너지 보존 식은 다음과 같다.

$$h_1 + w_p = h_2, \quad w_p = h_2 - h_1 \qquad \cdots\cdots (9.3)$$

$$h_1 = h_2 + w_t, \quad w_t = h_1 - h_2 \qquad \cdots\cdots (9.4)$$

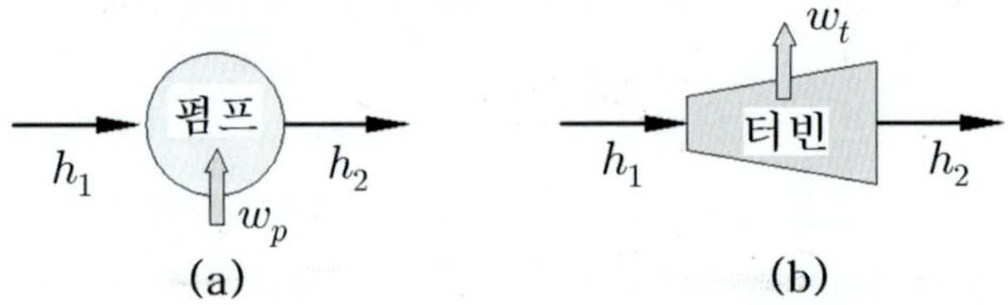

[그림 9.2] 펌프와 터빈에서 열역학 제1법칙

---

2) 증기 동력사이클을 해석하는 기본 법칙은 아주 간단하다. 단순히 구성 요소가 많고 구해야 할 상태량이 많으므로 복잡해 보일 뿐이다. 에너지 보존법칙을 이해하면 된다.

여기에서 w_p와 w_t는 각각 '작동 유체의 단위 질량당 펌프 일'과 '터빈 일'을 나타낸다. w_p와 w_t의 단위는 모두 kJ/kg이다.

열역학 제1법칙을 적용할 때 **"펌프는 작동유체에 에너지를 공급하고, 터빈은 작동유체로부터 에너지를 받는다"**는 것을 염두에 둔다.

9.2 랭킨 사이클

기본적인 증기원동소는 [그림 9.3(a)]와 같이 펌프, 보일러, 터빈, 응축기로 구성되어 있다. 사이클의 작동 과정은 다음과 같다.

(1) 펌프를 통하여 보일러에 보내진 물은 보일러에서 가열되어 고온·고압의 증기로 변환된다.

(2) 보일러에서 발생한 고온·고압의 증기가 터빈으로 공급되어 동력을 발생시킨 후 응축기로 유입된다.

(3) 터빈에서 나온 저압의 증기는 응축기에서 냉각되어 다시 액체 상태의 물로 변환된다. 응축기는 보통 강물이나 바닷물로 냉각된다.

(4) 응축기에서 변환된 물이 펌프로 유입되어 처음상태로 돌아오면 하나의 사이클이 완료된다.

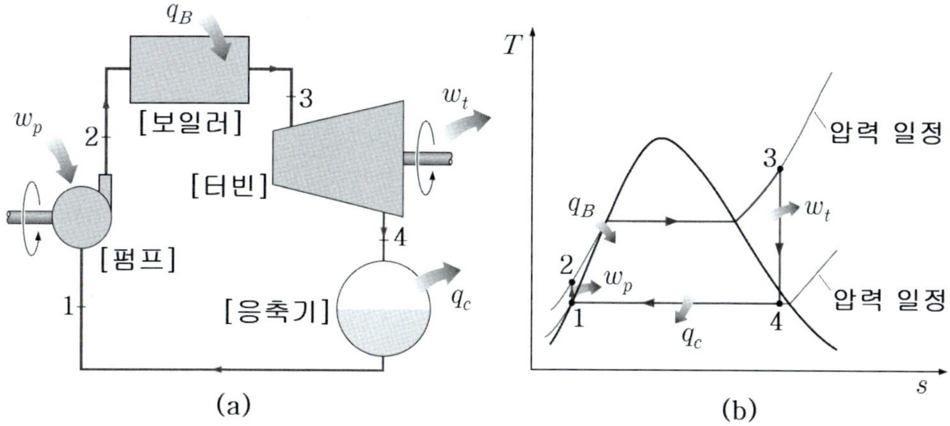

[그림 9.3] (a) 증기 동력장치의 기본 구성 요소 (b) 랭킨 사이클의 $T-s$ 선도

이와 같은 실제 사이클을 이상화한 하나의 사이클이 [그림 9.3(b)]의 랭킨 사이클(Rankine cycle)이다. 랭킨 사이클은 증기 동력사이클에 대한 이상 사이클(이상적인 사이클)로서 어떠한 내부적인 비가역성도 존재하지 않는다고 가정한다. 랭킨 사이클은 다음 4과정으로 구성되어 있다.

(1) 1→2: 펌프에서의 **등엔트로피 압축과정**. 이상적인 단열 상태에서 작업유체가 펌프로부터 w_p의 일을 받고 고압으로 압축된다.
(2) 2→3: 보일러에서의 **정압 가열과정**. 고압으로 압축된 액체 상태의 물이 일정한 압력하에서 보일러로부터 q_B의 열량을 받고 가열되어 포화수를 거쳐 과열증기로 변한다.
(3) 3→4: 터빈에서의 **등엔트로피 팽창과정**. 이상적인 단열 상태에서 터빈에서 증기가 팽창하여 w_t의 일을 발생한다.
(4) 4→1: 응축기에서의 **정압 방열과정**. 터빈에서 에너지를 잃고 포화증기에 가까운 습증기 또는 약간 과열된 증기 상태의 물이 응축기에서 q_c의 열을 방출하고 응축되어 포화수로 변한다.

랭킨 사이클에서 보일러와 응축기는 아무런 일을 하지 않고($w=0$) 단순히 열교환만 하며, 펌프와 터빈에서 일어나는 과정은 가역단열과정($q=0,\ \Delta s=0$)이다. 이와 같은 가정하에서 각 장치에 대한 에너지 보존 식은 다음과 같다. 여기에서 w_p, w_t, w_{net}, q_B, q_c는 모두 단위질량당 일 혹은 열량[kJ/kg]이다.

(1) 펌프 일 w_p: (과정 1→2). $q=0,\ s_1=s_2$

$$w_p = h_2 - h_1 \quad \cdots\cdots (9.5)$$

과정 1→2는 등엔트로피과정($s_1=s_2$)이므로 $\Delta s=0$이다. 따라서

$$Tds = dh - vdP$$

에서 $ds=0$을 대입하면

$$dh = vdP$$

$$\int_1^2 dh = \int_1^2 v\,dP$$

$$\therefore \; h_2 - h_1 = v(P_2 - P_1)$$

이므로 펌프 일은 다음과 같이 표현된다.

$$w_p = v_1(P_2 - P_1) \qquad \cdots\cdots (9.6)$$

여기에서 액체의 비체적은 거의 일정하므로 $v = v_1$을 대입하였다.

(2) 보일러 가열량 q_B: (과정 2→3), $w = 0$

$$q_B = h_3 - h_2 \qquad \cdots\cdots (9.7)$$

(3) 터빈 일 w_t: (과정 3→4), $q = 0$, $s_3 = s_4$

$$w_t = h_3 - h_4 \qquad \cdots\cdots (9.8)$$

선도 상의 점 4가 습증기 영역에 있을 때는 $s_4 = s_3$의 값을 사용하여 다음과 같이 점 4의 건도 x_4를 구한 후 h_4를 구할 수 있다.

$$x_4 = \frac{s_4 - s_f}{s_{fg}} \qquad \cdots\cdots (9.9)$$

$$h_4 = h_f + x_4 h_{fg} \qquad \cdots\cdots (9.10)$$

(4) 응축기 방열량 q_c: (과정 4→1), $w = 0$

$$q_c = h_4 - h_1 \qquad \cdots\cdots (9.11)$$

4→1의 과정은 온도가 일정한 과정이므로 엔트로피의 정의에서

$$q_c = \int_1^4 Tds = T_c(s_4 - s_1) \qquad \cdots\cdots (9.12)$$

이다. 여기에서 $T_c = T_{sat}$은 응축온도를 나타낸다.

(5) **사이클의 순 일** w_{net}: 사이클은 w_t의 하고 w_p의 일을 소모하였으므로 사이클의 순 일은 다음과 같다.

$$w_{net} = w_t - w_p = (h_3 - h_4) - (h_2 - h_1) \quad \cdots\cdots (9.13)$$

그리고 사이클 전체에 대한 에너지 보존 식

$$w_p + q_B = w_t + q_c \quad \cdots\cdots (9.14)$$

로부터

$$w_{net} = w_t - w_p = q_B - q_c \quad \cdots\cdots (9.15)$$

로 쓸 수 있다.

(6) **사이클 열효율**: 사이클에 투입된 열량이 q_B이므로 랭킨 사이클의 열효율은 다음과 같다.

$$\eta_R = \frac{w_{net}}{q_B} = 1 - \frac{q_c}{q_B} \quad \cdots\cdots (9.16)$$

식 (9.7)과 (9.13)으로부터 사이클 열효율을 엔탈피로 표현하면 다음과 같다.

$$\eta_R = \frac{(h_3 - h_4) - (h_2 - h_1)}{h_3 - h_2} = 1 - \frac{h_4 - h_1}{h_3 - h_2} \quad \cdots\cdots (9.17)$$

식 (9.17)은 $\eta_R = 1 - \frac{h_{(응축기\ 입구)} - h_{(응축기\ 출구)}}{h_{(보일러\ 출구)} - h_{(보일러\ 입구)}}$를 나타낸다.

[예제 9.1] [포화증기까지 가열하는 경우] 물을 작업유체로 하는 이상적인 랭킨 사이클이 있다. 응축기 압력이 10kPa이고 터빈에는 포화수증기가 공급된다. 보일러 포화압력이 4MPa일 때 다음을 구하라. 여기에서 w_p, q_B, w_t, q_c, w_{net}는 단위질량당 일 혹은 열량이다.[3]

(1) 펌프 일(w_p) (2) 보일러 가열량(q_B)

(3) 터빈 일(w_t) (4) 응축기 방열량(q_c)

(5) 순 일(w_{net}) (6) 열효율(η_R)

(7) 증기원동소의 순 총 출력이 30MW 일 때 사이클에서 수증기의 질량유량 $\dot{m}$[kg/s]와 응축기의 총 방열량 $\dot{Q}_c$[kW]

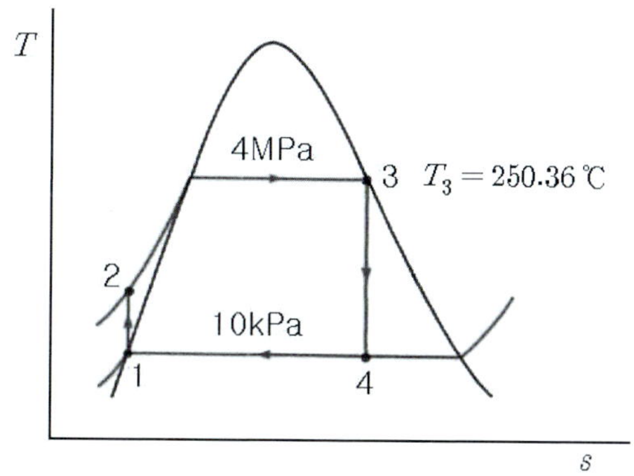

[그림 9.4] 포화증기까지 가열되는 경우의 랭킨 사이클

풀이 주어진 사이클을 $T-s$ 선도에 나타내면 [그림 9.4]와 같다. 터빈에는 포화 수증기가 공급되므로 터빈 입구 점 3은 그림과 같이 포화증기 선 위에 놓이게 된다. 먼저 압력 기준 표 [A.3]으로부터 주어진 압력 10kPa = 0.01MPa, 4MPa에서의 상태량을 읽는다. 이때 내부에너지는 읽을 필요가 없다.

압력 (P) MPa	포화 온도 (T_{sat}) ℃	비체적 m^3/kg		엔탈피 kJ/kg			엔트로피 kJ/kg • K	
		포화 액체 v_f	포화 증기 v_g	포화 액체 h_f	증발 h_{fg}	포화 증기 h_g	포화 액체 s_f	포화 증기 s_g
0.010	45.81	0.001010	14.671	191.81	2392.1	2583.9	0.6492	8.1489
4.0	250.36	0.001253	0.049777	1087.4	1713.5	2800.9	2.7967	6.0697

3) 본문과 예제 및 연습문제에서 소문자는 단위질량당 일 혹은 열량을 나타낸다.

• $P_1 = P_4 = 10\text{kPa} = 0.01\text{MPa}$일 때 점 1(포화액체)에서의 상태량

$$v_1 = v_f = 0.001010\,\text{m}^3/\text{kg},$$

$$h_1 = h_f = 191.81\text{kJ/kg},\quad h_{fg} = 2392.1\,\text{kJ/kg}$$

$$s_f = 0.6492\,\text{kJ/kg}\cdot\text{K},\quad s_g = 8.1489\,\text{kJ/kg}\cdot\text{K}$$

• $P_3 = 4\text{MPa}$일 때 점 3(포화증기)에서의 상태량

$$h_3 = h_g = 2800.9\text{kJ/kg},\ s_3 = s_g = 6.0697\,\text{kJ/kg}\cdot\text{K}$$

(1) 펌프 일(w_p): $P_2 = P_3 = 4\,\text{MPa} = 4000\text{kPa}$

$$w_p = v_1(P_2 - P_1) = 0.00101 \times (4000 - 10) = 4.03\ [\text{kJ/kg}]$$

(2) 보일러 가열량(q_B): $w_p = h_2 - h_1$

$$\therefore\ h_2 = w_p + h_1 = 4.03 + 191.81 = 195.84\ [\text{kJ/kg}]$$

$$\therefore\ q_B = h_3 - h_2 = 2800.9 - 195.84 = 2605.06\ [\text{kJ/kg}]$$

(3) 터빈 일(w_t): $s_4 = s_3 = 6.0697\,\text{kJ/kg}\cdot\text{K}$ 이므로

$$x_4 = \frac{s_4 - s_f}{s_{fg}} = \frac{6.0697 - 0.6492}{8.1489 - 0.6492} = 0.7228$$

$$\therefore\ h_4 = h_f + x_4 h_{fg} = 191.81 + 0.7228 \times 2392.1 = 1920.8\ [\text{kJ/kg}]$$

$$\therefore\ w_t = h_3 - h_4 = 2800.9 - 1920.8 = 880.1\ [\text{kJ/kg}]$$

(4) 응축기 방열량(q_c)

$$q_c = h_4 - h_1 = 1920.8 - 191.81 = 1729.0\ [\text{kJ/kg}]$$

(5) 순 일(w_{net})

$$w_{net} = w_t - w_p = 880.1 - 4.03 = 876.07\ [\text{kJ/kg}]$$

(6) 열효율(η_R)

$$\eta_R = \frac{w_{net}}{q_B} = \frac{876.07}{2605.06} = 0.3363 = 33.6\ [\%]$$

(7) 원동기 순 총 출력 $\dot{W}_{net} = 30\text{MW} = 30 \times 10^3\ [\text{kW}]$

- 수증기 질량 유량: $\dot{m} = \dfrac{\dot{W}_{net}}{w_{net}} = \dfrac{30 \times 10^3}{876.07} = 34.24\ [\text{kg/s}]$
- 응축기에서 총 방열량: $\dot{Q}_c = \dot{m} q_c = 34.24 \times 1729 = 59{,}201\ [\text{kW}]$

검산(1)-[예제 9.1]

사이클 문제는 일반적으로 구하는 물리량이 많으므로 검산하는 것이 어렵다. 랭킨 사이클에서는 다음 두 가지를 이용하여 전체적인 결과를 확인해 볼 수 있다. 다음은 [예제 9.1]에 대한 하나의 검산 결과이다.[4)]

(1) 사이클 전체에 대한 에너지 보존법칙

$$w_p + q_B = w_t + q_c$$
$$4.03 + 2605.06 = 880.1 + 1729.0$$
$$2609.09 = 2609.1 \quad (\text{OK})$$

(2) 사이클 전체의 열효율

$$\eta_R = 1 - \frac{h_4 - h_1}{h_3 - h_2} = 1 - \frac{1920.8 - 191.81}{2800.9 - 195.84} = 0.3363 \quad (\text{OK})$$

랭킨 사이클 해석 방법

증기 동력사이클 해석은 복잡한 숫자들이 많고, 구해야 할 값들이 많아서 얼핏 보기에는 어려워 보인다. 중요한 값은 각 점의 엔탈피(h_1, h_2, h_3, h_4)이다. 먼저 주어진 조건으로부터 곧바로 알 수 있는 점의 엔탈피를 표로부터 읽는다. 표준 랭킨 사이클에서는 h_1과 h_3의 값을 곧바로 알 수 있다. 다음에 펌프에서 $h_2 = h_1 + w_p$로부터 h_2를 구한다. 여기에서 $w_p = v_1(P_2 - P_1)$는 주어진 조건으로부터 곧바로 구해진다. 그리고 표로부터 s_3를 알 수 있으므로 점 3과 4는 등엔트로피 과정($s_4 = s_3$)이라는 조건을 적용하여 점 4의 건도

4) [예제 9.2]와 [예제 9.3] 및 연습문제에서도 이와 같은 방법으로 결과를 검산해 보라.

$x_4 = \dfrac{s_4 - s_f}{s_{fg}}$를 구하면 $h_4 = h_f + x_4 h_{fg}$를 구할 수 있다. 이때 응축기 압력에서 h_f, h_{fg}, s_f, s_g의 값이 필요하므로 표로부터 이들 값을 미리 읽어둔다. 엔탈피 값(h_1, h_2, h_3, h_4)이 모두 구해지면 각 요소에 열역학 제1법칙을 적용하여 구하고자 하는 일(w)이나 열량(q)을 곧바로 얻을 수 있다.

[예제 9.2] **[과열증기까지 가열하는 경우]** 물을 작업유체로 하는 이상적인 랭킨 사이클이 있다. 응축기 압력이 10kPa이고 터빈에는 4MPa, 400℃의 과열증기가 공급된다. 다음을 구하라.

(1) 펌프 일(w_p)

(2) 보일러 가열량(q_B)

(3) 터빈 일(w_t)

(4) 응축기 방열량(q_c)

(5) 순 일(w_{net})

(6) 열효율(η_R)

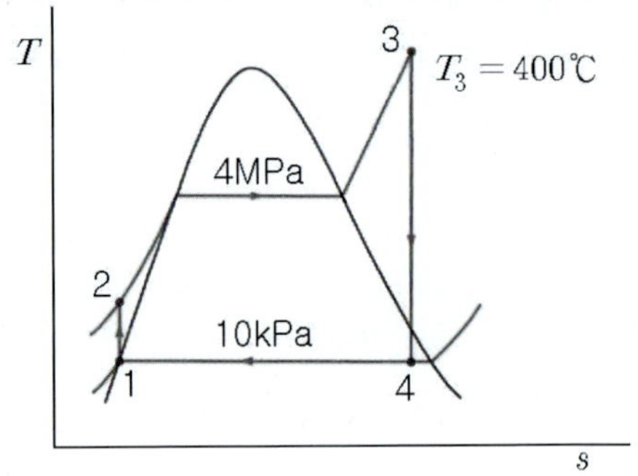

[그림 9.5] 과열증기까지 가열되는 경우의 랭킨 사이클

풀이 주어진 사이클을 $T-s$ 선도에 나타내면 [그림 9.5]와 같다. 터빈에는 과열증기가 공급되므로 터빈 입구 점 3은 그림과 같이 과열증기 영역에 놓이게 된다. 압력 기준 표 [A.3]으로부터 $P = 10\text{kPa} = 0.01\text{MPa}$에서 상태량은 다음과 같다.

압력 (P) MPa	포화 온도 (T_{sat}) ℃	비체적 m^3/kg		엔탈피 kJ/kg			엔트로피 kJ/kg • K	
		포화액체 v_f	포화증기 v_g	포화액체 h_f	증발 h_{fg}	포화증기 h_g	포화액체 s_f	포화증기 s_g
0.010	45.81	0.001010	14.671	191.81	2392.1	2583.9	0.6492	8.1489

• $P_1 = 10\text{kPa} = 0.01\text{MPa}$일 때 점 1(포화액체)에서의 상태량

$$v_1 = v_f = 0.001010\,\text{m}^3/\text{kg}$$

$h_1 = h_f = 191.81\text{kJ/kg}, \quad h_{fg} = 2392.1\text{kJ/kg}$

$s_f = 0.6492\text{kJ/kg}\cdot\text{K}, \quad s_g = 8.1489\text{kJ/kg}\cdot\text{K}$

• 과열증기표 [A.4]에서 $P_3 = 4\text{MPa}$, $T_3 = 400℃$ 일 때

$h_3 = 3214.4\text{kJ/kg}, \ s_3 = 6.7712\text{kJ/kg}\cdot\text{K}$

(1) 펌프 일(w_p): $P_2 = P_3 = 4\text{MPa} = 4000\text{kPa}$

$$w_p = v_1(P_2 - P_1) = 0.00101 \times (4000 - 10) = 4.03\,[\text{kJ/kg}]$$

(2) 보일러 가열량(q_B)

$$h_2 = w_p + h_1 = 4.03 + 191.81 = 195.84\,[\text{kJ/kg}]$$

$$\therefore\ q_B = h_3 - h_2 = 3214.4 - 195.84 = 3018.56\,[\text{kJ/kg}]$$

(3) 터빈 일(w_t)

$s_4 = s_3 = 6.7712\text{kJ/kg}\cdot\text{K}$ 이므로

$$x_4 = \frac{s_4 - s_f}{s_{fg}} = \frac{6.7712 - 0.6492}{8.1489 - 0.6492} = 0.8163$$

$$\therefore\ h_4 = h_f + x_4 h_{fg} = 191.81 + 0.8163 \times 2392.1 = 2144.5\,[\text{kJ/kg}]$$

$$\therefore\ w_t = h_3 - h_4 = 3214.4 - 2144.5 = 1069.9\,[\text{kJ/kg}]$$

(4) 응축기 방열량(q_c)

$$q_c = h_4 - h_1 = 2144.5 - 191.81 = 1952.7\,[\text{kJ/kg}]$$

(5) 순 일(w_{net})

$$w_{net} = w_t - w_p = 1069.9 - 4.03 = 1065.87\,[\text{kJ/kg}]$$

(6) 열효율(η_R)

$$\eta_R = \frac{w_{net}}{q_B} = \frac{1065.87}{3018.56} = 0.3531 = 35.3\,[\%]$$

[예제 9.1, 9.2]로부터 펌프 일은 터빈 일에 비해 아주 작다는 것을 알 수 있다. 이와 같은 펌프 일을 무시하면 랭킨 사이클의 열효율은 다음과 같다.

$$\eta_R = \frac{h_3 - h_4}{h_3 - h_2} \quad \text{(펌프 일을 무시할 때)} \qquad \cdots\cdots\cdots\cdots\cdots (9.18)$$

또한 두 예제의 열효율을 비교하면 응축기 압력과 보일러 압력이 같을 때, 보일러에서 더 높은 온도로 가열한 [예제 9.2]의 열효율이 [예제 9.1]보다 더 높다는 것을 알 수 있다. 따라서 일반적으로 과열증기를 만들어서 터빈으로 공급한다. 이상적인 랭킨 사이클의 열효율을 높이는 방법은 다음과 같다.[5)]

(1) 응축기 압력을 낮춘다(낮은 온도의 평균치를 낮춘다).

물은 응축기 내의 압력에 대응하는 포화온도에서 응축기 안에서 습증기(액체와 증기 혼합물) 상태로 존재한다. 응축기 압력을 낮추면 습증기의 온도가 낮아지고 열이 방출되는 온도가 떨어지게 된다. 이에 따라 순 일이 증가되어 열효율이 증가한다. 그런데 응축기 압력을 낮추면 터빈 출구에서의 수분함유량이 증가하므로 터빈 날개가 부식되는 문제가 발생한다.

(2) 증기를 고온으로 가열한다(높은 온도의 평균치를 높인다).

보일러 압력을 증가시키지 않고 과열증기를 만들어서 열이 증기로 가해지는 평균온도를 증가시킬 수 있다. 열이 가해지는 평균온도가 증가하면 전체적으로 열효율 증대를 가져 온다. 또한 증기를 고온으로 가열하면 터빈 출구에서 증기의 수분함유량도 감소하므로 매우 바람직하다. 그러나 터빈 재료(금속 재료)의 문제로 인하여 사이클 최고 온도가 제한된다.

(3) 보일러 압력을 증가시킨다(높은 온도의 평균치를 높인다).

보일러 작동 압력을 올리면 물이 끓는 온도가 올라간다. 따라서 열이 수증기로 전달되는 평균온도가 올라가게 되므로 사이클의 열효율이 증가한다. 그러나 고정된 최고 온도에서 보일러 압력을 증가시키면 터빈 출구에서 수분 함유량이 증가한다(건도가 감소한다).

다음 [예제 9.3]을 풀어본 후 [예제 9.1], [예제 9.2], [예제 9.3]의 3개의 예제를 서로 비교

---

5) 랭킨 사이클의 특징은 $T-s$ 선도를 그려 보면 이해하기 쉽다.

하여 보일러의 압력과 온도가 사이클의 열효율과 터빈 출구에서의 건도에 미치는 영향을 각자 알아보도록 한다.

[예제 9.3] **[보일러 압력을 높이는 경우]** 물을 작업유체로 하는 이상적인 랭킨 사이클이 있다. 응축기 압력이 10kPa이고 터빈에는 10MPa, 400℃의 과열증기가 공급된다. 다음을 구하라.

(1) 펌프 일(w_p)

(2) 보일러 가열량(q_B)

(3) 터빈 일(w_t)

(4) 응축기 방열량(q_c)

(5) 순 일(w_{net})

(6) 열효율(η_R)

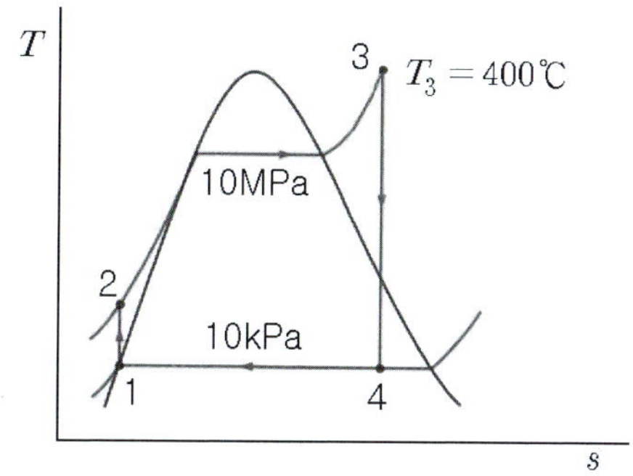

[그림 9.6] 보일러 압력을 높인 경우의 랭킨 사이클

풀이 주어진 사이클을 $T-s$ 선도에 나타내면 [그림 9.6]과 같다. 압력 기준 표 [A.3]으로부터 $P = 10\text{kPa} = 0.01\text{MPa}$에서의 상태량은 다음과 같다.

압력 (P) MPa	포화 온도 (T_{sat}) ℃	비체적 m^3/kg		엔탈피 kJ/kg			엔트로피 kJ/kg • K	
		포화 액체 v_f	포화 증기 v_g	포화 액체 h_f	증발 h_{fg}	포화 증기 h_g	포화 액체 s_f	포화 증기 s_g
0.010	45.81	0.001010	14.671	191.81	2392.1	2583.9	0.6492	8.1489

- $P_1 = 10\text{kPa} = 0.01\text{MPa}$일 때 점 1(포화액체)에서의 상태량

$$v_1 = v_f = 0.001010\,\text{m}^3/\text{kg}$$

$$h_1 = h_f = 191.81\text{kJ/kg}, \quad h_{fg} = 2392.1\text{kJ/kg}$$

$$s_f = 0.6492\text{kJ/kg} \cdot \text{K}, \quad s_g = 8.1489\text{kJ/kg} \cdot \text{K}$$

- 과열증기표 [A.4]에서 $P_3 = 10\text{MPa}$, $T_3 = 400℃$ 일 때

$h_3 = 3097.4\text{kJ/kg},\ s_3 = 6.2139\,\text{kJ/kg}\cdot\text{K}$

(1) 펌프 일(w_p): $P_2 = P_3 = 10\,\text{MPa} = 10{,}000\text{kPa}$

$$w_p = v_1(P_2 - P_1) = 0.00101 \times (10{,}000 - 10) = 10.09\,[\text{kJ/kg}]$$

(2) 보일러 가열량(q_B)

$$h_2 = w_p + h_1 = 10.09 + 191.81 = 201.9\,[\text{kJ/kg}]$$

$$\therefore\ q_B = h_3 - h_2 = 3097.4 - 201.9 = 2895.5\,[\text{kJ/kg}]$$

(3) 터빈 일(w_t)

$s_4 = s_3 = 6.2139\,\text{kJ/kg}\cdot\text{K}$ 이므로

$$x_4 = \frac{s_4 - s_f}{s_{fg}} = \frac{6.2139 - 0.6492}{8.1489 - 0.6492} = 0.742$$

$$\therefore\ h_4 = h_f + x_4 h_{fg} = 191.81 + 0.742 \times 2392.1 = 1966.7\,[\text{kJ/kg}]$$

$$\therefore\ w_t = h_3 - h_4 = 3097.4 - 1966.7 = 1130.7\,[\text{kJ/kg}]$$

(4) 응축기 방열량(q_c)

$$q_c = h_4 - h_1 = 1966.7 - 191.81 = 1774.9\,[\text{kJ/kg}]$$

(5) 순 일(w_{net})

$$w_{net} = w_t - w_p = 1130.7 - 10.09 = 1120.61\,[\text{kJ/kg}]$$

(6) 열효율(η_R)

$$\eta_R = \frac{w_{net}}{q_B} = \frac{1120.61}{2895.5} = 0.387 = 38.7\,[\%]$$

이상에서 살펴본 세 예제([예제 9.1], [예제 9.2], [예제 9.3])의 결과를 건도와 사이클 열효율에 대해 정리하면 다음과 같다.

[표 9.1] 보일러 압력과 터빈 입구 증기 온도에 따른 건도와 열효율의 변화

	4MPa, 250℃	4MPa, 400℃	10MPa, 400℃
건도 (x_4)	0.723	0.816	0.742
열효율 (η_R)	33.6%	35.3%	38.8%

(1) 보일러 압력을 4MPa로 일정하게 유지하고 증기를 250℃에서 400℃로 과열하면 건도와 열효율이 모두 증가한다.

(2) 터빈 입구 증기 온도를 400℃로 일정하게 유지하고 보일러 압력을 4MPa에서 10MPa로 증가시키면 열효율이 증가하지만 증기의 건도는 낮아진다(수분 함유량이 증가한다).

9.3 실제 사이클과 이상 사이클의 차이

실제 사이클은 [그림 9.7(a)]에 보이는 바와 같이 여러 구성 요소에서의 비가역성 때문에 이상적인 랭킨 사이클(이상 사이클)과 조금씩 차이가 있다. 비가역성의 일반적인 원인은 유체 마찰과 주변으로의 열손실이다.

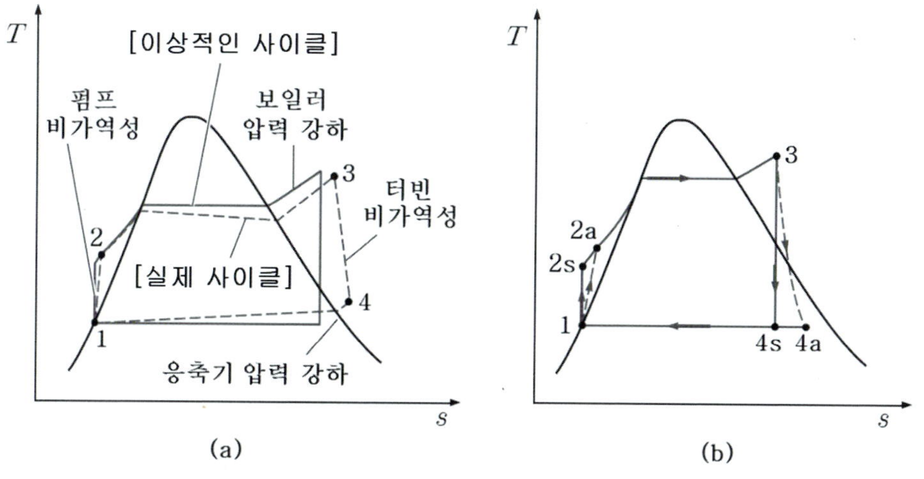

[그림 9.7] (a) 이상적인 랭킨 사이클로부터 실제 사이클로의 이탈 (b) 펌프와 터빈의 비가역성이 이상적인 랭킨 사이클에 미치는 영향

유체마찰은 보일러와 응축기 및 여러 구성 요소들 사이의 배관에서 압력강하를 일으킨다. 이에 따라 보일러 출구에서 증기의 압력은 입구 압력보다 약간 낮다. 또한 터빈 입구 압력은 배관에서 압력강하로 인해 보일러 출구 압력보다 조금 더 낮다. 응축기에서 압력강하는 일반적으로 매우 작다. 이와 같은 압력강하를 보상하기 위해 실제 사이클에서는 이상 사이클에서 필요한 압력보다 충분히 더 큰 압력을 가해야 한다. 이로 인해 이상 사이클보다 더 큰 용량의 펌프와 더 큰 펌프 입력 일이 요구된다.

비가역성의 또 다른 주요 원인은 증기가 장치의 여러 구성 요소들을 통해 흐를 때 발생하는 열손실이다. 따라서 이상 사이클과 같은 수준의 순 일(정미 일) 출력을 유지하기 위해서는 이와 같은 열손실을 보상해 주기 위해 보다 더 많은 열을 보일러의 증기로 전달해야 한다. 이에 따라 실제 사이클의 열효율은 떨어지게 된다.

장치의 여러 구성 요소 중 특히 중요한 것은 펌프와 터빈에서 발생하는 비가역성이다. 비가역성으로 인해 펌프에는 보다 더 큰 입력 일이 요구되고, 터빈에서는 출력 일이 감소한다.

이상적인 랭킨 사이클에서 펌프와 터빈 내의 과정은 등엔트로피 과정이다. 그러나 실제 과정에서는 [그림 9.7(b)]와 같이 펌프와 터빈의 출구 엔트로피가 증가하는 방향으로 과정이 진행된다. 그림에서 '1→2s→3→4s→1'은 이상적인 랭킨 사이클이고, '1→2a→3→4a→1'은 실제 사이클이다. 여기에서 이상적인 과정과 실제 펌프와 터빈의 차이를 나타내기 위해 다음과 같이 펌프와 터빈의 등엔트로피 효율을 정의한다. 실제 펌프 일과 터빈 일은 각각 $w_p = w_{p,a}$, $w_t = w_{t,a}$이다.

$$\text{• 펌프 효율: } \eta_p = \frac{w_{p,s}}{w_{p,a}} = \frac{h_{2s} - h_1}{h_{2a} - h_1} \qquad \cdots\cdots (9.19)$$

$$\text{• 터빈 효율: } \eta_t = \frac{w_{t,a}}{w_{t,s}} = \frac{h_3 - h_{4a}}{h_3 - h_{4s}} \qquad \cdots\cdots (9.20)$$

여기에서 첨자 $2a$와 $4a$는 각각 펌프와 터빈의 실제 출구 상태를 나타내고, $2s$와 $4s$는 등엔트로피 과정에서 펌프와 터빈의 출구 상태를 나타낸다. 펌프와 터빈의 등엔트로피 효율을 간단하게 펌프와 터빈의 효율이라고 한다.

펌프 출구에서 압력 $P_{2a} = P_{2s} = P_2$이다. 따라서 일반적으로 액체의 비체적이 일정할 때 $w_{p,s} = v_1(P_2 - P_1)$이므로 식 (9.19)로부터 다음과 같이 실제 펌프 일(w_p)을 구할 수 있다.

$$w_p = w_{p,a} = v_1(P_2 - P_1) \times \frac{1}{\eta_p} \quad \cdots\cdots\cdots\cdots\cdots (9.21)$$

그리고 식 (9.20)에서 실제 터빈 일(w_t)은 다음과 같이 표현된다.

$$w_t = w_{t,a} = \eta_t(h_3 - h_{4s}) \quad \cdots\cdots\cdots\cdots\cdots (9.22)$$

[예제 9.4] **[실제 사이클]** 펌프와 터빈의 등엔트로피 효율이 85%인 증기원동소가 있다. 터빈에는 10MPa, 500℃의 과열증기가 공급되고, 응축기에서 압력이 10kPa일 때 다음을 구하라.

(1) 펌프 일(w_p)
(2) 보일러 가열량(q_B)
(3) 터빈 일(w_t)
(4) 응축기 방열량(q_c)
(5) 순 일(w_{net})
(6) 열효율(η_R)
(7) 터빈의 총 출력이 200MW일 때 수증기의 질량유량 $\dot{m}$[kg/s]와 응축기의 총 방열량 $\dot{Q}_c$[kW]

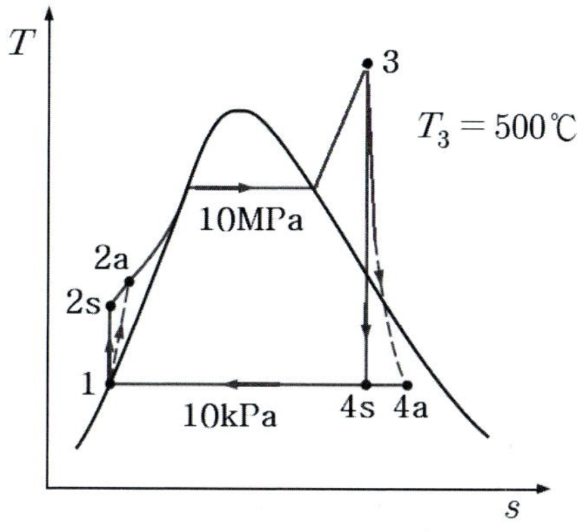

[그림 9.8] 실제 사이클

풀이 주어진 사이클을 $T-s$ 선도에 나타내면 [그림 9.8]과 같다. 압력 기준 표 [A.3]으로부터 $P = 10\text{kPa} = 0.01\text{MPa}$에서의 상태량은 다음과 같다.

압력 (P) MPa	포화 온도 (T_{sat}) ℃	비체적 m^3/kg		엔탈피 kJ/kg			엔트로피 kJ/kg • K	
		포화 액체 v_f	포화 증기 v_g	포화 액체 h_f	증발 h_{fg}	포화 증기 h_g	포화 액체 s_f	포화 증기 s_g
0.010	45.81	0.001010	14.671	191.81	2392.1	2583.9	0.6492	8.1489

- $P_1 = 10\text{kPa} = 0.01\text{MPa}$일 때 점 1(포화액체)에서 상태량

$$v_1 = v_f = 0.001010\,\text{m}^3/\text{kg}$$

$$h_1 = h_f = 191.81\text{kJ/kg},\quad h_{fg} = 2392.1\,\text{kJ/kg}$$

$$s_f = 0.6492\,\text{kJ/kg}\cdot\text{K},\quad s_g = 8.1489\,\text{kJ/kg}\cdot\text{K}$$

- 과열증기표 [A.4]에서 $P_3 = 10\,\text{MPa}$, $T_3 = 500℃$ 일 때

$$h_3 = 3375.1\text{kJ/kg},\ s_3 = 6.5993\,\text{kJ/kg}\cdot\text{K}$$

(1) 펌프 일(w_p): 펌프 효율 $\eta_p = 0.85$, $P_2 = 10\,\text{MPa} = 10{,}000\text{kPa}$

$$w_p = v_1(P_2 - P_1) \times \frac{1}{\eta_p}$$

$$= 0.00101 \times (10{,}000 - 10) \times \frac{1}{0.85} = 11.87\,[\text{kJ/kg}]$$

(2) 보일러 가열량(q_B)

$$h_{2a} = w_p + h_1 = 11.87 + 191.81 = 203.68\,[\text{kJ/kg}]$$

$$\therefore\ q_B = h_3 - h_{2a} = 3375.1 - 203.68 = 3171.42\,[\text{kJ/kg}]$$

(3) 터빈 일(w_t): 터빈 효율 $\eta_t = 0.85$

$s_{4s} = s_3 = 6.5993\,\text{kJ/kg}\cdot\text{K}$ 이므로

$$x_{4s} = \frac{s_{4s} - s_f}{s_{fg}} = \frac{6.5993 - 0.6492}{8.1489 - 0.6492} = 0.7934$$

$$\therefore\ h_{4s} = h_f + x_{4s}h_{fg} = 191.81 + 0.7934 \times 2392.1\,[\text{kJ/kg}]$$

$$= 2089.7\,[\text{kJ/kg}]$$

$$\therefore\ w_t = (h_3 - h_{4s})\eta_t = (3375.1 - 2089.7)(0.85)\,[\text{kJ/kg}]$$

$$= 1092.59\,[\text{kJ/kg}]$$

(4) 응축기 방열량(q_c): 터빈 효율로부터

$$\eta_t = \frac{w_{t,a}}{w_{t,s}} = \frac{h_3 - h_{4a}}{h_3 - h_{4s}}$$

$$h_{4a} = h_3 - \eta_t(h_3 - h_{4s}) = 3375.1 - 0.85(3375.1 - 2089.7)[\text{kJ/kg}]$$
$$= 2282.51\ [\text{kJ/kg}]$$
$$\therefore\ q_c = h_{4a} - h_1 = 2282.51 - 191.81 = 2090.7\ [\text{kJ/kg}]$$

(5) 순 일(w_{net})

$$w_{net} = w_t - w_p = 1092.59 - 11.87 = 1080.72\ [\text{kJ/kg}]$$

(6) 열효율(η_R)

$$\eta_R = \frac{w_{net}}{q_B} = \frac{1080.72}{3171.42} = 0.3408 = 34.1\ [\%]$$

(7) 터빈의 총 출력 $\dot{W}_t = 200\text{MW} = 200 \times 10^3\text{kW}$

- 질량 유량: $\dot{m} = \dfrac{\dot{W}_t}{w_t} = \dfrac{200 \times 10^3}{1092.59} = 183.05\ [\text{kg/s}]$
- 응축기 총 방열량: $\dot{Q}_c = \dot{m} q_c = 183.05(2090.7) = 382{,}703[\text{kW}]$

검산(2)-[예제 9.4]

(1) 사이클 전체에 대한 에너지 보존법칙

$$w_p + q_B = w_t + q_c$$
$$11.87 + 3171.42 = 1092.59 + 2090.7$$
$$3183.29 = 3183.29\ \ (\text{OK})$$

(2) 사이클 전체의 열효율

$$\eta_R = 1 - \frac{h_{4a} - h_1}{h_3 - h_{2a}} = 1 - \frac{2282.51 - 191.81}{3375.1 - 203.68} = 0.3408\ \ (\text{OK})$$

9.4 재열 사이클

랭킨 사이클에서는 열을 공급하는 동안 보일러 압력이 증가하면 사이클의 열효율이 증가한다. 그러나 열효율을 높이기 위해 압력을 증가시키면 터빈에서 팽창과정을 거친 증기의 건도가 감소하여 터빈 날개가 부식되는 문제가 발생한다.

재열 사이클은 압력을 증가시켜 사이클의 열효율을 높이고, 또 터빈 출구 증기의 건도가 너무 낮아지지 않도록 고안된 장치이다. [그림 9.9]에 재열 사이클의 구성을 나타내었다. 그림과 같이 증기는 고압터빈에서 중간 정도의 압력까지 한번 팽창한 후 보일러로 보내져서 다시 가열된 후 저압터빈에서 토출압력까지 팽창한다. 증기의 재가열로 인하여 열을 공급하는 평균온도는 크게 변화하지 않으므로 사이클 효율도 크게 변화하지 않는다. 이 사이클의 주요 목적은 '**터빈의 저압부에서 증기의 수분 함유량을 감소시키는 데 있다.**'

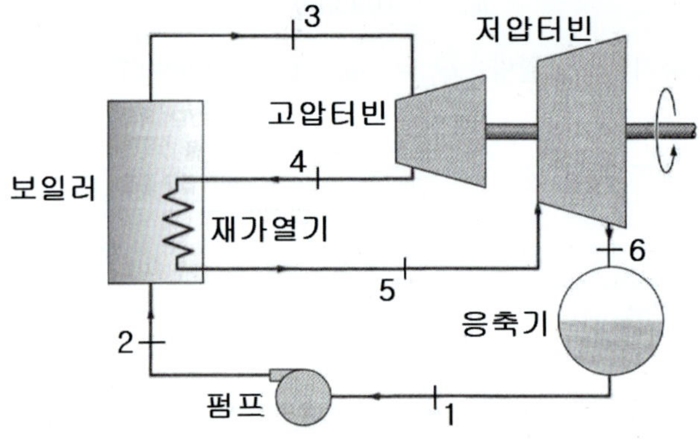

[그림 9.9] 재열 사이클

[그림 9.9]에 대응하는 재열 사이클의 $T-s$ 선도를 [그림 9.10]에 나타내었다. 이상적인 재열 랭킨 사이클은 팽창과정이 두 단계에 걸쳐 일어난다는 점에서 단순 랭킨 사이클과 다르다. 첫 번째 단계로 고압터빈에서 증기는 등엔트로피 과정으로 중간 압력까지 팽창한다(3→4). 그리고 보일러로 보내어진 증기는 일정한 압력에서 재가열된다(4→5). 이어서 두 번째 단계로 저압터빈에서 응축기 압력까지 등엔트로피 과정으로 팽창한다(5→6).

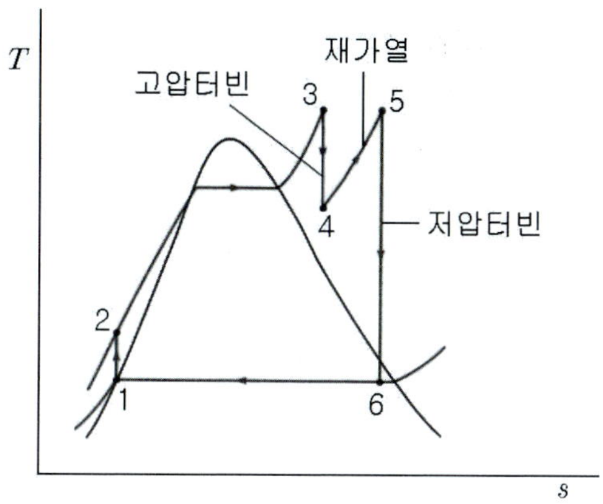

[그림 9.10] 재열 사이클의 $T-s$ 선도

재열 사이클에 대한 전체 가열량(q_B), 터빈 일(w_t), 펌프 일(w_p), 순 일(w_{net}), 방열량(q_c), 열효율(η_R)은 다음과 같다.

$$q_B = q_{B1} + q_{B2} = (h_3 - h_2) + (h_5 - h_4) \quad \cdots\cdots (9.23)$$

$$w_t = w_{t1} + w_{t2} = (h_3 - h_4) + (h_5 - h_6) \quad \cdots\cdots (9.24)$$

$$w_p = h_2 - h_1 = v_1(P_2 - P_1) \quad \cdots\cdots (9.25)$$

$$w_{net} = w_t - w_p = (h_3 - h_4) + (h_5 - h_6) - (h_2 - h_1) \quad \cdots\cdots (9.26)$$

$$q_c = h_6 - h_1 \quad \cdots\cdots (9.27)$$

$$\eta_R = \frac{w_{net}}{q_B} = 1 - \frac{h_6 - h_1}{(h_3 - h_2) + (h_5 - h_4)} \quad \cdots\cdots (9.28)$$

[그림 9.10]의 재열 랭킨 사이클은 단순 랭킨 사이클에 비해 2개의 엔탈피 h_4, h_5가 많을 뿐이고 해석 방법은 단순 랭킨 사이클과 같다. 일반적으로 h_1, h_3, h_5는 증기표에서 그 값을 읽을 수 있다. 그리고 나머지 값 중 h_2는 펌프 일을 이용하여 구하고, h_4와 h_6은 등엔트로피 조건을 이용하여 구한다. 엔탈피가 모두 구해지면 각 요소에서 에너지 보존법칙을 적용하여 필요한 물리량을 쉽게 구할 수 있다.

[예제 9.5] **[고압 터빈 출구 상태가 습증기 영역에 있을 때]** 물을 작업유체로 하는 이상적인 재열 랭킨 사이클이 있다. 4MPa, 400℃ 의 상태로 보일러를 나온 증기는 고압터빈으로 들어가서 400kPa까지 팽창한다. 그리고 다시 400℃로 가열된 증기는 최종적으로 저압 터빈에서 10kPa까지 팽창한 후 응축기로 보내어진다. 다음을 구하라.

(1) 펌프 일(w_p) (2) 보일러 가열량(q_B)

(3) 터빈 일(w_t) (4) 응축기 방열량(q_c)

(5) 순 일(w_{net}) (6) 열효율(η_R)

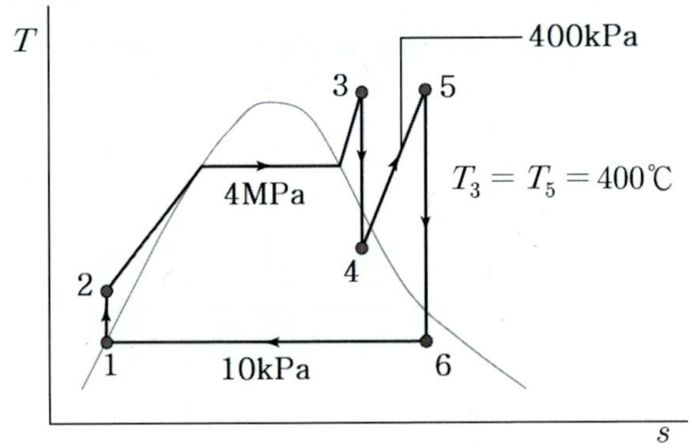

[그림 9.11] 재열 사이클

풀이 [표 A.3]에서 압력 10kPa, 400kPa에서의 상태량은 다음과 같다.

압력 (P) MPa	포화 온도 (T_{sat}) ℃	비체적 m^3/kg		엔탈피 kJ/kg			엔트로피 kJ/kg • K	
		포화 액체 v_f	포화 증기 v_g	포화 액체 h_f	증발 h_{fg}	포화 증기 h_g	포화 액체 s_f	포화 증기 s_g
0.010	45.81	0.001010	14.671	191.81	2392.1	2583.9	0.6492	8.1489
0.40	143.61	0.001084	0.46239	604.72	2133.4	2738.1	1.7766	6.8954

• $P_1 = 10\text{kPa}$일 때 점 1(포화액체)에서의 상태량

$$v_1 = v_f = 0.001010\,\text{m}^3/\text{kg}$$

$$h_1 = h_f = 191.81\text{kJ/kg}, \quad h_{fg} = 2392.1\,\text{kJ/kg}$$

$$s_f = 0.6492\,\text{kJ/kg • K}, \quad s_g = 8.1489\,\text{kJ/kg • K}$$

• 과열증기표 [표 A.4]에서

4MPa, 400℃ 일 때: $h_3 = 3214.4\text{kJ/kg}$, $s_3 = 6.7712\text{kJ/kg} \cdot \text{K}$

400kPa, 400℃ 일 때: $h_5 = 3273.9\text{kJ/kg}$, $s_5 = 7.9001\text{kJ/kg} \cdot \text{K}$

(1) 펌프 일(w_p): $P_2 = 4\text{MPa} = 4000\text{kPa}$

$$w_p = v_1(P_2 - P_1) = 0.00101 \times (4000 - 10) = 4.03\,[\text{kJ/kg}]$$

$$h_2 = w_p + h_1 = 4.03 + 191.81 = 195.84\,[\text{kJ/kg}]$$

(2) 보일러 가열량(q_B)

$s_4 = s_3 = 6.7712\text{kJ/kg} \cdot \text{K}$ 인데 압력 400kPa에서 포화증기의 엔트로피는 $s_{g,4} = 6.8954\text{kJ/kg} \cdot \text{K}$ 이므로 $s_4 < s_{g,4}$이다. 따라서 점 4는 그림과 같이 습증기 영역에 있다. 점 4의 건도를 구하면

$$x_4 = \frac{s_4 - s_f}{s_{fg}} = \frac{6.7712 - 1.7766}{6.8954 - 1.7766} = 0.9757$$

$$\therefore\ h_4 = h_f + x_4 h_{fg} = 604.72 + 0.9757 \times 2133.4 = 2686.3\,[\text{kJ/kg}]$$

$$q_B = (h_3 - h_2) + (h_5 - h_4)$$

$$= (3214.4 - 195.84) + (3273.9 - 2686.3) = 3606.2\,[\text{kJ/kg}]$$

(3) 터빈 일(w_t)

$s_6 = s_5 = 7.9001\text{kJ/kg} \cdot \text{K}$ 이므로

$$x_6 = \frac{s_6 - s_f}{s_{fg}} = \frac{7.9001 - 0.6492}{8.1489 - 0.6492} = 0.9668$$

$$\therefore\ h_6 = h_f + x_6 h_{fg} = 191.81 + 0.9668 \times 2392.1 = 2504.5\,[\text{kJ/kg}]$$

$$\therefore\ w_t = (h_3 - h_4) + (h_5 - h_6)$$

$$= (3214.4 - 2686.3) + (3273.9 - 2504.5) = 1297.5\,[\text{kJ/kg}]$$

(4) 응축기 방열량(q_c)

$$q_c = h_6 - h_1 = 2504.5 - 191.81 = 2312.7\,[\text{kJ/kg}]$$

(5) 순 일(w_{net})

$$w_{net} = w_t - w_p = 1297.5 - 4.03 = 1293.5\,[\text{kJ/kg}]$$

(6) 열효율(η_R)

$$\eta_R = \frac{w_{net}}{q_B} = \frac{1293.5}{3606.2} = 0.3587 = 35.9\,[\%]$$

검산(3)-[예제 9.5]

(1) 사이클 전체에 대한 에너지 보존법칙

$$w_p + q_B = w_t + q_c$$
$$4.03 + 3606.2 = 1297.5 + 2312.7$$
$$3610.23 = 3610.2 \quad \text{(OK)}$$

(2) 사이클 전체의 열효율

$$\eta_R = 1 - \frac{h_6 - h_1}{(h_3 - h_2) + (h_5 - h_4)}$$
$$= 1 - \frac{2504.5 - 191.81}{(3214.4 - 195.84) + (3273.9 - 2686.3)} = 0.3587 \quad \text{(OK)}$$

[예제 9.6] **[선형 보간법]** 두 점 (x_1, y_1), (x_2, y_2)를 잇는 직선의 방정식은 다음과 같다.

$$y = \frac{y_2 - y_1}{x_2 - x_1} \times (x - x_1) + y_1$$

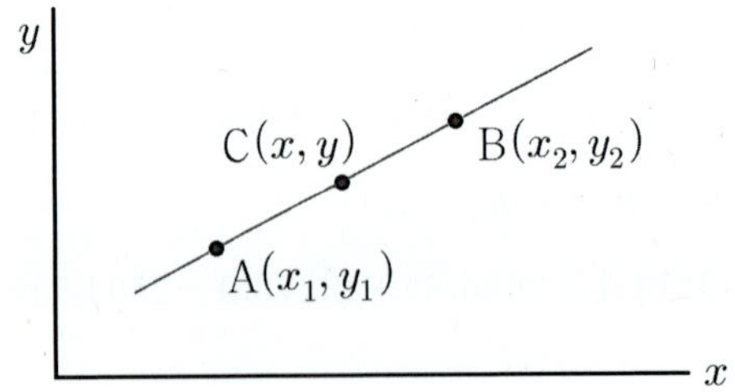

[그림 9.12] 선형 보간법

다음 세 점이 한 직선 위에 있을 때 h의 값을 구하라.

$$A\,(6.3638, 2961.7),\; C\,(6.4832, h),\; B\,(6.5843, 3093.3)$$

풀이 점 A, C, B의 좌표를 각각 A(x_1, y_1), C(x, y), B(x_2, y_2)로 하고 직선의 방정식으로부터 h를 구한다.

$$h = y = \frac{y_2 - y_1}{x_2 - x_1} \times (x - x_1) + y_1$$

$$= \frac{3093.3 - 2961.7}{6.5843 - 6.3638} \times (6.4832 - 6.3638) + 2961.7$$

$$= 3032.96 = 3033.0$$

† 증기표에 없는 점들의 값은 가까운 두 점의 값과 선형보간법을 이용하여 구한다. [예제 9.6]의 결과는 다음 [예제 9.7]에서 사용된다. [예제 9.7]에서 구하고자 하는 엔탈피 값은 300℃ $< T_4 <$ 350℃ 에 있고 300℃ 와 350℃ 에서 엔트로피와 엔탈피 값은 각각 A(6.3638, 2961.7), B(6.5843, 3093.3)이다. 따라서 $s_4 = 6.4832$ 일 때 엔탈피는 C(6.4832, h)로 놓고 h를 구하면 된다. 이 설명에서 엔트로피와 엔탈피의 단위는 생략하였다.

[예제 9.7] **[고압 터빈 출구 상태가 과열증기 영역에 있을 때]** 물을 작업유체로 하는 이상적인 재열 사이클이 있다. 16MPa, 550℃ 의 수증기가 고압터빈에서 4MPa까지 팽창한다. 그리고 다시 550℃ 로 가열된 증기는 최종적으로 저압 터빈에서 5kPa까지 팽창한 후 응축기로 보내어진다. 다음을 구하라.

(1) 펌프 일(w_p) (2) 보일러 가열량(q_B) (3) 터빈 일(w_t)
(4) 응축기 방열량(q_c) (5) 순 일(w_{net}) (6) 열효율(η_R)

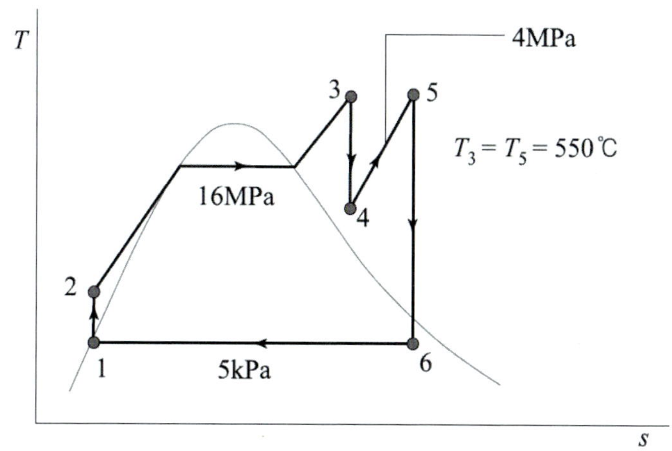

[그림 9.13] 재열 랭킨 사이클

풀이 압력 5kPa = 0.005MPa, 4MPa에서의 상태량은 다음과 같다(표 [A.3]).

압력 (P) MPa	포화 온도 (T_{sat}) ℃	비체적 m^3/kg		엔탈피 kJ/kg			엔트로피 kJ/kg • K	
		포화 액체 v_f	포화 증기 v_g	포화 액체 h_f	증발 h_{fg}	포화 증기 h_g	포화 액체 s_f	포화 증기 s_g
0.005	32.88	0.001005	28.186	137.77	2423.0	2560.8	0.4763	8.3939
4	250.36	0.001253	0.049777	1087.4	1713.5	2800.9	2.7967	6.0697

• P_1= 5kPa인 점 1(포화액체)에서의 상태량

$$v_1 = v_f = 0.001005\,m^3/kg$$
$$h_1 = h_f = 137.77\,kJ/kg, \quad h_{fg} = 2423.0\,kJ/kg$$
$$s_f = 0.4736\,kJ/kg \cdot K, \quad s_g = 8.3939\,kJ/kg \cdot K$$

• 과열증기표 [표 A.4]에서

16MPa, 550℃ 일 때: h_3= 3439.8kJ/kg, s_3= 6.4832kJ/kg • K

4MPa, 550℃ 일 때 : h_5= 3560.2kJ/kg, s_5= 7.2353kJ/kg • K

• 점 4의 엔탈피 값

등엔트로피 과정 3→4에서 $s_4 = s_3$= 6.4832kJ/kg • K인데 이 값은 4MPa에서의 포화증기의 엔트로피 $s_{g,4}$= 6.0697kJ/kg • K보다 크다. 즉, $s_4 > s_{g,4}$이므로 점 4는 그림과 같이 과열증기 영역에 있다. 따라서 [표 A.4] 과열증기표에서 P_4= 4MPa일 때 300℃ < T_4 < 350℃ 에 있다는 것을 찾는다. 그리고 300℃와 350℃의 엔트로피와 엔탈피 값과 선형 보간법을 이용하여 s_4= 6.4832kJ/kg • K일 때의 엔탈피를 구한다[예제 9.6].

$$h_4 = 3033.0\,kJ/kg$$

(1) 펌프 일(w_p): P_2 = 16MPa = 16,000kPa

$$w_p = v_1(P_2 - P_1) = 0.001005 \times (16{,}000 - 5) = 16.07\ [kJ/kg]$$
$$h_2 = w_p + h_1 = 16.07 + 137.77 = 153.84\ [kJ/kg]$$

(2) 보일러 가열량(q_B)

$$\begin{aligned} q_B &= (h_3 - h_2) + (h_5 - h_4) \\ &= (3439.8 - 153.84) + (3560.2 - 3033.0) = 3813.2 \text{ [kJ/kg]} \end{aligned}$$

(3) 터빈 일(w_t)

$s_6 = s_5 = 7.2353\,\text{kJ/kg}\cdot\text{K}$ 인데 $s_{g,6} = 8.3939\,\text{kJ/kg}\cdot\text{K}$ 이므로 점 6은 그림과 같이 습증기 영역에 있다. 따라서 건도를 구한 후 h_6을 구한다.

$$x_6 = \frac{s_6 - s_f}{s_{fg}} = \frac{7.2353 - 0.4763}{8.3939 - 0.4763} = 0.8537$$

$$\therefore\ h_6 = h_f + x_6 h_{fg} = 137.77 + 0.8537 \times 2423.0 = 2206.3 \text{ [kJ/kg]}$$

$$\begin{aligned} \therefore\ w_t &= (h_3 - h_4) + (h_5 - h_6) \\ &= (3439.8 - 3033.0) + (3560.2 - 2206.3) = 1760.7 \text{ [kJ/kg]} \end{aligned}$$

(4) 응축기 방열량(q_c)

$$q_c = h_6 - h_1 = 2206.3 - 137.77 = 2068.5 \text{ [kJ/kg]}$$

(5) 순 일(w_{net})

$$w_{net} = w_t - w_p = 1760.7 - 16.07 = 1744.63 \text{ [kJ/kg]}$$

(6) 열효율(η_R)

$$\eta_R = \frac{w_{net}}{q_B} = \frac{1744.63}{3813.2} = 0.4575 = 45.8 \text{ [\%]}$$

검산(4)-[예제 9.7]

(1) 사이클 전체에 대한 에너지 보존법칙

$$w_p + q_B = w_t + q_c$$

$$16.07 + 3813.2 = 1760.7 + 2068.5$$

$$3829.27 = 3829.2 \quad \text{(OK)}$$

(2) 사이클 전체의 열효율

$$\eta_R = 1 - \frac{h_6 - h_1}{(h_3 - h_2) + (h_5 - h_4)}$$

$$= 1 - \frac{2206.3 - 137.77}{(3439.8 - 153.84) + (3560.2 - 3033.0)} = 0.4575 \text{ (OK)}$$

[보충 학습 9.1] 재생 사이클

증기원동소의 터빈에서 배출되는 증기는 응축기에서 냉각되고 이때 버려지는 열량은 곧 사이클 전체의 에너지 손실이 된다. 또한 응축된 물이 보일러에 유입됨으로써 보일러의 초기 가열 과정이 상대적으로 낮은 온도에서 일어나게 된다. 재생 사이클은 이와 같은 단점을 보완하기 위해 터빈의 단열팽창 도중에 증기의 일부를 뽑아내어 급수(펌프로부터 공급되는 물)를 가열하는데 이용하는 방법이다. 따라서 보일러 입구의 급수 온도가 상승되므로 '**보일러에 공급하는 열량을 절약하여 사이클의 효율을 높일 수 있다.**'

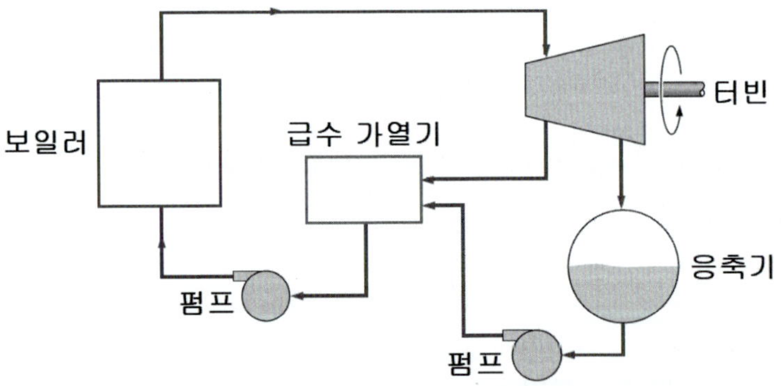

[그림 9.14] 개방형 급수 가열기를 이용한 재생 사이클

증기원동소에서 실제적인 재생 과정은 터빈의 여러 지점에서 수증기의 일부를 추출하여 실현할 수 있다. 추출된 증기는 급수를 가열하는데 사용된다. 이와 같이 급수가 재생에 의해 가열되는 장치를 '재생기' 또는 '급수 가열기'라 한다. 재생 사이클의 주된 목적은 급수 가열에 의한 공급 열량 절약이다. 급수 가열기는 일종의 열교환기이며, 종류에는 터빈으로부터 추출된 증기와 급수를 직접 혼합하는 개방형 급수 가열기([그림 9.14])와 이 두 개의 유체(증기와 급수)를 혼합하지 않으면서 열을 증기로부터 급수로 전달하는 밀폐형 급수 가열기([그림 9.15]) 등이 있다.

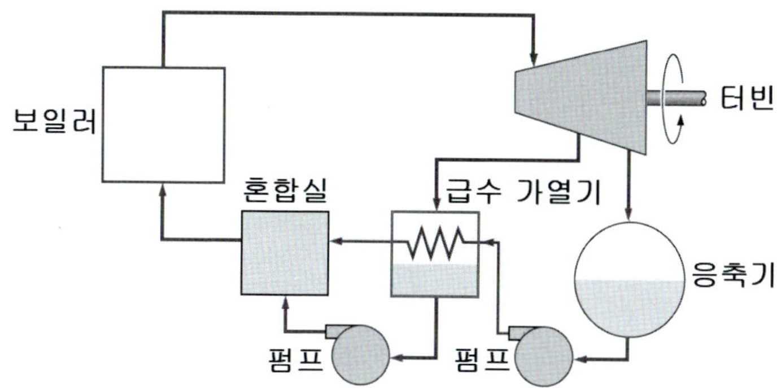

[그림 9.15] 밀폐형 급수 가열기를 이용한 재생 사이클

이와 같이 재생 사이클은 공급열량을 절약하여 사이클의 효율을 높여준다. 또한 터빈 마지막 단의 낮은 압력에서 증기의 비체적이 커지기 때문에 증기의 체적유량이 과대해지는 문제가 발생하는데 재생 사이클은 이 문제를 제어하는데도 도움을 준다. 이와 같은 장점으로 인해 재생 사이클은 1920년대 초에 도입된 이후 오늘날 거의 모든 증기원동소에서 사용되고 있다.

[보충 학습 9.2] 재열·재생 사이클

랭킨 사이클의 열효율을 높이기 위해서는 터빈에 유입되는 증기의 초기 온도와 압력을 높이고 터빈에서 방출되는 증기의 압력을 낮추어야 한다. 그러나 증기의 온도는 어느 한도 이상으로 높일 수 없으며 출구 압력도 냉각수 온도에 따라 제한을 받게 된다. 따라서 열효율을 향상시키기 위해서는 초기 압력을 높이는 것이 효과적인데 이때는 터빈 출구에서 증기의 건도가 감소하는 문제가 발생한다.

재생 사이클에서 팽창 후의 증기의 건도는 약 0.9보다 크게 해야 하므로 초기 압력이 높을 때는 재열을 하여 초기 온도를 높일 필요가 있다. 이와 같이 재열을 하는 재생 사이클을 재열·재생 사이클이라 한다. [그림 9.16]와 같이 고압터빈에서 팽창 도중의 증기를 재열기에서 적당한 온도까지 다시 가열한 다음 이것을 급수 가열기(재생기)를 사용하는 저압터빈으로 보내는 방식이다.

재열·재생 사이클은 **터빈 저압부의 습도를 낮추어줌으로써 열효율 증대와 함께 날개의 부식을 방지하는 사이클이다.** 대용량 증기원동소에서는 이와 같은 재열·재생 사이클을 많이 이용하고 있다.

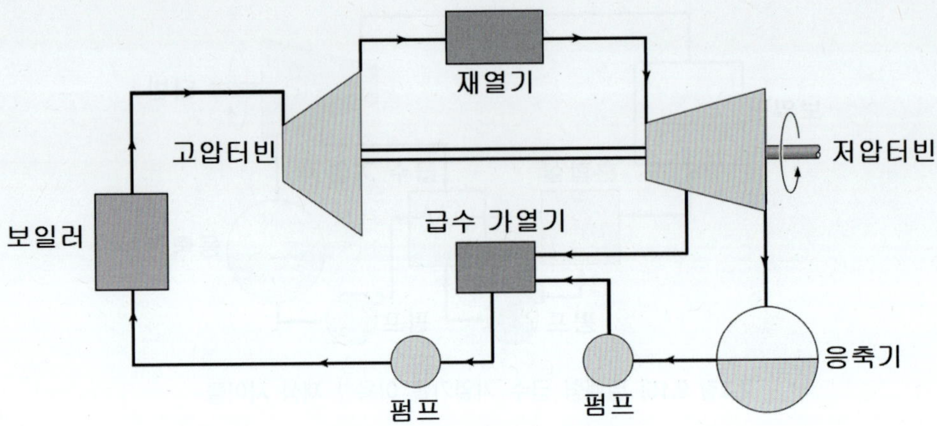

[그림 9.16] 재열 · 재생 사이클

연습문제 9

01 그림의 증기 동력장치에서 각 지점 1, 2, 3, 4의 엔탈피가 다음과 같다.
$h_1 = 191.8\text{kJ/kg}$, $h_2 = 194.9\text{kJ/kg}$, $h_3 = 3116.1\text{kJ/kg}$, $h_4 = 2136.2\text{kJ/kg}$

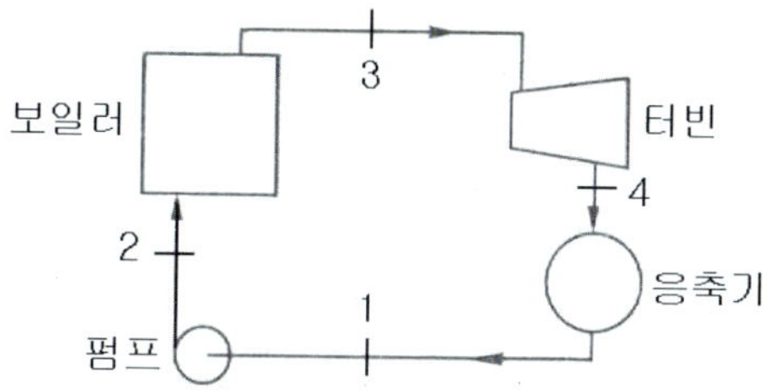

[문제 9.1]

이상적인 랭킨 사이클에 대하여 다음을 구하라.

(1) 펌프 일(w_p)　(2) 보일러 가열량(q_B)　(3) 터빈 일(w_t)
(4) 응축기 방열량(q_c)　(5) 순 일(w_{net})　(6) 열효율(η_R)

02 이상적인 랭킨 사이클로 작동하는 증기원동소에서 터빈 입구와 출구의 엔탈피가 각각 3682.8 kJ/kg, 2380.3 kJ/kg이고, 보일러 입구의 엔탈피가 194.8 kJ/kg일 때 터빈 일[kJ/kg]과 사이클의 열효율을 구하라. 단, 펌프 일은 무시한다.

03 이상적인 랭킨 사이클로 작동하는 증기원동소에서 보일러의 가열량이 3376.2 kJ/kg이고 응축기의 방열량이 1923.5 kJ/kg일 때, 사이클의 순 일[kJ/kg]과 열효율을 구하라.

04 이상적인 랭킨 사이클에서 응축기 압력과 보일러 압력이 각각 70kPa, 3MPa일 때 펌프 일[kJ/kg]을 구하라. 단, 펌프 내 물의 비체적은 $0.001036\,\text{m}^3/\text{kg}$로 일정하다.

05 보일러 입구와 출구의 엔탈피가 각각 387.5 kJ/kg, 3116.1 kJ/kg이고, 응축기 입구와 출구의 엔탈피가 각각 2403.1 kJ/kg, 384.4 kJ/kg인 이상적인 랭킨 사이클의 열효율을 구하라.

06 물을 작업유체로 하는 이상적인 랭킨 사이클에서 응축기 압력이 10kPa이고 보일러 압력이 2MPa일 때 다음을 구하라. 단, 터빈에는 포화증기가 공급된다.

(1) 펌프 일(w_p)

(2) 보일러 가열량(q_B)

(3) 터빈 일(w_t)

(4) 응축기 방열량(q_c)

(5) 순 일(w_{net})

(6) 열효율(η_R)

(7) 증기원동소의 순 총 출력이 50MW 일 때 사이클에서 수증기의 질량유량 $\dot{m}$[kg/s]와 응축기의 총 방열량 $\dot{Q}_c$[kW]

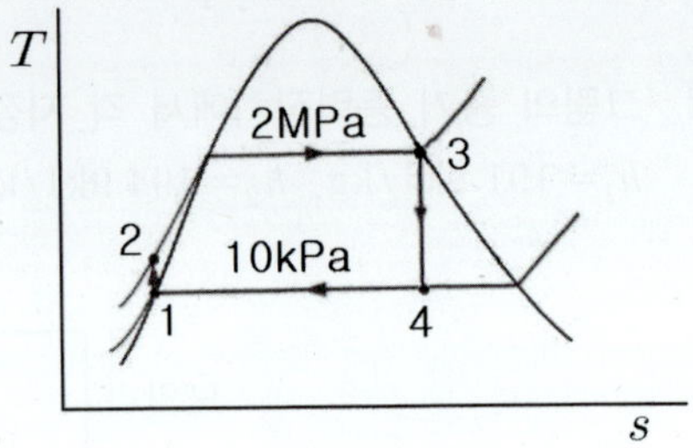

[문제 9.6]

07 그림과 같은 이상적인 랭킨 사이클의 $T-s$ 선도에서 각 점의 엔탈피가 다음과 같을 때 사이클의 열효율을 구하라.

$h_1 = 226\,\text{kJ/kg}$,

$h_2 = 229\,\text{kJ/kg}$,

$h_3 = 3168\,\text{kJ/kg}$,

$h_4 = 2177\,\text{kJ/kg}$

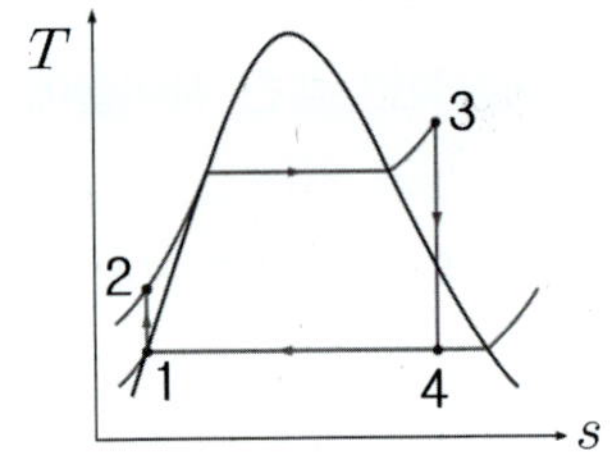

[문제 9.7]

08 이상적인 랭킨 사이클에서 4MPa, 350℃의 증기가 터빈에서 15kPa까지 팽창할 때 펌프 일[kJ/kg]을 구하라. 단, 물의 비체적은 $0.001\text{m}^3/\text{kg}$이다.

09 터빈 입구와 출구의 엔탈피가 각각 3250kJ/kg, 2480kJ/kg이고, 펌프 출구의 엔탈피가 340kJ/kg인 이상적인 랭킨 사이클의 열효율을 구하라. 단, 펌프 일은 무시한다.

10 물을 작업유체로 하는 이상적인 랭킨 사이클이 있다. 3MPa, 350℃의 수증기가 터빈에 공급되고, 응축기에서 80kPa의 압력에서 응축될 때 다음을 구하라.

(1) 펌프 일(w_p) (2) 보일러 가열량(q_B)

(3) 터빈 일(w_t) (4) 응축기 방열량(q_c)

(5) 순 일(w_{net}) (6) 열효율(η_R)

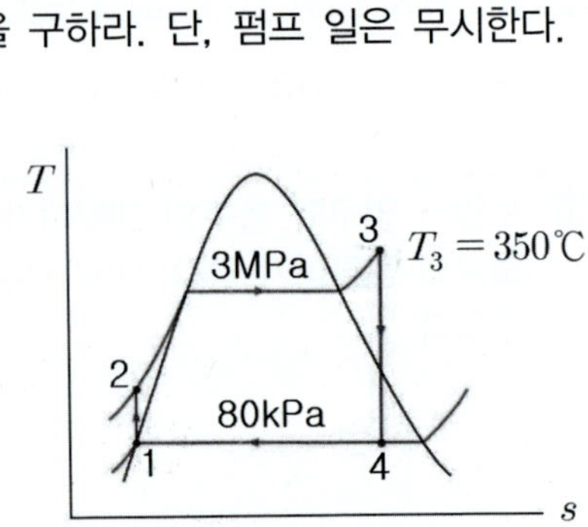

[문제 9.10]

11 이상적인 랭킨 사이클에서 보일러($\dot{Q}_B$) 가열량, 터빈($\dot{W}_t$)과 펌프($\dot{W}_p$)의 동력이 다음과 같을 때 응축기에서 방출한 열량[MJ/s]을 구하라.

$$\dot{Q}_B = 60\text{MJ/s},\ \dot{W}_t = 20\times 10^6 \text{N}\cdot\text{m/s},\ \dot{W}_p = 100\text{PS}$$

12 응축기 출구 온도 80℃, 보일러 출구 온도 500℃의 이상적인 랭킨 사이클에서 작동하는 증기 동력장치가 있다. 펌프 출구 압력이 2MPa일 때 사이클의 열효율을 구하라. 단, 펌프 일은 무시한다.

13 [터빈효율] 랭킨사이클로 작동하는 증기원동소에서 터빈에서 발생하는 비가역성으로 인해 터빈 출구 건도 $x=1$이 되었다. 다음을 구하라.

(1) 펌프 일(w_p) (2) 터빈 일(w_t) (3) 보일러 가열량(q_B)
(4) 응축기 방열량(q_c) (5) 순 일(w_{net}) (6) 터빈효율(η_t)

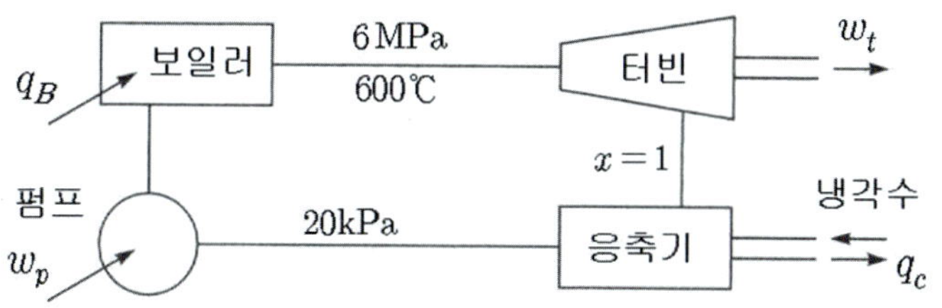

[문제 9.13]

14 [실제 사이클] 펌프와 터빈의 등엔트로피 효율이 85%인 증기원동소가 있다. 터빈에는 5MPa, 400℃의 과열증기가 공급되고, 응축기 압력이 10kPa일 때 다음을 구하라.

(1) 펌프 일(w_p)
(2) 보일러 가열량(q_B)
(3) 터빈 일(w_t)
(4) 응축기 방열량(q_c)
(5) 순 일(w_{net})
(6) 열효율(η_R)

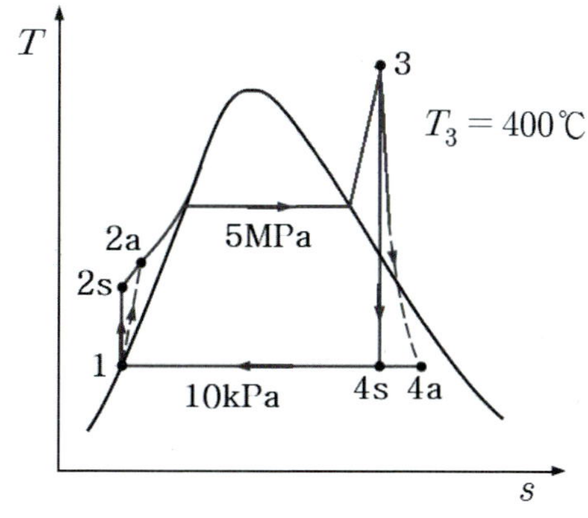

[문제 9.14]

(7) 터빈의 총 출력이 40MW일 때 수증기의 질량유량 $\dot{m}$[kg/s]와 응축기의 총 방열량 $\dot{Q}_c$[kW]

15 [실제 사이클] 터빈에 3MPa, 400℃의 과열증기가 공급되고, 응축기에서 압력이 50kPa인 증기원동소가 있다. 터빈의 등엔트로피 효율이 80%이고 나머지는 모두 이상적인 과정을 따를 때 다음을 구하라.

(1) 펌프 일(w_p) (2) 보일러 가열량(q_B) (3) 터빈 일(w_t)

(4) 응축기 방열량(q_c) (5) 순 일(w_{net}) (6) 열효율(η_R)

(7) 증기원동소의 순 총 출력이 10MW일 때 수증기의 질량유량 $\dot{m}$[kg/s]와 응축기의 총 방열량 $\dot{Q}_c$[kW]

16 [재열 사이클: 고압 터빈 출구 상태가 습증기 영역에 있을 때] 물을 작업유체로 하는 재열 랭킨 사이클이 있다. 4MPa, 350℃의 상태로 보일러를 나온 증기는 고압터빈으로 들어가서 400kPa까지 팽창한다. 그리고 다시 350℃로 가열되어 최종적으로 저압 터빈에서 20kPa까지 팽창한 후 응축기로 보내어진다. 다음을 구하라.

(1) 펌프 일(w_p) (2) 보일러 가열량(q_B) (3) 터빈 일(w_t)

(4) 응축기 방열량(q_c) (5) 순 일(w_{net}) (6) 열효율(η_R)

17 [선형 보간법] 두 점 1과 2의 좌표 값이 다음과 같을 때 선형 보간법을 이용하여 $x=6.6797$일 때 y를 구하라.

$$(x_1, y_1)=(6.5843, 3093.3),\ (x_2, y_2)=(6.7712, 3214.4)$$

18 [재열 사이클: 고압 터빈 출구 상태가 과열증기 영역에 있을 때] 물을 작업유체로 하는 재열 랭킨 사이클이 있다. 15MPa, 600℃의 상태로 보일러를 나온 증기는 고압터빈으로 들어가서 4MPa까지 팽창한다. 그리고 다시 600℃로 가열된 증기는 최종적으로 저압 터빈에서 10kPa까지 팽창한 후 응축기로 보내어진다. 다음을 구하라.

(1) 펌프 일(w_p) (2) 보일러 가열량(q_B) (3) 터빈 일(w_t)

(4) 응축기 방열량(q_c) (5) 순 일(w_{net}) (6) 열효율(η_R)

19 랭킨 사이클의 보일러 압력과 온도가 일정할 때 응축기 압력이 증가하면 사이클의 열효율은?

① 증가한다. ② 감소한다.

③ 변하지 않는다. ④ 증가할 수도 감소할 수도 있다.

20 증기원동소의 증기 동력사이클과 가장 가까운 사이클은? [공무원 임용시험]

① 오토 사이클 ② 브레이턴 사이클

③ 디젤 사이클 ④ 랭킨 사이클

21 이상적인 랭킨 사이클의 터빈에서 일어나는 상태변화 과정은?

① 가역 정적 과정 ② 가역 등온 과정

③ 가역 정압 과정 ④ 가역 단열 과정

22 다음 중 단열과정과 정압과정만으로 구성되는 사이클은?

① 카르노 사이클 ② 오토 사이클

③ 디젤 사이클 ④ 랭킨 사이클

23 랭킨 사이클의 구성요소 중 단열팽창이 일어나는 곳은?

① 보일러 ② 터빈

③ 응축기 ④ 펌프

24 다음 중 랭킨 사이클의 효율을 증가시키는 방법으로 적당하지 않은 것은?

① 작동유체의 온도를 높인다. ② 작동유체의 건도를 높인다.

③ 응축기 압력을 높인다. ④ 보일러 압력을 높인다.

25 그림의 랭킨 사이클에서 응축기에서 일어나는 과정은?

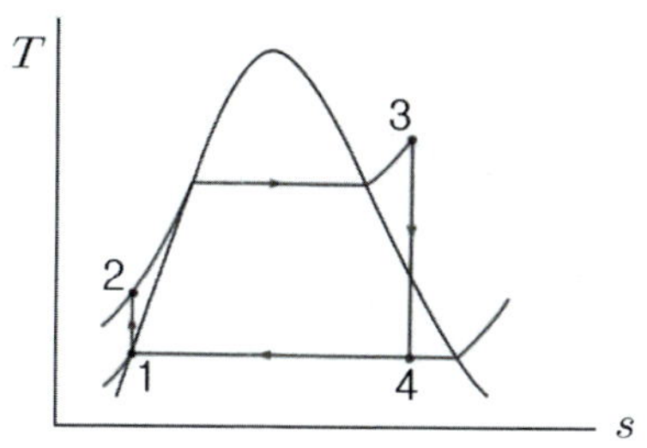

[문제 9.25]

① 1→2 ② 2→3 ③ 3→4 ④ 4→1

26 랭킨 사이클에서 일어나는 과정을 순서대로 쓰면?

① 단열압축→정압가열→단열팽창→정압방열

② 단열팽창→정압가열→단열압축→정압방열

③ 정압가열→단열압축→단열팽창→정압방열

④ 정압방열→단열압축→단열팽창→정압가열

27 증기원동소의 랭킨 사이클에서 작업유체가 흘러가는 순서로 옳은 것은?

① 펌프→보일러→응축기→터빈 ② 펌프→응축기→보일러→터빈

③ 펌프→터빈→보일러→응축기 ④ 펌프→보일러→터빈→응축기

28 증기원동소의 재열 랭킨 사이클에서 재열의 가장 큰 목적은?

① 열효율을 높인다.

② 펌프 일을 증가시킨다.

③ 응축기 압력을 높인다.

④ 터빈 저압부에서 증기의 건도를 높인다.

29 랭킨 사이클에 대한 설명으로 옳지 않은 것은?

① 응축기 압력이 낮아지면 방출열량이 감소한다.

② 응축기 압력이 낮아지면 사이클의 열효율이 증가한다.

③ 터빈 출구의 온도를 내리면 터빈 날개가 부식된다.

④ 터빈 출구의 온도를 내리면 터빈 효율이 증가한다.

30 터빈에 들어갈 때의 증기 엔탈피가 3116kJ/kg이고, 터빈에서 가역단열팽창을 한 후 터빈을 나올 때의 증기 엔탈피는 2403kJ/kg이다. 터빈 효율이 85%이면 터빈의 실제 일은 몇 kJ/kg인가?

① 527 ② 606 ③ 713 ④ 814

31 보일러 압력과 응축기 압력이 일정한 이상적인 랭킨 사이클에서 터빈으로 유입되는 증기가 고온으로 가열되면?

① 터빈 출력 일이 감소할 것이다.

② 방출되는 열량이 감소할 것이다.

③ 사이클 효율이 감소할 것이다.

④ 터빈 출구에서 증기의 수분함유량이 감소할 것이다.

32 랭킨 사이클의 열효율을 증가시키기 위하여 보일러 압력을 높이고 응축기 압력을 낮출 때 발생하는 현상은?

① 터빈 저압부에서 증기의 건도가 증가한다.

② 터빈 출구의 습도가 낮아진다.

③ 터빈 날개가 부식된다.

④ 배출 열량이 증가한다.

33 랭킨 사이클의 이론 열효율에 대한 설명으로 옳지 않은 것은?

① 보일러 압력이 높을수록 열효율이 높다.

② 응축기 압력이 낮을수록 열효율이 높다.

③ 보일러 온도가 높을수록 터빈 일이 증가한다.

④ 응축기 온도가 낮을수록 배출 열량이 증가한다.

34 랭킨 사이클의 각 과정 중 옳지 않은 것은?

① 펌프의 단열압축　② 보일러의 정압가열
③ 터빈의 단열팽창　④ 응축기의 정적방열

35 보일러의 공급 열량을 절약함으로써 사이클의 열효율을 향상시키기 위한 사이클은?

① 랭킨 사이클　② 재열 사이클
③ 재생 사이클　④ 재열·재생 사이클

36 이상 재열 사이클과 단순 랭킨사이클을 비교한 것으로 틀린 것은? [기사 시험]

① 이상 재열 사이클의 열효율이 더 높다.
② 이상 재열 사이클의 경우 터빈 출구 건도가 증가한다.
③ 이상 재열 사이클의 기기 비용이 더 많이 요구된다.
④ 이상 재열 사이클의 경우 터빈 입구 온도를 더 높일 수 있다.

37 50,000kW급 수증기 터빈 입구에서 엔탈피는 3,400kJ/kg이고 등엔트로피 과정을 따를 경우 출구에서 엔탈피는 2,100kJ/kg이다. 등엔트로피 과정을 따르지 않는 터빈의 효율이 75%일 때, 터빈 출구에서의 엔탈피[kJ/kg]는? [공무원 임용시험]

① 975　② 1,300　③ 2,275　④ 2,425

38 랭킨 사이클에서 5MPa, 400℃의 수증기가 터빈 안에서 10kPa까지 단열 팽창할 때 이 사이클의 펌프 일은 약 몇 kJ/kg인가? 단, 물의 비체적은 $0.001\,m^3/kg$이다. [기사 시험]

① 5　② 10　③ 15　④ 20

39 이상적인 Rankine 사이클에서 터빈 출구의 엔탈피 $h_{tc} = 1200\text{kJ/kg}$, 응축기 방열량 $q_L = 1000\text{kJ/kg}$, 펌프 출구의 엔탈피 $h_{pe} = 210\text{kJ/kg}$, 보일러 가열량 $q_H = 1210\text{kJ/kg}$이다. 이 사이클의 출력일은? [기사 시험]

① 210kJ/kg　② 220kJ/kg　③ 230kJ/kg　④ 420kJ/kg

40 열효율이 30%인 증기 동력사이클에서 1kWh의 출력을 얻기 위해 공급되어야 할 열량은 몇 kWh인가? [기사 시험]

① 9.25　② 2.51　③ 3.33　④ 4.90

41 이상적인 랭킨 사이클의 각 점에서 엔탈피가 다음과 같을 때 사이클의 이론 열효율은 약 몇 %인가? [기사 시험]

• 보일러 입구: 58.6kJ/kg	• 보일러 출구: 810.3kJ/kg
• 응축기 입구: 614.2kJ/kg	• 응축기 출구: 57.4kJ/kg

① 32 ② 30 ③ 28 ④ 26

42 랭킨 사이클에서 5MPa, 500℃의 수증기가 터빈 안에서 5kPa로 단열 팽창할 때 이 사이클의 펌프 일은 약 몇 kJ/kg인가? 단, 물의 비체적은 $0.001\text{m}^3/\text{kg}$이다. [기사 시험]

① 2 ② 5 ③ 10 ④ 20

43 효율이 85%인 터빈에 들어갈 때의 증기의 엔탈피가 3390kJ/kg이고, 가역단열과정에 의해 팽창할 경우 출구에서의 엔탈피가 2135kJ/kg이 된다고 한다. 운동에너지 변화를 무시할 경우 이 터빈의 실제 일[kJ/kg]은? [기사 시험]

① 1476 ② 1255 ③ 1067 ④ 906

44 보일러에 물(온도 20℃, 엔탈피 84kJ/kg)이 유입되어 압력 600kPa의 포화증기(온도 159℃, 엔탈피 2757kJ/kg) 상태로 유출된다. 물의 질량유량이 300kg/h이면 보일러에 공급된 열량은 약 몇 kW인가? [기사 시험]

① 121 ② 140 ③ 223 ④ 345

45 압력 P_L과 $P_H(P_L < P_H)$ 사이에서 작동하는 이상적인 랭킨 사이클이 있다. 터빈 입구에서 증기의 비엔트로피가 9.6kJ/K이고, 압력 P_L에서 포화액체와 포화 증기의 비엔트로피가 각각 0.8kJ/K과 10.8kJ/K일 때 터빈 출구에서 응축된 증기(액체 물로 변한 증기)의 질량 분율[%]을 구하라.

제10장

냉동사이클

10.1 냉동기와 열펌프

열은 온도가 높은 물체로부터 온도가 낮은 물체로 흐른다. 이러한 열전달 현상은 어떠한 장치 없이도 자연적으로 일어난다. 그러나 그 반대의 과정은 저절로 일어나지 않으며, 저온 물체로부터 고온 물체로 열을 전달하기 위해서는 냉동기라고 하는 장치를 사용해야 한다.

냉동기는 사이클 장치이며, 냉동사이클에 사용되는 작업유체를 냉매라 한다. 일반적인 냉동기의 개략도를 [그림 10.1(a)]에 나타내었다. 여기에서 Q_L은 온도 T_L의 냉동된 공간에서 뽑아낸 열량이고, Q_H는 온도 T_H의 상대적으로 더운 공간($T_H > T_L$)으로 방출된 열량이다. 그리고 W_{in}은 이러한 열전달을 일으키기 위해 냉동기에 투입된 순 입력 일을 나타낸다.

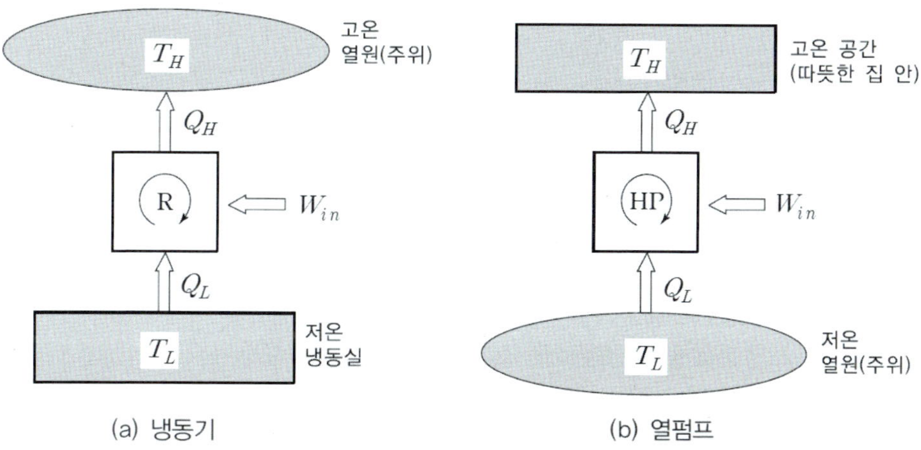

[그림 10.1] 냉동기와 열펌프

저온에서 고온으로 열을 전달하는 또 하나의 장치는 열펌프이다. [그림 10.1(b)]와 같이 냉동기와 열펌프는 근본적으로 같은 장치이지만 그 목적이 서로 다르다. 냉동기의 목적은 저온의 냉동실부터 열을 뽑아내어 그 공간을 저온으로 유지하는 것이다. 즉, 이때는 Q_L이 목적으로 하는 열량이다. 이에 반해 열펌프의 목적은 고온의 공간을 계속 고온으로 유지하는 것이다. 따라서 이때는 Q_H가 목적으로 하는 열량이 된다. 예를 들어 겨울철에 차가운 주위 공기와 같은 저온의 열원으로부터 열을 흡수하여 이 열을 상대적으로 따뜻한 집 안으로 공급하는 장치가 열펌프이다.

냉동기와 열펌프의 성능은 다음과 같이 정의되는 성능계수(COP)로 표시된다.

$$\bullet \textbf{ 냉동기: } \mathrm{COP_R} = \frac{(\text{냉각 효과})}{(\text{입력})} = \frac{Q_L}{W_{in}} = \frac{\dot{Q}_L}{\dot{W}_{in}} \quad \cdots\cdots\cdots\cdots\cdots (10.1)$$

$$\bullet \textbf{ 열펌프: } \mathrm{COP_H} = \frac{(\text{가열 효과})}{(\text{입력})} = \frac{Q_H}{W_{in}} = \frac{\dot{Q}_H}{\dot{W}_{in}} \quad \cdots\cdots\cdots\cdots\cdots (10.2)$$

이와 같은 정의는 일반적으로 각 기관의 '$(\text{효율}) = \frac{(\text{출력})}{(\text{입력})}$'으로 정의되고, 냉동기와 열펌프에서 목적으로 하는 출력은 각각 Q_L과 Q_H이기 때문이다. 식 (10.1)과 (10.2)에서 $\dot{Q}_L$, $\dot{Q}_H$, $\dot{W}_{in}$는 각각 단위시간당 Q_L, Q_H, W_{in}을 나타낸다.

여기에서 열역학 제1법칙에 의해 두 성능계수 사이에는 다음 관계식이 성립한다.

$$Q_H = Q_L + W_{in}$$

$$\therefore \ \mathrm{COP_H} = \frac{Q_H}{W_{in}} = \frac{Q_L + W_{in}}{W_{in}} = \frac{Q_L}{W_{in}} + 1 = \mathrm{COP_R} + 1$$

$$\mathrm{COP_H} = \mathrm{COP_R} + 1 \quad \cdots\cdots\cdots\cdots\cdots (10.3)$$

일반적으로 냉동장치의 **'냉동능력(냉각능력)'** 또는 **'냉동용량'**은 '냉동실로부터의 단위시간당 열 제거율($\dot{Q}_L$)'을 의미한다. 많이 사용하는 냉동능력의 SI단위는 kW 이지만 이것은 종종 냉동톤[RT]으로 표시된다. 1냉동톤[RT]은 '0℃ 물 1톤(1000kg)을 24시간(하루) 만에 0℃ 얼음으로 냉각시킬 수 있는 냉동장치의 능력'으로 정의된다. 얼음의 융해잠열은 333.7 kJ/kg이므로 1RT는 다음과 같다.

$$1\,\mathrm{RT} = \frac{333.7(\mathrm{kJ/kg}) \times 1\text{톤}}{24\text{시간}} = \frac{333.7(\mathrm{kJ/kg}) \times 1000\mathrm{kg}}{24 \times 3600\mathrm{s}}$$

$$= 3.86\frac{\mathrm{kJ}}{\mathrm{s}} = 3.86\,[\mathrm{kW}]$$

$$1\,\mathrm{RT} = 3.86\,\mathrm{kW}$$

[참고 10.1] 영국단위계의 냉동톤

미국과 영국에서 주로 사용하는 1냉동톤[RT]은 '0℃ 물 2000 lbm를 24시간 만에 0℃ 얼음으로 냉각시킬 수 있는 냉동장치의 능력'으로 정의한다. 이때 2000 lbm = 907.1847kg이고, 얼음의 융해잠열은 143.5Btu/lbm이므로 1냉동톤은 약 210kJ/min = 3.5kW 또는 200Btu/min가 된다. 이것을 USRT(usRT)로 구분하여 쓰기도 하지만 그냥 냉동톤[RT]으로 부르는 경우가 많으므로 조금은 주의할 필요가 있다. 이와 같이 1냉동톤[RT]의 값이 차이가 나는 것은 SI단위계에서는 1000kg을 1톤이라 하고, 영국단위계에서는 2000 lbm를 1톤이라 하기 때문이다. 한편 영국단위를 쓰는 사람들은 SI단위계의 냉동톤을 CGSRT라고도 한다.[1)]

[예제 10.1] 12kJ의 에너지를 공급받아서 54kJ의 열을 흡수하는 냉동기의 성능계수를 구하라.

풀이 냉동기에 투입되는 일 $W_{in} = 12\,\text{kJ}$, 냉동기가 흡수하는 열량 $Q_L = 54\,\text{kJ}$이므로 냉동기의 성능계수는 다음과 같다.

$$\text{COP}_\text{R} = \frac{Q_L}{W_{in}} = \frac{54\text{kJ}}{12\text{kJ}} = 4.5$$

[예제 10.2] 0℃ 물 50kg을 모두 0℃ 얼음으로 만드는데 4000kJ의 일이 소요되는 냉동기의 성능계수를 구하라.

풀이 얼음의 융해잠열은 $L_f = 333.7\,\text{kJ/kg}$이므로 물로부터 흡수해야 할 열량은

$$Q_L = m\,L_f = (50\text{kg}) \times (333.7\,\text{kJ/kg}) = 16{,}685\text{kJ}$$

이다. 따라서 냉동기의 성능계수는 다음과 같다.

1) 3.86kW와 3.5kW를 모두 1냉동톤[RT]이라 하는 경우가 많다. 그런데 현재에는 SI단위를 사용하는 추세에 있으므로 영국단위는 참고로 하고 RT의 정의와 3.86kW는 기억하도록 한다.

$$\mathrm{COP_R} = \frac{Q_L}{W_{in}} = \frac{16685}{4000} = 4.17$$

[예제 10.3] 1분 동안에 1200kJ의 열량을 흡수하는 냉동기의 냉동능력을 냉동톤[RT]으로 나타내라. 단, 1RT = 3.86kW이다.

풀이 냉동기가 흡수하는 단위시간당 열량은

$$\dot{Q}_L = \frac{Q_L}{t} = \frac{1200\text{kJ}}{1\text{min}} = \frac{1200\text{kJ}}{60\text{s}} = 20\frac{\text{kJ}}{\text{s}} = 20\,[\text{kW}]$$

이다. 1RT = 3.86 kW 이므로 냉동기의 냉동능력($\dot{Q}_L$)을 냉동톤으로 나타내면 다음과 같다.

$$\dot{Q}_L = \frac{20}{3.86}[\text{RT}] = 5.18\,[\text{RT}]$$

[예제 10.4] 성능계수가 4인 냉동기를 사용하여 0℃ 물 5000kg을 24시간 동안에 모두 0℃ 얼음으로 만들고자 한다. 이때 필요한 냉동기 동력[kW]을 구하라.

풀이 냉동기가 흡수해야 할 단위시간당 열량은

$$\dot{Q}_L = \frac{Q_L}{t} = \frac{(5000\text{kg}) \times (333.7\text{kJ/kg})}{24 \times 3600\,\text{s}} = 19.31\frac{\text{kJ}}{\text{s}} = 19.31\,[\text{kW}]$$

이므로 필요한 냉동기 동력은 다음과 같다.

$$\dot{W}_{in} = \frac{\dot{Q}_L}{\mathrm{COP_R}} = \frac{19.31\text{kW}}{4} = 4.83\,[\text{kW}]$$

10.2 역카르노 사이클

주어진 온도 한계에서 최고의 열효율을 가지는 카르노 사이클은 2개의 등온과정과 2개의 가역단열과정으로 구성되어 있다. 카르노 사이클은 가역사이클이므로 사이클의 모든 과정을 역으로 되돌릴 수 있다. 사이클을 역으로 작동시킨다는 것은 열전달 또는 일의 방향이 반대가 됨을 의미한다. 이 결과로 $T-s$ 선도 상에서 반시계방향으로 작동되는 하나의 사이클이 구성되는데 이것을 역카르노 사이클이라 하고, 역카르노 사이클로 작동하는 냉동기와 열펌프를 각각 카르노 냉동기와 카르노 열펌프라 한다. 역카르노 사이클로 작동할 때 냉동기와 열펌프의 입력동력이 최소가 된다.

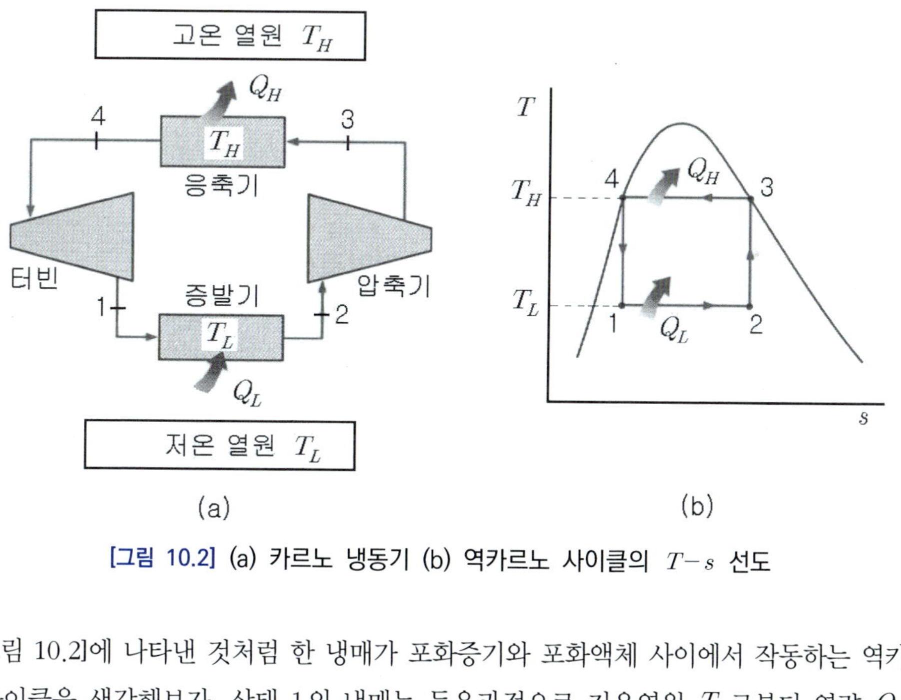

[그림 10.2] (a) 카르노 냉동기 (b) 역카르노 사이클의 $T-s$ 선도

[그림 10.2]에 나타낸 것처럼 한 냉매가 포화증기와 포화액체 사이에서 작동하는 역카르노 사이클을 생각해보자. 상태 1의 냉매는 등온과정으로 저온열원 T_L로부터 열량 Q_L을 흡수하고(1→2), 등엔트로피 과정으로 상태 3까지 압축되며 이때 온도가 T_H로 상승한다. 다음에 등온과정으로 고온열원 T_H로 열량 Q_H를 방출하고(3→4), 등엔트로피 과정으로 팽창하여 처음상태 1로 되돌아온다. 냉매는 과정 3→4를 거치는 동안 응축기에서 포화증기 상태로부터 포화액체 상태로 변한다.

[그림 10.2(b)]와 같은 사이클로 작동하는 카르노 냉동기와 카르노 열펌프의 성능계수는

다음과 같이 온도(T_H, T_L)만의 함수로 표현된다.

$$\mathrm{COP}_{\mathrm{R,Carnot}} = \frac{Q_L}{W} = \frac{Q_L}{Q_H - Q_L} = \frac{T_L}{T_H - T_L} = \frac{1}{T_H/T_L - 1} \quad \cdots (10.4)$$

$$\mathrm{COP}_{\mathrm{H,Carnot}} = \frac{Q_H}{W} = \frac{Q_H}{Q_H - Q_L} = \frac{T_H}{T_H - T_L} = \frac{1}{1 - T_L/T_H} \quad \cdots (10.5)$$

역카르노 사이클은 2개의 열원 사이에서 작동되는 냉동사이클 중 가장 효율이 좋은 사이클이지만 실제 냉동장치에서는 이와 같은 사이클을 만들 수 없다. 역카르노 사이클은 냉동기와 열펌프의 이상 사이클(이상적인 사이클)로서 실제 냉동사이클과 비교할 수 있는 표준으로 사용될 수 있다.

실제 냉장고를 이상적인 카르노 냉동기와 비교하면 [그림 10.2(a)]처럼 T_H는 냉장고 외부의 공기 온도, T_L은 냉장실(냉동실) 온도가 된다. 그리고 응축기와 증발기의 온도는 각각 T_H와 T_L이다.

[예제 10.5] 외부 공기 온도가 24℃일 때 냉동실 온도를 −3℃로 유지하면서 작동하는 냉동기의 성능계수를 구하라. 냉동기는 역카르노 사이클로 작동한다고 가정한다.

풀이 고온열원 온도 $T_H = 24$℃, 저온열원 온도 $T_L = -3$℃이므로 역카르노 사이클로 작동하는 냉동기의 성능계수는 다음과 같다.

$$\mathrm{COP_R} = \frac{T_L}{T_H - T_L} = \frac{-3 + 273}{24 - (-3)} = 10$$

[예제 10.6] 기온이 35℃인 더운 여름에 에어컨을 사용하여 냉방하고 있다. 실내 온도를 20℃와 25℃로 유지하는 경우에 대한 에어컨의 성능계수를 각각 구하여 비교하라. 단, 에어컨은 이상적인 역카르노 사이클로 작동한다고 가정한다.

풀이 에어컨은 고온열원 실외(T_H)와 저온열원 실내(T_L) 사이에서 역카르노 사이클로 작동하고 있다. 여기에서 고온열원 온도 $T_H = 35℃$ 이고, 저온열원 온도 $T_L = 20℃$ 및 25℃ 일 때의 성능계수는 다음과 같다.

$$\mathrm{COP}_{R,20℃} = \frac{T_L}{T_H - T_L} = \frac{20+273}{35-20} = 19.5 \quad \cdots\cdots ①$$

$$\mathrm{COP}_{R,25℃} = \frac{T_L}{T_H - T_L} = \frac{25+273}{35-25} = 29.8 \quad \cdots\cdots ②$$

①과 ②를 비교하면 실내 온도를 5℃ 올리면 에어컨의 성능계수가 약 1.5배가 된다. 이 결과로부터 여름에 실내 온도를 조금만 올려도 소비되는 전력($\dot{W}_{in} = \dot{Q}_L / \mathrm{COP}_R$)을 많이 줄일 수 있다는 것을 알 수 있다. 1년 내내 가동되는 냉장고도 마찬가지이다. 냉동실 온도를 너무 낮게 하여 많은 전력을 소비하지 않도록 한다.

[예제 10.7] 20냉동톤[RT]의 냉동능력을 가지고 있는 카르노 냉동기의 흡열부와 방열부의 온도가 각각 −10℃와 30℃일 때 이 냉동기를 가동하는데 요구되는 동력[kW]을 구하라. 단, 1RT = 3.86kW이다.

풀이 고온열원 온도 $T_H = 30℃$, 저온열원 온도 $T_L = -10℃$, 단위 시간당 흡열량 $\dot{Q}_L = 20\,\mathrm{RT}$이므로 냉동기 입력동력 $\dot{W}_{in}$은 다음과 같다.

$$\mathrm{COP}_{R,\mathrm{Carnot}} = \frac{T_L}{T_H - T_L} = \frac{\dot{Q}_L}{\dot{W}_{in}}$$

$$\therefore \ \dot{W}_{in} = \frac{T_H - T_L}{T_L} \times \dot{Q}_L = \frac{30-(-10)}{-10+273} \times (20 \times 3.86) = 11.7 \ [\mathrm{kW}]$$

10.3 증기압축 냉동사이클

역카르노 사이클과 관계되는 비현실적인 사항들은 냉매가 압축되기 전에 냉매를 완전히 증발시키고, 터빈을 팽창밸브 등과 같은 교축장치로 대체함으로써 해결할 수 있다. 이와 같이 구성한 사이클을 증기압축(식) 냉동사이클이라 한다.2)

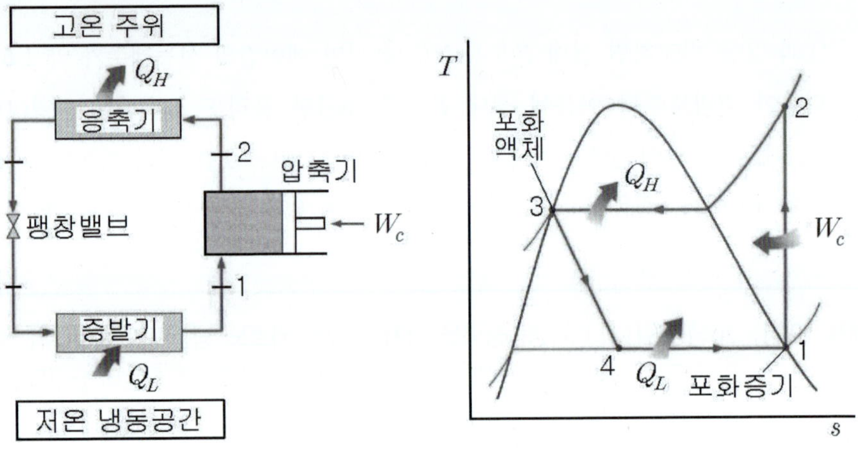

(a) (b)

[그림 10.3] 증기압축 냉동사이클의 구성(a)과 $T-s$ 선도(b)

증기압축 냉동사이클은 냉동기, 공기조화장치, 열펌프 등에서 널리 사용되고 있다. [그림 10.3]에 기본적인 증기압축 냉동사이클의 구성과 $T-s$ 선도를 나타내었다. 그림과 같이 증기압축 냉동사이클은 압축기, 응축기, 팽창밸브, 증발기 등으로 구성되어 있으며 각 요소에서 일어나는 이상적인 4개의 과정은 다음과 같다.

(1) 1→2: 압축기에서의 **등엔트로피 압축과정**. 냉매가 1의 포화증기 상태에서 압축기로 들어가서 압축기로부터 W_c의 일을 받고 응축기 압력(P_2)까지 등엔트로피 과정으로 압축된다. 이 과정에서 냉매의 온도가 상승한다.

(2) 2→3: 응축기에서의 **정압 방열과정**. 냉매는 2의 과열증기 상태로 응축기에 들어가서 일정한 압력 하에서 고온의 주위로 Q_H의 열량을 방출하고 포화액체(점 3) 상태로 응축기에서 나온다.

2) [그림 10.3]의 냉동기 구성 요소와 $T-s$ 선도를 잘 알아두도록 한다.

(3) 3→4: 팽창밸브(팽창장치)에서의 **등엔탈피 팽창과정**. 3의 포화액체 상태의 냉매는 팽창밸브를 통과하면서 교축(스로틀링)되어 냉매의 압력이 증발기 압력(P_4)으로 강하한다. 이 과정에서 냉매의 온도가 냉동하려고 하는 공간의 온도보다 더 낮은 온도로 떨어진다($T_{냉매} < T_{냉동공간}$).

(4) 4→1: 증발기에서의 **정압 흡열과정**. 4의 낮은 건도의 포화액체+포화증기 혼합물로 냉매가 증발기에 들어가서 일정한 압력에서 저온부(냉동실)로부터 Q_L의 열을 흡수하고 증발하여 포화증기(점 1)로 변한다.[3)]

$T-s$ 선도에서 과정 4→1 아래의 면적은 증발기에서 냉매가 흡수한 열량을 나타내고, 2→3 아래의 면적은 응축기에서 방출한 열량을 나타낸다. 역카르노 사이클과 달리 과정 3→4는 교축과정에 의해 엔트로피가 생성되는 비가역과정이므로 냉동사이클 전체는 하나의 비가역과정이 된다.

사이클에서 각 장치에 대해 에너지 보존 식을 적용하면 다음과 같이 필요한 물리량을 구할 수 있다. 여기에서 w_c, q_H, q_L은 모두 단위질량당 일 혹은 열량[kJ/kg]이다.

(1) 압축기에서의 압축 일 w_c: (등엔트로피 과정 1→2). $q=0$, $s_1=s_2$

$$w_c = h_2 - h_1 \qquad \cdots\cdots (10.6)$$

(2) 응축기에서의 방열량 q_H: (정압과정 2→3). $w=0$, $P_2=P_3$

$$q_H = h_2 - h_3 \qquad \cdots\cdots (10.7)$$

(3) 팽창밸브: (등엔탈피 과정 3→4). $q=0$

$$h_4 = h_3 \qquad \cdots\cdots (10.8)$$

(4) 증발기에서 흡수한 열량 q_L: (정압과정 4→1), $w=0$, $P_4=P_1$

$$q_L = h_1 - h_4 \qquad \cdots\cdots (10.9a)$$

$$q_L = q_H - w_c \quad \text{(사이클 전체)} \qquad \cdots\cdots (10.9b)$$

3) 가정용 냉장고에서는 냉매에 의해 열이 흡수되는 냉동실 내의 배관들이 증발기의 역할을 하고, 냉장고 뒤의 코일은 외부로 열을 방출하는 응축기 기능을 담당하고 있다.

냉동효과는 단위 질량(1kg)의 냉매가 증발기에서 흡수하는 열량(kJ/kg, q_L)으로 표시하고, 냉동능력은 냉동기가 단위시간(1s) 동안 증발기에서 흡수할 수 있는 열량[kJ/s]으로 나타낸다.

(5) 냉동기의 성능계수 COP_R: 압축기에서 w_c의 일을 투입하여 증발기에서 q_L의 열을 흡수하였으므로 성능계수는 다음과 같다.

$$\bullet\ \textbf{냉동기:}\ COP_R = \frac{q_L}{w_c} = \frac{h_1 - h_4}{h_2 - h_1} \quad \cdots\cdots (10.10)$$

이 냉동사이클을 열펌프로 사용하면 방출한 열량 q_H가 목적이므로 열펌프의 성능계수는 다음과 같아진다.

$$\bullet\ \textbf{열펌프:}\ COP_H = \frac{q_H}{w_c} = \frac{h_2 - h_3}{h_2 - h_1} \quad \cdots\cdots (10.11)$$

(6) 압축기 동력($\dot{W}_c$), 단위시간당 총 방출열량($\dot{Q}_H$)과 총 흡수열량($\dot{Q}_L$)

사이클을 흐르는 냉매의 질량유량이 $\dot{m}$일 때 압축기 동력과 단위시간당 총 열전달량은 다음과 같다.

$$\dot{W}_c = \dot{m}w_c = \dot{m}(h_2 - h_1) \quad \cdots\cdots (10.12)$$

$$\dot{Q}_H = \dot{m}q_H = \dot{m}(h_2 - h_3) \quad \cdots\cdots (10.13)$$

$$\dot{Q}_L = \dot{m}q_L = \dot{m}(h_1 - h_4) \quad \cdots\cdots (10.14)$$

여기에서 냉매가 단위시간 동안에 흡수한 총 열량 $\dot{Q}_L$을 냉동능력(냉각용량, 냉각능력)이라고 한다.

냉동기의 성능계수(COP_R)는 증발온도와 응축온도에 따라 크게 달라진다. **'최대의 성능계수를 얻기 위해서는 냉동기 사이클이 가능한 낮은 응축온도와 높은 증발온도에서 작동해야 한다.'** 이것은 [그림 10.3]에서 선 4－1 아래의 면적과 2－3 아래의 면적이 각각 Q_L과 Q_H를 나타내고, W_{in}은 그 두 값의 차이라는 것을 알면 쉽게 이해할 수 있다. 예를 들어 증발온도가 올라가면 선 4－1 아래의 면적이 증가하므로 냉각하는 열량 Q_L이 증가한다. 한편 응축온도가 내려가면 2－3 아래의 면적이 감소하므로 투입되는 일 W_{in}이 감소한다.

증기압축 냉동사이클을 해석할 때 자주 사용하는 또 하나의 선도는 [그림 10.4]의 압력 (P)-엔탈피(h) 선도이다. 이 선도에서는 4개의 과정 중 3개의 과정(2→3, 3→4, 4→1)이 좌표축과 평행한 직선으로 표시되며, 응축기와 증발기에서의 열전달량(q_H, q_L)은 이에 대응하는 직선의 길이(Δh: 2-3, 1-4)에 비례한다.

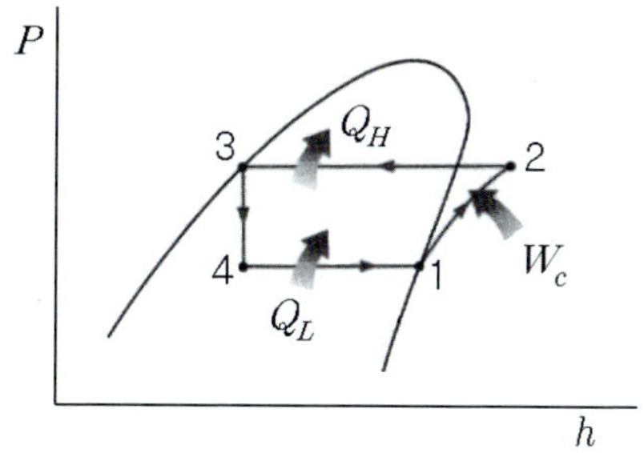

[그림 10.4] 이상적인 증기압축 냉동기의 $P-h$ 선도

[예제 10.8] R134a를 냉매로 사용하는 냉동기가 증발기 압력 140kPa과 응축기 압력 0.8MPa에서 이상적인 증기압축 냉동사이클로 작동하고 있다. 사이클의 $T-s$ 선도를 그리고, 단위질량의 냉매에 대해 다음을 구하라.

(1) 압축기에서 압축 일 w_c[kJ/kg]

(2) 응축기에서 방열량 q_H[kJ/kg]

(3) 증발기에서 흡수한 열량 q_L[kJ/kg]

(4) 냉동기의 성능계수 $\mathrm{COP_R}$

(5) 냉매의 질량유량이 0.04kg/s일 때 압축기 입력동력[kW]과 냉동실에서 열 제거율[kW] 및 주위로의 열 방출률[kW]

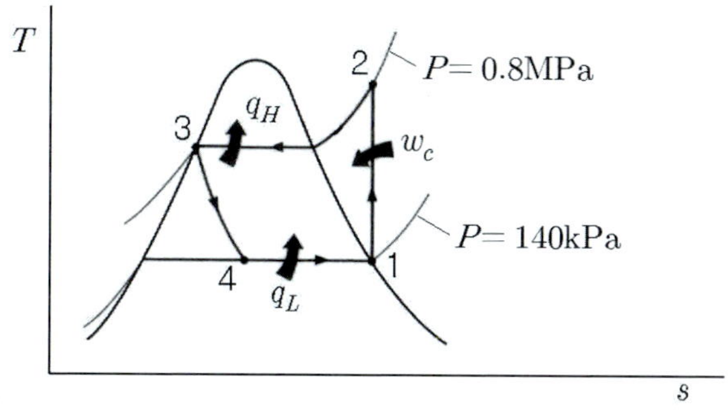

[그림 10.5] 증기압축 냉동사이클의 $T-s$ 선도

풀이 주어진 사이클의 $T-s$ 선도는 [그림 10.5]와 같다. 증기동력 사이클을 포함하여 냉동사이클을 해석할 때는 각 점의 엔탈피를 모두 구하면 구하고자 하는 값을 모두 구할 수 있다.

- 점 1: 압력 $P_1 = 140\text{kPa}$의 포화증기상태이므로 [표 A.9] 압력 기준표에 점 1에서의 엔탈피와 엔트로피는 다음과 같다.

$$h_1 = h_g = 239.18\,\text{kJ/kg},\ s_1 = s_g = 0.94462\,\text{kJ/kg}\cdot\text{K}$$

- 점 2: 압력 $P_2 = 0.8\text{MPa}$이고, 과정 1→2는 등엔트로피 과정이므로 점 2의 엔트로피는

$$s_2 = s_1 = 0.94462\,\text{kJ/kg}\cdot\text{K}$$

이다. 따라서 과열증기 영역에서

$$\text{압력 } P_2 = 0.8\text{MPa},\ \text{엔트로피 } s_2 = 0.94462\,\text{kJ/kg}\cdot\text{K}$$

인 점의 엔탈피 h_2를 찾으면 된다. 과열증기표 [A.10]에서 압력이 0.8MPa일 때를 보면 다음과 같이 점 2의 엔트로피 값 s_2는 온도 $T_{sat} < T < 40℃$에 있음을 알 수 있다.

T[℃]			$v[\text{m}^3/\text{kg}]$	h[kJ/kg]	s[kJ/kg • K]
			$P = 0.80\text{MPa}$ ($T_{\text{sat}} = 31.3℃$)		
Sat.			0.02563	$267.32 = y_1$	$0.9184 = x_1$
				y	$0.94462 = x$
40			0.02704	$276.45 = y_2$	$0.9480 = x_2$

이 표로부터 $s_2 = x = 0.94462\,\text{kJ/kg}\cdot\text{K}$일 때의 엔탈피 $h_2 = y$를 선형보간법으로 구한다.

$$\begin{aligned} h_2 = y &= \frac{y_2 - y_1}{x_2 - x_1}\times(x - x_1) + y_1 \\ &= \frac{276.45 - 267.32}{0.9480 - 0.9184}\times(0.94462 - 0.9184) + 267.32 \\ &= 275.41\,[\text{kJ/kg}] \end{aligned}$$

• 점 3: $P_3 = 0.8\text{MPa} = 800\text{kPa}$인 포화액체 상태이므로 [표 A.9]에서

$$h_3 = h_f = 95.50\,\text{kJ/kg}$$

• 점 4: 과정 3→4는 등엔탈피 과정이므로

$$h_4 = h_3 = 95.50\,\text{kJ/kg}$$

이상과 같이 선도 상에서 각 점의 엔탈피가 구해지면 냉동기의 각 요소에 대해 에너지 보존법칙을 적용하여 다음과 같이 필요한 값을 쉽게 구할 수 있다.[4)]

(1) 압축기 압축 일

$$w_c = h_2 - h_1 = 275.41 - 239.18 = 36.23\,[\text{kJ/kg}]$$

(2) 응축기 방열량

$$q_H = h_2 - h_3 = 275.41 - 95.50 = 179.91\,[\text{kJ/kg}]$$

(3) 증발기 흡열량

$$q_L = h_1 - h_4 = 239.18 - 95.50 = 143.68\,[\text{kJ/kg}]$$

(4) 냉동기 성능계수

$$\text{COP}_\text{R} = \frac{q_L}{w_c} = \frac{143.68}{36.23} = 3.97$$

(5) 냉매의 질량유량 $\dot{m} = 0.04\text{kg/s}$일 때

• 압축기 입력동력

$$\dot{W}_c = \dot{m} w_c = 0.04 \times 36.23 = 1.45\,[\text{kW}]$$

• 냉동실에서 열 제거율

$$\dot{Q}_L = \dot{m} q_L = 0.04 \times 143.68 = 5.75\,[\text{kW}]$$

4) 냉동기의 구성요소(압축기, 응축기, 팽창밸브, 증발기)와 사이클의 과정이 $T-s$ 선도 상에서 어떻게 나타나는지 잘 이해하도록 한다. 이것만 이해하면 이상적인 증기압축식 냉동사이클은 쉬운 문제가 된다.

• 주위로의 열 방출률

$$\dot{Q}_H = \dot{m} q_H = 0.04 \times 179.91 = 7.2[\text{kW}]$$

[예제 10.9] R134a를 냉매로 사용하는 이상적인 증기압축 냉동사이클이 응축기에서 39.39℃, 증발기에서 −20℃의 포화온도에서 작동하고 있다. 여기에서 39.39℃는 1MPa에서의 포화온도이다. 다음을 구하라.

(1) 압축기에서 압축 일 w_c[kJ/kg]

(2) 응축기에서 방열량 q_H[kJ/kg]

(3) 증발기에서 흡수한 열량 q_L[kJ/kg]

(4) 냉동기의 성능계수 COP_R

(5) 냉매의 질량유량이 0.5kg/s일 때 압축기 동력 $\dot{W}_c$[kW]

(6) 사이클이 열펌프로 이용될 때의 성능계수 COP_H

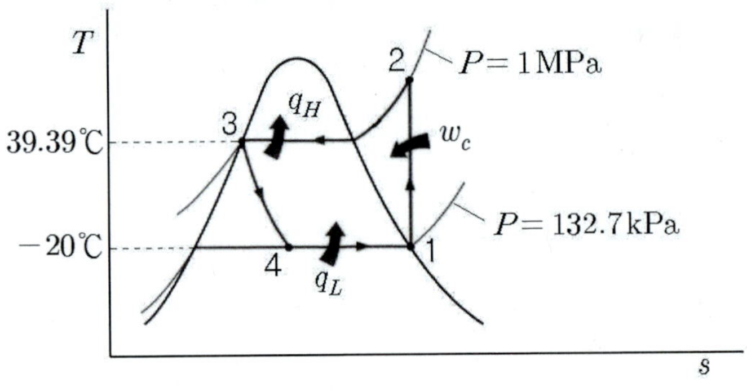

[그림 10.0] 증기압축 냉동사이클의 T s 선도

풀이 주어진 사이클의 $T-s$ 선도는 [그림 10.6]과 같다. 먼저 각 점의 엔탈피를 구한다.

• 점 1: 온도 $T_1 = -20$℃의 포화증기 상태이므로 [표 A.8] 온도 기준표에서 포화압력 $P_{sat} = 132.7$kPa이고 점 1에서의 엔탈피와 엔트로피는 다음과 같다.

$$h_1 = h_g = 238.41\,\text{kJ/kg},\ s_1 = s_g = 0.94571\,\text{kJ/kg} \cdot \text{K}$$

• 점 2: 포화액체 상태 점 3의 포화온도가 39.39℃이므로 [표 A.9]에서 이때의 압력은 $P_3 = 1000\text{kPa} = 1\text{MPa}$임을 알 수 있다. 그리고 2→3은 정압과정이므로

$$P_2 = P_3 = 1\text{MPa}$$

이고, 1→2는 등엔트로피 과정이므로 점 2의 엔트로피는

$$s_2 = s_1 = 0.94571\,\text{kJ/kg} \cdot \text{K}$$

이다. 따라서 과열증기 영역에서 압력 $P_2 = 1\text{MPa}$이고, 엔트로피 $s_2 = 0.94571\,\text{kJ/kg} \cdot \text{K}$인 점의 엔탈피 h_2를 찾으면 된다. 과열증기표 [A.10]에서 압력 1MPa일 때를 보면 다음과 같이 점 2의 엔트로피 값 s_2는 온도 $40℃ < T < 50℃$에 있음을 알 수 있다.

T[℃]			v[m^3/kg]	h[kJ/kg]	s[kJ/kg • K]
			$P = 1.00$ MPa ($T_{sat} = 39.4℃$)		
40			0.02041	$271.71 = y_1$	$0.9179 = x_1$
				y	$0.94571 = x$
50			0.02180	$282.74 = y_2$	$0.9526 = x_2$

이 표로부터 $s_2 = x = 0.94571\,\text{kJ/kg} \cdot \text{K}$일 때의 엔탈피 $h_2 = y$를 선형보간법으로 구한다.

$$\begin{aligned} h_2 = y &= \frac{y_2 - y_1}{x_2 - x_1} \times (x - x_1) + y_1 \\ &= \frac{282.74 - 271.71}{0.9526 - 0.9179} \times (0.94571 - 0.9179) + 271.71 \\ &= 280.55\,[\text{kJ/kg}] \end{aligned}$$

• 점 3: 포화온도 39.39℃인 포화액체 상태이므로 [표 A.9]에서

$$h_3 = h_f = 107.4\,\text{kJ/kg}$$

• 점 4: 과정 3→4는 등엔탈피 과정이므로

$$h_4 = h_3 = 107.4\,\text{kJ/kg}$$

선도 상의 각 점의 엔탈피가 모두 구해졌으므로 다음과 같이 구하고자 하는 값들이 모두 결정된다.

(1) 압축기에서 압축 일

$$w_c = h_2 - h_1 = 280.55 - 238.41 = 42.14\,[\text{kJ/kg}]$$

(2) 응축기에서 방열량

$$q_H = h_2 - h_3 = 280.55 - 107.4 = 173.15\,[\text{kJ/kg}]$$

(3) 증발기에서 흡수한 열량

$$q_L = h_1 - h_4 = 238.41 - 107.4 = 131.01\,[\text{kJ/kg}]$$

(4) 냉동기 성능계수

$$\text{COP}_\text{R} = \frac{q_L}{w_c} = \frac{131.01}{42.14} = 3.11$$

(5) 냉매의 질량유량이 0.5kg/s일 때 압축기 동력 $\dot{W}_c$[kW]

$$\dot{W}_c = \dot{m}\,w_c = 0.5\frac{\text{kg}}{\text{s}} \times 42.14\frac{\text{kJ}}{\text{kg}} = 21.07\frac{\text{kJ}}{\text{s}} = 21.07\,[\text{kW}]$$

(6) 사이클이 열펌프로 이용될 때의 성능계수 COP_H

$$\text{COP}_\text{H} = \frac{q_H}{w_c} = \frac{173.15}{42.14} = 4.11$$

[예제 10.10] [예제 10.9]의 냉동기를 이용하여 0℃ 물 2000kg을 10시간 만에 모두 0℃ 얼음으로 응고시키기 위해 필요한 냉매의 질량유량[kg/s]과 압축기 동력 [kW]을 구하라.

풀이 0℃ 물의 융해잠열은 333.7kJ/kg이므로 물로부터 흡수해야 할 열량은

$$\dot{Q}_L = \frac{Q_L}{t} = \frac{(333.7\text{kJ/kg}) \times (2000\text{kg})}{10 \times 3600\text{s}} = 18.54\frac{\text{kJ}}{\text{s}} = 18.54\,[\text{kW}]$$

이므로 전체 흡열량 $\dot{Q}_L = \dot{m}\,q_L$에서 냉매의 질량유량은

$$\dot{m} = \frac{\dot{Q}_L}{q_L} = \frac{18.54}{131.01} = 0.1415\,[\text{kg/s}]$$

이고, 이때 필요한 압축기 동력은 다음과 같다.

$$\dot{W}_c = \dot{m}\,w_c = 0.1415 \times 42.14 = 5.96\,[\text{kW}]$$

이상에서 q_L과 w_c의 값은 [예제 10.9]의 값이다.

[예제 10.11] 응축기 입구와 출구의 냉각수 온도가 각각 30℃와 15℃이고, 냉각수 유량이 2kg/s이다. 압축기 소비동력이 14kW일 때 냉동기의 성능계수와 냉동용량($\dot{Q}_L$)을 구하라. 단, 응축기를 흘러가는 냉각수의 평균 정압비열 $C_p = 4.2\text{kJ/kg}\cdot\text{K}$이다.

풀이 냉각수의 평균 정압비열 $C_p = 4.2\text{kJ/kg}\cdot\text{K}$이므로 응축기에서 냉각수로 방출하는 열량(=냉각수가 흡수한 열량)은

$$\dot{Q}_H = \dot{m}\,C_p(T_2 - T_3) = 2 \times 4.2 \times (30 - 15)\,[\text{kJ/s}]$$
$$= 126\,[\text{kJ/s}] = 126\,[\text{kW}]$$

이다. 따라서 압축기 소비동력이 $\dot{W}_c = 14\text{kW}$이므로 냉동기의 성능계수(COP_R)와 냉동용량($\dot{Q}_L$)은 다음과 같다.

$$\text{COP}_\text{R} = \frac{\dot{Q}_L}{\dot{W}_c} = \frac{\dot{Q}_H - \dot{W}_c}{\dot{W}_c} = \frac{126 - 14}{14} = 8$$

$$\dot{Q}_L = \dot{Q}_H - \dot{W}_c = 126 - 14 = 112\,[\text{kW}]$$

[예제 10.12] [그림 10.7]과 같이 작동하는 이상적인 증기압축 냉동사이클에서 다음을 구하라. 단, 1냉동톤[RT]은 3.86kW이다.

(1) 압축기의 압축 일 w_c[kJ/kg]

(2) 응축기의 방열량 q_H[kJ/kg]

(3) 증발기에서 흡수한 열량 q_L[kJ/kg]

(4) 냉동기 성능계수 COP_R

(5) 냉동용량이 10냉동톤[RT]일 때 냉매의 순환량 $\dot{m}$[kg/s]

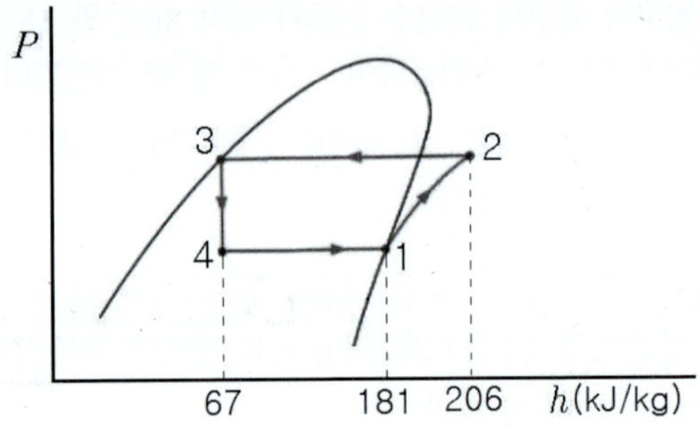

[그림 10.7] 증기압축 냉동사이클의 $P-h$ 선도

풀이 주어진 $P-h$ 선도의 사이클 상에서 각 점의 엔탈피는 다음과 같다.

$$h_1 = 181\text{kJ/kg},\ h_2 = 206\text{kJ/kg},\ h_3 = 67\text{kJ/kg}$$
$$h_4 = h_3 = 67\text{kJ/kg}\ (\text{등엔탈피 과정})$$

$P-h$ 선도 상에서 1→2는 압축기, 2→3은 응축기, 3→4는 팽창밸브, 4→1은 증발기에서 일어나는 과정을 나타낸다.5)

(1) 압축기 일: $w_c = h_2 - h_1 = 206 - 181 = 25$ [kJ/kg]

(2) 응축기 방열량: $q_H = h_2 - h_3 = 206 - 67 = 139$[kJ/kg]

(3) 증발기에서 흡수한 열량: $q_L = h_1 - h_4 = 181 - 67 = 114$ [kJ/kg]

(4) 냉동기 성능계수: $COP_R = \dfrac{q_L}{w_c} = \dfrac{114}{25} = 4.56$

(5) 냉매 순환량 $\dot{m}$[kg/s]

1냉동톤[RT]은 3.86kW이므로 냉매 순환량은 다음과 같다.

5) $P-h$ 선도에서 각 점의 상태와 과정을 냉동기 구성요소와 관련하여 잘 이해하도록 한다.

$$\dot{Q}_L = \dot{m} q_L$$

$$\therefore \ \dot{m} = \frac{\dot{Q}_L}{q_L} = \frac{10\text{RT}}{114\text{kJ/kg}} = \frac{10 \times 3.86\text{kW}}{114\text{kJ/kg}} = 0.339\,[\text{kg/s}]$$

여기에서, $\text{kW} = \text{kJ/s}$이므로 $\dfrac{\text{kW}}{\text{kJ/kg}} = \dfrac{\text{kg}}{\text{s}}$가 된다.

10.4 냉매

냉매는 저온의 열원으로부터 열을 흡수하여 고온의 주위로 열을 방출하고 냉동효과를 얻는 냉동사이클의 작업유체를 말한다. 냉매는 종류에 따라 열역학적, 물리적 및 화학적 특성이 다르며 냉동기의 목적 및 적용 온도 범위 등에 따라 적절한 냉매를 선정해야 한다. 냉매를 선정할 때 중요한 일반적인 조건들은 다음과 같다.

1 열역학적 특성

(1) 증발잠열이 클 것

증발잠열이 커지면 냉매의 단위질량당 냉동효과가 커진다.

(2) 응고온도가 낮을 것

냉매가 응고하면 유동성을 상실하여 냉동기 작동이 중단될 수 있으므로 응고온도가 충분히 낮아야 한다.

(3) 임계온도가 상온보다 충분히 높을 것

임계온도가 낮으면 압축기 동력이 많이 소요된다.

(4) 저온에서도 증발압력이 대기압보다 높을 것

증발압력(포화증기압)이 대기압보다 낮으면 냉동장치 내에 공기가 유입되기 쉽다.

(5) 냉매증기의 비체적이 작을 것

비체적이 커지면 냉매의 체적유량이 증가한다.

(6) 점성이 작을 것

냉매가 사이클을 매끄럽게 순환하려면 점성에 의한 마찰저항이 작아야 한다.

(7) 응축압력이 낮을 것(상온에서도 낮은 압력으로 액화가 가능할 것)

응축압력(작동압력)이 너무 높으면 압축기 및 배관의 내압강도를 높여야 하고, 압축기 출구 온도가 상승하여 윤활유가 변질되기 쉽다.

2 물리 · 화학적 특성

(1) 냉매증기의 전기저항이 클 것

밀폐형 압축기 내에서 작동하는 전동 모터에서 발생하는 누전으로 인한 위험을 방지하기 위해서는 냉매의 전기저항이 커야 한다.

(2) 열전달 특성이 좋을 것

우수한 열전달 특성을 얻기 위해서는 냉매의 밀도, 비열, 열전도도, 점성 등의 물리적 특성이 적절해야 한다.

(3) 윤활유에 대한 용해도가 적절할 것

윤활유와 냉매의 용해도가 적절하면 압축기의 윤활 및 기밀 효과를 얻을 수 있다. 용해도가 너무 높으면 윤활유의 점도가 감소하여 윤활작용이 나빠진다.

(4) 흡습성이 낮을 것

냉매에 물이 포함되어 있으면 팽창장치와 증발기 등이 얼게 되어 냉매의 흐름을 방해하게 된다.

(5) 화학적으로 안정되고 변질되지 않을 것

화학적 결합이 양호하여 냉동사이클의 운전 조건 범위 내에서 화학적 분해가 일어나지 않고 냉매의 성질이 변하지 않아야 한다.

(6) 불활성이고 부식성이 없을 것

윤활유나 가스, 수분 등 다른 물질과 화합하지 않아야 하며, 배관이나 기타 냉동장치를 부식시키지 않아야 한다.

3 안전 및 환경적 특성

(1) 인화성과 폭발성이 없을 것

공기 중에 누설되었을 때 불이 붙거나 폭발하지 않아야 한다.

(2) 독성과 자극성이 없을 것

직접 또는 간접적으로 냉매가 인체에 자극을 주거나 해를 끼쳐서는 안 된다.

(3) 누설되어도 냉동실에 보관된 물품에 피해가 없을 것

누설된 냉매가 냉동실이나 냉장실에 보관된 물품을 손상시키지 않아야 한다.

(4) 친환경적일 것

오존층파괴지수(Ozone detection potential, ODP) 및 지구온난화지수(Global warming potential, GWP)가 낮아야 한다.

[참고 10.1] 냉매의 종류

냉매는 일반적으로 할로카본, 탄화수소, 유기화합물 및 무기화합물 등의 네 종류의 요소 또는 화합물 중 하나이다. 냉매로 주로 사용하고 있는 할로카본은 크게 CFC, HCFC 및 HFC계로 분류된다. CFC는 염소, 불소 및 탄소로 구성되어 있는 화합물로서 R-11, R-12, R-113, R-114, R-115 등이 이에 포함된다. HCFC는 구성 원자 중에 수소가 한 원자 이상 포함되어 있는 염화불화탄소 화합물로 R-22, R-123, R-124, R-141b 및 R-142b 등이 이 그룹에 포함된다. 오존층을 파괴하는 주요 인자가 염소임을 감안할 때 CFC계 화합물이 오존층 파괴지수가 가장 높으며, 염소의 일부를 수소로 대체한 HCFC의 경우에는 CFC에 비하여 오존층 파괴능력은 감소하지만 염소의 존재로 인하여 환경파괴지수가 0은 아니다. HFC는 수소, 불소 및 탄소로만 구성되어 있어 오존층에 대한 피해가 전혀 없다. HFC계 화합물로는 R-32, R-125, R-134a, R-143a 및 R-152a 등이 있다. 이들 중에서 오늘날 많이 사용하고 있는 냉매는 R-11, R-12, R-22, R-134a 등이다.

산업용 냉동장치에서는 유독성임에도 불구하고 암모니아를 냉매로 많이 사용하고 있다. 암모니아의 장점으로 저렴한 가격, 높은 성능계수, 누설 탐지의 용이성, 오존층에 해를 끼치지 않는 점 등이 있기 때문이다. 그러나 암모니아의 단점은 독성으로 인해 가정용으로는 적합하지 않다는 것이다. 암모니아는 주로 신선한 채소류, 과일, 어류 등의 냉각과 맥주, 술, 우유 등의 냉장, 아이스크림과 기타 식품의 냉동, 얼음 제조 및 제약이나 산업공정에서 저온 냉장 등에 많이 사용되고 있다.

1970년 대 중반에 CFC가 오존층을 파괴하고 지구의 대기로 더 많은 자외선을 들어오게 하여 지구의 온난화를 일으키는 온실효과를 가져오는 것으로 알려짐으로서 세계적으로 냉동기의 냉매가 큰 문제로 대두되었다. 그 결과 몇 가지 CFC계는 국제협약에 의해 사용이 금지되기도 하였다. 그러나 완전히 할로겐화된 R-11, R-12, R-115는 오존층 손상효과가 아주 크지만 R-22와 같은 불완전 할로겐화된 냉매는 R-12의 오존 파괴성능의 약 5% 밖에 되지 않는다. 그 이후 해로운 자외선으로부터 지구를 보호해주는 오존층에 손상을 일으키지 않는 냉매들이 개발되었다. 그 결과 한동안 많이 사용되었던 R-12는 대부분 최근에 개발된 염소 성분이 없는 R-134a로 대체되었다.

한편 물, 암모니아, 질소, 이산화탄소, 프로판, 부탄 등은 인공화합물이 아니고 지구상에 존재하는 자연생성물이므로 지구 환경에 추가적으로 미치는 악영향이 전혀 없기 때문에 냉매로서의 사용이 적극적으로 검토되고 있다. 오존층 문제가 제기되기 전까지 CFC계 냉매에 비하여 자연냉매가 활용되지 않은 이유는 각각 나름대로의 문제점이 있었기 때문이다. 예를 들어, 물은 운전 범위에서 비체적이 너무 커서 체적유량이 과도하게 크며, 이산화탄소는 작동압력이 지나치게 높고, 탄화수소계 냉매인 프로판과 부탄 등은 가연성이 문제점으로 지적되어 왔다. 그러나 CFC 및 HCFC계 냉매가 규제되고 지구 온난화에 대한 규제가 더욱 심화되면 자연 냉매에 대한 연구를 더욱 더 많이 해야 할 것이다.

연습문제 10

01 10kJ의 에너지를 공급받아서 40kJ의 열을 대기에 방출하는 카르노 냉동기의 성능계수를 구하라.

02 성능계수가 4인 냉동기를 사용하여 0℃ 물 20kg을 모두 0℃ 얼음으로 만들기 위해 냉동기에 공급해야 할 일[kJ]을 구하라. 단, 얼음의 융해잠열은 80kcal/kg이고, 1cal = 4.2J로 한다.

03 증발기 온도와 응축기 온도가 각각 −10℃와 30℃인 이상적인 카르노 냉동기의 성능계수를 구하라.

04 암모니아를 작업유체로 하는 이상적인 증기압축 냉동사이클이 있다. 이 사이클이 증발기로부터 120kJ/kg의 열을 흡수하고 응축기에서 160kJ/kg의 열을 외부로 방출할 때 사이클의 성능계수를 구하라.

05 40분 동안에 180MJ의 열량을 흡수하는 냉동기의 냉동능력[RT]을 구하라. 단, 1RT = 3.86kW이다.

06 성능계수가 5이고 냉동용량이 10냉동톤[RT]인 냉동기를 작동시키는데 필요한 압축기 동력[kW]을 구하라.

07 0℃ 물 1톤을 0℃ 얼음으로 만드는데 20kWh의 일이 요구되는 냉동기의 성능계수를 구하라. 단, 얼음의 융해잠열은 334kJ/kg이다.

08 외부 공기 온도가 −10℃인 겨울에 실내 온도를 20℃로 유지하면서 작동하는 카르노 열펌프의 성능계수를 구하라.

09 흡열부와 방열부의 온도가 각각 −20℃와 30℃인 이상적인 카르노 냉동기가 있다. 이 냉동기에 40kW의 에너지를 투입했을 때 냉동기가 흡수하는 열량은 몇 냉동톤[RT]인가? 단, 1RT = 3.86kW이다.

10 그림과 같은 이상적인 증기압축 냉동사이클에서 각 점의 엔탈피가 다음과 같을 때 냉매의 단위질량당 압축기 일, 응축기 방열량, 증발기 흡수열량 및 사이클의 성능계수를 구하라. 또 이 냉동기를 열펌프로 사용할 때의 성능계수를 구하라.

$$h_1 = 1450\text{kJ/kg},\ h_2 = 1560\text{kJ/kg},\ h_3 = 320\text{kJ/kg}$$

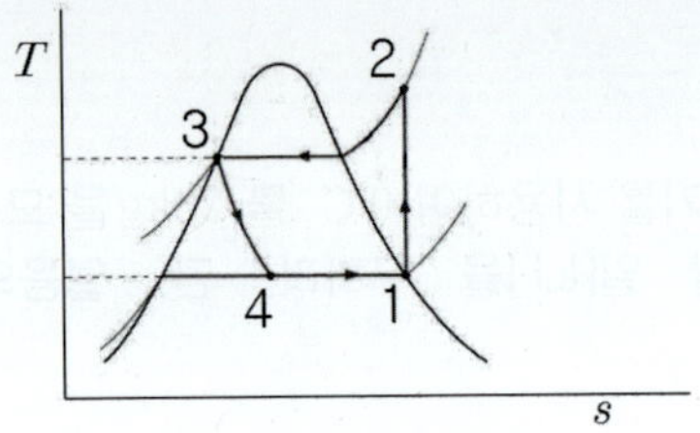

[문제 10.10]

11 R134a를 냉매로 사용하는 냉동기가 0.12MPa과 0.7MPa 사이에서 이상적인 증기압축 냉동사이클로 작동하고 있다. 포화곡선과 사이클의 $T-s$ 선도를 그리고 다음을 구하라.[6] (Hint: [그림 10.3])

(1) 압축기의 압축 일 w_c[kJ/kg]

(2) 응축기의 방열량 q_H[kJ/kg]

(3) 증발기에서 흡수한 열량 q_L[kJ/kg]

(4) 냉동기의 성능계수 $\mathrm{COP_R}$

(5) 사이클이 열펌프로 이용될 때의 성능계수 $\mathrm{COP_H}$

12 R134a를 냉매로 사용하여 이상적인 증기압축 냉동사이클로 작동하는 냉동기가 있다. 냉동기의 증발기 압력이 0.12MPa이고 응축기 압력이 0.9MPa이다. 냉매의 질량유량이 0.2kg/s일 때 다음을 구하라. (Hint: [그림 10.3])

(1) 압축기 입력동력 $\dot{W}_c$[kW]

(2) 냉동 공간으로부터의 단위 시간당 열 제거율 $\dot{Q}_L$[kW]

(3) 단위 시간당 주위로 방출되는 열량 $\dot{Q}_H$[kW]

(4) 냉동기의 성능계수 $\mathrm{COP_R}$

6) 11~13번 문제는 [표 A.9]와 [표 A.10]을 사용해서 푸는 표준적인 문제이다. 푸는 방법은 같다.

13 R134a를 냉매로 사용하여 이상적인 증기압축 냉동사이클로 작동하고 있는 제빙기가 있다. 냉매는 140kPa에서 포화증기로 압축기에 들어가고, 600kPa에서 포화액체로 응축기에서 나간다. 물은 10℃에서 제빙기로 들어가고 −5℃의 얼음으로 변하여 제빙기를 나간다. 10kg/h의 속도로 얼음을 생산하려 할 때 제빙기에 소요되는 동력[kW]을 구하라. 얼음의 평균비열은 2.0kJ/kg • K이고, 물의 평균비열은 4.2kJ/kg • K이며 물의 융해잠열은 334kJ/kg이라고 가정한다. (Hint: 물은 온도가 낮아져 0℃ 물이 되고, 이 물이 모두 0℃ 얼음으로 변한 후에 얼음의 온도가 내려간다. [그림 10.3])

14 그림과 같은 이상적인 증기압축 냉동사이클에서 세 점의 엔탈피가 다음과 같을 때 냉매의 단위질량당 압축기 일, 응축기 방열량, 증발기 흡수열량 및 사이클의 성능계수를 구하라. 또 이 냉동기를 열펌프로 사용할 때의 성능계수를 구하라.

$$h_1 = 185\text{kJ/kg},\quad h_2 = 217\text{kJ/kg},\quad h_3 = 60\text{kJ/kg}$$

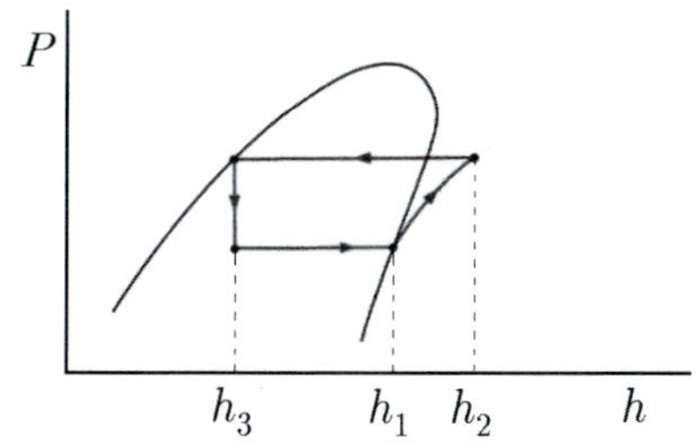

[문제 10.14]

15 다음 중 1냉동톤[RT]에 가장 가까운 값은? [기사 시험]

① 2.14kW ② 3.86kW ③ 4.18kW ④ 5.48kW

16 증기압축 냉동사이클에서 냉매가 순환하는 경로는? [기사 시험]

① 증발기→압축기→응축기→팽창밸브
② 증발기→응축기→압축기→팽창밸브
③ 증발기→압축기→팽창밸브→응축기
④ 증발기→팽창밸브→압축기→응축기

17 이상적인 증기압축 냉동사이클에서 엔탈피가 일정한 과정이 일어나는 곳은? [기사 시험]

① 증발기 ② 압축기 ③ 응축기 ④ 팽창밸브

18 이상적인 증기압축 냉동사이클에서 증발온도가 일정할 때 응축온도가 내려가면 사이클의 성능계수는? [기사 시험]

① 감소한다. ② 증가한다.
③ 일정하다. ④ 감소한 후 증가한다.

19 이상적인 증기압축 냉동사이클에서 응축온도가 일정할 때 증발온도를 높이면 사이클의 성능계수는? [기사 시험]

① 감소한다. ② 증가한다.
③ 일정하다. ④ 감소한 후 증가한다.

20 이상적인 증기압축 냉동사이클에서 등엔트로피 과정이 일어나는 곳은? [기사 시험]

① 증발기 ② 압축기 ③ 응축기 ④ 팽창밸브

21 다음 그림은 이상적인 증기압축 냉동사이클의 $P-h$ 선도이다. 사이클의 성능계수는? [기사 시험]

① $\mathrm{COP_R} = \dfrac{h_2 - h_1}{h_2 - h_3}$ ② $\mathrm{COP_R} = \dfrac{h_2 - h_1}{h_1 - h_4}$

③ $\mathrm{COP_R} = \dfrac{h_2 - h_3}{h_2 - h_1}$ ④ $\mathrm{COP_R} = \dfrac{h_1 - h_4}{h_2 - h_1}$

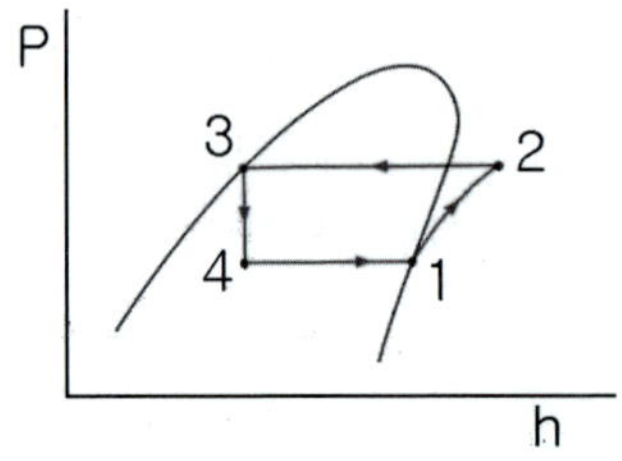

[문제 10.21]

22 증기압축 냉동사이클의 각 과정에 대한 설명으로 옳지 않은 것은? [기사 시험]

① 증발기에서는 등압과정이다.
② 압축기에서는 등엔트로피 과정이다.
③ 응축기에서는 등압과정이다.
④ 팽창밸브에서는 등엔트로피 과정이다.

23 밀폐된 방 안에서 냉장고를 켠 다음 냉장고 문을 열어두었을 때 일어나는 현상으로 가장 옳은 것은? 단, 방은 외부와 단열되어 있다고 가정한다. [기사 시험]

① 방 안의 온도가 내려간다.

② 방 안의 온도가 올라간다.

③ 방 안의 온도가 올라갔다가 내려간다.

④ 방 안의 온도는 일정하게 유지된다.

24 24시간 동안에 400MJ의 열량을 흡수하는 냉동기의 냉동능력[RT]은? [기사 시험]

① 1.2 ② 3.7 ③ 5.8 ④ 7.4

25 냉동기가 −5℃, 0.4kJ/s로 냉동실로부터 열을 제거하고 그 열을 25℃ 주위로 방출한다. 냉동기의 최소 입력동력은? [기사 시험]

① 40W ② 45W ③ 50W ④ 60W

26 동일한 역카르노 사이클로 작동하는 냉동기의 성능계수(η_R)와 열펌프의 성능계수(η_H)의 관계식으로 옳은 것은? [기사 시험]

① $\eta_H - \eta_R = 1$ ② $\eta_H + \eta_R = 1$

③ $\eta_H - \eta_R = -1$ ④ $\eta_H + \eta_R = -1$

27 어떤 냉동기에서 0℃ 물 3톤을 모두 0℃ 얼음으로 만드는데 400MJ의 일을 투입하였다. 얼음의 융해잠열이 334kJ/kg이면 냉동기의 성능계수는? [기사 시험]

① 2.51 ② 2.85 ③ 3.21 ④ 3.75

28 냉매 R−134a를 사용하는 증기압축 냉동사이클에서 냉매의 엔트로피가 감소하는 구간은? [기사 시험]

① 증발 구간 ② 압축 구간 ③ 팽창 구간 ④ 응축 구간

29 표준 증기압축식 냉동사이클로 작동하는 냉동기가 있다. 압축기 입구와 출구의 비엔탈피가 각각 250kJ/kg, 350kJ/kg이고 냉동기의 성능계수는 3이다. 냉매 순환량이 0.05kg/s이면 증발기에서 흡수하는 열량은 몇 kW인가? [기사 시험]

① 12 ② 15 ③ 21 ④ 24

30 여름에 자동차에서 에어컨을 가동할 때 차량 밑으로 떨어지는 물은 주로 어디에서 생기는 것인가? [기사 시험]

① 압축기 ② 응축기 ③ 증발기 ④ 터빈

31 온도 4℃ 와 30℃ 의 두 열원 사이에서 작동하는 냉동기의 최대 성능계수는 약 얼마인가? [기사 시험]

① 10.7 ② 12.8 ③ 14.3 ④ 16.4

32 역카르노 사이클로 작동하는 증기압축 냉동사이클에서 고열원의 온도를 T_H, 저열원의 온도를 T_L이라 할 때, $T_H / T_L = 1.6$이다. 이 냉동사이클이 저열원으로부터 2.0kW 의 열을 흡수한다면 소요동력은? [기사 시험]

① 0.7kW ② 1.2kW ③ 2.3kW ④ 3.9kW

33 어떤 냉장고에서 질량유량 80kg/h 의 냉매가 17kJ/kg의 엔탈피로 증발기에 들어가서 엔탈피가 36kJ/kg이 되어 나온다. 이 냉동기의 냉동능력은? [기사 시험]

① 1220kJ/h ② 1880kJ/h ③ 1520kJ/h ④ 2000kJ/h

34 10냉동톤의 능력을 갖는 카르노 냉동기의 응축온도가 25℃, 증발온도가 −20℃ 이다. 이 냉동기를 운전하기 위해 필요한 이론 동력은 몇 kW인가? 단, 1냉동톤은 3.85kW 이다. [기사 시험]

① 6.85 ② 4.65 ③ 2.63 ④ 1.87

35 이상적인 증기압축식 냉동사이클에서 압축기 입구와 출구의 엔탈피가 각각 249kJ/kg 와 346kJ/kg이다. 냉매 순환량이 0.04kg/s이고 성능계수가 2.8이면 증발기에서 흡수하는 열량은 약 몇 kW 인가? [기사 시험]

① 10.9 ② 8.9 ③ 7.4 ④ 6.4

36 증기압축 냉동사이클로 운전하는 냉동기에서 압축기 입구, 응축기 입구, 증발기 입구의 엔탈피가 각각 387.2kJ/kg, 435.1kJ/kg, 241.8kJ/kg일 때 냉동기의 성능계수는 약 얼마인가? [기사 시험]

① 3.0 ② 4.0 ③ 5.0 ④ 6.0

37 성능계수가 3.2인 냉동기가 시간당 20MJ 의 열을 흡수하면 이 냉동기의 소비동력[kW]은? [기사 시험]

① 2.25 ② 1.74 ③ 2.85 ④ 1.45

38 R − 12를 작동유체로 사용하는 이상적인 증기압축식 냉동사이클이 있다. 이 사이클은 증발기에서 104.08kJ/kg의 열을 흡수하고, 응축기에서 136.85kJ/kg의 열을 방출한다. 이 사이클의 냉동 성능계수는? [기사 시험]

① 0.31 ② 1.31 ③ 3.18 ④ 4.17

39 저온실로부터 46.4kW 의 열을 흡수할 때 10kW 의 동력을 필요로 하는 냉동기가 있다. 이 냉동기의 성능계수는? [기사 시험]

① 4.64 ② 5.65 ③ 7.49 ④ 8.82

40 어떤 냉장고의 소비전력이 200W 이다. 이 냉장고가 부엌으로 배출하는 열이 500W 이면 냉장고의 성능계수는 얼마인가? [기사 시험]

① 1 ② 2 ③ 0.5 ④ 1.5

41 어떤 냉동기에서 0℃ 의 물로 0℃ 의 얼음 2ton 을 만드는데 180MJ 의 일이 소요된다면 이 냉동기의 성능계수는? (단, 물의 융해열은 334kJ/kg 이다.) [기사 시험]

① 2.05 ② 2.32 ③ 2.65 ④ 3.71

42 압축기 입구와 출구의 비엔탈피가 각각 240kJ/kg과 280kJ/kg이고, 증발기 입구 비엔탈피가 90kJ/kg인 이상적인 증기압축식 냉동사이클이 있다. 압축기 입력동력이 2kW 일 때 냉동 공간으로부터의 열 제거율[kW]을 구하라.

43 압력 P_L과 $P_H(P_H > P_L)$ 사이에서 작동하는 이상적인 증기 압축식 냉동사이클이 있다. 압력 P_L에서 포화액체와 포화증기의 비엔탈피가 각각 170kJ/kg과 390kJ/kg이고, 압력 P_H에서 포화액체의 비엔탈피가 258kJ/kg일 때 팽창밸브 출구에서 응축된 증기(액체)의 질량 분율[%]을 구하라. (Hint: [그림 10.3])

44 이상적인 증기압축식 냉동사이클이 140kPa와 1000kPa의 압력 범위 사이에서 R－134a를 냉매로 사용하여 작동한다. 증발기 입구에서 액체상태 냉매의 질량 분율[%]을 구하라. (Hint: [그림 10.3], 표 A.9를 이용한다)

45 이상적인 증기 압축식 냉동사이클이 120kPa와 1000kPa의 압력 범위 사이에서 R－134a를 냉매로 사용하여 작동한다. 냉매의 질량유량이 0.05kg/s 이고 압축기 투입 동력이 1.6kW 일 때 냉동기의 성능계수를 구하라. (Hint: [그림 10.3], 표 A.9를 이용한다.)

46 성능계수가 0.1 인 냉동기를 사용하여 부피가 0.6L 인 물을 1 시간 만에 25℃ 에서 5℃ 로 냉각한다. 이때 필요한 냉동기 입력동력[W]을 구하라. 단, 물의 밀도와 비열은 각각 1000kg/m^3, 1cal/g • ℃ 이고, 1cal = 4.2J 로 한다.

47 성능계수가 0.15 인 열전 냉각기가 냉동 공간으로부터 120W 의 열을 제거한다. 이때 필요한 열전 냉각기의 입력동력[W]을 구하라.

48 그림은 표준 증기압축 냉동사이클의 과정을 몰리에르 선도에 나타낸 것이다. 압축기의 압축일량이 $11\,\mathrm{kcal/kg}$일 때, 응축기의 방출열량[$\mathrm{kcal/kg}$]과 증발기의 흡수열량[$\mathrm{kcal/kg}$]을 계산하여 순서대로 쓰시오. (단, P는 압력, h는 엔탈피이며, 배관 내의 모든 손실은 무시한다)

[중등교사 임용시험-기계·금속]

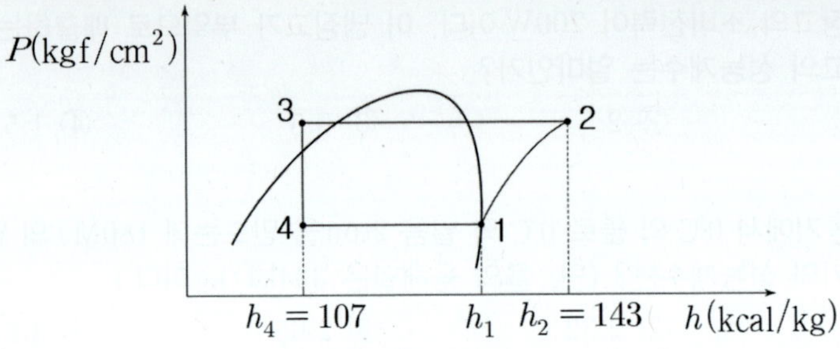

[문제 10.48]

연습문제 풀이 및 정답

연습문제 1
연습문제 2
연습문제 3
연습문제 4
연습문제 5
연습문제 6
연습문제 7
연습문제 8
연습문제 9
연습문제 10

연습문제 1

01. $4\text{N/mm}^2 = 4\dfrac{\text{N}}{(10^{-3}\text{m})^2} = 4\times10^6\dfrac{\text{N}}{\text{m}^2} = 4\times10^6\,\text{Pa} = 4\text{MPa}$

02. $3\text{N} = 3\text{kg}\cdot\dfrac{\text{m}}{\text{s}^2} = 3\times(10^3\text{g})\cdot\dfrac{10^2\text{cm}}{\text{s}^2} = 3\times10^5\text{g}\cdot\dfrac{\text{cm}}{\text{s}^2} = 3\times10^5\,\text{dyne}$

03. $2\text{J} = 2\text{N}\cdot\text{m} = 2\times10^5\text{dyne}\cdot10^2\text{cm} = 2\times10^7\text{dyne}\cdot\text{cm} = 2\times10^7\,\text{erg}$

04. 동력 $\dot{W} = \dfrac{W}{t} = \dfrac{Fs}{t} = \dfrac{20\times30}{4} = 150\,[\text{W}]$

05. 동력 $\dot{W} = \dfrac{W}{t}$ $\quad\therefore$ 일 $W = \dot{W}t = 2\times(30\times60) = 3600\,[\text{kJ}]$

06. $Q = \dfrac{mgh}{4.2} = \dfrac{84\times9.8\times40}{4.2} = 7840\,[\text{cal}]$

07. 운동에너지 $E_k = \dfrac{1}{2}mv^2 = \dfrac{1}{2}\times200\times\left(\dfrac{72\times1000}{3600}\right)^2\times\dfrac{1}{1000} = 40\,[\text{kJ}]$

08. $W = 4.2Q = 4.2\times500 = 2100\,[\text{J}]$

09. $Q = 210\dfrac{\text{J}}{\text{s}}\times1\text{min} = 210\dfrac{\text{J}}{\text{s}}\times60\text{s} = 12{,}600\text{J} = 12{,}600\times\dfrac{1}{4.2}\,\text{cal} = 3000\,\text{cal}$

10. 단위 시간당 일 $\dot{W} = \dfrac{W}{t} = \dfrac{Fs}{t} = \dfrac{50(9.8)(12{,}000)}{60} = 98{,}000\,[\text{W}] = 98\,[\text{kW}]$

11. $W = Fs = (20\times9.8)\times1500\times\dfrac{1}{1000} = 294\,[\text{kJ}]$, $Q = \dfrac{W}{4.2} = \dfrac{294}{4.2} = 70\,[\text{kcal}]$

12. $E = 10{,}500\,\text{kcal/kg}\times4\text{kg} = 42{,}000\,\text{kcal} = 42{,}000\times4.2\text{kJ} = 176.4\text{MJ}$

    동력 $\dot{W} = \dfrac{E}{t} = \dfrac{176.4\,\text{MJ}}{2\times60\text{s}} = 1.47\,\text{MW}$

13. [정답: ④] 14. [정답: ③]

15. [정답: ②] $\dot{W} = \dfrac{W}{t} = \dfrac{Fs}{t} = \dfrac{100(10)}{2} = 500\,[\text{W}]$

16. [정답: ①] 17. [정답: ②] 18. [정답: ④]

19. [정답: ④] 20. [정답: ①] 21. [정답: ①]

22. [정답: ②] $\dot{W} = \dfrac{W}{t} = \dfrac{800\times5}{10} = 400\,[\text{W}]$

23. [정답: ③] 24. [정답: ①] 25. [정답: ③]

26. [정답: ④] $\dot{W}=\frac{E}{t}$ $\therefore$ $E=\dot{W}t=50\times(30\times60)=90{,}000$[J]

27. [정답: ③] 부피는 종량적 상태량

28. [정답: ①] ① $400\text{N}\cdot\text{cm}=400\text{N}\times10^{-2}\text{m}=4\text{J}$ ② $4\text{cal}=4\times4.2\text{J}$

$$④\ 4000\text{Pa}\cdot\text{m}^3=4000\frac{\text{N}}{\text{m}^2}\cdot\text{m}^3=4000\text{J}$$

29. [정답: ④] 에너지의 단위는 일의 단위[J, N • m]와 같다.

30. [정답: ④] 동력은 단위 시간당 일로 정의된다. SI 기본단위로 나타내면

$$P=\frac{(\text{일})}{(\text{시간})}=\frac{\text{J}}{\text{s}}=\frac{\text{N}\cdot\text{m}}{\text{s}}=\frac{(\text{kg}\cdot\text{m/s}^2)\cdot\text{m}}{\text{s}}=\text{m}^2\cdot\text{kg}\cdot\text{s}^{-3}$$

31. $Q=E_k=\frac{1}{2}mv^2=\frac{1}{2}(7\times1000)(30)^2\times\frac{1}{4200}=750[\text{kcal}]$

32. 하루=24시간= 24×3600초이므로 운동선수가 1초 동안 소모하는 열량은

$$\dot{W}=\frac{W}{t}=\frac{(4320\times4200)\text{J}}{(24\times3600)\text{s}}=210[\text{J/s}]=210[\text{W}]$$

이고, 이것은 100W 전구 2.1개의 일률(동력)에 해당된다. 즉, 100W 전구를 2.1개 소모하는 것과 같다.

33. $1\text{PS}=\frac{75\text{kgf}\cdot\text{m}}{\text{s}}=\frac{75\times9.80665\text{ N}\cdot\text{m}}{\text{s}}=735.5\frac{\text{N}\cdot\text{m}}{\text{s}}=735.5\text{ W}$

34. $PV=2\times10^5\frac{\text{N}}{\text{m}^2}\times4(10^{-2}\text{m})^3=0.8\text{N}\cdot\text{m}=0.8[\text{J}]$

35. 저항 $R=40\Omega$, 전류 $I=2\text{A}$, 시간 $t=7\times60\text{ s}$

$$Q=\frac{1}{J}I^2Rt=\frac{1}{4.2}\times(2)^2\times(40)\times(7\times60)=16{,}000\text{ cal}=16\text{ kcal}$$

36. $1\text{ Wh}=3600\text{J}$; $4\text{kWh}=4\times10^3\times(3.6\times10^3\text{J})=14.4\times10^6\text{J}=14.4\text{MJ}$

37. $W=4\text{MN}\times3\text{mm}=(4\times10^6\text{N})\times(3\times10^{-3}\text{m})=12\times10^3\text{N}\cdot\text{m}=12\text{kJ}$

38. $4\text{GPa}=4\times10^9\text{Pa}=(4\times10^6)\times10^3\text{Pa}=4\times10^6\text{kPa}$

39. $\dot{W}=\frac{W}{t}=\frac{24\times10^6\text{J}}{2\times60\text{s}}=200\times10^3[\text{W}]=200[\text{kW}]$

40. MKS 단위 [kg, m, s]로 계산: $m=1\text{mg}=10^{-3}\text{g}=10^{-6}\text{kg}$

$$c=3\times10^5\text{km/s}=3\times10^5\times10^3\text{m/s}=3\times10^8\text{m/s}$$

$$E=mc^2=10^{-6}(3\times10^8)^2[\text{J}]=90\times10^9[\text{J}]=90[\text{GJ}]$$

MKS 단위 [kg, m, s]로 계산하면 결과로 나오는 에너지의 단위는 J이 된다.

$$[m][c^2] = \text{kg} \times \left(\frac{\text{m}}{\text{s}}\right)^2 = \left(\text{kg} \cdot \frac{\text{m}}{\text{s}^2}\right) \cdot \text{m} = \text{N} \cdot \text{m} = \text{J}$$

연습문제 2

01. $v = \dfrac{V}{m} = \dfrac{3 \times 4 \times 5}{20} = 3\ [\text{m}^3/\text{kg}]$

02. $m = \rho V = 1.2 \times (2 \times 4 \times 5) = 48\ [\text{kg}]$

03. $V = mv = \dfrac{4}{3}\pi R^3 \quad \therefore \quad R = \sqrt[3]{\dfrac{3mv}{4\pi}} = \sqrt[3]{\dfrac{3 \times 10 \times 0.16}{4 \times \pi}} = 0.726\ [\text{m}]$

04. $P = \dfrac{F}{A} = \dfrac{100\text{N}}{(5 \times 10^{-3}\text{m}) \times (4 \times 10^{-2}\text{m})} = 500 \times 10^3 \text{Pa} = 500\,\text{kPa}$

05. $F = PA = P \times \dfrac{\pi D^2}{4} = \left(4000 \dfrac{\text{N}}{\text{m}^2}\right) \times \left(\dfrac{\pi \times 0.2^2}{4} \text{m}^2\right) = 125.7\,\text{N}$

06. • 절대압력 $P_{abs} = P_{atm} + P_{gage} = 95 + 15 = 110\ [\text{kPa}]$

07. • 절대압력 $P_{abs} = P_{atm} + P_{gage} = 98 + \dfrac{400}{760} \times 101.3\ [\text{kPa}] = 151.3\ [\text{kPa}]$

08. • 절대압력 $P_{abs} = P_{atm} - P_{vac} = 101.3 - \dfrac{200}{760} \times 101.3\ [\text{kPa}] = 74.6\ [\text{kPa}]$

09. • 절대압력 $P_{abs} = P_{atm} - P_{vac} = 100 \times (1 - 0.7) = 30\ [\text{kPa}]$

10. (1) $T[℃] = \dfrac{5}{9}\{T[°\text{F}] - 32\} = \dfrac{5}{9}(50 - 32) = 10\ [℃]$

(2) $T[℃] = \dfrac{5}{9}(-58 - 32) = -50\ [℃]$

11. (1) $T[°\text{F}] = \dfrac{9}{5}\ T[℃] + 32 = \dfrac{9}{5} \times 70 + 32 = 158\ [°\text{F}]$

(2) $T[°\text{F}] = \dfrac{9}{5} \times (-80) + 32 = -112\ [°\text{F}]$

12. $T\ [\text{K}] = T\ [℃] + 273.15 = 25 + 273.15 = 298.15\ [\text{K}]$

$T\ [\text{R}] = 1.8\,T\ [\text{K}] = 1.8 \times 298.15 = 536.67\ [\text{R}]$

13. $\Delta T\ [\text{R}] = \Delta T\ [°\text{F}] = 72\ \text{R}$, $\Delta T\ [\text{K}] = \Delta T\ [\text{R}]/1.8 = 72/1.8 = 40\text{K}$

$$\Delta T[℃] = \Delta T[\mathrm{K}] = 40℃$$

14. $Q = mC\Delta T = 200 \times 4.2 \times (80-20) = 50{,}400\ [\mathrm{kJ}]$

15. $T_f = \dfrac{m_1C_1T_1 + m_2C_2T_2}{m_1C_1 + m_2C_2} = \dfrac{300 \times 0.45 \times 100 + 200 \times 4.2 \times 20}{300 \times 0.45 + 200 \times 4.2} = 31.1\ [℃]$

16. $Q = mC\Delta T = 0.2 \times 3 \times (20-5) = 9\ [\mathrm{kJ}]$

17. $Q = mC(T_f - T_i) \quad \therefore T_f = \dfrac{Q}{mC} + T_i = \dfrac{0.02 \times (10 \times 60)}{0.5 \times 3} + 20 = 28\ [℃]$

18. $Q = m_1C(T_f - T_1) = m_2C(T_2 - T_f)$

$$\therefore \ T_f = \frac{m_1T_1 + m_2T_2}{m_1 + m_2} = \frac{35 \times 10 + 65 \times 40}{35 + 65} = 29.5[℃]$$

19. 피스톤과 추의 무게와 대기압에 의한 힘은 기체의 압력에 의한 힘과 평형을 이루고 있다. $PA = P_{atm}A + (m_1 + m_2)g$

$$\therefore \ P = P_{atm} + \frac{(m_1+m_2)g}{A} = 97 + \frac{(50+10) \times 9.8}{0.02} \times \frac{1}{1000} = 126.4\ [\mathrm{kPa}]$$

20. [정답: ①] ② $\dfrac{5}{9}(0-32)℃$ ③ $250-273[℃]$

$$④\ 450 - 460 = -10°\mathrm{F};\ \frac{5}{9}(-10-32)℃ = -\frac{72}{3}℃$$

21. [정답: ③] $T = \dfrac{9}{5}T + 32; \quad 4T = -32 \times 5 \quad \therefore \ T = -40$

22. [정답: ③] $\Delta T[\mathrm{K}] = (90-20) = 70\mathrm{K}$

$\Delta T[\mathrm{R}] = 1.8\Delta T[\mathrm{K}] = 1.8 \times 70\mathrm{R} = 126\mathrm{R};\ \Delta T[°\mathrm{F}] = \Delta T[\mathrm{R}] = 126°\mathrm{F}$

23. [정답: ④] $T_f = \dfrac{m_1C_1T_1 + m_2C_2T_2}{m_1C_1 + m_2C_2} = \dfrac{100(0.5)(50) + 200(1)(80)}{100(0.5) + 200(1)} = 74[℃]$

24. [정답: ①] $T = -40℃$에서 섭씨온도와 화씨온도가 같은 값을 가진다.

25. [정답: ②]

26. [정답: ①] $v = \dfrac{4\pi R^3/3}{m}$ ...... ① ; $2v = \dfrac{4\pi x^3/3}{4m}$ ...... ②

$$②÷①:\ 2 = \frac{1}{4} \times \frac{x^3}{R^3} \rightarrow x^3 = 8R^3 = (2R)^3 \quad \therefore \ x = 2R$$

27. [정답: ①] ② 140℃ ③ 137℃ ④ 107℃

28. [정답: ③] $P_{abs} = P_{gage} + P_{atm} = 0.1 + 5.23 = 5.33[\mathrm{MPa}]$

29. [정답: ①] $P_{abs} = P_{atm} - P_{vac} = 100 - 15 = 85[\mathrm{kPa}]$

30. [정답: ②] $P=0.099\text{MPa}+\dfrac{500\text{N}}{5\times(10^{-2}\text{m})^2}=0.099\text{MPa}+10^6\text{Pa}$

31. [정답: ③] $4(0.4648)(30-25)+18(4.187)(30-25)=8C_{\text{물체}}(200-30)$

32. [정답: ③] $1(4.18)(400-T_f)-300=0.5(4.18)(T_f-300)$

33. [정답: ③] $Q=4(4180)(90-20)=500\times(t\times60)$: $W=Pt$

34. [정답: ①] [A+B] $C_A(50-40)=C_B(40-25)\ \rightarrow\ C_B=\dfrac{2}{3}C_A$

[A+C] $C_A(50-30)=C_C(30-10)\ \rightarrow\ C_C=C_A\ \ \therefore\ \dfrac{C_B}{C_C}=\dfrac{2}{3}$

[B+C] $C_B(25-T_f)=C_C(T_f-10)\ \rightarrow\ \dfrac{2}{3}(25-T_f)=(T_f-10)$

35. (1) 물이 잃은 열량=얼음이 녹는데 소요된 열량.

$$Q=m_wC_w\Delta T=m_{ice}L$$

$$\therefore\ m_{ice}=\frac{m_wC_w\Delta T}{L}=\frac{0.5(1)(40-0)}{80}=0.25\ [\text{kg}]$$

(2) 물이 잃은 열량=얼음이 녹는데 소요된 열량+녹은 얼음을 10℃로 높이는 데 필요한 열량.

$$m_wC_w(50-10)=m_{ice}L+m_{ice}C_w(10-0)$$

$$\therefore\ m_{ice}=\frac{0.9(1)(40)}{80+1(10)}=0.4\ [\text{kg}]$$

36. 물이 잃은 열량=얼음이 녹는데 소요된 열량+녹은 얼음이 T_f로 상승하는 데 필요한 열량. $m_wC_w(90-T_f)=m_{ice}L+m_{ice}C_w(T_f-0)$

$$6(1)(90-T_f)=4(80)+4(1)(T_f-0)$$

$$\therefore\ T_f=\frac{6(90)-4(80)}{4+6}=22\ [℃]$$

37. (용기와 물이 얻은 열량) = (금속이 잃은 열량)

$$500(0.2)(30-10)+200(1)(30-10)=200\times C\times(90-30)$$

$$\therefore\ C=0.5[\text{cal/g}\cdot℃]$$

38. 물체의 비열 $C=\dfrac{Q}{m\Delta T}=\dfrac{40}{2\times(80-30)}=0.4[\text{kcal/kg}\cdot℃]$

이 물체 3kg의 온도를 20℃에서 50℃로 높이는데 필요한 열량

$$Q=mC\Delta T=3\times0.4\times(50-20)=36[\text{kcal}]$$

39. (1) 비열 $C=\dfrac{Q}{m\Delta T}$이다. 여기에서 질량(m)과 받은 열량(Q)이 같으므로 비열은 온도차의 역수($1/\Delta T$)에 비례한다.

$$\therefore\ C_A : C_B = \frac{1}{(\Delta T)_A} : \frac{1}{(\Delta T)_B} = \frac{1}{(60-0)} : \frac{1}{(20-0)} = \frac{1}{6} : \frac{1}{2} = 1:3$$

(2) (1)로부터 $C_A = C$, $C_B = 3C$로 놓고 열평형온도를 T라 하면

(액체 A가 잃은 열량) = (액체 B가 얻은 열량)

$$mC_A(60-T) = mC_B(T-20)$$

$$m(C)(60-T) = m(3C)(T-20) \quad \therefore\ T = \frac{60+3\times 20}{3+1} = 30[℃]$$

40. 합금의 질량은 m_1+m_2이다. 가열에 의한 온도 상승을 ΔT라고 하면

$$(m_1+m_2)C_{합금}\Delta T = m_1C_1\Delta T + m_2C_2\Delta T$$

$$\therefore\ C_{합금} = \frac{m_1C_1+m_2C_2}{m_1+m_2}$$

41. $Q = mC_{고체}\Delta T + mL = 4(0.03)(600-100) + 4(5) = 80[\text{kcal}]$

42. (30℃ 물의 온도가 T_f로 내려가면서 잃은 열량) = (−5℃ 얼음이 0℃ 얼음으로 되는데 필요한 열량) + (0℃ 얼음이 0℃ 물로 되는 데 필요한 열량) + (0℃ 물의 온도가 T_f로 상승하는데 필요한 열량)

$$80(1)(30-T_f) = 20(0.5)[0-(-5)] + 20(80) + 20(1)(T_f-0)$$

$$\therefore\ T_f = 7.5[℃]$$

43. (100℃ 수증기가 100℃ 물로 될 때 방출하는 열량) + (100℃ 물의 온도가 40℃로 내려갈 때 방출하는 열량) = (10℃ 물의 온도를 40℃로 올리기 위해 필요한 열량)

$$m(540) + m(1)(100-40) = 5(1)(40-10) \quad \therefore\ m = 0.25[\text{kg}]$$

44. 물의 비열 C: $m_{온수}C(90-40) = m_{냉수}C(40-15)$ $\therefore\ \dfrac{m_{냉수}}{m_{온수}} = \dfrac{50}{25} = 2$

45. 고온 금속이 잃은 열량은 저온의 물이 얻은 열량과 같다.

$$C_m(100-50) = 0.5(1)(50-20) \quad \therefore\ \text{열용량 } C_m = 0.3[\text{kcal/℃}]$$

46. 외부와 단열되었으므로 내부에서 전달되는 열량의 총합은 0이다.

$$3(1)(T_f-20) + 4(0.215)(T_f-30) + 2(0.0924)(T_f-80) = 0$$

$$T_f = \frac{3(1)(20)+4(0.215)(30)+2(0.0924)(80)}{3(1)+4(0.215)+2(0.0924)}\ ℃ = 24.87\ ℃$$

47. (1) 발생한 열량(cal): 금속의 운동에너지가 모두 마찰열로 변환되므로

$$Q = E_k = \frac{1}{2}mv^2 = \frac{1}{2}(0.21)(300)^2 \times \frac{1}{4.2} = 2250\,[\text{cal}]$$

(2) 얼음이 녹은 양(g): 마찰열과 금속의 온도강하(100℃ → 0℃)에 의한 열량의 합이 얼음을 녹이는 데 소모되는 열량과 같다.

$$2250 + m_{금속}C_{금속}(100-0) = m_{얼음}L_f$$

$$2250 + 210(0.05)(100-0) = m_{얼음}(80) \quad \therefore\ m_{얼음} = 41.25\,[\text{g}]$$

연습문제 3

01. 단열 $Q=0$; $Q = \Delta U + W$ 에서 $0 = -500 + W$; $W = 500\,\text{kJ}$ 의 일을 하였다.

02. 단열 $Q=0$; $Q = \Delta U + W$ 에서 $0 = 400 + W$; $W = -400\,\text{kJ}$; 즉, 계는 외부로부터 $400\,\text{kJ}$ 의 일을 받았다.

03. $Q = \Delta U + W$ 에서 $10 \times 4.2 = \Delta U + 30 \quad \therefore\ \Delta U = 12\,\text{kJ}$

04. 일 $W = P(V_2 - V_1) = 300 \times (0.02 - 0.04) = -6\,[\text{kJ}]$

$Q = \Delta U + W$ 에서 $-15 = \Delta U - 6 \quad \therefore\ \Delta U = -9\,\text{kJ}$

05. (1) $W = P(V_2 - V_1) = 3 \times 10^5\,\text{Pa} \times (5-2) \times 10^{-3}\,\text{m}^3 = 900\,\text{J}$

(2) $Q = \Delta U + W = 1200\,\text{J} + 900\text{J} = 2100\text{J} = 2100 \times \frac{1}{4.2}\,\text{cal} = 500\,\text{cal}$

06. $W = P\Delta V = 100 \times 0.03 = 3\,[\text{kJ}]$

$Q = \Delta U + W$ 에서 $5 \times 4.2 = \Delta U + 3 \quad \therefore\ \Delta U = 18\,\text{kJ}$

07. $\Delta U = Q - W = 10 - 1500 \times 9.8 \times \frac{1}{4.2} \times \frac{1}{1000} = 6.5\,[\text{kcal}]$

08. $\Delta H = (U_2 + P_2V_2) - (U_1 + P_1V_1) = (U_2 - U_1) + (P_2V_2 - P_1V_1)$

$= 100 + (300 \times 0.5 - 100 \times 0.2) = 230\,[\text{kJ}]$

09. $\Delta H = P_2V_2 - P_1V_1 = (50 \times 1.2 - 20 \times 0.4)\frac{\text{N}}{(10^{-2}\text{m})^2} \cdot \text{m}^3 = 520\,[\text{kJ}]$

10. $\Delta H = (U_2 - U_1) + (P_2V_2 - P_1V_1) = -20 + (100 \times 0.2 - 150 \times 0.4) = -60\,[\text{kJ}]$

11. $Q = \Delta U + W = \Delta U + P(V_2 - V_1) = 150 + 200 \times (0.7 - 0.4) = 210\,[\text{kJ}]$

12. $H = U + PV = 200 + (3 \times 10^2) \times 4 = 1400\,[\text{kJ}]$; $1\text{bar} = 10^5\text{Pa} = 10^2\text{kPa}$

13. [정답: ①] $Q = \Delta U + W = -200 + 100 = -100$ [kJ]

14. [정답: ④] 15. [정답: ②] 16. [정답: ②]

17. [정답: ②] 18. [정답: ①] 19. [정답: ③]

20. [정답: ④]

21. [정답: ①] $E = \frac{1}{2}kT = \frac{1}{2}mv^2 \quad \therefore \quad v_2 = \sqrt{\frac{kT_2}{m_2}} = \sqrt{\frac{k(1/2)T}{8m}} = \frac{1}{4}v_1$

22. [정답: ②] 23. [정답: ③] 24. [정답: ③]

25. [정답: ①]

26. [정답: ①] $\mu_J = \left(\frac{\partial T}{\partial P}\right)_h = \frac{\Delta T}{\Delta P} = \frac{280-300}{2-10} = 2.5$[℃ • cm^2/kgf]

27. [정답: ②] $W = \int_{0.1}^{0.3}(5-15V)dV = 5(0.3-0.1) - \frac{15}{2}(0.3^2 - 0.1^2)$[kJ]

28. [정답: ②] 줄 열 $Q = I^2Rt = mC(T_2 - T_1)$

$$T_2 = \frac{I^2Rt}{mC} + T_1 = \frac{5^2(20)(10\times 60)}{4(1250)} + 300 = 360[\text{K}]$$

29. [정답: ①] $\delta Q = dH - VdP = dH - 0 = dH$

30. [정답: ①] $u = h - Pv = 1344.8 - 9000 \times \frac{1.403}{1000} = 1332$[kJ/kg]

31. [정답: ④] 1리터 $= 1000\text{cm}^3 = 10^{-3}\text{m}^3$

$$W = P(V_2 - V_1) = 3\times 10^5(10-5)\times 10^{-3} = 1500[\text{J}]$$

32. [정답: ④] 기체가 한 일 $W = \int PdV$는 $P-V$ 선도에서 그래프 아래 면적과 같다.

$$Q = \Delta U + W = (180-30) + \frac{1}{2}(20+40)(3-1) = 210[\text{J}]$$

33. [정답: ③] 물의 비열은 1kcal/kg • k = 1000cal/kg • K

$$mgh = m_A C\Delta T$$

$$\therefore \quad m = \frac{m_A C\Delta T}{gh} = \frac{10(4.2\times 1000)(40-20)}{10(20)} = 4200[\text{kg}]$$

34. [정답: ②] $E_k = \frac{1}{2}mv^2 = \frac{3}{2}kT \quad \therefore \quad v \propto \sqrt{T}$

35. [정답: ②]

36. [정답: ①] $v = \frac{72\text{km}}{\text{h}} = 20[\text{m/s}]$; $Q = \frac{1}{2}mv^2 \times \frac{1}{J} = 100$[kcal]

37. [정답: ②] $mgh = \frac{1}{2}mv^2 + Q_{마찰열}$

$$v = \sqrt{\frac{2}{m}(mgh - Q_{마찰열})} = \sqrt{\frac{2}{4}(4\times10\times5 - 40\times4.2)} = 4[\text{m/s}]$$

38. [정답: ①] $Q_{유입} = \Delta U + W + Q_{방출}$; $1000\times4.2 = \Delta U + 800 + 500\times4.2$

39. [정답: ①] 추의 위치에너지 감소=물이 받는 열량

$$mgh = m_{(물)}C_{(물)}\Delta T \quad \therefore \ \Delta T = \frac{mgh}{m_{(물)}C_{(물)}} = \frac{(21)(10)(2)}{(0.4)(4200)} = 0.25[℃]$$

40. [정답: ④] 단열이므로 기체에 전달된 열량 $Q=0$

$$Q = \Delta U + W = 0 \quad \therefore \ \Delta U = -W = -P\Delta V = -(500)(-0.4) = 200[\text{J}]$$

41. [정답: ②] $W = P(V_2 - V_1) \ \therefore \ V_2 = V_1 + \frac{W}{P} = 1 + \frac{400}{1000} = 1.4[\text{m}^3]$

42. [정답: ③] $Q = \Delta U + W = (50-30)+10 = 30[\text{kJ}]$

43. [정답: ③] $\Delta U = Q - W = 190 - 20 = 170[\text{kJ}]$

44. [정답: ④] $\Delta H = \Delta U + (P_2V_2 - P_1V_1) = 160 + (900\times0.5 - 50\times3)[\text{kJ}]$

45. [정답: ③] $PV = C = 500(2) = 1000[\text{kJ}]$; $P_1V_1 = P_2V_2$

$$W = \int PdV = \int_{V_1}^{V_2}\frac{C}{V}dV = C\ln\left(\frac{V_2}{V_1}\right) = C\ln\left(\frac{P_1}{P_2}\right)$$

46. [정답: ④] $W = \int PdV = \int_{V_1}^{V_2} aV^{-2}dV = -a\left(\frac{1}{V_2} - \frac{1}{V_1}\right)$

47. [정답: ④] $z_i = z_o$(수평으로 놓여진 노즐), $q=0$, $w=0$

$$h_i + \frac{V_i^2}{2} = h_o + \frac{V_o^2}{2}$$

$$h_o = h_i + \frac{1}{2}(V_i^2 - V_o^2) = 3106 + \frac{1}{2}(13^2 - 300^2)\times\frac{1}{1000} = 3061[\text{kJ/kg}]$$

48. [정답: ②] 열손실 $\dot{Q}_{out}$: $\dot{Q}_{out}$의 열이 터빈에서 외부로 유출되었다.

$$\dot{m}\left(h_i + \frac{V_i^2}{2} + 0\right) = \dot{W}_t + \dot{m}\left(h_o + \frac{V_o^2}{2} + 0\right) + \dot{Q}_{out}: \text{ 위치에너지 무시}$$

$$\dot{Q}_{out} = \dot{m}(h_i - h_o) + \frac{\dot{m}}{2}(V_i^2 - V_o^2) - \dot{W}_t$$

$$= 0.4(3000 - 2500) + \frac{0.4}{2}(720^2 - 120^2)\times\frac{1}{1000} - 260 = 40.8[\text{kW}]$$

49. [정답: ③] 터빈에서 열손실 q_{out}, 위치에너지 무시

$$w_t = (h_i - h_o) + \frac{1}{2}(V_i^2 - V_o^2) \times \frac{1}{1000} - q_{out} \text{ [kJ/kg]}$$

$$= 136 + \frac{1}{2}(10^2 - 110^2) \times \frac{1}{1000} - 10 = 120 \text{ [kJ/kg]}$$

50. $\Delta U = Q - W = Q - P\Delta V = 4.2 \times 10 - 10^5 \times (2 \times 10^{-4}) = 22[\text{J}]$

51. (1) 팽창과정 동안 한 일(W)

$$W = \int_1^2 P dV = P(V_2 - V_1) = (2{,}000) \times (0.6 - 0.3) = 600[\text{kJ}]$$

(2) 가해진 총 열량: $Q = \Delta U + W = 40 + 600 = 640[\text{kJ}]$

52. 기체가 받은 열량(Q)은

$$Q = \Delta U + W = \Delta U + P(V_2 - V_1) = 72 + 300(0.4 - 0.2) = 132[\text{kJ}]$$

이고, 이것은 전기히터의 발열량(줄열)과 같다.

$$Q = VIt \quad \therefore \ I = \frac{Q}{Vt} = \frac{132 \times 1000}{220 \times (5 \times 60)} = 2[\text{A}]$$

53. 단열이므로 $q = 0$이고, 위치에너지는 무시한다.

- 단위질량당 터빈 일: $w_t = \frac{\dot{W}_t}{\dot{m}} = \frac{8804}{20}[\text{kJ/kg}] = 440.2[\text{kJ/kg}]$

- 터빈에서 에너지 보존법칙: $h_1 + \frac{V_1^2}{2} = h_2 + \frac{V_2^2}{2} + w_t$

$$\Delta h = h_2 - h_1 = \frac{1}{2}(V_1^2 - V_2^2) - w_t$$

$$= \frac{1}{2}(100^2 - 40^2) \times \frac{1}{1000} - 440.2[\text{kJ/kg}] = -436[\text{kJ/kg}]$$

54. $\dot{m} = 90\text{kg/min} = 1.5\text{kg/s}$; 운동에너지와 위치에너지를 무시한다.

$$w_C = (h_2 - h_1) + q_{out} = 610 + 30 = 640[\text{kJ/kg}]$$

$$\dot{W}_C = \dot{m} w_C = 1.5\frac{\text{kg}}{\text{s}} \times 640\frac{\text{kJ}}{\text{kg}} = 960[\text{kW}]$$

55. $q = 0$, 운동에너지와 위치에너지를 무시한다.

$$w_C = h_2 - h_1 = 350 - 210 = 140[\text{kJ/kg}]$$

$$\dot{W}_C = \dot{m} w_C = 0.5\frac{\text{kg}}{\text{s}} \times 140\frac{\text{kJ}}{\text{kg}} = 70[\text{kW}]$$

56. 저속이므로 $V_1^2 = 0$로 한다. 에너지 유출 $\dot{Q}_{out} = 1500\text{kJ/min} = 25\text{kJ/s}$

$$\dot{m}\left(h_1+\frac{V_1^2}{2}+gz_1\right)+\dot{W}_C=\dot{m}\left(h_2+\frac{V_2^2}{2}+gz_2\right)+\dot{Q}_{out}$$

$$\dot{m}(h_1+0+0)+\dot{W}_C=\dot{m}\left(h_2+\frac{V_2^2}{2}+0\right)+\dot{Q}_{out}$$: (위치에너지 무시)

$$\dot{m}\left(h_2-h_1+\frac{V_2^2}{2}\right)=\dot{W}_C-\dot{Q}_{out}\ ;\ \dot{m}\left(630-300+\frac{90^2}{2}\times\frac{1}{1000}\right)=250-25$$

$$\dot{m}=0.674\,[\text{kg/s}]$$

57. 단열 $q=0$, 혼합실 일 $w=0$, 운동에너지와 위치에너지 무시

- 질량 보존: $\dot{m}_1+\dot{m}_2=\dot{m}_3\ \rightarrow\ 0.3+\dot{m}_2=\dot{m}_3$ ········· ①
- 에너지 보존: $\dot{m}_1h_1+\dot{m}_2h_2=\dot{m}_3h_3$

$$0.3\,(250)+\dot{m}_2(70)=\dot{m}_3(170)$$ ········· ②

식 ①을 ②에 대입: $0.3\,(250)+\dot{m}_2(70)=(0.3+\dot{m}_2)(170)$

$$\dot{m}_2=\frac{1}{170-70}(0.3\times250-0.3\times170)\,[\text{kg/s}]=0.24\,[\text{kg/s}]$$

연습문제 4

01. (1) 구간 A ~ B: 압축액체(압축수) (2) B 점: 포화액체(포화수)
(3) 구간 B ~ C: 습증기(포화액체+포화증기)
(4) C 점: 포화증기 (5) 구간 C ~ D: 과열증기

02. $x=\dfrac{m_{vap}}{m}$; $m_{vap}=xm=0.4\times20=8\,[\text{kg}]$, $m_{liq}=m-m_{vap}=20-8=12\,[\text{kg}]$

03. 증기의 질량 $m_g=xm$; $m_f=m-m_g=m-xm=m(1-x)$

04. [표 A.2]에서 온도가 120℃일 때 포화압력과 포화액체의 비체적은

$$P_{sat}=0.19867\text{MPa},\quad v_f=0.001060\,\text{m}^3/\text{kg}$$

이다. 따라서 용기 안의 압력은 $P=P_{sat}=0.19867\text{MPa}=198.67\,[\text{kPa}]$이고, 포화액체인 용기 내 물의 비체적 $v=v_f$이므로 용기의 부피(V)는 다음과 같다.

$$v=\frac{V}{m}\quad\therefore\ V=mv=mv_f=300\times0.001060=0.318\,[\text{m}^3]$$

05. [표 A.3]에서 압력이 1MPa일 때 포화온도와 포화증기의 비체적은

$$T_{sat} = 179.89℃,\ v_g = 0.19435\,\mathrm{m^3/kg}$$

이다. 따라서 증기의 온도는 $T = T_{sat} = 179.89[℃]$이고, 포화증기인 용기 내 물의 비체적 $v = v_g$이므로 증기의 질량(m)은 다음과 같다.

$$v = \frac{V}{m} \quad \therefore\ m = \frac{V}{v} = \frac{V}{v_g} = \frac{0.4}{0.19435} = 2.058\,[\mathrm{kg}]$$

06. 습증기의 비체적은 $v = \dfrac{V}{m} = \dfrac{400 \times 10^{-3}\mathrm{m^3}}{40\mathrm{kg}} = 0.01\,\mathrm{m^3/kg}$이고 [표 A.2]에서 300℃에서 $v_f = 0.001404\,\mathrm{m^3/kg}$, $v_g = 0.021663\,\mathrm{m^3/kg}$이므로 건도

$$x = \frac{v - v_f}{v_{fg}} = \frac{0.01 - 0.001404}{0.021663 - 0.001404} = 0.4243$$

07. [표 A.3] $P = 1\mathrm{MPa}$에서 $v_f = 0.001127\,\mathrm{m^3/kg}$, $v_g = 0.19435\,\mathrm{m^3/kg}$

$$v = (1-x)v_f + xv_g = (1-0.2)(0.001127) + 0.2(0.19435)$$

$$= 0.039772\,[\mathrm{m^3/kg}]$$

$$\therefore\ m = \frac{V}{v} = \frac{10}{0.039772} = 251.43\,[\mathrm{kg}]$$

08. 습증기의 비체적은 $v = \dfrac{V}{m} = \dfrac{0.4}{2} = 0.2\,[\mathrm{m^3/kg}]$이고, [표 A.3]으로부터 압력 $0.6\,\mathrm{MPa}$에서 $v_f = 0.001101\,\mathrm{m^3/kg}$, $v_g = 0.31558\,\mathrm{m^3/kg}$이므로 건도

$$x = \frac{v - v_f}{v_{fg}} = \frac{0.2 - 0.001101}{0.31558 - 0.001101} = 0.6325$$

(1) 증기의 질량 $m_g = xm = 0.6325 \times 2 = 1.265\,[\mathrm{kg}]$

부피 $V_g = m_g v_g = 1.265 \times 0.31558 = 0.3992\,[\mathrm{m^3}]$

(2) 액체의 질량 $m_f = m - m_g = 2 - 1.265 = 0.735\,[\mathrm{kg}]$

부피 $V_f = V - V_g = 0.4 - 0.3992 = 0.0008\,[\mathrm{m^3}]$

09. 가열 후 물의 엔탈피를 h_x라 하면 초기상태의 물은 포화액체이므로 물의 엔탈피 증가는 $h_x - h_f$이고, [표 A.3]으로부터 $200\mathrm{kPa} = 0.2\,\mathrm{MPa}$에서 증발잠열은 $h_{fg} = 2201.5\,\mathrm{kJ/kg}$이므로 건도 $x = \dfrac{h_x - h_f}{h_{fg}} = \dfrac{300 \times 4.2}{2201.5} = 0.5723$

10. 포화증기의 엔탈피는 h_g이고 현재의 엔탈피는 $h_x = h_f + xh_{fg}$이므로 증발에 필요한 단위 질량당 열량(Δh)은

$$\Delta h = h_g - h_x = h_g - (h_f + xh_{fg}) = (h_g - h_f) - xh_{fg} = (1-x)h_{fg}$$

이다. [표 A.2]에서 $T=80℃$ 일 때 $h_{fg}=2308.1\,\mathrm{kJ/kg}$이므로 총 열량은

$$Q=m\Delta h=5\times(1-0.4)\times2308.1=6924.3\,[\mathrm{kJ}]$$

11. (1) 압축액체 (2) 포화액체와 증기의 혼합물(습증기)
(3) 과열증기 (4) 압축액체 (5) 과열증기

12. [표 A.2]에서 • 125℃: $P_{sat}=232.22\mathrm{kPa}$, $h_f=525.06\,\mathrm{kJ/kg}$
• 130℃: $P_{sat}=270.26\mathrm{kPa}$, $h_f=546.39\,\mathrm{kJ/kg}$

(1) 포화압력($P_{sat,129℃}$): x좌표를 온도, y좌표를 포화압력으로 하면 A, B, C의 좌표는 각각 A(125, 232.22), B(130, 270.26), C(129, y)이고,

$$P_{sat,129℃}=y=\frac{y_2-y_1}{x_2-x_1}\times(x-x_1)+y_1$$

$$=\frac{270.26-232.22}{130-125}\times(129-125)+232.22=262.652\,[\mathrm{kPa}]$$

(2) 포화액체 비엔탈피($h_{f,129℃}$): x좌표를 온도, y좌표를 포화액체 비엔탈피로 하면 A, B, C의 좌표는 각각 A(125, 525.06), B(130, 546.39), C(129, y)이고,

$$h_{f,129℃}=y=\frac{y_2-y_1}{x_2-x_1}\times(x-x_1)+y_1$$

$$=\frac{546.39-525.06}{130-125}\times(129-125)+525.06$$

$$=542.124\,[\mathrm{kJ/kg}]$$

13. [표 A.4] 압력 0.6MPa, 온도 400℃ 에서

압력 MPa		온도(℃)		
(Sat. T)		……	400	……
0.6	v		0.5137	
(158.83)	h	……	3270.7	……
	s		7.7095	

[v: 비체적 ($\mathrm{m^3/kg}$) h: 엔탈피 (kJ/kg) s: 엔트로피 (kJ/kg • K)]

이때의 값을 읽으면 $v=0.5137\,\mathrm{m^3/kg}$, $h=3270.7\,\mathrm{kJ/kg}$

$$u=h-Pv=3270.7-(0.6\times1000)\times0.5137=2962.5\,[\mathrm{kJ/kg}]$$

14. [표 A.5]에서 $T=200℃$, $P=30\mathrm{MPa}$일 때

$$v=0.001130\,\mathrm{m^3/kg},\quad h=865.0\,\mathrm{kJ/kg},\quad s=2.2888\,\mathrm{kJ/kg\cdot K}$$

15. [정답: ①] 포화온도와 포화압력이 낮을수록 $P-v$ 선도 상에서 포화액체 점과 포화 증기 점 사이의 거리가 멀어진다($h_{fg}(\nearrow)$). 즉, 증발열이 증가한다.

16. [정답: ③] 압력이 일정하므로 $dP=0$ $\therefore$ $\delta q = dh - vdP = dh$

17. [정답: ②] 18. [정답: ④] 19. [정답: ②]

20. [정답: ③] 21. [정답: ②] 22. [정답: ④]

23. [정답: ①] 24. [정답: ③] 25. [정답: ②]

26. [정답: ①] 27. [정답: ①] 28. [정답: ①]

29. [정답: ④] 30. [정답: ③] 31. [정답: ①]

32. [정답: ③] 33. [정답: ②] 34. [정답: ②]

35. [정답: ②] 36. [정답: ③] 37. [정답: ①]

38. [정답: ①] $u = h - Pv = 1344.8 - 9000 \times \dfrac{1.404}{1000} = 1332[\text{kJ/kg}]$

39. [정답: ④] $v = \dfrac{1}{5} = 0.001093 + x(0.37480 - 0.001093)$; $m_{수증기} = 5x[\text{kg}]$

40. [정답: ④] $0.2327 = 1.079 \times 10^{-3} + x(0.5243 - 1.079 \times 10^{-3})$

41. [표 A.2] • 25℃: $v_g = 43.341\text{m}^3/\text{kg}$ • 30℃: $v_g = 32.882\text{m}^3/\text{kg}$

x좌표를 비체적, y좌표를 온도로 하여 선형보간법으로 온도를 구한다.

$$\text{A}(43.341, 25),\ \text{B}(32.882, 30),\ \text{C}(40, y)$$

$$T = y = \frac{y_2 - y_1}{x_2 - x_1} \times (x - x_1) + y_1$$

$$= \frac{30 - 25}{32.882 - 43.341} \times (40 - 43.341) + 25 = 26.6[℃]$$

42. (1) [표 A.3] $(v_f = 0.001453) < v < (v_g = 0.018034)[\text{m}^3/\text{kg}]$ (습증기)

(2) [표 A.3] $T > (T_{sat} = 179.89℃)$ (과열증기)

(3) [표 A.3] $T < (T_{sat} = 45.81℃)$ (압축액)

(4) [표 A.2] $(v_f = 0.001157) < v < (v_g = 0.12722)[\text{m}^3/\text{kg}]$ (습증기)

43. [표 A.3] $P = 0.3\text{MPa}$에서 $v_f = 0.001073\,\text{m}^3/\text{kg}$, $v_g = 0.60579\,\text{m}^3/\text{kg}$

$v_f < v < v_g$이므로 포화액체와 포화증기 혼합물(습증기)이다.

• 온도 $T = T_{sat} = 133.53℃$

• 건도 $x = \dfrac{v - v_f}{v_{fg}} = \dfrac{0.5 - 0.001073}{0.60579 - 0.001073} = 0.825$

44. [표 A.3] $P=0.1\text{MPa}$에서 $v_f=0.001043\text{m}^3/\text{kg}$, $v_g=1.6940\text{m}^3/\text{kg}$

$$\frac{V_g}{V}=\frac{m_g v_g}{mv}=\frac{(xm)v_g}{mv}=\frac{xv_g}{v}=\frac{xv_g}{v_f+xv_{fg}}$$

$$=\frac{0.1(1.6940)}{0.001043+0.1(1.6940-0.001043)}=0.994$$

45. [표 A.2] 105℃ 에서 포화압력 $P_{sat}=120.9\text{kPa}$

$$P_{sat}=P_0+\frac{W}{A}=P_0+\frac{(m_{뚜껑}+m_{돌})g}{\pi D^2/4}$$

$$m_{돌}=\frac{\pi D^2(P_{sat}-P_0)}{4g}-m_{뚜껑}$$

$$=\frac{\pi(0.15)^2(120.9-101)(10^3)}{4(9.8)}-30=5.88[\text{kg}]$$

46. [표 A.5] 240℃, 20MPa에서 $v=0.001205\text{m}^3/\text{kg}$

$$\dot{m}=\frac{\dot{V}}{v}=\frac{2.892/60}{0.001205}=40[\text{kg/s}]$$

47. [표 A.2] 105℃ 에서 물의 포화압력 $P_{sat}=120.9\text{kPa}$

대기압과 마개의 무게에 의한 외부 압력이 밥솥 내부 압력과 평형을 이룬다.

$$P_{sat}=P_{atm}+\frac{W}{A}=P_{atm}+\frac{mg}{A}$$

$$\therefore\ m=\frac{(P_{sat}-P_{atm})A}{g}=\frac{(120.9-101.3)\times10^3\times(10\times10^{-6})}{9.8}$$

$$=20\times10^{-3}[\text{kg}]=20[\text{g}]$$

48. 포화액체의 체적(V_f)은 $V_f=\frac{0.003}{2}=0.0015[\text{m}^3]$이고, 표로부터 포화액체와 포화증기의 엔탈피(h_f, h_g) 및 포화액체의 비체적(v_f)은 다음과 같다.

$$h_f=483.2[\text{kJ/kg}],\ h_g=2{,}699[\text{kJ/kg}],\ v_f=0.001056[\text{m}^3/\text{kg}]$$

따라서 포화액체의 질량 $m_f=\frac{V_f}{v_f}$이고, 압력이 일정할 때 단위질량의 포화액체를 기화시키는데 필요한 에너지는 증발잠열 (h_g-h_f)와 크기가 같으므로 물이 완전히 증발하는 데 걸리는 시간(t)은 다음과 같다.

$$m_f(h_g-h_f)=(1\text{kW})\times t\ \rightarrow\ \frac{V_f}{v_f}(h_g-h_f)=(1\text{kW})\times t$$

$$\therefore\ t=\frac{0.0015}{0.001056}(2{,}699-483.2)=3147.4[\text{s}]=52.47[\text{min}]$$

연습문제 5

01. $T_2 = T_1 \times \frac{V_2}{V_1} = (273+127) \times \frac{3}{4}[\text{K}] = 300[\text{K}] = 27[℃]$

02. • 산소: $R = \frac{8.314}{M} = \frac{8.314}{32} = 0.2598\,[\text{kJ/kg}\cdot\text{K}]$

• 이산화탄소: $R = \frac{8.314}{M} = \frac{8.314}{44} = 0.1889\,[\text{kJ/kg}\cdot\text{K}]$

03. $m = \frac{PV}{RT} = \frac{800 \times 3}{0.3 \times 500} = 16\,[\text{kg}]$

04. 견고한 용기이므로 부피가 일정한 과정

$$\Delta U = mC_v(T_2 - T_1) = 4 \times 0.7 \times (200-50) = 420\,[\text{kJ}]$$

05. $Q = mC_p(T_2 - T_1) = 3 \times 0.8 \times (70-20) = 120\,[\text{kJ}]$

06. $Q = \Delta U = mC_v \Delta T = 10 \times 0.7 \times 100 = 700\,[\text{kJ}]$

07. $Q = mC_v(T_2 - T_1) \quad \therefore \quad T_2 = \frac{Q}{mC_v} + T_1 = \frac{-560}{10 \times 0.7} + 200 = 120\,[℃]$

08. $Q = mC_v \Delta T = \frac{P_1 V_1}{RT_1} \times C_v(T_2 - T_1) = \frac{100 \times 3}{0.3 \times 280} \times 0.7 \times (270-280)$

$= -25\,[\text{kJ}]$: 25 kJ의 열을 방출하였다.

09. (1) $\Delta V = 0 \quad \therefore$ 일 $W = 0$

(2) $T_1 = \frac{P_1 V_1}{mR} = \frac{100 \times 2}{0.25 \times 2} = 400\,[\text{K}]$, $T_2 = \frac{P_2 V_2}{mR} = \frac{300 \times 2}{0.25 \times 2} = 1200\,[\text{K}]$

(3) $Q = \Delta U = mC_v(T_2 - T_1) = 0.25 \times 3 \times (1200-400) = 600\,[\text{kJ}]$

10. (1) $\Delta U = mC_v \Delta T = 0.2 \times 0.7 \times (20-120) = -14\,[\text{kJ}]$

(2) $Q = mC_p \Delta T = 0.2 \times 1 \times (20-120) = -20\,[\text{kJ}]$: 20 kJ의 열 방출

(3) $W = Q - \Delta U = -20 - (-14) = -6\,[\text{kJ}]$

11. $Q = \Delta U + W = \Delta U + P\Delta V = 50 + 100 \times 0.2 = 70\,[\text{kJ}]$

12. (1) $W = P\Delta V = 200 \times (5-1) = 800\,[\text{kJ}]$

(2) $T_1 = \frac{P_1 V_1}{mR} = \frac{200 \times 1}{2 \times 0.5} = 200\,[\text{K}]$; $T_2 = \frac{P_2 V_2}{mR} = \frac{200 \times 5}{2 \times 0.5} = 1000\,[\text{K}]$

(3) $Q = \Delta U + W = mC_v(T_2 - T_1) + W$

$$= 2 \times 1.5 \times (1000 - 200) + 800 = 3200\,[\text{kJ}]$$

13. $\Delta U = Q - W = Q - P\Delta V = -50 - 100 \times (-0.2) = -30\,[\text{kJ}]$

14. $\Delta U = Q - W = Q - P\Delta V = 2 \times 4.2 - 100 \times (0.04 \times 0.5) = 6.4\,[\text{kJ}]$

15. $W = mRT\ln\left(\dfrac{V_2}{V_1}\right) = 10 \times 0.3 \times 400 \times \ln\left(\dfrac{6}{2}\right) = 1318\,[\text{kJ}]$

16. (1) 온도가 일정하므로 $P_1V_1 = P_2V_2 \quad \therefore V_1 = \dfrac{P_2V_2}{P_1} = \dfrac{100 \times 3}{300} = 1\,[\text{m}^3]$

(2) $W = P_2V_2\ln\left(\dfrac{V_2}{V_1}\right) = 100 \times 3 \times \ln\left(\dfrac{3}{1}\right) = 329.6\,[\text{kJ}]$

17. $W = P_1V_1\ln\left(\dfrac{V_2}{V_1}\right) = 300 \times 2 \times \ln\left(\dfrac{1}{2}\right) = -415.9\,[\text{kJ}]$

제1법칙 $Q = \Delta U + W = W = -415.9\,[\text{kJ}]$: 415.9 kJ의 열을 방출하였다.

18. $P_2 = P_1(V_1/V_2)^k = 100 \times 2^{1.4} = 263.9\,[\text{kPa}]$

19. $T_2 = T_1(P_2/P_1)^{(k-1)/k} = 300 \times (2)^{(1.4-1)/1.4} = 365.7\,[\text{K}]$

20. (1) $T_2 = T_1(P_2/P_1)^{(k-1)/k} = (273 + 200) \times (200/800)^{(1.4-1)/1.4}$

$$= 318.3\,[\text{K}] = 45.3\,[℃]$$

(2) $\Delta U = mC_v\Delta T = m \times \dfrac{R}{k-1} \times (T_2 - T_1)$

$$= 0.5 \times \frac{0.3}{1.4 - 1} \times (45.3 - 200) = -58\,[\text{kJ}]$$

(3) 제1법칙 $Q = \Delta U + W$에서 $Q = 0$(단열)이므로 $W = -\Delta U = 58\,\text{kJ}$

21. • 폴리트로픽 지수: $\dfrac{T_2}{T_1} = \left(\dfrac{P_1}{P_2}\right)^{(1-n)/n}$

$$1 - \frac{1}{n} = \frac{\ln(T_2/T_1)}{\ln(P_2/P_1)} = \frac{\ln(523/323)}{\ln(2/0.2)} = 0.209 \qquad \therefore\ n = 1.264$$

• 기체가 한 일: $W = \dfrac{mR(T_2 - T_1)}{1 - n} = \dfrac{3 \times 0.3}{1 - 1.264} \times (250 - 50) = -681.8\,[\text{kJ}]$

• 열전달량: $Q = \Delta U + W = mC_v(T_2 - T_1) + W$

$$= 3 \times 0.7 \times (250 - 50) - 681.8 = -261.8\,[\text{kJ}]$$

22. $C_n = C_v\dfrac{n-k}{n-1} = 0.72 \times \dfrac{1.25 - 1.4}{1.25 - 1} = -0.432\,[\text{kJ/kg} \cdot \text{K}]$

23. (1) $W=P_1V_1\ln\left(\frac{V_2}{V_1}\right)=0.5\times 2\ln\left(\frac{16}{2}\right)=3\ln 2$ [MJ] : 5 bar = 0.5 MPa

(2) $Q=\Delta U+W=0+W=3\ln 2$ [MJ] : 등온과정에서 $\Delta U=0$

24. [정답: ②] $\frac{P_1V_1}{T_1}=\frac{P_2V_2}{T_2}$

25. [정답: ②] $W_1=mRT\ln\left(\frac{V_1/2}{V_1}\right)=mRT\ln\left(\frac{1}{2}\right)=-200[\mathrm{J}]$

$$W_2=mRT\ln\left(\frac{V_1/8}{V_1}\right)=mRT\ln\left(\frac{1}{8}\right)=3mRT\ln\left(\frac{1}{2}\right)=-600[\mathrm{J}]$$

26. [정답: ①] 27. [정답: ③] 28. [정답: ②]

29. [정답: ②] 부피와 온도가 일정하다. $\frac{V}{RT}=\frac{m}{P}=C\rightarrow\frac{m_1}{P_1}=\frac{m_2}{P_2}$

$\therefore\ \frac{15}{30}=\frac{m_2}{20}$에서 $m_2=10\mathrm{kg}$이고 $m_1-m_2=15-10=5[\mathrm{kg}]$

30. [정답: ④] 등온과정 $\Delta U=0$

$$Q=W=mRT\ln\left(\frac{P_1}{P_2}\right)=1(3)\ln\left(\frac{1}{1/e}\right)=3\ln e=3[\mathrm{kJ}]$$

31. [정답: ②]

32. [정답: ④] $Q=\Delta U+W=\Delta U+P(V_2-V_1)=200+200(4-2)=600[\mathrm{kJ}]$

33. [정답: ③] 34. [정답: ②]

35. [정답: ②] $\frac{T_2}{T_1}=\left(\frac{V_1}{V_2}\right)^{n-1}=\left(\frac{V_1}{V_2}\right)^{2-1}=\frac{V_1}{V_2}$; $V_2=V_1\left(\frac{273+27}{273+127}\right)=\frac{3}{4}V_1$

36. [정답: ③] 부피가 일정하므로 $W=0$, 제1법칙으로부터 $\Delta U=Q=2\mathrm{kJ}$

$$\Delta H=\Delta U+P\Delta V=\Delta U+mR\Delta T$$
$$=2+2(8)(340-300)\times\frac{1}{1000}=2.64[\mathrm{kJ}]$$

†P가 일정할 때 $PV=mRT$로부터 $P\Delta V=mR\Delta T$

37. [정답: ④]

$$Q=mC_V\Delta T_1+mC_P\Delta T_2$$
$$=1(0.7)(130-10)+1(1)(210-130)=164[\mathrm{kJ}]$$

38. [정답: ③] $T_2=T_1\left(\frac{V_1}{V_2}\right)^{\gamma-1}=300\left(\frac{1}{1/10}\right)^{2-1}=3000[\mathrm{K}]$

$\Delta T = T_2 - T_1 = 3000 - 300 = 2700[\text{K}]$

39. [정답: ③] $W = \int PdV$이므로 $P-V$ 선도에서 일은 면적과 같다.

$$W = \frac{1}{2}(V_2 - V_1)(P_1 + P_2) = \frac{1}{2}(0.3 - 0.1)(200 + 100) = 30[\text{kJ}]$$

40. [정답: ④] $R = \frac{\overline{R}}{M} = \frac{8.314}{25} = 0.333\text{kJ/kg} \cdot \text{K}$

$$Q = mC_p(T_2 - T_1) = C_p(mT_2 - mT_1)$$

$$= C_p\left(\frac{PV_2}{R} - \frac{PV_1}{R}\right) = \frac{C_pP}{R}(V_2 - V_1)$$

41. [정답: ②] $T_1 = \frac{P_1V_1}{mR} = 300\text{K}$; $V_2 = \frac{T_2}{T_1}V_1 = \frac{0.4}{3}[\text{m}^3]$

$$C_v = C_p - R = 0.717\text{kJ/kg} \cdot \text{K}; \quad W = P(V_2 - V_1) = 14.35[\text{kJ}]$$

$$Q = \Delta U + W = mC_v(T_2 - T_1) + W = 50.2[\text{kJ}]$$

42. [정답: ②] $R = \frac{\overline{R}}{M}$

43. [정답: ②] $C = 50(0.05)^{1.4}$

$$W = \int PdV = \int CV^{-1.4}dV = C\frac{1}{(-0.4)}(0.2^{-0.4} - 0.05^{-0.4})$$

44. [정답: ④] $C_v = \frac{Q}{m\Delta T}$; $R = \frac{\overline{R}}{M} = \frac{8.314}{M}$; $C_p = C_v + R$

45. [정답: ②] $R = \frac{PV}{mT} = \frac{100(0.8)}{1(30+273)}[\text{kJ/kg} \cdot \text{K}]$

46. [정답: ④]

47. [정답: ③] $C_p = \frac{kR}{k-1} = \frac{k}{k-1} \times \frac{\overline{R}}{M}$

48. [정답: ②] $Q = mC_p(T_2 - T_1)$; $T_2 = \frac{Q}{mC_p} + T_1$; $V_2 = \frac{T_2}{T_1} \times V_1$

49. [정답: ①] $T_1 = \frac{V_2}{V_1}T_1 = 5T_1 = 5(273 + 20) = 1465[\text{K}] = 1192[℃]$

50. [정답: ④] $W = P_1(2V_1 - V_1) = P_1V_1 = mRT_1 = 24.3\text{kJ}$

51. [정답: ③] $v = \frac{ZRT}{P} = \frac{0.95(461)(273 + 230)}{10^6} = 0.22[\text{m}^3/\text{kg}]$

52. 두 부분의 질량은 각각 $m_1 = \dfrac{6PV}{RT_1}$, $m_2 = \dfrac{PV}{RT_2}$

- 열평형: $m_1 C(T_f - T_1) + m_2 C(T_f - T_2) = 0$; $T_f = \dfrac{(m_1 T_1 + m_2 T_2)}{m_1 + m_2}$ ········ ①
- 상태방정식: $P_f(2V + V) = (m_1 + m_2)RT_f$ ········· ② ($\leftarrow m_1$, m_2 대입 정리)

식 ①에서 $T_f = \dfrac{7T_1T_2}{T_1 + 6T_2}$를 구하여 ②에 대입하면 $P_f = \dfrac{7}{3}P$

53. (1) 기체의 내부에너지 변화량[kJ]: $\Delta U = mC_v \Delta T = 2(0.7)(10) = 14[\text{kJ}]$

(2) 기체가 한 일[kJ]: 피스톤에 작용하는 축 방향 힘(F)이 일정하므로 압력 ($P = F/A$)이 일정하다. 정압과정에서

$$W = P\Delta V = mR\Delta T = 2(0.3)(10) = 6[\text{kJ}]$$

(3) 기체가 받은 열량[kJ]: $Q = \Delta U + W = 14 + 6 = 20[\text{kJ}]$

54. $\dot{m} = 90\text{kg/min} = 1.5\text{kg/s}$; 운동에너지와 위치에너지를 무시한다.

$$w_C = (h_2 - h_1) + q_{out} = C_p(T_2 - T_1) + q_{out}$$

$$= 5.19(420 - 300) + 20 = 643[\text{kJ/kg}]$$

$$\dot{W}_C = \dot{m}w_C = 1.5\frac{\text{kg}}{\text{s}} \times 643\frac{\text{kJ}}{\text{kg}} = 965[\text{kW}]$$

55. 단열 $\dot{Q} = 0$, 위치에너지 무시, $w_t = \dot{W}_t/\dot{m}$

$$h_1 + \frac{V_1^2}{2} = w_t + h_2 + \frac{V_2^2}{2}$$

$$w_t = (h_1 - h_2) + \frac{1}{2}\left(V_1^2 - V_2^2\right) = C_p(T_1 - T_2) + \frac{1}{2}\left(V_1^2 - V_2^2\right)$$

$$\frac{250}{2.87} = 0.52(450 - T_2) + \frac{1}{2}(80^2 - 150^2) \times \frac{1}{1000}$$

$$T_2 = 267℃$$

연습문제 6

01. [정답: ③, ④]

02. [정답: ②, ③] ①은 1법칙; ④는 0법칙.

03. [정답: ④] 완전 진공에서는 마찰력이 없으므로 가역 사이클에 가장 가깝다.

04. $\eta = \dfrac{W}{Q_H} = \dfrac{300}{1000} = 30[\%]$

05. $\eta = \dfrac{W}{Q_H} = \dfrac{1680}{1 \times 4200} = 40[\%]$; $1\text{cal} = 4.2\text{J}$ 로 계산하였다.

06. $W = \eta Q_H = 0.3 \times 10 \times 4.2 = 12.6\,[\text{kJ}]$

07. $\text{COP}_\text{R} = \dfrac{\dot{Q}_L}{\dot{W}}$ $\quad\therefore\quad \dot{W} = \dfrac{\dot{Q}_L}{\text{COP}_\text{R}} = \dfrac{180/60}{1.5} = 2\,[\text{kW}]$

$\dot{Q}_H = \dot{Q}_L + \dot{W} = \dfrac{180}{60} + 2 = 5\,[\text{kW}]$

08. $\text{COP}_\text{R} = \dfrac{\dot{Q}_L}{\dot{W}} = \dfrac{168/60}{1} = 2.8$; $\dot{Q}_H = \dot{Q}_L + \dot{W} = \dfrac{168}{60} + 1 = 3.8\,[\text{kW}]$

09. $\text{COP}_\text{H} = \dfrac{\dot{Q}_H}{\dot{W}} = \dfrac{84/60}{1} = 1.4$; $\dot{Q}_L = \dot{Q}_H - \dot{W} = \dfrac{84}{60} - 1 = 0.4\,[\text{kW}]$

10. • 카르노 기관의 열효율 $\eta_c = 1 - \dfrac{500}{1000} = 0.5$

(a) $Q_H = W + Q_L$이므로 열역학 제1법칙을 만족한다.

주어진 기관의 열효율 $\eta = \dfrac{W}{Q_H} = \dfrac{60}{100} = 0.6$

$\therefore$ $\eta > \eta_c$이므로 열역학 제2법칙에 어긋난다. 따라서 불가능한 기관이다.

(b) 주어진 기관의 열효율 $\eta = \dfrac{W}{Q_H} = \dfrac{45}{100} = 0.45$

$\therefore$ $\eta < \eta_c$이므로 열역학 제2법칙을 만족한다. 따라서 가능한 기관이다.

이 경우 제1법칙에 의해 $Q_L = Q_H - W = 100 - 45 = 55\,[\text{J}]$이 된다.

11. $\eta_c = 1 - \dfrac{T_L}{T_H} = 1 - \dfrac{273 + 27}{273 + 227} = 40\,[\%]$

12. $\eta_{\max} = \eta_c = 1 - \dfrac{T_L}{T_H} = 1 - \dfrac{273 + 27}{273 + 127} = 25\,[\%]$

13. $\eta_c = 1 - \dfrac{T_L}{T_H} = 1 - \dfrac{300}{500} = 0.4$; $W = \eta Q_H = 0.4 \times (50 \times 4.2) = 84\,[\text{kJ}]$

14. $\text{COP}_\text{R} = \dfrac{T_L}{T_H - T_L} = \dfrac{260}{300 - 260} = 6.5$

$\text{COP}_\text{H} = \dfrac{T_H}{T_H - T_L} = \dfrac{300}{300 - 260} = 7.5$; $\text{COP}_\text{H} = \text{COP}_\text{R} + 1$

15. $\mathrm{COP}_{\mathrm{R,Carnot}} = \dfrac{T_L}{T_H - T_L} = \dfrac{273+4}{20-4} = 17.3$: 성능계수 20은 카르노냉동기의 성능계수 17.3보다 크므로 실현 불가능한 냉동기이다.

16. $\mathrm{COP}_{\mathrm{R}} = \dfrac{\dot{Q}_L}{\dot{W}} = \dfrac{T_L}{T_H - T_L}$

$$\dot{W} = \dot{Q}_L\left(\frac{T_H - T_L}{T_L}\right) = 5 \times \left[\frac{25-(-10)}{273-10}\right] = 0.665\,[\mathrm{kW}]$$

17. $\mathrm{COP}_{\mathrm{R}} = \dfrac{\dot{Q}_L}{\dot{W}} = \dfrac{\dot{Q}_H - \dot{W}}{\dot{W}} = \dfrac{T_L}{T_H - T_L}$

$$\frac{\dot{Q}_H}{\dot{W}} - 1 = \frac{T_L}{T_H - T_L} \quad \therefore \dot{W} = \dot{Q}_H \times \frac{T_H - T_L}{T_H} = 310 \times \frac{37-25}{273+37} = 12\,[\mathrm{kW}]$$

18. 집 안 온도를 27℃로 일정하게 유지하기 위해서는 손실된 열량만큼 열을 집 안으로 공급해야 한다. 즉, $\dot{Q}_H = 1800\mathrm{kJ/min}$이다.

$$\mathrm{COP}_{\mathrm{H}} = \frac{\dot{Q}_H}{\dot{W}} = \frac{T_H}{T_H - T_L}$$

$$\dot{W} = \dot{Q}_H \times \frac{T_H - T_L}{T_H} = \frac{1800}{60} \times \frac{27-(-5)}{273+27} = 3.2\,[\mathrm{kW}]$$

19. • $\eta = \dfrac{W}{Q_H} \quad \therefore\ Q_H = \dfrac{W}{\eta} = \dfrac{250}{0.8} = 312.5\,[\mathrm{kJ}]$

$$Q_L = Q_H - W = 312.5 - 250 = 62.5\,[\mathrm{kJ}]$$

• $\eta = 1 - \dfrac{T_L}{T_H} \quad \therefore\ T_L = T_H(1-\eta) = 2000 \times (1-0.8) = 400\,[\mathrm{K}]$

20. 열효율의 정의 $\eta = \dfrac{W}{Q_H} = 1 - \dfrac{T_L}{T_H}$ 로부터 온도(T_H)를 구한다.

$$T_H = \frac{T_L}{1 - W/Q_H} = \frac{(273+27)}{1-213.5/427} = 600\,[\mathrm{K}] = 327\,[℃]$$

21. [정답: ④] 22. [정답: ③] 23. [정답: ③]
24. [정답: ③] 25. [정답: ①] 26. [정답: ③]
27. [정답: ②] 28. [정답: ④] 29. [정답: ②]
30. [정답: ③] 31. [정답: ④] 32. [정답: ②]

33. [정답: ④] $\mathrm{COP}_{\mathrm{R}} = \dfrac{Q_L}{W} = \dfrac{T_L}{T_H - T_L} = \dfrac{10}{300-10} = \dfrac{1}{29}$; $W = 29Q_L$

34. [정답: ④] $\mathrm{COP_R} = \dfrac{\dot{Q}_L}{\dot{W}} = \dfrac{4}{2} = \dfrac{T_L}{T_H - T_L} = \dfrac{273 + T_L}{27 - T_L}$; $T_L = -73℃$

35. [정답: ②] 건물 내부로 초당 $Q_H = 9\mathrm{kJ}$의 열($\dot{Q}_H = 9\mathrm{kW}$)을 공급해야 한다.

$$\mathrm{COP_H} = \frac{\dot{Q}_H}{\dot{W}} = \frac{T_H}{T_H - T_L} = \frac{300}{300 - 250} = 6 \quad \therefore \quad \dot{W} = \frac{\dot{Q}_H}{6} = \frac{9000}{6} = 1500[\mathrm{W}]$$

36. [정답: ③]　37. [정답: ①]　38. [정답: ②]

39. [정답: ④] $\eta_{\max} = 1 - \dfrac{T_L}{T_H} = 1 - \dfrac{273 + 35}{273 + 500} = 0.6$; $\eta_{주장} = \dfrac{7}{10} = 0.7$

40. [정답: ②] $\eta_{\max} = 1 - \dfrac{T_L}{T_H} = 1 - \dfrac{300}{1200} = 0.75$; $\eta = \dfrac{W}{Q_H}$

41. 고온열원 $T_H = 32℃$, 저온열원 $T_L = 12℃$; 실내온도를 일정하게 유지하기 위해서는 실내로 유입되는 열량만큼 에어컨이 실내에서 열량을 흡수해야 한다. 따라서 1초에 에어컨이 저온열원으로부터 흡수해야 할 열량 $Q_L = 570\mathrm{cal}$이다.

(1) $\mathrm{COP_R} = \dfrac{T_L}{T_H - T_L} = \dfrac{Q_L}{W} \quad \therefore \quad W = \left(\dfrac{32 - 12}{273 + 12}\right) \times 570 = 40[\mathrm{cal}]$

$$Q_H = Q_L + W = 570 + 40 = 610[\mathrm{cal}]$$

1초당 외부로(고온열원으로) 배출하는 열량은 $Q_H = 610[\mathrm{cal}]$

(2) 1초당 하는 일 $W = 40\mathrm{cal}$; 동력 $P = \dfrac{W}{t} = \dfrac{40 \times 4.2\mathrm{J}}{1\mathrm{s}} = 168[\mathrm{W}]$

42. $\dot{W} = \eta \dot{Q}_H = \left(\dfrac{T_H - T_L}{T_H}\right)\dot{Q}_H = \left(\dfrac{900 - 300}{900}\right) \times \dfrac{1800}{60} = 20[\mathrm{kW}]$

43. $\dot{W} = \dfrac{\dot{Q}_L}{\mathrm{COP_R}} = \dfrac{7200(\mathrm{kJ/h})}{4} = \dfrac{7200(\mathrm{kJ/3600s})}{4} = 0.5\left(\dfrac{\mathrm{kJ}}{\mathrm{s}}\right) = 0.5[\mathrm{kW}]$

44. 두 기관에서 열역학 제1법칙을 각각 적용하면

$$W_1 = Q_1 - Q_2 \quad \cdots\cdots ①$$

$$W_2 = Q_2 - Q_3 \quad \cdots\cdots ②$$

①+②를 하면 $W_{total} = W_1 + W_2 = Q_1 - Q_3$

$$\therefore \ \eta = \frac{W_1 + W_2}{Q_1} = \frac{Q_1 - Q_3}{Q_1} = 1 - \frac{Q_3}{Q_1} = 1 - \frac{T_2}{T_1}$$

두 열원 T_1, T_2 사이에서 작동하는 하나의 카르노기관의 열효율과 같다.

45. • 기관 E1의 열효율 $\eta_1 = 1 - \dfrac{T}{1000}$　• 기관 E2의 열효율 $\eta_2 = 1 - \dfrac{250}{T}$

$$\eta_1 = \eta_2: \quad 1-\frac{T}{1000}=1-\frac{250}{T} \qquad \therefore \; T=\sqrt{250\times 1000}=500[\text{K}]$$

46. • 엔진 열효율: $\eta_{th}=\dfrac{W}{Q_F}$ ············ ①

• 냉동기 성능계수: $\beta=\dfrac{Q_L}{W}$ ············ ②

• 식 ①과 ②를 곱하면: $\beta\,\eta_{th}=\dfrac{Q_L}{Q_F} \qquad \therefore \; Q_F=\dfrac{Q_L}{\beta\,\eta_{th}}=\dfrac{3.6}{3(0.4)}=3[\text{kJ}]$

47. • 열기관 열효율: $\eta=\dfrac{W}{Q_{H1}}=\dfrac{T_H-T_0}{T_H} \qquad \therefore \; W=\left(\dfrac{T_H-T_0}{T_H}\right)Q_{H1}$ ············ ①

• 냉동기 성능계수: $\text{COP}_\text{R}=\dfrac{Q_{L2}}{W}=\dfrac{T_L}{T_0-T_L} \qquad \therefore \; W=\left(\dfrac{T_0-T_L}{T_L}\right)Q_{L2}$ ············ ②

①, ②로부터 $\dfrac{Q_{H1}}{Q_{L2}}=\left(\dfrac{T_H}{T_H-T_0}\right)\left(\dfrac{T_0-T_L}{T_L}\right)=\left(\dfrac{T_H}{T_L}\right)\left(\dfrac{T_0-T_L}{T_H-T_0}\right)$

$$=\left(\frac{400}{250}\right)\left(\frac{300-250}{400-300}\right)=0.8$$

48. • 열기관 $Q_{W1}=\left(\dfrac{T_W}{T_W-T_L}\right)W=\left(\dfrac{273+57}{57-24}\right)W=10\,W$

• 열펌프 $Q_{W2}=\left(\dfrac{T_W}{T_H-T_W}\right)W=\left(\dfrac{273+57}{157-57}\right)W=3.3\,W$

• 열역학 제1법칙: $Q_{W1}+Q_{W2}=10\,W+3.3\,W=133\text{MJ} \qquad \therefore \; W=10\text{MJ}$

$$\therefore \; Q_H=W+Q_{W2}=W+3.3\,W=10+3.3(10)=43[\text{MJ}]$$

연습문제 7

01. $\Delta S=\dfrac{Q}{T_0}=\dfrac{(2)\times 500}{273+127}=2.5[\text{kJ/K}]$

02. $\Delta S=\dfrac{Q}{T_0}=\dfrac{(10\times 736)\times(2\times 3600)}{273+15}\times\dfrac{1}{1000}=184[\text{kJ/K}]$

03. 바다는 아주 크므로 온도(T_0)가 일정하다고 볼 수 있다.

$$Q=T_0\Delta S=(273+5)(80)=22{,}240[\text{kJ}]$$

$$= 22,240 \times \frac{1}{4.2}[\text{kcal} = 5300\,[\text{kcal}]$$

04. (1) $Q = mC_v(T_2 - T_1) = 1 \times 0.7 \times (500 - 20) = 336\,[\text{kJ}]$

(2) 정적과정: $\Delta S = mC_v \ln\left(\frac{T_2}{T_1}\right) = 1 \times 0.7 \times \ln\left(\frac{273+500}{273+20}\right) = 0.679\,[\text{kJ/K}]$

05. (1) $Q = mC_p(T_2 - T_1) = 2 \times 5 \times (80 - 20) = 600\,[\text{kJ}]$

(2) 정압과정: $\Delta S = mC_p \ln\left(\frac{T_2}{T_1}\right) = 2 \times 5 \times \ln\left(\frac{273+80}{273+20}\right) = 1.86\,[\text{kJ/K}]$

06. • 기체의 처음온도 $T_1 = \frac{P_1 V_1}{mR} = \frac{120 \times 0.15}{0.2 \times 0.3} = 300\,[\text{K}]$

• 정압과정: $\Delta S = mC_p \ln\left(\frac{T_2}{T_1}\right) = 0.2 \times 1 \times \ln\left(\frac{273+300}{300}\right) = 0.129\,[\text{kJ/K}]$

07. $Q = mC_p \Delta T$에서 $\Delta T = \frac{Q}{mC_p} = \frac{300}{2 \times 1.5} = 100\,[\text{K}]$

$\Delta T = 2t_1 - t_1 = 100$이므로 $t_1 = 100\,℃$, $t_2 = 2t_1 = 200\,℃$

$$\Delta S = mC_p \ln\left(\frac{T_2}{T_1}\right) = 2 \times 1.5 \times \ln\left(\frac{273+200}{273+100}\right) = 0.713\,[\text{kJ/K}]$$

08. 탱크 전체는 하나의 밀폐계를 구성한다. 여기에서 계를 통과하는 에너지의 출입이 없으므로 내부에너지가 일정[$\Delta u = C_v(T_2 - T_1) = 0$]하고 온도가 일정하다. 그리고 열역학 제1법칙 $Q = \Delta U + W$에서, 단열이므로 $Q = 0$이고, $W = 0$이다.

(1) ③, ⑤

(2) $\Delta s = \int_1^2 R\frac{dv}{v} = R\ln\left(\frac{v_2}{v_1}\right) = 0.3 \times \ln 2 = 0.208\,[\text{kJ/kg} \cdot \text{K}]$

09. (1) $W = P_1 V_1 \ln\left(\frac{V_2}{V_1}\right) = P_1 V_1 \ln\left(\frac{P_1}{P_2}\right) = mRT_1 \ln\left(\frac{P_1}{P_2}\right)$

$$V_1 = \frac{W}{P_1 \ln(P_1/P_2)} = \frac{300}{500 \times \ln(500/100)} = 0.373\,[\text{m}^3]$$

$$T_1 = \frac{W}{mR\ln(P_1/P_2)} = \frac{300}{2 \times 0.3 \times \ln(500/100)} = 311\,[\text{K}]$$

(2) $V_2 = V_1 \times \frac{P_1}{P_2} = 0.373 \times \frac{500}{100} = 1.865\,[\text{m}^3]$

(3) 등온과정이므로 $\Delta U = 0 \quad \therefore \; Q = \Delta U + W = W = 300\,[\text{kJ}]$

(4) $\Delta S = mR\ln\left(\frac{P_1}{P_2}\right) = 2\times 0.3\times \ln\left(\frac{500}{100}\right) = 0.966$ [kJ/K]

10. 등온과정이므로 $P_1V_1 = P_2V_2$ $\therefore$ $P_2 = P_1 \times \frac{V_1}{V_2} = 200 \times \frac{2}{5} = 80$ [kPa]

$$\Delta s = R\ln\left(\frac{V_2}{V_1}\right) = 0.3\times \ln\left(\frac{5}{2}\right) = 0.275 \text{ [kJ/kg • K]}$$

11. 마찰이 없으므로 기체의 압력은 (피스톤 무게에 의한 압력+대기압)과 평형을 이룬다. 따라서 이 과정은 정압과정이다.

(1) $V_1 = \frac{\pi}{4}D^2H = \frac{3}{4}\times 0.3^2 \times 0.2 = 0.0135$ [m^3]

기체상수 $R = C_p - C_v = 1 - 0.7 = 0.3$ [kJ/kg • K]

$$\therefore\ m = \frac{P_1V_1}{RT_1} = \frac{200\times 0.0135}{0.3\times 300} = 0.03 \text{ [kg]}$$

(2) $Q = mC_p(T_2 - T_1)$ $\therefore$ $T_2 = \frac{Q}{mC_p} + T_1 = \frac{12}{0.03\times 1} + 300 = 700$ [K]

(3) 정압과정: $V_2 = V_1 \times \frac{T_2}{T_1} = 0.0135 \times \frac{700}{300} = 0.0315$ [m^3]

$$\therefore\ W = P(V_2 - V_1) = 200\times(0.0315 - 0.0135) = 3.6 \text{ [kJ]}$$

(4) $\Delta S = mC_p\ln\left(\frac{T_2}{T_1}\right) = 0.03\times 1\times \ln\left(\frac{700}{300}\right) = 0.0254$ [kJ/K]

12. $\Delta s = C_p\ln\left(\frac{T_2}{T_1}\right) - R\ln\left(\frac{P_2}{P_1}\right) = \frac{kR}{k-1}\ln\left(\frac{T_2}{T_1}\right) - R\ln\left(\frac{P_2}{P_1}\right)$

$$= \frac{1.4\times 0.3}{1.4-1}\ln\left(\frac{400}{300}\right) - 0.3\times\ln\left(\frac{500}{100}\right) = -0.181\left[\frac{\text{kJ}}{\text{kg • K}}\right]$$

$\Delta S = m\Delta s = 10\times(-0.181) = -1.81$ [kJ/K]

13. $\Delta S = mC_p\ln\left(\frac{T_2}{T_1}\right) = 5\times 4.2\times \ln\left(\frac{80+273}{20+273}\right) = 3.91$ [kJ/K]

14. • 평형 온도: $40\times 4.2\times(T_f - 10) = 60\times 4.2\times(90 - T_f)$ $\therefore$ $T_f = 58$ ℃

$$\Delta S = m_1C_p\ln\left(\frac{T_f}{T_1}\right) + m_2C_p\ln\left(\frac{T_f}{T_2}\right)$$

$$= 40(4.2)\ln\left(\frac{58+273}{10+273}\right) + 60(4.2)\ln\left(\frac{58+273}{90+273}\right) = 3.07 \text{ [kJ/K]}$$

15. (1) 열기관 사이클은 그림과 같다.

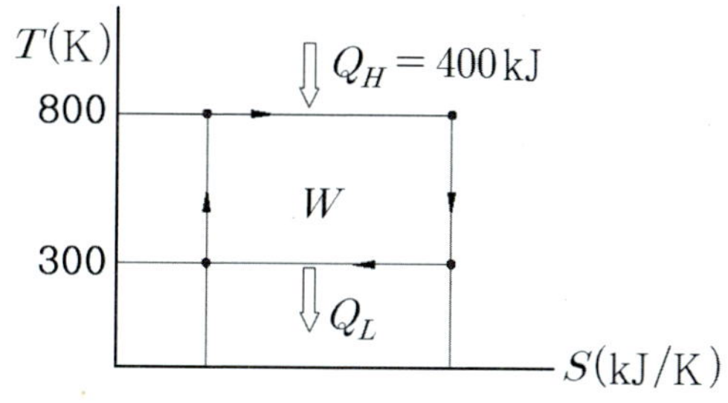

[문제 7.15] 카르노 사이클의 $T-S$ 선도

(2) 열효율 $\eta = \dfrac{W}{Q_H} = 1 - \dfrac{T_L}{T_H} = 1 - \dfrac{300}{800} = 0.625$

$$W = \eta Q_H = 0.625 \times 400 = 250\,[\mathrm{kJ}]$$

(3) $Q_H = T_H \Delta S \quad \therefore\ \Delta S = \dfrac{Q_H}{T_H} = \dfrac{400}{800} = 0.5\,[\mathrm{kJ/K}]$

† 고온열원은 열을 방출하고, 저온열원은 열을 받으므로 $\Delta S_H = -\Delta S$, $\Delta S_L = +\Delta S$이다. 가역과정에서 $\Delta S_{total} = \Delta S_H + \Delta S_L = 0$

16. (1) $Q_H = T_H \Delta S = 1000 \times (8-2) = 6000\,[\mathrm{kJ}]$

(2) $Q_L = T_L \Delta S = 300 \times (8-2) = 1800\,[\mathrm{kJ}]$

(3) $W = Q_H - Q_L = 6000 - 1800 = 4200\,[\mathrm{kJ}]$

(4) $\eta = \dfrac{W}{Q_H} = \dfrac{4200}{6000} = 70\,[\%]$; 혹은 $\eta = 1 - \dfrac{T_L}{T_H} = 1 - \dfrac{300}{1000} = 70\,[\%]$

17. [정답: ①] 18. [정답: ②] 19. [정답: ②]

20. [정답: ③] $\Delta S_{total} = -\dfrac{Q}{T_H} + \dfrac{Q}{T_L} = -\dfrac{250}{500} + \dfrac{250}{250} = 0.5\,[\mathrm{J/K}]$

높은 온도의 물체에서는 열이 방출되고 낮은 온도의 물체에는 열이 흡수된다.

21. [정답: ①] $\Delta S = \dfrac{Q}{T} = \dfrac{0.5 \times 2{,}260}{273 + 100} = 3.03\,[\mathrm{kJ/K}]$

22. [정답: ②]

23. [정답: ①] $\Delta S_{total} = -\dfrac{Q}{T_H} + \dfrac{Q}{T_L} = -\dfrac{12{,}000}{400} + \dfrac{12{,}000}{300} = 10\,[\mathrm{J/K}]$

24. [정답: ④] 엔트로피는 종량적 상태량이고, 비엔트로피는 강성적 상태량

25. [정답: ②]

26. [정답: ③] $dH = TdS + VdP$

27. [정답: ③] 정압과정($dP=0$)에서 $Tds = dh - vdP = dh = C_p dT$

$$\Delta s = \int \frac{C_p}{T} dT = \int \frac{(30 + 5 \times 10^{-3} T)}{T} dT$$

$$= \int \frac{30}{T} dT + 5 \times 10^{-3} \int dT = 30 \ln\left(\frac{T_2}{T_1}\right) + 5 \times 10^{-3} (T_2 - T_1)$$

$$= 30 \ln\left(\frac{600}{300}\right) + 5 \times 10^{-3} (600 - 300)$$

$$= 30\ln 2 + 1.5 = 30(0.7) + 1.5 = 22.5 [\text{J/kg} \cdot \text{K}]$$

$\therefore \ \Delta S = m\Delta s = 2(22.5) = 45[\text{J/K}]$

28. [정답: ②] 얼음이 녹아서 물로 바뀌므로 융해잠열을 흡수한다.

$$\Delta S = \frac{\Delta Q}{T} = \frac{m L_{fi}}{T} = \frac{2 \times 335}{273 + 0} = \frac{670}{273} [\text{J/K}]$$

29. [정답: ③] 수증기가 물로 응축되므로 증발잠열을 방출한다.

$$\Delta S = \frac{\Delta Q}{T} = -\frac{m L_{fg}}{T} = -\frac{4 \times 2256.5}{273 + 100} = -24.2 [\text{kJ/K}]$$

30. [정답: ①] 비가역 사이클 $\oint \left(\frac{\delta Q}{T}\right) < 0$, 가역 사이클 $\oint \left(\frac{\delta Q}{T}\right) = 0$

31. [정답: ①] $\Delta S = m C_v \ln\left(\frac{T_2}{T_1}\right) = 5(0.7171) \ln\left(\frac{50 + 273}{15 + 273}\right) = 0.411 [\text{kJ/K}]$

32. [정답: ①] $\Delta s = \frac{q}{T_0} = \frac{40}{120 + 273} = 0.102 [\text{kJ/kg} \cdot \text{K}]$

33. [정답: ④] $Q = T_0 \Delta S = T_0 m \Delta s = 500(2)(10 - 3) = 7000[\text{kJ}]$

34. [정답: ①] $\Delta S = mR\ln\left(\frac{V_2}{V_1}\right) = 4(0.287)\ln\left(\frac{0.5 + 0.3}{0.5}\right) = 0.54[\text{kJ/K}]$

35. [정답: ②] $\Delta S = m C_p \ln\left(\frac{T_2}{T_1}\right) = 10(4.18)\ln\left(\frac{60 + 273}{20 + 273}\right) = 5.35[\text{kJ/K}]$

36. [정답: ④] $\Delta S = m C_p \ln\left(\frac{T_2}{T_1}\right) - mR \ln\left(\frac{P_2}{P_1}\right)$

$$= 3(1.005)\ln\left(\frac{830}{400}\right) - 3(0.287)\ln\left(\frac{480}{120}\right) = 1.007[\text{kJ/K}]$$

37. [정답: ①] (0℃ 얼음)→(0℃ 물)→(100℃ 포화증기)→(100℃ 수증기)

$$\Delta S = \frac{mL_f}{T_1} + mC_p \ln\left(\frac{T_2}{T_1}\right) + \frac{mL_v}{T_2}$$

$$= \frac{1(336)}{273} + 1(4.186)\ln\left(\frac{100+273}{273}\right) + \frac{1(2264)}{100+273} = 8.6[\mathrm{kJ/K}]$$

38. [정답: ①] 비열과 질량이 동일하므로 $T_f = \dfrac{200+100}{2} = 150[℃] = 423[\mathrm{K}]$

$$\Delta S = mC\left[\ln\left(\frac{T_f}{T_1}\right) + \ln\left(\frac{T_f}{T_2}\right)\right]$$

$$= 0.7(0.9)\left[\ln\left(\frac{423}{473}\right) + \ln\left(\frac{423}{373}\right)\right] \times 10^3[\mathrm{J/K}]$$

39. [정답: ①] $\Delta S = mC_v \ln\left(\dfrac{T_2}{T_1}\right)$; $\ln\left(\dfrac{T_2}{T_1}\right) = \dfrac{\Delta S}{mC_v} = \dfrac{3.35}{4(0.717)} = 1.168$

$$T_2 = T_1 e^{1.168} = (15+273.2) \times e^{1.168} = 927[\mathrm{K}]$$

40. [정답: ④] $\Delta S_{total} = 0$인 가역사이클에서 출력일이 최대가 된다.

- 제2법칙: $\Delta S_{total} = \dfrac{(-30)}{500} + \dfrac{(-Q_2)}{400} + \dfrac{(+39)}{300} = 0 \rightarrow Q_2 = 28[\mathrm{kJ}]$
- 제1법칙: $Q_1 + Q_2 = W + Q_3 \rightarrow W = 30 + 28 - 39 = 19[\mathrm{kJ}]$

41. [정답: ④]

42. [정답: ④] $Q = \Delta U + W = W$; $\Delta S = \dfrac{Q}{T_0} = \dfrac{500}{100+273}[\mathrm{kJ/K}]$

†이상기체의 내부에너지는 온도만의 함수이다.

43. [정답: ③]

44. [정답: ②] $\Delta S_{total} = mC_p \ln\left(\dfrac{T_0}{T_1}\right) + \dfrac{Q}{T_0} = mC_p \ln\left(\dfrac{T_0}{T_1}\right) + \dfrac{mC_p(T_1 - T_0)}{T_0}$

$T_0 = 300\mathrm{K}$, $T_1 = 400\mathrm{K}$

45. 이상기체의 등온과정이므로 $\Delta U = 0$

$$Q = \Delta U + W = 0 + 1200 = 1200[\mathrm{J}] \quad \therefore \quad \Delta S = \frac{Q}{T} = \frac{1200}{300} = +4[\mathrm{J/K}]$$

열을 받고 팽창하면서 엔트로피가 증가한다.

46. 기체가 일을 받으므로 $W = -600\mathrm{J}$, 등온과정에서 $\Delta U = 0$; 제1법칙으로부터

$$Q = \Delta U + W = W = -600[\mathrm{J}] \quad \therefore \quad \Delta S = \frac{Q}{T} = \frac{(-600)}{300} = -2[\mathrm{J/K}]$$

압축되면서 열을 방출하고 엔트로피가 감소한다.

47. 고온 물체는 열을 잃고(방출하고) 저온 물체는 열을 얻는다(흡수한다).

$$(\Delta S)_{total} = (\Delta S)_{고온} + (\Delta S)_{저온}$$

$$= \frac{(-36 \times 10^3)}{900} + \frac{(+36 \times 10^3)}{300} = 80\,[\mathrm{J/K}]$$

48. 응고열은 융해열과 같고 물이 얼어서 얼음으로 바뀌므로 응고잠열을 방출한다.

$$(Q\text{의 값은 }-) \quad \Delta S = \frac{Q}{T} = -\frac{mL}{T} = -\frac{27.3 \times 334}{273+0} = -33.4\,[\mathrm{kJ/K}]$$

열을 방출하고 엔트로피가 감소한다.

49. 융해열을 흡수하여 납이 녹는다. (Q의 값은 +)

$$\Delta S = \frac{Q}{T} = +\frac{mL}{T} = +\frac{300 \times 23}{600} = 11.5\,[\mathrm{kJ/K}]$$

열을 흡수하고 엔트로피가 증가한다.

50. (1) 금속의 최종 온도 T_f: $Q = \Delta U + W = \Delta U = 0$ 으로부터

$$mC(T_f - T_{A,i}) + mC(T_f - T_{B,i}) = 0$$

$$\therefore \quad T_f = \frac{T_{A,i} + T_{B,i}}{2} = \frac{900+300}{2} = 600\,[\mathrm{K}]$$

(2) 총 엔트로피 변화량 $(\Delta S)_{total}$: $Tds = du + Pdv = CdT$ 로부터

$$(\Delta S)_{total} = (\Delta S)_A + (\Delta S)_B = mC\ln\left(\frac{T_f}{T_{A,i}}\right) + mC\ln\left(\frac{T_f}{T_{B,i}}\right)$$

$$= mC\ln\left(\frac{T_f}{T_{A,i}} \times \frac{T_f}{T_{B,i}}\right)$$

$$= 10(0.45)\ln\left(\frac{600}{900} \times \frac{600}{300}\right) = 1.29\,[\mathrm{kJ/K}]$$

51. 초기상태 i, 최종상태 f로 표시. 최종상태에서 A와 B의 온도(T_f)는 같다.

- $T_{A,i} = 1200\mathrm{K}$, $T_{B,i} = 300\mathrm{kPa}$
- 질량 $m = 5\mathrm{kg}$, 정적비열 $C_v = 0.7\,\mathrm{kJ/kg \cdot K}$

(1) 부피가 일정하므로 계의 총 엔트로피 변화는

$$\Delta S_{total} = \Delta S_A + \Delta S_B = mC_v\ln\left(\frac{T_f}{T_{A,i}}\right) + mC_v\ln\left(\frac{T_f}{T_{B,i}}\right)$$

$$= mC_v\left[\ln\left(\frac{T_f}{T_{A,i}}\right) + \ln\left(\frac{T_f}{T_{B,i}}\right)\right] = mC_v\left[\ln\left(\frac{T_f^2}{T_{A,i}\,T_{B,i}}\right)\right]$$

이다. 여기에서 $\Delta S_{total} = 0$ 인 가역과정에서 열기관의 일이 최대가 되고, 이때 A와 B의 최종 온도는 다음과 같다.

$$\frac{T_f^2}{T_{A,i}\,T_{B,i}}=1 \quad \therefore\ T_f=\sqrt{T_{A,i}\,T_{B,i}}=\sqrt{300(1200)}=600\,[\mathrm{K}]$$

(2) 열기관의 최대 일 W_{max}: 열역학 제1법칙으로부터

$$W_{max}=Q_H-Q_L=mC_v(T_{A,i}-T_f)-mC_v(T_f-T_{B,i})$$
$$=mC_v(T_{A,i}+T_{B,i}-2T_f)$$
$$=5(0.7)(1200+300-2\times600)=1050\,[\mathrm{kJ}]$$

연습문제 8

01. $D=8.5\mathrm{cm}$, $S=10\mathrm{cm}$, $Z=4$, 연소실 체적 $V_C=50\mathrm{cm}^3$

(1) 행정체적: $V_S=\frac{\pi}{4}D^2S=\frac{\pi}{4}\times8.5^2\times10=567.45\,[\mathrm{cm}^3]$

(2) 압축비: $r=1+\frac{V_S}{V_C}=1+\frac{567.45}{50}=12.35$

(3) 총배기량: $V=V_SZ=567.45\times4=2269.8\,[\mathrm{cm}^3]$

02. • 연소실 체적: $V_C=V_{max}-V_S=800-720=80\,[\mathrm{cm}^3]$

• 압축비: $r=\frac{V_{max}}{V_C}=\frac{800}{80}=10$

03. 압축비: $r=1+\frac{V_S}{V_C}=1+\frac{V_S}{0.08\,V_S}=13.5$

04. $W_{net}=P_{me}\times\frac{\pi}{4}D^2\times S=(150\times10^3)\times\frac{\pi}{4}\times0.07^2\times0.08\ [\mathrm{J}]=46.2\,[\mathrm{J}]$

05. 카르노 기관의 열효율 $\eta_c=\frac{W}{Q_H}=1-\frac{T_L}{T_H}$

$$\frac{200}{400}=1-\frac{17+273}{T_H} \quad \therefore\ T_H=580\mathrm{K}=307℃$$

06. $q_H=1200\,\mathrm{kJ/kg}$, $r_{vs}=10$, $k=1.4$

(1) 사이클의 열효율: $\eta_c=\frac{w}{q_H}=1-(r_{vs})^{1-k}=1-(10)^{1-1.4}=0.602$

(2) 출력 일: $w=\eta_c q_H=0.602\times1200=722.4\,[\mathrm{kJ/kg}]$

(3) 방열량: $q_L=q_H-w=1200-722.4=477.6\,[\mathrm{kJ/kg}]$

07\. (1) $T_2 = T_1 r^{k-1} = 290 \times 9^{1.4-1} = 698.4\,[\mathrm{K}]$

$$P_2 = P_1 r^k = 200 \times 9^{1.4} = 4334.8\,[\mathrm{kPa}]$$

$$q_{23} = C_v(T_3 - T_2) \quad \therefore \quad T_3 = T_2 + \frac{q_{23}}{C_v} = 698.4 + \frac{1000}{0.717} = 2093.1\,[\mathrm{K}]$$

$$P_3 = P_2 \times \frac{T_3}{T_2} = 4334.8 \times \frac{2093.1}{698.4} = 12{,}991\,[\mathrm{kPa}]$$

$$T_4 = T_3 r^{1-k} = 2093.1 \times 9^{1-1.4} = 869.1\,[\mathrm{K}]$$

$$P_4 = P_3 r^{-k} = 12{,}991 \times 9^{-1.4} = 599.4\,[\mathrm{kPa}]$$

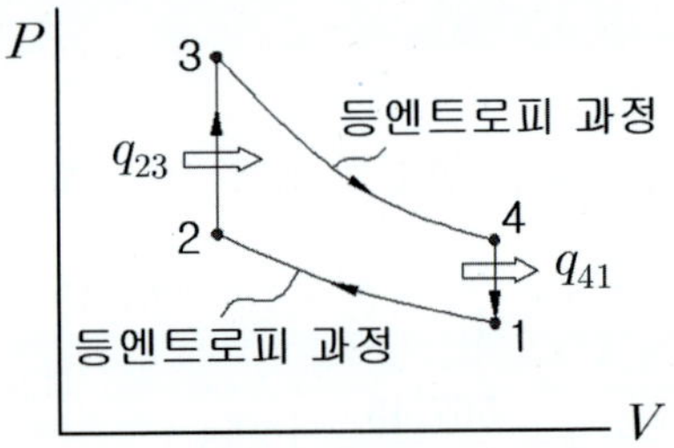

[문제 8.7] 오토사이클의 $P-V$ 선도

(2) $q_{41} = C_v(T_4 - T_1) = 0.717 \times (869.1 - 290) = 415.2\,[\mathrm{kJ/kg}]$

$$\therefore \ w_{net} = q_{23} - q_{41} = 1000 - 415.2 = 584.8\,[\mathrm{kJ/kg}]$$

(3) $\eta_{th} = 1 - \dfrac{1}{r^{k-1}} = 1 - \dfrac{1}{9^{1.4-1}} = 0.585$

(4) $v_1 = \dfrac{RT_1}{P_1} = \dfrac{0.287 \times 290}{200} = 0.416\,[\mathrm{m^3/kg}]$

$$v_2 = \frac{v_1}{r} = \frac{0.416}{9} = 0.0462\,[\mathrm{m^3/kg}]$$

$$\therefore \ \mathrm{MEP} = \frac{w_{net}}{v_1 - v_2} = \frac{584.8}{0.416 - 0.0462} = 1581.4\,[\mathrm{kPa}]$$

08\. $r = \dfrac{V_C + V_S}{V_C} = 1 + \dfrac{V_S}{V_C} = 1 + \dfrac{7V_C}{V_C} = 8;\ \eta_{th} = 1 - \dfrac{1}{r^{k-1}} = 1 - \dfrac{1}{8^{1.4-1}} = 0.565$

09\. 열효율 $\eta_{th} = 1 - \dfrac{1}{r^{k-1}}\left[\dfrac{r_c^k - 1}{k(r_c - 1)}\right] = 1 - \dfrac{1}{15^{1.4-1}} \times \left[\dfrac{2^{1.4} - 1}{1.4 \times (2-1)}\right]$

$$= 0.604 = 60.4\,[\%]$$

10. 그림의 선도에서 정압과정으로 흡수하는 열량 $q_{23} = 1200\,(\text{kJ/kg})$이고, 점 1에서의 온도와 압력은 각각 $T_1 = 300\text{K}$, $P_1 = 100\text{kPa}$이며, 압축비는 $r = V_1/V_2 = 15$이다.

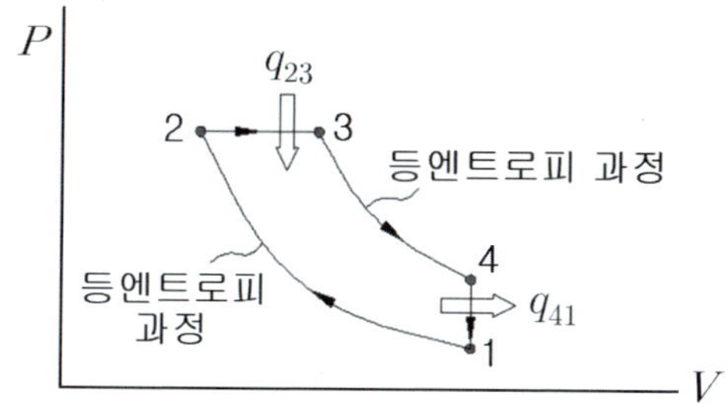

[문제 8.10] 디젤 사이클의 $P-V$ 선도

(1) • 1→2는 등엔트로피 과정($TV^{k-1} = C$, $PV^k = C$)

$$\frac{T_2}{T_1} = \left(\frac{V_1}{V_2}\right)^{k-1} = r^{k-1} \quad \therefore \quad T_2 = T_1 r^{k-1} = 300 \times 15^{1.4-1} = 886.3\,[\text{K}]$$

$$\frac{P_2}{P_1} = \left(\frac{V_1}{V_2}\right)^{k} = r^{k} \quad \therefore \quad P_2 = P_1 r^{k} = 100 \times 15^{1.4} = 4431.3\,[\text{kPa}]$$

• 2→3의 과정은 정압과정($V/T = C$)이고 $q_{23} = 1200\,[\text{kJ/kg}]$의 열량을 전달받는다.

$$q_{23} = C_p(T_3 - T_2) = kC_v(T_3 - T_2)$$

$$\therefore \quad T_3 = T_2 + \frac{q_{23}}{kC_v} = 886.3 + \frac{1200}{1.4 \times 0.717} = 2081.8\,[\text{K}]$$

$$P_3 = P_2 = 4431.3\,[\text{kPa}]$$

$$\frac{V_3}{T_3} = \frac{V_2}{T_2} \quad \therefore \quad V_3 = V_2 \times \frac{T_3}{T_2} = \frac{V_1}{15} \times \frac{2081.8}{886.3} = 0.157\,V_1$$

• 3→4는 등엔트로피 과정

$$T_4 = T_3\left(\frac{V_3}{V_4}\right)^{k-1} = T_3\left(\frac{V_3}{V_1}\right)^{k-1} = 2081.8 \times (0.157)^{1.4-1} = 992.7\,[\text{K}]$$

4→1은 정적과정이므로 $\dfrac{P_4}{T_4} = \dfrac{P_1}{T_1}$

$$\therefore \quad P_4 = P_1 \times \frac{T_4}{T_1} = 100 \times \frac{992.7}{300} = 330.9\,[\text{kPa}]$$

(2) 4→1의 과정에서 방출한 열량

$$q_{41} = C_v(T_4 - T_1) = 0.717 \times (992.7 - 300) = 496.7[\text{kJ/kg}]$$

이므로 사이클의 순 일(w_{net})은 다음과 같다.

$$w_{net} = q_{23} - q_{41} = 1200 - 496.7 = 703.3[\text{kJ/kg}]$$

(3) 사이클의 이론 열효율: $\eta_{th} = \dfrac{w_{net}}{q_{23}} = \dfrac{703.3}{1200} = 0.586$

(4) 이상기체 상태방정식에서 $v_1 = \dfrac{RT_1}{P_1} = \dfrac{0.287 \times 300}{100} = 0.861\ [\text{m}^3/\text{kg}]$

압축비 $r = \dfrac{V_1}{V_2} = \dfrac{V_1/m}{V_2/m} = \dfrac{v_1}{v_2}$ 에서 $v_2 = \dfrac{v_1}{r} = \dfrac{0.861}{15} = 0.0574[\text{m}^3/\text{kg}]$

$$\text{MEP} = \frac{w_{net}}{v_1 - v_2} = \frac{703.3}{0.861 - 0.0574} = 875.2\ [\text{kPa}]$$

11. $P-V$, $T-S$ 선도에서 최고온도 $T_3 = 2070\text{K}$, 최저 온도 $T_1 = 300\text{K}$, 최고 압력 $P_2 = P_3 = 4\text{MPa}$, 최저압력 $P_1 = 0.1\text{MPa}$

(1) 압축비(r): 1→2는 등엔트로피 과정

$$r = \frac{V_1}{V_2} = \left(\frac{P_2}{P_1}\right)^{\frac{1}{k}} = \left(\frac{4}{0.1}\right)^{\frac{1}{1.4}} = 13.94$$

(2) 단절비(r_c): 등엔트로피 과정 1→2로부터 T_2를 먼저 구한다.

$$T_2 = T_1\left(\frac{P_1}{P_2}\right)^{(1-k)/k} = 300 \times \left(\frac{0.1}{4}\right)^{(1-1.4)/1.4} = 860.7[\text{K}]$$

2→3은 정압과정 $r_c = \dfrac{V_3}{V_2} = \dfrac{T_3}{T_2} = \dfrac{2070}{860.7} = 2.41$

(3) 사이클의 이론 열효율(η_{th})

압축비 $r = 13.94$, 단절비 $r_c = 2.41$, 비열비 $k = 1.4$

$$\eta_{th} = 1 - \frac{1}{r^{k-1}}\left[\frac{r_c^k - 1}{k(r_c - 1)}\right] = 1 - \frac{1}{13.94^{1.4-1}} \times \left[\frac{2.41^{1.4} - 1}{1.4 \times (2.41 - 1)}\right]$$

$$= 0.572 = 57.2\ [\%]$$

(4) 사이클의 순 일: 2→3의 과정에서 전달된 열량

$$q_{23} = C_p(T_3 - T_2) = kC_v(T_3 - T_2)$$

$$= 1.4 \times 0.717 \times (2070 - 860.7)\ [\text{kJ/kg}] = 1213.9\ [\text{kJ/kg}]$$

이므로 순 일 $w_{net} = \eta_{th}\, q_{23} = 0.572 \times 1213.9 = 694.4\ [\text{kJ/kg}]$

(5) 평균유효압력(MEP)

$$\text{MEP} = \frac{w_{net}}{v_1 - v_2} = \frac{w_{net}}{v_2(v_1/v_2 - 1)} = \frac{P_2}{RT_2} \times \frac{w_{net}}{r-1}$$

$$= \frac{4000}{0.287 \times 860.7} \times \frac{694.4}{13.94 - 1}[\text{kPa}] = 869\,[\text{kPa}]$$

12. 그림의 선도에서 온도 $T_1 = 300\text{K}$, 압력 $P_1 = 0.1\text{MPa}$이고, 사이클로 전달된 열량 $q_{23} = 800\text{kJ/kg}$, $q_{34} = 400\text{kJ/kg}$이며, 압축비 $r = 15$이다.

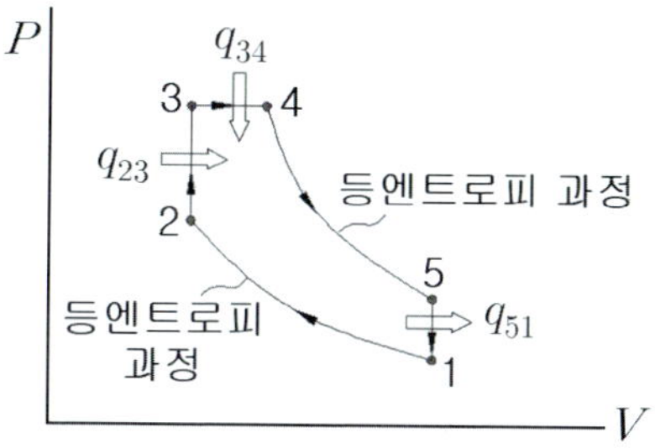

[문제 8.12] 사바테 사이클의 $P-V$ 선도

(1) $T_2 = T_1 r^{k-1} = 300 \times 15^{1.4-1} = 886.3\,[\text{K}]$

$$P_2 = P_1 r^k = 0.1 \times 15^{1.4} = 4.431\,[\text{MPa}]$$

$$T_3 = T_2 + \frac{q_{23}}{C_v} = 886.3 + \frac{800}{0.717} = 2002.1\,[\text{K}]$$

$$P_3 = P_2 \times \frac{T_3}{T_2} = 4.431 \times \frac{2002.1}{886.3} = 10.01\,[\text{MPa}]$$

$$P_4 = P_3 = 10.01\,[\text{MPa}]$$

$$T_4 = T_3 + \frac{q_{34}}{kC_v} = 2002.1 + \frac{400}{1.4 \times 0.717} = 2400.6\,[\text{K}]$$

차단비 $r_c = \dfrac{V_4}{V_3} = \dfrac{T_4}{T_3} = \dfrac{2400.6}{2002.1} = 1.199$

$$T_5 = T_4\left(\frac{V_4}{V_5}\right)^{k-1} = T_4\left(\frac{V_4}{V_3}\frac{V_3}{V_5}\right)^{k-1} = T_4\left(\frac{r_c}{r}\right)^{k-1}$$

$$= 2400.6 \times \left(\frac{1.199}{15}\right)^{1.4-1} = 873.8\,[\text{K}]$$

$$P_5 = P_1\left(\frac{T_5}{T_1}\right) = 0.1 \times \frac{873.8}{300} = 0.291\,[\text{MPa}]$$

(2) 5→1 과정에서 방출한 열량과 순 일

$$q_{51} = C_v(T_5 - T_1) = 0.717 \times (873.8 - 300) = 411.4[\mathrm{kJ/kg}]$$

$$\therefore\ w_{net} = (q_{23} + q_{34}) - q_{51} = (800 + 400) - 411.4 = 788.6[\mathrm{kJ/kg}]$$

(3) 사이클의 이론 열효율 $\eta_{th} = \dfrac{w_{net}}{q_{23} + q_{34}} = \dfrac{788.6}{800 + 400} = 0.657$

(4) $v_1 = \dfrac{RT_1}{P_1} = \dfrac{0.287 \times 300}{100} = 0.861\ [\mathrm{m^3/kg}]$

$$\mathrm{MEP} = \frac{w_{net}}{v_1 - v_2} = \frac{w_{net}}{v_1(1 - v_2/v_1)} = \frac{788.6}{0.861 \times (1 - 1/15)} = 981.3\ [\mathrm{kPa}]$$

13. 행정체적 $V_S = \dfrac{\pi}{4} D^2 S = \dfrac{\pi}{4} \times 9^2 \times 9 = 572.6\ [\mathrm{cm^3}]$

$$\therefore\ \text{압축비}\ r = \frac{V_C + V_S}{V_C} = 1 + \frac{V_S}{V_C} = 1 + \frac{572.6}{71.5} = 9$$

14. 이상적인 스털링 사이클의 선도는 다음 그림과 같다.

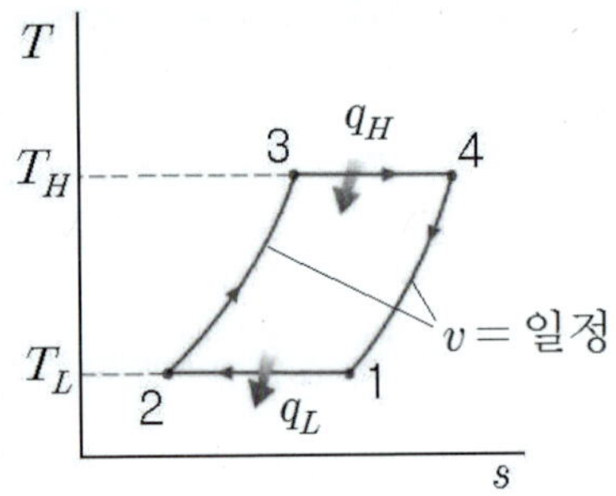

[문제 8.14] 이상적인 스털링 사이클의 $T-s$선도

이상적인 스털링 사이클에서는 2→3에서 공급받은 열량과 4→1에서 방출한 열량이 같으므로 사이클 전체에서 3→4에서 열량이 공급되고 1→2에서 열량이 방출된다. 온도가 일정한 과정 1→2, 3→4와 같은 가역등온과정에서 단위 질량당 열전달양은 다음과 같다.

$$q = T\Delta s$$

등온과정($dT = 0$)에서 이상기체의 엔트로피 변화를 구하면

$$Tds = du + Pdv = C_v dT + Pdv = Pdv$$

$$\therefore\ ds = \frac{P}{T} dv = \frac{R}{v} dv\quad (\leftarrow \text{이상기체에서 } pv = RT)$$

$$\int_i^f ds = R\int_i^f \frac{dv}{v} \qquad \therefore \; s_f - s_i = R\ln\frac{v_f}{v_i}$$

이고, 과정 3→4와 1→2에서 공급된 열량과 방출된 열량은 다음과 같다.

$$q_H = T_H(s_4 - s_3) = RT_H\ln\frac{v_4}{v_3}, \quad q_L = T_L(s_1 - s_2) = RT_L\ln\frac{v_1}{v_2}$$

스털링 사이클에서 $v_1 = v_4$, $v_2 = v_3$이므로 $\frac{v_1}{v_2} = \frac{v_4}{v_3}$이다.

$$\eta_{th} = 1 - \frac{q_L}{q_H} = 1 - \frac{RT_L\ln(v_1/v_2)}{RT_H\ln(v_4/v_3)} = 1 - \frac{T_L}{T_H}$$

15. 이상적인 스털링 사이클의 선도는 그림과 같다.

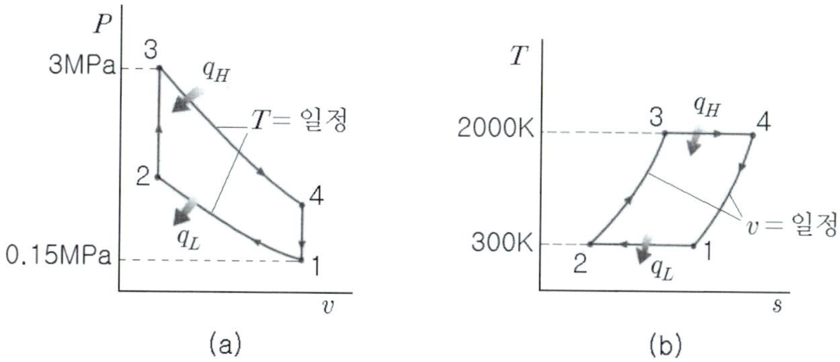

[문제 8.15] 이상적인 스털링 사이클의 $P-v$ 선도(a)와 $T-s$선도(b)

• 선도에서 $T_1 = T_2 = 300\text{K}$, $T_3 = T_4 = 2000\text{K}$

$P_1 = 0.15\text{MPa}$, $P_3 = 3\text{MPa}$

$T_L = 300\text{K}$, $T_H = 2000\text{K}$

(1) $s_4 - s_3 = R\ln\frac{v_4}{v_3} = R\ln\frac{v_1}{v_3} \quad (\leftarrow v_4 = v_1)$

$$q_H = T_H(s_4 - s_3) = T_H \times \left(R\ln\frac{v_4}{v_3}\right)$$

$$\frac{v_1}{v_3} = \frac{RT_1/P_1}{RT_3/P_3} = \frac{T_1}{T_3} \times \frac{P_3}{P_1} = \frac{300}{2000} \times \frac{3}{0.15} = 3$$

$$\therefore \; q_H = RT_H\ln\frac{v_1}{v_3} = 2.077 \times 2000 \times \ln 3 = 4563.6 \; [\text{kJ/kg}]$$

(2) $q_L = T_L(s_1 - s_2) = T_L \times \left(R\ln\frac{v_1}{v_2}\right) = RT_L \ln\frac{v_1}{v_3} \quad (\leftarrow v_2 = v_3)$

$= 2.077 \times 300 \times \ln 3 = 684.5\ [\text{kJ/kg}]$

(3) $w_{net} = q_H - q_L = 4563.6 - 684.5 = 3879.1\ [\text{kJ/kg}]$

(4) $\eta_{th} = \frac{w_{net}}{q_H} = \frac{3879.1}{4563.6} = 0.850 = 85.0\ [\%]$

또는, $\eta_{th} = 1 - \frac{T_L}{T_H} = 1 - \frac{300}{2000} = 0.85 = 85\ [\%]$ (OK)

16. 이상적인 에릭슨 사이클의 선도는 그림과 같다.

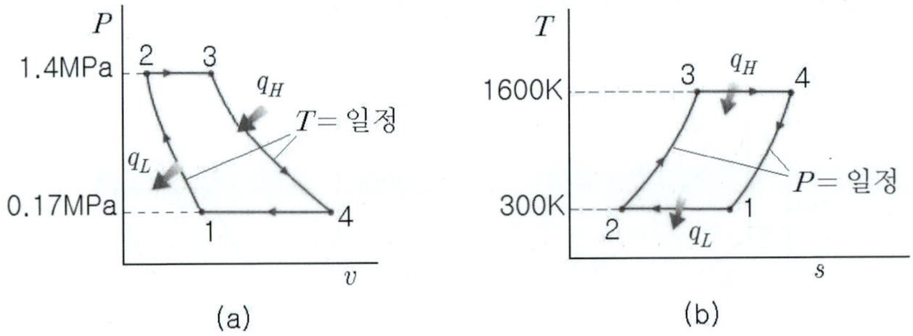

[문제 8.16] 이상적인 에릭슨 사이클의 $P-v$ 선도(a)와 $T-s$선도(b)

- 선도에서 $T_1 = T_2 = 300\text{K}$, $T_3 = T_4 = 1600\text{K}$

$P_1 = P_4 = 0.17\text{MPa}$, $P_2 = P_3 = 1.4\text{MPa}$

$T_L = 300\text{K}$, $T_H = 1600\text{K}$

- 질량유량 $\dot{m} = 0.5\,\text{kg/s}$

(1) $s_4 - s_3 = -R\ln\frac{P_4}{P_3} = R\ln\frac{P_3}{P_4}$

$q_H = T_H(s_4 - s_3) = RT_H \ln\frac{P_3}{P_4}$

$= 2.077 \times 1600 \times \ln\left(\frac{1.4}{0.17}\right) = 7006.7\ [\text{kJ/kg}]$

$\therefore\ \dot{Q}_H = \dot{m}\,q_H = 0.5 \times 7006.7 = 3503.4\ [\text{kW}]$

(2) $q_L = T_L(s_1 - s_2) = RT_L \ln\left(\frac{P_2}{P_1}\right) = 2.077 \times 300 \times \ln\left(\frac{1.4}{0.17}\right) = 1313.8\ [\text{kJ/kg}]$

$$\therefore\ \dot{Q}_L = \dot{m}\,q_L = 0.5 \times 1313.8 = 656.9\ [\mathrm{kW}]$$

(3) $\dot{W}_{net} = \dot{Q}_H - \dot{Q}_L = 3503.4 - 656.9 = 2846.5\ [\mathrm{kW}]$

(4) $\eta_{th} = \dfrac{\dot{W}_{net}}{\dot{Q}_H} = \dfrac{2846.5}{3503.4} = 0.8125 = 81.25\ [\%]$

또는, $\eta_{th} = 1 - \dfrac{T_L}{T_H} = 1 - \dfrac{300}{1600} = 0.8125 = 81.25\ [\%]$ (OK)

17. 주어진 사이클의 $P-v$ 선도와 $T-s$ 선도는 다음과 같다.

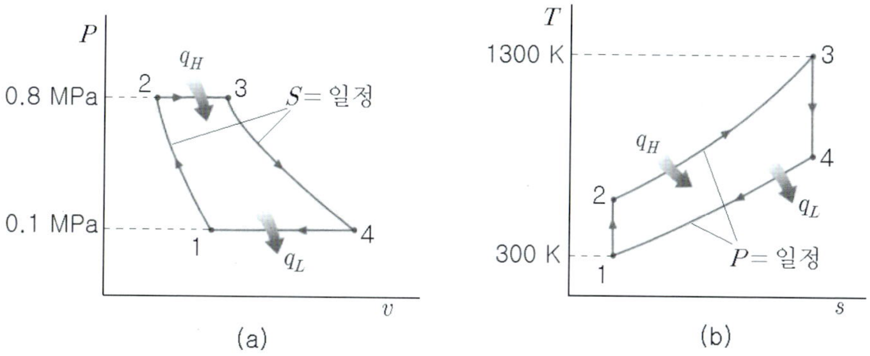

[문제 8.17] 브레이턴 사이클의 $P-v$ 선도(a)와 $T-s$ 선도(b).

• 선도에서 주어진 압력과 온도 및 압력비는 다음과 같다.

$$P_1 = P_4 = 0.1\mathrm{MPa},\ P_2 = P_3 = 0.8\mathrm{MPa}$$
$$T_1 = 300\mathrm{K},\ T_3 = 1300\mathrm{K}$$
$$r_p = P_2/P_1 = 8$$

(1) $T_2 = T_1 r_p^{(k-1)/k} = 300 \times (8)^{(1.4-1)/1.4} = 543.4\ [\mathrm{K}]$

$T_4 = T_3 r_p^{-(k-1)/k} = 1300 \times (8)^{-(1.4-1)/1.4} = 717.7\ [\mathrm{K}]$

(2) $w_c = C_p(T_2 - T_1) = 1.0035 \times (543.4 - 300) = 244.3\ [\mathrm{kJ/kg}]$

$w_t = C_p(T_3 - T_4) = 1.0035 \times (1300 - 717.7) = 584.3\ [\mathrm{kJ/kg}]$

(3) $w_{net} = w_t - w_c = 584.3 - 244.3 = 340.0\ [\mathrm{kJ/kg}]$

(4) $q_H = C_p(T_3 - T_2) = 1.0035 \times (1300 - 543.4) = 759.2\ [\mathrm{kJ/kg}]$

$q_L = C_p(T_4 - T_1) = 1.0035 \times (717.7 - 300) = 419.2\ [\mathrm{kJ/kg}]$

(5) $\eta_{th} = 1 - \dfrac{T_1}{T_2} = 1 - \dfrac{300}{543.4} = 0.448 = 44.8\ [\%]$

또는, $\eta_{th} = 1 - \dfrac{1}{r_p^{(k-1)/k}} = 1 - \dfrac{1}{(8)^{(1.4-1)/1.4}} = 0.448 = 44.8\,[\%]$

$$\eta_{th} = \frac{w_{net}}{q_H} = \frac{340.0}{759.2} = 0.448 = 44.8\,[\%]\ \ (\mathrm{OK})$$

18. (1) 피스톤 지름 $D = 9\mathrm{cm}$, 행정 $S = 10\mathrm{cm}$, 실린더 수 $Z = 4$이다.

- 총배기량 $V = V_S Z = \dfrac{\pi}{4} D^2 S Z = \dfrac{3}{4} \times 9^2 \times 10 \times 4 = 2430\,[\mathrm{cm}^3]$

(2) 연소실 체적 $V_C = 31\mathrm{cm}^3$이다.

- 압축비 $\epsilon = 1 + \dfrac{V_S}{V_C} = 1 + \dfrac{\pi}{4} D^2 S \times \dfrac{1}{V_C} = 1 + \dfrac{3}{4} \times 9^2 \times 10 \times \dfrac{1}{31} = 20.6$

19. [정답: ①] 20. [정답: ④] 21. [정답: ①]

22. [정답: ④] 23. [정답: ③] 24. [정답: ②]

25. [정답: ②] $P_1 V_1^k = P_2 V_2^k$; $r = \dfrac{V_1}{V_2} = \left(\dfrac{P_2}{P_1}\right)^{\frac{1}{k}} = \left(\dfrac{1600}{200}\right)^{\frac{1}{1.4}} = 4.42$

26. [정답: ②] $\eta = 1 - r^{1-k}$에서 $r^{1-k} = 1 - \eta$

$$\therefore\ \ r = (1-\eta)^{\frac{1}{1-k}} = (1-0.541)^{\frac{1}{1-1.4}} = 7.0$$

27. [정답 ④] $T_2 = T_1 \left(\dfrac{V_1}{V_2}\right)^{k-1} = (273+90)(16)^{1.4-1} = 1100[\mathrm{K}] = 827[℃]$

28. [정답: ③] 압축비 $r = 1 + \dfrac{V_S}{V_C} = 1 + \dfrac{V_S}{0.1\,V_S} = 1 + \dfrac{1}{0.1} = 11$

열효율 $\eta = 1 - r^{1-k} = 1 - (11)^{1-0.4} = 0.617 = 62\,[\%]$

29. [정답: ④] $W_{net} = P_{me} V_S = P_{me}(AS) = P_{me} \times \dfrac{\pi}{4} D^2 S$

$$= (2 \times 10^5) \times \frac{\pi}{4}(0.08)^2(0.1) = 100.5[\mathrm{J}]$$

30. [정답: ①] 주어진 도표는 오토 사이클이다. 과정 A에서 기체를 압축한다.

31. [정답: ②] 압축비가 감소한다.

32. [정답: ①] 33. [정답: ③] 34. [정답: ③]

35. [정답: ③] $W_{net} = P_{me} V_S = P_{me} \times \dfrac{\pi D^2 S}{4}$

36. [정답: ②] $w_t = h_i - h_o = C_p(T_i - T_o)$; $\eta_t = \dfrac{C_p(630 - T_o)}{C_p(630-290)} = 0.8$

37. [정답: ④]

$$\eta_{th} = 1 - \frac{1}{r^{k-1}}\left[\frac{r_c^k - 1}{k(r_c - 1)}\right] = 1 - \frac{1}{16^{1.4-1}} \times \left[\frac{1.8^{1.4} - 1}{1.4(1.8-1)}\right] = 0.624$$

38. [정답: ④] $\eta_{th} = 1 - \frac{1}{r^{k-1}}\left[\frac{r_p r_c^k - 1}{(r_p - 1) + k r_p (r_c - 1)}\right]$

$$= 1 - \frac{1}{16^{1.4-1}}\left[\frac{2.3(1.6)^{1.4} - 1}{(2.3-1) + 1.4(2.3)(1.6-1)}\right] = 0.6488$$

39. [정답: ②] $\eta_{th} = \frac{w_{net}}{q_H} = \frac{w_t - w_c}{q_H} = \frac{406 - 175}{627} = 0.37$

40. [정답: ④] $\eta_{th} = 1 - \frac{1}{r_p^{(k-1)/k}} = 1 - \frac{1}{9^{(1.4-1)/1.4}} = 0.466$

41. [정답: ③] $r_p = \frac{500}{100} = 5$; $\eta = 1 - \frac{1}{r_p^{(k-1)/k}} = 1 - \frac{1}{5^{(1.4-1)/1.4}} = 0.369$

42. [정답: ③] $\eta_{th} = 1 - \frac{T_4}{T_1} = 1 - \frac{383}{561} = 0.317 = 1 - \frac{T_3}{T_2} = 1 - \frac{690}{1010} = 0.317$

43. [정답: ①] $w_t = C_p(T_3 - T_4) = 1.0035(1100 - 694.5) = 406.9\,[\text{kJ/kg}]$

44. [정답: ④] $r = 1 + \frac{V_S}{V_C} = 1 + \frac{V_S}{0.15\,V_S} = 7.67$; $\eta_{th} = 1 - r^{1-k} = 0.557$

45. [정답: ①] $\eta = 1 - \frac{\text{정적방열 } \Delta T}{\text{정적가열 } \Delta T} = 1 - \frac{T_C - T_D}{T_B - T_A}$

46. [정답: ③] $\eta = 1 - r^{1-k} \rightarrow r^{1-k} = 1 - \eta$

$$\therefore\ r = (1-\eta)^{1/(1-k)} = (1-0.55)^{1/(1-1.4)} = 7.36$$

47. (1) 공급 열량 $Q_H = 0.5\text{kcal}$, 일 $W = 630\text{J}$

$$\eta = \frac{W}{Q_H} = \frac{630}{0.5 \times 4200} = 0.3$$

(2) $Q_L = Q_H - W = (0.5 \times 4200) - 630 = 1470[\text{J}]$

(3) $P = \frac{W_{total}}{t} = \frac{1200 \times 630\text{J}}{60\text{s}} = 12{,}600[\text{W}] = 12.6[\text{kW}]$

48. 직선 $1-2$와 $4-3$이 모두 원점을 지나므로 압력 $P = aT$(기울기 a는 상수)의 관계식이 성립한다. 따라서 이상기체 상태방정식 $PV = mRT$에서 압력과 온도가 비례하므로 과정 1→2와 3→4는 모두 부피(V)가 일정한 정적과정이다. 상태방정식으로부터 점 1과 3에서 부피는 각각

$$V_1 = \frac{mRT_1}{P_1} = \frac{20(0.3)(300)}{200} = 9[\mathrm{m}^3]$$

$$V_3 = \frac{mRT_3}{P_3} = \frac{20(0.3)(1800)}{400} = 27[\mathrm{m}^3]$$

이고, 주어진 과정을 $P-V$ 선도로 나타내면 그림과 같다.

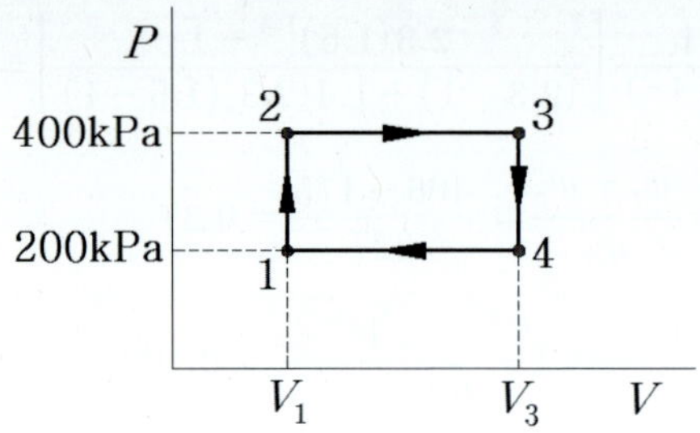

[연습문제 8.48]

$P-V$ 선도에서 사이클 당 발생 일은 사각형 1-2-3-4-1의 면적이다.

$$W = (P_2 - P_1)(V_3 - V_1) = (400-200)\times(27-9) = 3600[\mathrm{kJ}]$$

연습문제 9

01. (1) 펌프 일: $w_p = h_2 - h_1 = 194.9 - 191.8 = 3.1[\mathrm{kJ/kg}]$

(2) 보일러 가열량: $q_B = h_3 - h_2 = 3116.1 - 194.9 = 2921.2\,[\mathrm{kJ/kg}]$

(3) 터빈 일: $w_t = h_3 - h_4 = 3116.1 - 2136.2 = 979.9\,[\mathrm{kJ/kg}]$

(4) 응축기 방열량: $q_c = h_4 - h_1 = 2136.2 - 191.8 = 1944.4\,[\mathrm{kJ/kg}]$

(5) 순 일: $w_{net} = w_t - w_p = 979.9 - 3.1 = 976.8[\mathrm{kJ/kg}]$

(6) 열효율: $\eta_R = \frac{w_{net}}{q_B} = \frac{976.8}{2921.2} = 0.334 = 33.4\,[\%]$

02. $w_t = h_{터빈\ 입구} - h_{터빈\ 출구} = 3682.8 - 2380.3 = 1302.5\,[\mathrm{kJ/kg}]$

$$\eta_R = \frac{w_t}{q_B} = \frac{w_t}{h_{터빈\ 입구} - h_{보일러\ 입구}} = \frac{1302.5}{3682.8 - 194.8} = 0.373 = 37.3\,[\%]$$

03. $w_{net} = q_B - q_c = 3376.2 - 1923.5 = 1452.7\,[\mathrm{kJ/kg}]$

$$\eta_R = 1 - \frac{q_c}{q_B} = 1 - \frac{1923.5}{3376.2} = 0.43 = 43\,[\%]$$

04. $w_p = v(P_2 - P_1) = 0.001036 \times (3000 - 70) = 3.035\,[\text{kJ/kg}]$

05. $h_1 = 384.4\text{kJ/kg},\ h_2 = 387.5\text{kJ/kg},\ h_3 = 3116.1\text{kJ/kg},\ h_4 = 2403.1\text{kJ/kg}$

$$\therefore\ \eta_R = 1 - \frac{h_4 - h_1}{h_3 - h_2} = 1 - \frac{2403.1 - 384.4}{3116.1 - 387.5} = 0.26 = 26\,[\%]$$

06. • 압력 기준 표 [A.3]으로부터 $P_1 = 10\text{kPa} = 0.01\text{MPa}$에서

$v_1 = 0.001010\,\text{m}^3/\text{kg}$,

$h_1 = h_f = 191.81\text{kJ/kg},\ h_{fg} = 2392.1\,\text{kJ/kg}$

$s_f = 0.6492\,\text{kJ/kg}\cdot\text{K},\ s_g = 8.1489\,\text{kJ/kg}\cdot\text{K}$

• $P_2 = 2\,\text{MPa}$(포화증기)에서

$h_3 = h_g = 2798.4\text{kJ/kg},\ s_3 = s_g = 6.3392\,\text{kJ/kg}\cdot\text{K}$

(1) 펌프 일: $w_p = v_1(P_2 - P_1) = 0.00101 \times (2000 - 10) = 2.01\,[\text{kJ/kg}]$

(2) 보일러 가열량(q_B): $h_2 = w_p + h_1 = 2.01 + 191.81 = 193.82\,[\text{kJ/kg}]$

$\therefore\ q_B = h_3 - h_2 = 2798.4 - 193.82 = 2604.58\,[\text{kJ/kg}]$

(3) 터빈 일(w_t): $x_4 = \dfrac{s_3 - s_f}{s_{fg}} = \dfrac{6.3392 - 0.6492}{8.1489 - 0.6492} = 0.7587$

$\therefore\ h_4 = h_f + x_4 h_{fg} = 191.81 + 0.7587 \times 2392.1 = 2006.7\,[\text{kJ/kg}]$

$\therefore\ w_t = h_3 - h_4 = 2798.4 - 2006.7 = 791.7\,[\text{kJ/kg}]$

(4) 응축기 방열량: $q_c = h_4 - h_1 = 2006.7 - 191.81 = 1814.9\,[\text{kJ/kg}]$

(5) 순 일: $w_{net} = w_t - w_p = 791.7 - 2.01 = 789.69\,[\text{kJ/kg}]$

혹은, $w_{net} = q_B - q_c = 2604.58 - 1814.9 = 789.68\,[\text{kJ/kg}]$

(6) 열효율: $\eta_R = \dfrac{w_{net}}{q_B} = \dfrac{789.69}{2604.58} = 0.303 = 30.3\,[\%]$

(7) 증기원동기 순 총 출력 $\dot{W}_{net} = 50\text{MW} = 50 \times 10^3\text{kW}$이다.

• 질량 유량: $\dot{m} = \dfrac{\dot{W}_{net}}{w_{net}} = \dfrac{50 \times 10^3}{789.69} = 63.32\,[\text{kg/s}]$

• 응축기 총 방열량: $\dot{Q}_c = \dot{m}q_c = 63.32(1814.9) = 114{,}920\,[\text{kW}]$

07. $\eta_R = 1 - \dfrac{h_4 - h_1}{h_3 - h_2} = 1 - \dfrac{2177 - 226}{3168 - 229} = 0.336 = 33.6\,[\%]$

08. 이상적인 랭킨 사이클은 2개의 정압과정으로 구성된다. $T-s$ 선도를 보면 높은 압력 $P_2=4\text{MPa}$, 낮은 압력 $P_1=15\text{kPa}$임을 알 수 있다.

$$\therefore\ w_p=v(P_2-P_1)=0.001\times(4000-15)=3.985\ [\text{kJ/kg}]$$

09. $h_2=340\text{kJ/kg}$, $h_3=3250\text{kJ/kg}$, $h_4=2480\text{kJ/kg}$

$$\therefore\ \eta_R=\frac{h_3-h_4}{h_3-h_2}=\frac{3250-2480}{3250-340}=0.265=26.5\ [\%]$$

10. • 압력 기준 표 [A.3]으로부터 $P_1=80\text{kPa}=0.08\text{MPa}$에서 상태량

$v_1=0.001039\,\text{m}^3/\text{kg}$

$h_1=h_f=391.64\text{kJ/kg}$, $h_{fg}=2273.6\text{kJ/kg}$

$s_f=1.2328\text{kJ/kg}\cdot\text{K}$, $s_g=7.4339\text{kJ/kg}\cdot\text{K}$

• 과열증기표 [A.4]에서 $P_2=P_3=3\text{MPa}$, $T_3=350℃$ 일 때

$h_3=3116.1\text{kJ/kg}$, $s_3=6.7449\text{kJ/kg}\cdot\text{K}$

(1) 펌프 일: $w_p=v_1(P_2-P_1)=0.001039\times(3000-80)=3.03\ [\text{kJ/kg}]$

(2) 보일러 가열량(q_B): $h_2=w_p+h_1=3.03+391.64=394.67\ [\text{kJ/kg}]$

$$\therefore\ q_B=h_3-h_2=3116.1-394.67=2721.43\ [\text{kJ/kg}]$$

(3) 터빈 일(w_t): $x_4=\dfrac{s_3-s_f}{s_{fg}}=\dfrac{6.7449-1.2328}{7.4339-1.2328}=0.8889$

$$\therefore\ h_4=h_f+x_4h_{fg}=391.64+0.8889\times2273.6=2412.6\ [\text{kJ/kg}]$$

$$\therefore\ w_t=h_3-h_4=3116.1-2412.6=703.5\ [\text{kJ/kg}]$$

(4) 응축기 방열량: $q_c=h_4-h_1=2412.6-391.64=2020.96\ [\text{kJ/kg}]$

(5) 순 일: $w_{net}=w_t-w_p=703.5-3.03=700.47\ [\text{kJ/kg}]$

혹은, $w_{net}=q_B-q_c=2721.43-2020.96=700.47\ [\text{kJ/kg}]$

(6) 열효율: $\eta_R=\dfrac{w_{net}}{q_B}=\dfrac{700.47}{2721.43}=0.257=25.7\ [\%]$

11. 에너지 보존법칙: $q_B+w_p=q_c+w_t$; $1\text{PS}=736\text{W}$

$$\dot{Q}_c=\dot{Q}_B+\dot{W}_p-\dot{W}_t=60+(100\times736)\times10^{-6}-20=40.0736\ [\text{MJ/s}]$$

12. $T_1=80℃$, $T_3=500℃$, $P_2=P_3=2\text{MPa}$

• [표 A.4] 점 3(2MPa, 500℃): $h_3=3468.1\text{kJ/kg}$, $s_3=7.4335\text{kJ/kg}\cdot\text{K}$

• [표 A.2] $T_1=80℃$: $h_1=h_f=334.95\text{kJ/kg}$, $h_{fg}=2308.1\text{kJ/kg}$

$s_f=1.0754\text{kJ/kg}\cdot\text{K}$, $s_g=7.6110\text{kJ/kg}\cdot\text{K}$

• 점 4: $s_4 = s_3 = 7.4335 = 1.0754 + x_4(7.6110 - 1.0754)$

$\therefore\ x_4 = 0.9728,\ h_4 = 334.95 + 0.9728 \times 2308.1 = 2580.3\,[\text{kJ/kg}]$

• 펌프 일을 무시하면 $h_2 = h_1 = 334.95\,\text{kJ/kg}$

$$\therefore\ \eta_R = \frac{h_3 - h_4}{h_3 - h_2} = \frac{3468.1 - 2580.3}{3468.1 - 334.95} = 0.283 = 28.3\,[\%]$$

13. 주어진 그림으로부터 $P_1 = 20\text{kPa}$, $P_2 = P_3 = 6\,\text{MPa}$, $T_3 = 600℃$ 이고, 사이클의 $T-s$ 선도는 그림과 같다. 실제 사이클은 1→2→3→4a→1이다.

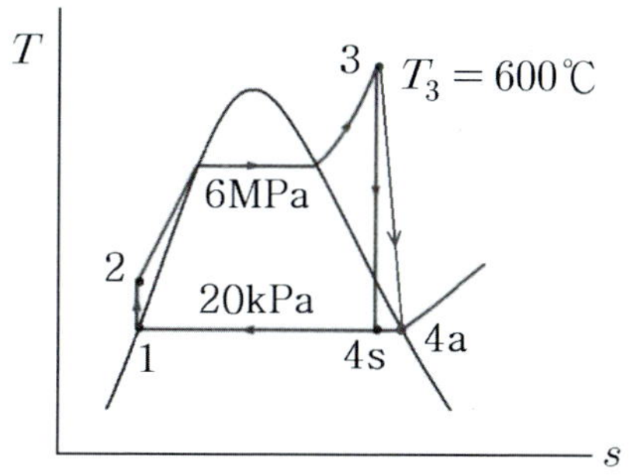

[문제 9.13]

• 압력 기준 표 [A.3]에서 $P_1 = 20\text{kPa} = 0.02\text{MPa}$일 때

$v_1 = v_f = 0.001017\,\text{m}^3/\text{kg}$

$h_1 = h_f = 251.4\text{kJ/kg},\ h_{fg} = 2357.5\,\text{kJ/kg},\ h_g = 2608.9\text{kJ/kg}$

$s_f = 0.8320\,\text{kJ/kg} \cdot \text{K},\ s_g = 7.9072\,\text{kJ/kg} \cdot \text{K}$

• 응축기 입구에서의 건도 $x = 1$이므로 점 4a는 포화증기선 상에 있다.

$h_{4a} = h_g = 2608.9\text{kJ/kg}$

• 과열증기표 [A.4]에서 $P_3 = 6\,\text{MPa}$, $T_3 = 600℃$ 일 때

$h_3 = 3658.8\text{kJ/kg},\quad s_3 = 7.1692\,\text{kJ/kg} \cdot \text{K}$

(1) 펌프 일: $w_p = v_1(P_2 - P_1) = 0.001017 \times (6000 - 20) = 6.08\,[\text{kJ/kg}]$

(2) 터빈 일: $w_t = h_3 - h_{4a} = 3658.8 - 2608.9 = 1049.9\,[\text{kJ/kg}]$

(3) 보일러 가열량(q_B): $h_2 = w_p + h_1 = 6.08 + 251.4 = 257.48\,[\text{kJ/kg}]$

$q_B = h_3 - h_2 = 3658.8 - 257.48 = 3401.32\,[\text{kJ/kg}]$

(4) 응축기 방열량(q_c): $q_c = h_{4a} - h_1 = 2608.9 - 251.4 = 2357.5\,[\text{kJ/kg}]$

(5) 순 일: $w_{net} = w_t - w_p = 1049.9 - 6.08 = 1043.82\,[\text{kJ/kg}]$

혹은, $w_{net} = q_B - q_c = 3401.32 - 2357.5 = 1043.82\,[\text{kJ/kg}]$

(6) 터빈효율(η_t): $s_{4s} = s_3 = 7.1692\,\text{kJ/kg}\cdot\text{K}$

$$x_{4s} = \frac{s_{4s} - s_f}{s_{fg}} = \frac{7.1692 - 0.8320}{7.9072 - 0.8320} = 0.8957$$

$$\therefore\ h_{4s} = h_f + x_{4s}h_{fg} = 251.4 + 0.8957 \times 2357.5 = 2363.0\,[\text{kJ/kg}]$$

$$\eta_t = \frac{w_t}{h_3 - h_{4s}} = \frac{1049.9}{3658.8 - 2363.0} = 0.81 = 81\,[\%]$$

14. • 표 [A.3]에서 $P_1 = 10\text{kPa} = 0.01\,\text{MPa}$일 때

$$v_1 = v_f = 0.001010\,\text{m}^3/\text{kg}$$

$$h_1 = h_f = 191.81\text{kJ/kg},\ h_{fg} = 2392.1\,\text{kJ/kg}$$

$$s_f = 0.6492\,[\text{kJ/kg}\cdot\text{K}],\ s_g = 8.1489\,[\text{kJ/kg}\cdot\text{K}]$$

• 과열증기표 [A.4]에서 $P_3 = 5\,\text{MPa}$, $T_3 = 400℃$ 일 때

$$h_3 = 3196.6\text{kJ/kg},\ s_3 = 6.6481\,\text{kJ/kg}\cdot\text{K}$$

(1) 펌프 일(w_p): 펌프 효율 $\eta_p = 0.85$. $P_2 = P_3 = 5\text{MPa} = 5{,}000\text{kPa}$

$$w_p = v_1(P_2 - P_1) \times \frac{1}{\eta_p} = 0.00101 \times (5000 - 10) \times \frac{1}{0.85} = 5.93\,[\text{kJ/kg}]$$

(2) 보일러 가열량(q_B): $h_{2a} = w_p + h_1 = 5.93 + 191.81 = 197.74\,[\text{kJ/kg}]$

$$\therefore\ q_B = h_3 - h_{2a} = 3196.6 - 197.74 = 2998.86\,[\text{kJ/kg}]$$

(3) 터빈 일(w_t): 터빈 효율 $\eta_t = 0.85$, $s_{4s} = s_3 = 6.6481\,\text{kJ/kg}\cdot\text{K}$

$$x_{4s} = \frac{s_{4s} - s_f}{s_{fg}} = \frac{6.6481 - 0.6492}{8.1489 - 0.6492} = 0.8$$

$$\therefore\ h_{4s} = h_f + x_{4s}h_{fg} = 191.81 + 0.8 \times 2392.1 = 2105.5\,[\text{kJ/kg}]$$

$$\therefore\ w_t = (h_3 - h_{4s})\eta_t = (3196.6 - 2105.5)(0.85) = 927.44\,[\text{kJ/kg}]$$

(4) 응축기 방열량(q_c): 터빈 효율 $\eta_t = \dfrac{w_{t,a}}{w_{t,s}} = \dfrac{h_3 - h_{4a}}{h_3 - h_{4s}}$ 로부터

$$h_{4a} = h_3 - \eta_t(h_3 - h_{4s}) = 3196.6 - 0.85(3196.6 - 2105.5)\,[\text{kJ/kg}]$$
$$= 2269.2\,[\text{kJ/kg}]$$

$$\therefore\ q_c = h_{4a} - h_1 = 2269.2 - 191.81 = 2077.4\,[\text{kJ/kg}]$$

(5) 순 일: $w_{net} = w_t - w_p = 927.44 - 5.93 = 921.51\,[\text{kJ/kg}]$

(6) 열효율: $\eta_R = \dfrac{w_{net}}{q_B} = \dfrac{921.51}{2998.86} = 0.307 = 30.7\,[\%]$

(7) 터빈 총 출력 $\dot{W}_t = 40\text{MW} = 400 \times 10^3\text{kW}$

• 수증기 질량 유량: $\dot{m} = \dfrac{\dot{W}_t}{w_t} = \dfrac{40 \times 10^3}{927.44} = 43.13\,[\text{kg/s}]$

• 응축기 총 방열량: $\dot{Q}_c = \dot{m}q_c = 43.13(2077.4) = 89{,}598\,[\text{kW}]$

15. 앞 문제 (14번)과 풀이 과정이 같다. $T-s$ 선도를 그린 후 문제를 푼다.

• 표 [A.3]에서 $P_1 = 50\text{kPa} = 0.05\text{MPa}$일 때

$$v_1 = v_f = 0.00103\,\text{m}^3/\text{kg}$$

$$h_1 = h_f = 340.48\text{kJ/kg},\ h_{fg} = 2304.7\,[\text{kJ/kg}]$$

$$s_f = 1.091\,[\text{kJ/kg} \cdot \text{K}],\ s_g = 7.593\,[\text{kJ/kg} \cdot \text{K}]$$

• 과열증기표 [A.4]에서 $P_3 = 3\text{MPa}$, $T_3 = 400℃$ 일 때

$$h_3 = 3231.6\text{kJ/kg},\ s_3 = 6.9233\text{kJ/kg} \cdot \text{K}$$

(1) 펌프 일: $w_p = v_1(P_2 - P_1) = 0.00103 \times (3{,}000 - 50) = 3.04\,[\text{kJ/kg}]$

(2) 보일러 가열량: $h_2 = w_p + h_1 = 3.04 + 340.48 = 343.52\,[\text{kJ/kg}]$

$$q_B = h_3 - h_2 = 3231.6 - 343.52 = 2888.1\,[\text{kJ/kg}]$$

(3) 터빈 일(w_t): $x_{4s} = \dfrac{s_{4s} - s_f}{s_{fg}} = \dfrac{6.9233 - 1.091}{7.593 - 1.091} = 0.897$

$$h_{4s} = h_f + x_{4s}h_{fg} = 340.48 + 0.897(2304.7) = 2407.8\,[\text{kJ/kg}]$$

$$w_t = (h_3 - h_{4s})\eta_t = (3231.6 - 2407.8)(0.8) = 659.04\,[\text{kJ/kg}]$$

(4) 응축기 방열량(q_c): $h_{4a} = h_3 - \eta_t(h_3 - h_{4s}) = 2572.56\,[\text{kJ/kg}]$

$$q_c = h_{4a} - h_1 = 2572.56 - 340.48 = 2232.1\,[\text{kJ/kg}]$$

(5) 순 일: $w_{net} = w_t - w_p = 659.04 - 3.04 = 656\,[\text{kJ/kg}]$

(6) 열효율: $\eta_R = \dfrac{w_{net}}{q_B} = \dfrac{656}{2881.1} = 0.2277 = 22.77\,[\%]$

(7) • 수증기의 질량유량: $\dot{m} = \dfrac{\dot{W}_{net}}{w_{net}} = \dfrac{10 \times 10^3}{656} = 15.24\,[\text{kg/s}]$

• 응축기 총 방열량: $\dot{Q}_c = \dot{m}q_c = 15.24(2232.1) = 34{,}017\,[\text{kW}]$

16. 사이클의 $T-s$ 선도와 압력 20kPa, 400kPa에서의 상태량은 다음과 같다.

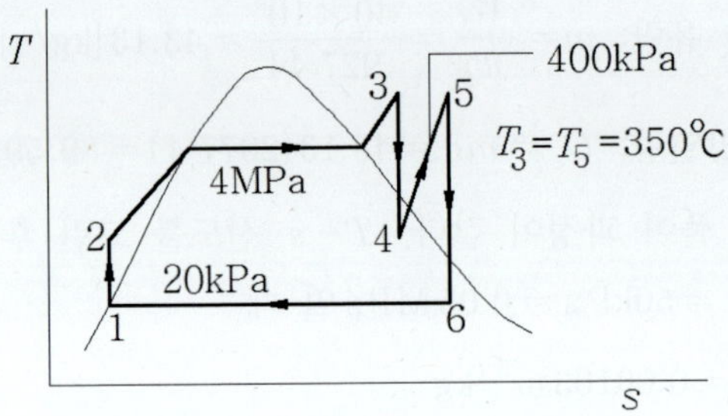

[문제 9.16]

압력 (P) MPa	포화온도 (T_{sat}) ℃	비체적 m^3/kg		엔탈피 kJ/kg			엔트로피 kJ/kg • K	
		포화액체 v_f	포화증기 v_g	포화액체 h_f	증발 h_{fg}	포화증기 h_g	포화액체 s_f	포화증기 s_g
0.020	60.06	0.001017	7.6482	251.40	2357.5	2608.9	0.8320	7.9072
0.40	143.61	0.001084	0.46239	604.72	2133.4	2738.1	1.7766	6.8954

- 점 1에서의 상태량: $v_1 = 0.001017\,m^3/kg$, $h_1 = 251.40kJ/kg$
- [표 A.4]에서

  4MPa, 350℃ 일 때: $h_3 = 3093.3kJ/kg$, $s_3 = 6.5843kJ/kg \cdot K$

  400kPa, 350℃ 일 때: $h_5 = 3170.0kJ/kg$, $s_5 = 7.7398kJ/kg \cdot K$

(1) 펌프 일(w_p): $w_p = v_1(P_2 - P_1) = 0.001017 \times (4000 - 20) = 4.05\,[kJ/kg]$

$$h_2 = w_p + h_1 = 4.05 + 251.40 = 255.45\,[kJ/kg]$$

(2) 보일러 가열량(q_B): $s_4 = s_3 = 6.5843kJ/kg \cdot K$인데 압력 400kPa에서 포화증기의 엔트로피 $s_{g,4} = 6.8954kJ/kg \cdot K$이므로 $s_4 < s_{g,4}$이다. 따라서 점 4는 그림과 같이 습증기 영역에 있다. 점 4의 건도를 구하면

$$x_4 = \frac{s_4 - s_f}{s_{fg}} = \frac{6.5843 - 1.7766}{6.8954 - 1.7766} = 0.9392$$

$$\therefore\ h_4 = h_f + x_4 h_{fg} = 604.72 + 0.9392 \times 2133.4 = 2608.4\,[kJ/kg]$$

$$q_B = (h_3 - h_2) + (h_5 - h_4)$$

$$= (3093.3 - 255.45) + (3170.0 - 2608.4) = 3399.5\,[kJ/kg]$$

(3) 터빈 일(w_t): $s_6 = s_5 = 7.7398kJ/kg \cdot K$이므로

$$x_6 = \frac{s_6 - s_f}{s_{fg}} = \frac{7.7398 - 0.8320}{7.9072 - 0.8320} = 0.9763$$

$$\therefore \ h_6 = h_f + x_6 h_{fg} = 251.4 + 0.9763 \times 2357.5 = 2553.0 \, [\text{kJ/kg}]$$

$$\therefore \ w_t = (h_3 - h_4) + (h_5 - h_6)$$

$$= (3093.3 - 2608.4) + (3170.0 - 2553.0) = 1101.9 \, [\text{kJ/kg}]$$

(4) 응축기 방열량: $q_c = h_6 - h_1 = 2553.0 - 251.40 = 2301.6 \, [\text{kJ/kg}]$

(5) 순 일: $w_{net} = w_t - w_p = 1101.9 - 4.05 = 1097.9 \, [\text{kJ/kg}]$

(6) 열효율: $\eta_R = \dfrac{w_{net}}{q_B} = \dfrac{1097.9}{3399.5} = 0.323 = 32.3 \, [\%]$

17. $y = \dfrac{y_2 - y_1}{x_2 - x_1}(x - x_1) + y_1$

$$= \frac{3214.4 - 3093.3}{6.7712 - 6.5843} \times (6.6797 - 6.5843) + 3093.3 = 3155.1$$

18. 사이클의 $T-s$ 선도와 압력 10kPa, 4MPa에서의 상태량은 다음과 같다.

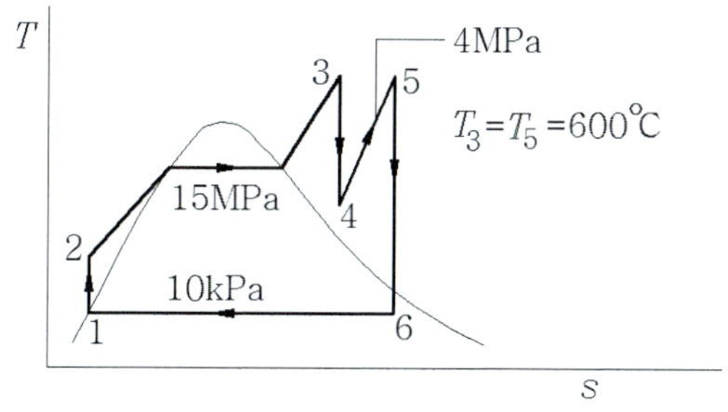

[문제 9.18]

압력 (P) MPa	포화 온도 (T_{sat}) ℃	비체적 m³/kg 포화액체 v_f	비체적 포화증기 v_g	엔탈피 kJ/kg 포화액체 h_f	엔탈피 증발 h_{fg}	엔탈피 포화증기 h_g	엔트로피 kJ/kg • K 포화액체 s_f	엔트로피 포화증기 s_g
0.010	45.81	0.001010	14.671	191.81	2392.1	2583.9	0.6492	8.1489
4	250.36	0.001253	0.049777	1087.4	1713.5	2800.9	2.7967	6.0697

• 점 1에서의 상태량: $v_1 = 0.001010 \, \text{m}^3/\text{kg}$, $h_1 = 191.81 \, \text{kJ/kg}$

• [표 A.4]에서

15MPa, 600℃ 일 때: $h_3 = 3583.3 \, \text{kJ/kg}$, $s_3 = 6.6797 \, \text{kJ/kg} \cdot \text{K}$

4MPa, 600℃ 일 때: $h_5 = 3674.8$kJ/kg, $s_5 = 7.3704$kJ/kg • K

• 점 4의 엔탈피 값: 3→4에서 $s_4 = s_3 = 6.6797$kJ/kg • K인데 이 값은 4MPa에서의 포화증기의 엔트로피 $s_{g,4} = 6.0697$kJ/kg • K보다 크다. 즉, $s_4 > s_{g,4}$이므로 점 4는 그림과 같이 과열 증기 영역에 있다. 따라서 $P_4 = 4$MPa이고 [표 A.4]로부터 350℃ < T_4 < 400℃에 있다는 것을 찾을 수 있다. 선형 보간법을 이용하여 $s_4 = 6.6797$kJ/kg • K일 때 엔탈피를 구한다(연습문제 17).

$$h_4 = 3155.1\,\text{kJ/kg}$$

(1) 펌프 일(w_p): $w_p = v_1(P_2 - P_1) = 0.00101 \times (15000 - 10) = 15.14$ [kJ/kg]

$$h_2 = w_p + h_1 = 15.14 + 191.81 = 206.95\ [\text{kJ/kg}]$$

(2) 보일러 가열량(q_B)

$$q_B = (h_3 - h_2) + (h_5 - h_4)$$
$$= (3583.3 - 206.95) + (3674.8 - 3155.1) = 3896.05\ [\text{kJ/kg}]$$

(3) 터빈 일(w_t): $s_6 = s_5 = 7.3704$kJ/kg • K인데 $s_{g,6} = 8.1489$kJ/kg • K이므로 점 6은 그림과 같이 습증기 영역에 있다. 따라서 건도를 구한 후 h_6을 구한다.

$$x_6 = \frac{s_6 - s_f}{s_{fg}} = \frac{7.3704 - 0.6492}{8.1489 - 0.6492} = 0.8962$$

$$\therefore\ h_6 = h_f + x_6 h_{fg} = 191.81 + 0.8962 \times 2392.1 = 2335.6\ [\text{kJ/kg}]$$

$$\therefore\ w_t = (h_3 - h_4) + (h_5 - h_6)$$
$$= (3583.3 - 3155.1) + (3674.8 - 2335.6) = 1767.4\ [\text{kJ/kg}]$$

(4) 응축기 방열량: $q_c = h_6 - h_1 = 2335.6 - 191.81 = 2143.8$ [kJ/kg]

(5) 순 일: $w_{net} = w_t - w_p = 1767.4 - 15.14 = 1752.26$ [kJ/kg]

(6) 열효율: $\eta_R = \dfrac{w_{net}}{q_B} = \dfrac{1752.26}{3896.05} = 0.4498 = 45.0\ [\%]$

19. [정답: ②] 20. [정답: ④] 21. [정답: ④]

22. [정답: ④] 23. [정답: ②] 24. [정답: ③]

25. [정답: ④] 26. [정답: ①] 27. [정답: ④]

28. [정답: ④]

29. [정답: ④] 터빈 출구의 온도를 내리면 건도가 감소하여 날개가 부식되므로 터빈효율이 감소한다.

30. [정답: ②] $w_t = \eta_t(h_3 - h_{4s}) = 0.85 \times (3116 - 2403) = 606.05$ [kJ/kg]

31. [정답: ④] 32. [정답: ③] 33. [정답: ④]

34. [정답: ④] 35. [정답: ③] 36. [정답: ④]

37. [정답: ④] $0.75 = \frac{w_t}{3400-2100}$, $w_t = 3400 - h_a$

38. [정답: ①] $w_p = v(P_2 - P_1) = 10^{-3} \times (5000-10) = 5\,[\mathrm{kJ/kg}]$

39. [정답: ①] $w_{net} = q_H - q_L = 1210 - 1000 = 210\,[\mathrm{kJ/kg}]$

40. [정답: ③] $Q_B = \frac{W_{net}}{\eta_R} = \frac{1}{0.3} = 3.33\,[\mathrm{kWh}]$

41. [정답: ④] $\eta_R = 1 - \frac{h_4 - h_1}{h_3 - h_2} = 1 - \frac{614.2 - 57.4}{810.3 - 58.6} = 0.26$

42. [정답: ②] $w_p = v_1(P_2 - P_1) = 0.001(5000-5) = 5\,[\mathrm{kJ}]$

43. [정답: ③] $w_t = \eta_t(h_3 - h_{4s}) = 0.85(3390 - 2135) = 1067\,[\mathrm{kJ/kg}]$

44. [정답: ③] $\dot{Q} = \dot{m}(h_2 - h_1) = \frac{300\mathrm{kg}}{3600\mathrm{s}}(2757 - 84)\frac{\mathrm{kJ}}{\mathrm{kg}} = 223\,[\mathrm{kW}]$

45. 건도 $x = \frac{s_4 - s_f}{s_{fg}} = \frac{9.6 - 0.8}{10.8 - 0.8} = 0.88$; 물의 질량 분율$= 1 - x = 0.12 = 12\,[\%]$

연습문제 10

01. $\mathrm{COP_R} = \frac{Q_L}{W_{in}} = \frac{Q_H - W_{in}}{W_{in}} = \frac{40-10}{10} = 3$

02. $\mathrm{COP_R} = \frac{Q_L}{W_{in}}$ $\therefore$ $W_{in} = \frac{Q_L}{\mathrm{COP_R}} = \frac{mL_f}{\mathrm{COP_R}} = \frac{20 \times (80 \times 4.2)}{4} = 1680\,[\mathrm{kJ}]$

03. $\mathrm{COP_{R,Carnot}} = \frac{T_L}{T_H - T_L} = \frac{-10+273}{30-(-10)} = 6.58$

04. $\mathrm{COP_R} = \frac{Q_L}{W_c} = \frac{Q_L}{Q_H - Q_L} = \frac{120}{160-120} = 3$

05. $\dot{Q}_L = \frac{Q_L}{t} = \frac{180\mathrm{MJ}}{40\mathrm{min}} = \frac{180 \times 1000\mathrm{kJ}}{40 \times 60\mathrm{s}} = 75\frac{\mathrm{kJ}}{\mathrm{s}} = 75\mathrm{kW}$ $\therefore$ $\frac{75}{3.86} = 19.43\,[\mathrm{RT}]$

06. $\mathrm{COP_R} = \frac{\dot{Q}_L}{\dot{W}_c}$ $\therefore$ $\dot{W}_c = \frac{\dot{Q}_L}{\mathrm{COP_R}} = \frac{10 \times 3.86}{5} = 7.72\,[\mathrm{kW}]$

07. $COP_R = \dfrac{Q_L}{W_c} = \dfrac{mL_f}{W_c} = \dfrac{1000 \times 334}{20 \times 3600} = 4.64$

08. 고온열원 온도 $T_H = 20℃$, 저온열원 온도 $T_L = -10℃$ 이므로

$$COP_H = \frac{T_H}{T_H - T_L} = \frac{20+273}{20-(-10)} = 9.77$$

09. 고온열원 온도 $T_H = 30℃$, 저온열원 온도 $T_L = -20℃$ 이고, 냉동기 입력동력 $\dot{W}_{in} = 40\text{kW}$ 이므로 단위 시간당 흡열량 $\dot{Q}_L$은 다음과 같다.

$$COP_{R,Carnot} = \frac{T_L}{T_H - T_L} = \frac{\dot{Q}_L}{\dot{W}_{in}}$$

$$\therefore \ \dot{Q}_L = \frac{T_L}{T_H - T_L} \times \dot{W}_{in} = \frac{-20+273}{30-(-20)} \times 40 = 202\,[\text{kW}]$$

$$= 202 \times \frac{1}{3.86}\,[\text{RT}] = 52.3\,[\text{RT}]$$

10. $h_1 = 1450\text{kJ/kg}$, $h_2 = 1560\text{kJ/kg}$, $h_3 = h_4 = 320\text{kJ/kg}$

(1) 압축일: $w_c = h_2 - h_1 = 1560 - 1450 = 110\,[\text{kJ/kg}]$

(2) 방열량: $q_H = h_2 - h_3 = 1560 - 320 = 1240\,[\text{kJ/kg}]$

(3) 흡수열량: $q_L = h_1 - h_4 = 1450 - 320 = 1130\,[\text{kJ/kg}]$

(4) 성능계수: $COP_R = \dfrac{q_L}{w_c} = \dfrac{1130}{110} = 10.27$

(5) 열펌프 성능계수: $COP_H = \dfrac{q_H}{w_c} = \dfrac{1240}{110} = 11.27$

또는, $COP_H = COP_R + 1 = 10.27 + 1 = 11.27$

11. 주어진 사이클의 $T-s$ 선도는 그림과 같다.

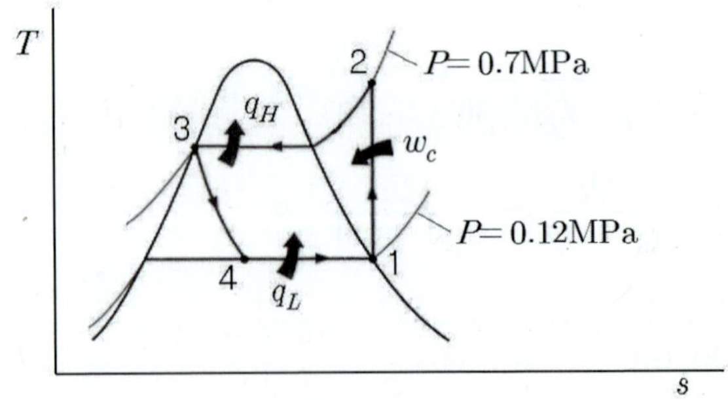

[문제 10.11]

• 점 1: 압력 $P_1 = 0.12\text{MPa} = 120\text{kPa}$의 포화증기 상태이므로 [표 A.9] 압력 기준 표에서 포화증기의 엔탈피와 엔트로피는 다음과 같다.

$$h_1 = h_g = 236.98\,\text{kJ/kg},\ s_1 = s_g = 0.94784\,\text{kJ/kg}\cdot\text{K}$$

• 점 2: 압력 $P_2 = 0.7\text{MPa}$이고, 1→2는 등엔트로피 과정이므로 점 2의 엔트로피는 $s_2 = s_1 = 0.94784\,\text{kJ/kg}\cdot\text{K}$이다. 따라서 과열증기 영역에서 압력 $P_2 = 0.7\text{MPa}$, 엔트로피 $s_2 = 0.94784\,\text{kJ/kg}\cdot\text{K}$인 점의 엔탈피 h_2를 찾으면 된다. 과열증기표 [A.10]에서 압력 0.7MPa일 때를 보면 다음과 같이 점 2의 엔트로피 값 s_2는 30℃ < T < 40℃에 있음을 알 수 있다.

T(℃)			v(m³/kg)	h(kJ/kg)	s(kJ/kg • K)
			P=0.70 MPa (T_{sat} = 26.7℃)		
30			0.02997	268.45 = y_1	0.9313 = x_1
				y	0.94784 = x
40			0.03170	278.58 = y_2	0.9642 = x_2

$s_2 = 0.94784\,\text{kJ/kg}\cdot\text{K}$일 때 엔탈피를 선형보간법으로 구한다.

$$h_2 = y = \frac{y_2 - y_1}{x_2 - x_1} \times (x - x_1) + y_1$$

$$= \frac{278.58 - 268.45}{0.9642 - 0.9313} \times (0.94784 - 0.9313) + 268.45$$

$$= 273.54\,[\text{kJ/kg}]$$

• 점 3: $P_3 = 0.7\text{MPa} = 700\text{kPa}$인 포화액체 상태이므로 [표 A.9]에서

$$h_3 = h_f = 88.85\,\text{kJ/kg}$$

• 점 4: 과정 3→4는 등엔탈피 과정이므로

$$h_4 = h_3 = 88.85\,\text{kJ/kg}$$

(1) 압축기 압축 일: $w_c = h_2 - h_1 = 273.54 - 236.98 = 36.56\,[\text{kJ/kg}]$

(2) 응축기 방열량: $q_H = h_2 - h_3 = 273.54 - 88.85 = 184.69\,[\text{kJ/kg}]$

(3) 증발기 흡열량: $q_L = h_1 - h_4 = 236.98 - 88.85 = 148.13\,[\text{kJ/kg}]$

(4) 냉동기 성능계수: $\text{COP}_\text{R} = \dfrac{q_L}{w_c} = \dfrac{148.13}{36.56} = 4.05$

(5) 사이클이 열펌프로 이용될 때 성능계수: $\text{COP}_\text{H} = \dfrac{q_H}{w_c} = \dfrac{184.69}{36.56} = 5.05$

12. 주어진 사이클의 $T-s$ 선도는 그림과 같다.

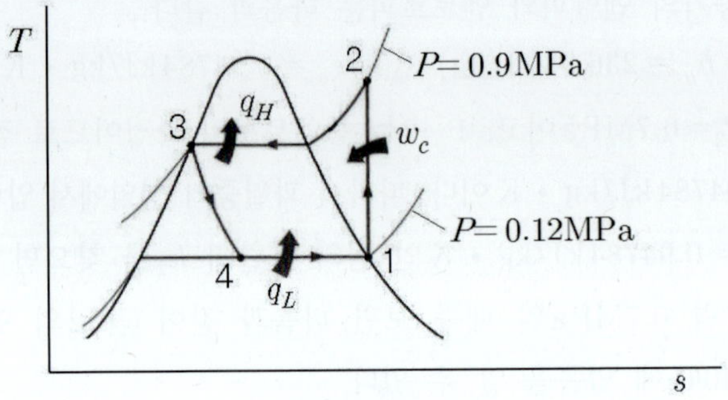

[문제 10.12]

- 점 1: 압력 $P_1 = 0.12\text{MPa} = 120\text{kPa}$의 포화증기 상태이므로 [표 A.9] 압력 기준 표에서 포화증기의 엔탈피와 엔트로피는 다음과 같다.

$$h_1 = h_g = 236.98\,\text{kJ/kg},\quad s_1 = s_g = 0.94784\,\text{kJ/kg}\cdot\text{K}$$

- 점 2: 압력 $P_2 = 0.9\text{MPa}$이고, 1→2는 등엔트로피 과정이므로 점 2의 엔트로피는 $s_2 = s_1 = 0.94784\,\text{kJ/kg}\cdot\text{K}$이다. 따라서 과열증기 영역에서 압력 $P_2 = 0.9\text{MPa}$, 엔트로피 $s_2 = 0.94784\,\text{kJ/kg}\cdot\text{K}$인 점의 엔탈피 h_2를 찾으면 된다. 과열증기표 [A.10]에서 압력 0.9MPa일 때를 보면 다음과 같이 점 2의 엔트로피 값 s_2는 $40℃ < T < 50℃$에 있다.

T(℃)			v(m^3/kg)	h(kJ/kg)	s(kJ/kg·K)
			$P = 0.90$ MPa ($T_{sat} = 35.5℃$)		
40			0.02338	$274.17 = y_1$	$0.9327 = x_1$
				y	$0.94784 = x$
50			0.02481	$284.77 = y_2$	$0.9660 = x_2$

$s_2 = 0.94784\,\text{kJ/kg}\cdot\text{K}$일 때 엔탈피를 선형보간법으로 구한다.

$$h_2 = y = \frac{y_2 - y_1}{x_2 - x_1} \times (x - x_1) + y_1$$

$$= \frac{284.77 - 274.17}{0.9660 - 0.9327} \times (0.94784 - 0.9327) + 274.17$$

$$= 278.99\,[\text{kJ/kg}]$$

• 점 3: $P_3 = 0.9\text{MPa} = 900\text{kPa}$의 포화액체 상태이므로 [표 A.9]에서

$$h_3 = h_f = 101.6\,\text{kJ/kg}$$

• 점 4: 과정 3→4는 등엔탈피 과정이므로

$$h_4 = h_3 = 101.6\,\text{kJ/kg}$$

(1) 압축기 입력동력 $\dot{W}_c$[kW]

$$\dot{W}_c = \dot{m}\,w_c = \dot{m}(h_2 - h_1) = 0.2 \times (278.99 - 236.98) = 8.402\,[\text{kW}]$$

(2) 냉동 공간으로부터의 단위 시간당 열 제거율 $\dot{Q}_L$[kW]

$$\dot{Q}_L = \dot{m}\,q_L = \dot{m}(h_1 - h_4) = 0.2 \times (236.98 - 101.6) = 27.076\,[\text{kW}]$$

(3) 단위 시간당 주위로 방출되는 열량 $\dot{Q}_H$[kW]

$$\dot{Q}_H = \dot{m}\,q_H = \dot{m}(h_2 - h_3) = 0.2 \times (278.99 - 101.6) = 35.478\,[\text{kW}]$$

(4) 냉동기의 성능계수: $\text{COP}_\text{R} = \dfrac{\dot{Q}_L}{\dot{W}_c} = \dfrac{27.076}{8.402} = 3.223$

13. 주어진 사이클의 $T-s$ 선도는 그림과 같다.

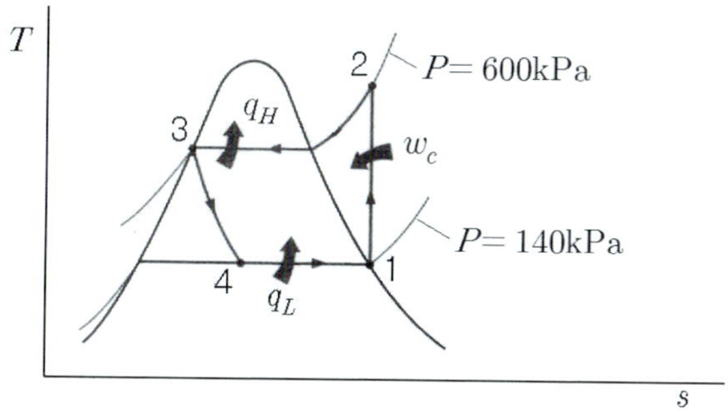

[문제 10.13]

• 점 1: 압력 $P_1 = 140\text{kPa}$의 포화증기 상태이므로 [표 A.9] 압력 기준표에서 포화증기의 엔탈피와 엔트로피는 다음과 같다.

$$h_1 = h_g = 239.18\,\text{kJ/kg}, \quad s_1 = s_g = 0.94462\,\text{kJ/kg} \cdot \text{K}$$

• 점 2: 압력 $P_2 = 600\text{kPa} = 0.6\text{MPa}$이고, 1→2는 등엔트로피 과정이므로 점 2의 엔트로피는 $s_2 = s_1 = 0.94462\,\text{kJ/kg} \cdot \text{K}$이다. 따라서 과열증기 영역에서 압력 $P_2 = 0.6\text{MPa}$, 엔트로피 $s_2 = 0.94462\,\text{kJ/kg} \cdot \text{K}$인 점의 엔탈피 h_2를 찾으면 된다. 과열증기표 [A.10]에서 압력 0.6MPa일 때를 보면 다음과 같이 점 2의 엔트로피 값 s_2는 $T_{sat} < T < 30℃$에 있다.

T(℃)			$v(m^3/kg)$	h(kJ/kg)	s(kJ/kg • K)
			$P=0.60$ MPa ($T_{sat}=21.6$℃)		
Sat.			0.03430	$262.43=y_1$	$0.9219=x_1$
				y	$0.94462=x$
30			0.03598	$270.82=y_2$	$0.9499=x_2$

$s_2=0.94462\,kJ/kg \cdot K$ 일 때 엔탈피를 선형보간법으로 구한다.

$$h_2=y=\frac{y_2-y_1}{x_2-x_1}\times(x-x_1)+y_1$$

$$=\frac{270.82-262.43}{0.9499-0.9219}\times(0.94462-0.9219)+262.43$$

$$=269.24\,[kJ/kg]$$

• 점 3: $P_3=600kPa$의 포화액체 상태이므로 [표 A.9]에서

$$h_3=h_f=81.54\,kJ/kg$$

• 점 4: 과정 3→4는 등엔탈피 과정이므로

$$h_4=h_3=81.54\,kJ/kg$$

10℃ 물은 0℃ 물로 온도가 낮아진 후, 모두 0℃ 얼음으로 변한 다음, −5℃로 온도가 낮아진다. 따라서 10℃ 물에서 −5℃ 얼음으로 변할 때 흡수해야 할 단위 질량당 열량은

$$\Delta h_{f,i}=(4.2\times10)+334+(2.0\times5)=386\,[kJ/kg]$$

이므로 냉동기가 흡수해야 할 열량은

$$\dot{Q}_L=\dot{m}_{ice}\Delta h_{f,i}=\frac{10}{3600}\times386=1.0722\,[kW]$$

이다. 따라서 냉매의 질량유량($\dot{m}$)은 다음과 같다.

$$\dot{Q}_L=\dot{m}q_L=\dot{m}(h_1-h_4)$$

$$\therefore\ \dot{m}=\frac{\dot{Q}_L}{h_1-h_4}=\frac{1.0722}{239.18-81.54}=6.802\times10^{-3}\,[kg/s]$$

• 제빙기에 소요되는 동력=압축기 입력동력

$$\dot{W}_c=\dot{m}w_c=\dot{m}(h_2-h_1)=6.802\times10^{-3}\times(269.24-239.18)$$

$$=0.2045\,[kW]$$

14. $h_1=185kJ/kg$, $h_2=217kJ/kg$, $h_3=h_4=60kJ/kg$

(1) 압축일: $w_c = h_2 - h_1 = 217 - 185 = 32\,[\mathrm{kJ/kg}]$

(2) 방열량: $q_H = h_2 - h_3 = 217 - 60 = 157\,[\mathrm{kJ/kg}]$

(3) 흡수열량: $q_L = h_1 - h_4 = 185 - 60 = 125\,[\mathrm{kJ/kg}]$

(4) 성능계수: $\mathrm{COP_R} = \dfrac{q_L}{w_c} = \dfrac{125}{32} = 3.9$

(5) 열펌프 성능계수: $\mathrm{COP_H} = \dfrac{q_H}{w_c} = \dfrac{157}{32} = 4.9$; $\mathrm{COP_H} = \mathrm{COP_R} + 1$

15. [정답: ②] 16. [정답: ①] 17. [정답: ④]

18. [정답: ②] 19. [정답: ②] 20. [정답: ②]

21. [정답: ④] 22. [정답: ④] 23. [정답: ②]

24. [정답: ①] $\dot{Q}_L = \dfrac{Q_L}{t} = \dfrac{400 \times 1000}{24 \times 3600} \times \dfrac{1}{3.86} = 1.2[\mathrm{RT}]$

25. [정답: ②] $\mathrm{COP_R} = \dfrac{\dot{Q}_L}{\dot{W}} = \dfrac{T_L}{T_H - T_L}$

$$\therefore\ \dot{W} = \left(\frac{T_H - T_L}{T_L}\right)\dot{Q}_L = \frac{25-(-5)}{273-5}(0.4) \times 1000 = 44.8[\mathrm{W}]$$

26. [정답: ①] 27. [정답: ①] 28. [정답: ④]

29. [정답: ②] $\mathrm{COP_R} = \dfrac{q_L}{h_1 - h_2} = \dfrac{q_L}{350 - 250}$; $\dot{Q}_L = \dot{m}\,q_L$

30. [정답: ③] 증발기에서 차가운 냉매에 의해 주위의 수증기가 열을 빼앗겨 물방울이 생성된다.

31. [정답: ①] $\mathrm{COP_{max}} = \dfrac{T_L}{T_H - T_L} = \dfrac{273+4}{30-4} = 10.7$

32. [정답: ②] $\mathrm{COP_R} = \dfrac{\dot{Q}_L}{\dot{W}} = \dfrac{1}{T_H/T_L - 1}$; $\dot{W} = \dot{Q}_L(T_H/T_L - 1) = 1.2[\mathrm{kW}]$

33. [정답: ③] $\dot{Q}_L = \dot{m}\,q_L = 80(36-17) = 1520[\mathrm{kJ/h}]$

34. [정답: ④] $\mathrm{COP_R} = \dfrac{\dot{Q}_L}{\dot{W}_c} = \dfrac{10 \times 3.85}{\dot{W}_c} = \dfrac{-20+273}{25-(-20)}$

35. [정답: ①] $w_c = 346 - 249 = 97[\mathrm{kJ/kg}]$; $q_L = \mathrm{COP_R}\,w_c$; $\dot{Q}_L = \dot{m}\,q_L$

36. [정답: ①] $\mathrm{COP_R} = \dfrac{387.2 - 241.8}{435.1 - 387.2} = 3.0$

37. [정답: ②] $COP_R = \frac{\dot{Q}_L}{\dot{W}}$; $\dot{W} = \frac{\dot{Q}_L}{COP_R} = \frac{(20\times10^3)/3600}{3.2} = 1.74[kW]$

38. [정답: ③] $COP_R = \frac{q_L}{w_c} = \frac{q_L}{q_H - q_L} = \frac{104.08}{136.85 - 104.08} = 3.18$

39. [정답: ①] $COP_R = \frac{\dot{Q}_L}{\dot{W}} = \frac{46.4}{10} = 4.64$

40. [정답: ④] $COP_R = \frac{\dot{Q}_L}{\dot{W}} = \frac{\dot{Q}_H - \dot{W}}{\dot{W}} = \frac{500-200}{200} = 1.5$

41. [정답: ④] $COP_R = \frac{Q_L}{W} = \frac{mL}{W} = \frac{2000(334)}{180\times10^3} = 3.71$

42. $h_1 = 240kJ/kg$, $h_2 = 280kJ/kg$, $h_4 = 90kJ/kg$

- 질량유량 $\dot{m} = \frac{\dot{W}_c}{w_c} = \frac{\dot{W}_c}{h_2 - h_{1_c}} = \frac{2}{280-240} = 0.05[kg/s]$
- 열 제거율 $\dot{Q}_L = \dot{m}q_L = \dot{m}(h_1 - h_4) = 0.05(240-90) = 7.5[kW]$

43. 건도 $x = \frac{h_4 - h_f}{h_{fg}} = \frac{258-170}{390-170} = 0.4$ $\therefore$ 액체 질량분율$= 1 - x = 0.6 = 60[\%]$

44. $h_4 = h_3 = h_f(\text{at } 1000kPa) = 107.4kJ/kg$

140kPa에서 $h_f = 27.10kJ/kg$, $h_{fg} = 212.08kJ/kg$

$x = \frac{h_4 - h_f}{h_{fg}} = \frac{107.4-27.1}{212.08} = 0.379$ $\therefore$ 액체 질량분율$= 1 - x = 62.1[\%]$

45. $h_4 = h_3 = h_f(\text{at } 1000kPa) = 107.4kJ/kg$, $h_1 = h_g(\text{at } 120kPa) = 236.98kJ/kg$

$$COP_R = \frac{\dot{Q}_L}{\dot{W}_c} = \frac{\dot{m}(h_1 - h_4)}{\dot{W}_c} = \frac{0.05(236.98-107.4)}{1.6} = 4.05$$

46. $Q_L = mC\Delta T = (\rho V)C\Delta T = 1000(0.6\times10^{-3})(4.2)(25-5) = 50.4[kJ]$

$$\dot{W} = \frac{\dot{Q}_L}{COP_R} = \frac{50.4/3600}{0.1}\times1000[W] = 140[W]$$

47. $\dot{W} = \frac{\dot{Q}_L}{COP_R} = \frac{120}{0.15} = 800[W]$

48.
- 압축기 일 $w_c = 11kcal/kg$, $h_2 = 143kcal/kg$, $h_3 = h_4 = 107kcal/kg$
- 압축 과정 1→2에 열역학 제1법칙 적용

$$h_1 + w_c = h_2 \quad \therefore \; h_1 = h_2 - w_c = 143 - 11 = 132\,[\text{kcal/kg}]$$

(1) 응축기에서 열이 방출되는 2→3과정에 열역학 제1법칙 적용

$$h_2 = q_H + h_3 \quad \therefore \; q_H = h_2 - h_3 = 143 - 107 = 36\,[\text{kcal/kg}]$$

(2) 증발기에서 열을 흡수하는 4→1과정에 열역학 제1법칙 적용

$$h_4 + q_L = h_1 \quad \therefore \; q_L = h_1 - h_4 = 132 - 107 = 25\,[\text{kcal/kg}]$$

따라서 응축기의 방출열량은 $q_H = 36\,[\text{kcal/kg}]$ 이고 증발기의 흡수열량은 $q_L = 25\,[\text{kcal/kg}]$ 이다.

부록

A.1 이상기체의 기체상수와 비열 : 300K

기체	분자식	분자량	R (kJ/kg · K)	C_p (kJ/kg · K)	C_v (kJ/kg · K)	비열비 k
공기		28.97	0.2870	1.0035	0.7165	1.400
헬륨	He	4.003	2.0770	5.1926	3.1156	1.667
네온	Ne	20.183	0.4120	1.0299	0.6179	1.667
아르곤	Ar	39.948	0.2081	0.5203	0.3122	1.667
수소	H_2	2.016	4.1242	14.209	10.085	1.409
질소	N_2	28.013	0.2968	1.0416	0.7448	1.400
산소	O_2	31.999	0.2598	0.9216	0.6618	1.393
일산화탄소	CO	28.011	0.2968	1.0413	0.7445	1.400
이산화탄소	CO_2	44.01	0.1889	0.8418	0.6529	1.289
메탄	CH_4	16.043	0.5184	2.2537	1.7354	1.299
아세틸렌	C_2H_2	26.038	0.3193	1.6986	1.3793	1.231
에탄	C_2H_6	30.07	0.2765	1.7662	1.4897	1.186
프로판	C_3H_8	44.097	0.1886	1.6794	1.4909	1.126
부탄	C_4H_{10}	58.124	0.1430	1.7164	1.5734	1.091
수증기	H_2O	18.015	0.4615	1.8723	1.4108	1.327

• 일반기체상수(universal gas constant, $\overline{R}$) : 기체상수 $R = \dfrac{\overline{R}}{M}$ (M은 분자량)

$$
\begin{aligned}
\overline{R} &= 8.31447\,\text{kJ/kmol} \cdot \text{K} \\
&= 8.31447\,\text{J/mol} \cdot \text{K} \\
&= 8.31447\,\text{kPa} \cdot \text{m}^3/\text{kmol} \cdot \text{K} \\
&= 8.31447\,\text{Pa} \cdot \text{m}^3/\text{mol} \cdot \text{K}) \\
&= 0.0831447\,\text{bar} \cdot \text{m}^3/\text{kmol} \cdot \text{K} \\
&= 82.05\,\text{L} \cdot \text{atm/kmol} \cdot \text{K} \\
&= 0.08205\,\text{L} \cdot \text{atm/mol} \cdot \text{K}
\end{aligned}
$$

A.2 포화수증기표 : 온도 기준

온도 (T) ℃	포화 압력 (P_{sat}) MPa	비체적 m^3/kg		내부에너지 kJ/kg		엔탈피 kJ/kg			엔트로피 kJ/kg·K	
		포화 액체 v_f	포화 증기 v_g	포화 액체 u_f	포화 증기 u_g	포화 액체 h_f	증발 h_{fg}	포화 증기 h_g	포화 액체 s_f	포화 증기 s_g
0.01	0.0006117	0.001000	206.00	0.000	2374.9	0.001	2500.9	2500.9	0.0000	9.1555
5	0.000873	0.001000	147.02	21.018	2381.8	21.019	2489.1	2510.1	0.0763	9.0249
10	0.001228	0.001000	106.31	42.020	2388.7	42.021	2477.2	2519.2	0.1511	8.8998
15	0.001706	0.001001	77.881	62.982	2395.5	62.984	2465.4	2528.4	0.2245	8.7804
20	0.002339	0.001002	57.761	83.918	2402.4	83.920	2453.6	2537.5	0.2965	8.6661
25	0.003170	0.001003	43.341	104.84	2409.1	104.84	2441.7	2546.5	0.3673	8.5568
30	0.004247	0.001004	32.882	125.75	2416.0	125.75	2429.9	2555.6	0.4368	8.4521
35	0.005629	0.001006	25.208	146.63	2422.7	146.64	2418.0	2564.6	0.5052	8.3518
40	0.007384	0.001008	19.517	167.53	2429.4	167.54	2406.0	2573.5	0.5724	8.2557
45	0.009594	0.001010	15.253	188.43	2436.2	188.44	2394.1	2582.5	0.6386	8.1634
50	0.012351	0.001012	12.028	209.33	2442.7	209.34	2382.0	2591.3	0.7038	8.0749
55	0.015761	0.001015	9.5649	230.22	2449.3	230.24	2369.9	2600.1	0.7680	7.9899
60	0.019946	0.001017	7.6677	251.13	2455.9	251.15	2357.7	2608.8	0.8312	7.9082
65	0.025041	0.001020	6.1938	272.05	2462.4	272.08	2345.4	2617.5	0.8935	7.8296
70	0.031201	0.001023	5.0397	292.99	2468.9	293.02	2333.1	2626.1	0.9550	7.7540
75	0.038595	0.001026	4.1291	313.93	2475.2	313.97	2320.6	2634.6	1.0156	7.6812
80	0.047415	0.001029	3.4053	334.90	2481.5	334.95	2308.1	2643.0	1.0754	7.6110
85	0.057867	0.001032	2.8259	355.89	2487.8	355.95	2295.4	2651.3	1.1344	7.5434
90	0.070182	0.001036	2.3591	376.90	2493.9	376.97	2282.5	2659.5	1.1927	7.4781
95	0.084609	0.001040	1.9806	397.93	2500.0	398.02	2269.6	2667.6	1.2502	7.4150
100	0.10142	0.001044	1.6719	418.99	2506.0	419.10	2256.5	2675.6	1.3070	7.3541
105	0.12090	0.001047	1.4185	440.08	2511.9	440.21	2243.2	2683.4	1.3632	7.2951
110	0.14338	0.001052	1.2094	461.21	2517.7	461.36	2229.7	2691.1	1.4187	7.2380
115	0.16918	0.001056	1.0359	482.37	2523.3	482.55	2216.1	2698.6	1.4735	7.1827
120	0.19867	0.001060	0.89130	503.57	2528.8	503.78	2202.1	2705.9	1.5278	7.1291
125	0.23222	0.001065	0.77011	524.81	2534.3	525.06	2188.0	2713.1	1.5815	7.0770
130	0.27026	0.001070	0.66808	546.10	2539.5	546.39	2173.7	2720.1	1.6346	7.0264
135	0.31320	0.001075	0.58180	567.43	2544.7	567.77	2159.1	2726.9	1.6872	6.9772
140	0.36150	0.001080	0.50852	588.81	2549.6	589.20	2144.2	2733.4	1.7393	6.9293
145	0.41563	0.001085	0.44602	610.24	2554.4	610.69	2129.1	2739.8	1.7909	6.8826
150	0.47610	0.001091	0.39250	631.73	2559.0	632.25	2113.7	2745.9	1.8420	6.8370
155	0.54342	0.001096	0.34650	653.28	2563.5	653.88	2097.9	2751.8	1.8926	6.7926
160	0.61814	0.001102	0.30682	674.89	2567.7	675.57	2081.8	2757.4	1.9428	6.7491
165	0.70082	0.001108	0.27246	696.57	2571.9	697.35	2065.5	2762.8	1.9926	6.7066
170	0.79205	0.001114	0.24262	718.33	2575.7	719.21	2048.7	2767.9	2.0419	6.6649
175	0.89245	0.001121	0.21660	740.15	2579.4	741.15	2031.6	2772.7	2.0909	6.6241
180	1.0026	0.001127	0.19386	762.06	2582.8	763.19	2014.0	2777.2	2.1395	6.5841

† 증기표는 'ASME Steam Tables, 2006 by ASME'의 데이터를 기초로 하여 작성되었다. 증기표의 값들은 책마다 조금씩 다를 수 있는데 대체로 ASME의 값들을 많이 이용하는 것 같다.

[A.2 포화수증기표 : 온도 기준(계속)]

		비체적 m^3/kg		내부에너지 kJ/kg		엔탈피 kJ/kg			엔트로피 kJ/kg·K	
온도 (T) ℃	포화 압력 (P_{sat}) MPa	포화 액체 v_f	포화 증기 v_g	포화 액체 u_f	포화 증기 u_g	포화 액체 h_f	증발 h_{fg}	포화 증기 h_g	포화 액체 s_f	포화 증기 s_g
185	1.1233	0.001134	0.17392	784.05	2586.0	785.32	1996.1	2781.4	2.1878	6.5447
190	1.2550	0.001141	0.15638	806.14	2589.0	807.57	1977.7	2785.3	2.2358	6.5060
195	1.3986	0.001149	0.14091	828.31	2591.8	829.92	1959.0	2788.9	2.2834	6.4679
200	1.5547	0.001157	0.12722	850.59	2594.3	852.39	1939.7	2792.1	2.3308	6.4303
205	1.7240	0.001165	0.11509	872.98	2596.5	874.99	1919.9	2794.9	2.3779	6.3932
210	1.9074	0.001173	0.10430	895.49	2598.5	897.73	1899.7	2797.4	2.4248	6.3565
215	2.1055	0.001181	0.094689	918.12	2600.0	920.61	1878.8	2799.4	2.4714	6.3202
220	2.3193	0.001190	0.086101	940.88	2601.4	943.64	1857.5	2801.1	2.5178	6.2842
225	2.5494	0.001199	0.078411	963.78	2602.4	966.84	1835.5	2802.3	2.5641	6.2485
230	2.7968	0.001209	0.071510	986.83	2603.0	990.21	1812.8	2803.0	2.6102	6.2131
235	3.0622	0.001219	0.065304	1010.1	2603.3	1013.8	1789.5	2803.3	2.6561	6.1777
240	3.3467	0.001229	0.059710	1033.4	2603.3	1037.5	1765.6	2803.1	2.7019	6.1425
245	3.6509	0.001240	0.054658	1057.0	2602.7	1061.5	1740.8	2802.3	2.7477	6.1074
250	3.9759	0.001252	0.050087	1080.7	2601.9	1085.7	1715.3	2801.0	2.7934	6.0722
255	4.3227	0.001264	0.045941	1104.6	2600.5	1110.1	1689.0	2799.1	2.8391	6.0370
260	4.6921	0.001276	0.042175	1128.8	2598.7	1134.8	1661.8	2796.6	2.8847	6.0017
265	5.0851	0.001289	0.038748	1153.2	2596.5	1159.8	1633.7	2793.5	2.9304	5.9662
270	5.5028	0.001303	0.035622	1177.9	2593.7	1185.1	1604.6	2789.7	2.9762	5.9304
275	5.9463	0.001318	0.032767	1202.9	2590.3	1210.7	1574.4	2785.1	3.0221	5.8943
280	6.4165	0.001333	0.030154	1228.1	2586.3	1236.7	1543.1	2779.8	3.0681	5.8578
285	6.9145	0.001349	0.027758	1253.7	2581.8	1263.0	1510.7	2773.7	3.1143	5.8208
290	7.4416	0.001366	0.025557	1279.6	2576.4	1289.8	1476.8	2766.6	3.1608	5.7832
295	7.9990	0.001385	0.023531	1305.9	2570.4	1317.0	1441.6	2758.6	3.2076	5.7449
300	8.5877	0.001404	0.021663	1332.7	2563.6	1344.8	1404.8	2749.6	3.2547	5.7058
305	9.2092	0.001425	0.019937	1360.0	2555.8	1373.1	1366.3	2739.4	3.3024	5.6656
310	9.8647	0.001448	0.018339	1387.7	2547.0	1402.0	1325.9	2727.9	3.3506	5.6243
315	10.556	0.001472	0.016856	1416.1	2537.2	1431.6	1283.5	2715.1	3.3994	5.5816
320	11.284	0.001499	0.015476	1445.2	2526.1	1462.1	1238.6	2700.7	3.4491	5.5373
325	12.051	0.001528	0.014189	1475.0	2513.5	1493.4	1191.1	2684.5	3.4997	5.4911
330	12.858	0.001561	0.012984	1505.6	2499.3	1525.7	1140.5	2666.2	3.5516	5.4425
335	13.707	0.001597	0.011852	1537.4	2483.1	1559.3	1086.3	2645.6	3.6048	5.3910
340	14.600	0.001638	0.010784	1570.5	2464.7	1594.4	1027.7	2622.1	3.6599	5.3359
345	15.540	0.001685	0.009770	1605.2	2443.2	1631.4	963.60	2595.0	3.7175	5.2763
350	16.529	0.001740	0.008801	1642.1	2418.1	1670.9	892.70	2563.6	3.7783	5.2109
355	17.570	0.001808	0.007866	1681.9	2388.2	1713.7	812.70	2526.4	3.8438	5.1377
360	18.666	0.001895	0.006945	1726.1	2351.4	1761.5	719.50	2481.0	3.9164	5.0527
365	19.822	0.002016	0.006004	1777.6	2303.0	1817.6	604.40	2422.0	4.0011	4.9482
370	21.043	0.002222	0.004946	1845.8	2229.4	1892.6	440.90	2333.5	4.1142	4.7996
373.95	22.064	0.003106	0.003106	2019.0	2019.0	2087.5	0.00	2087.5	4.4120	4.4120

A.3 포화수증기표 : 압력 기준

압력 (P) MPa	포화 온도 (T_{sat}) ℃	비체적 m^3/kg 포화 액체 v_f	포화 증기 v_g	내부에너지 kJ/kg 포화 액체 u_f	포화 증기 u_g	엔탈피 kJ/kg 포화 액체 h_f	증발 h_{fg}	포화 증기 h_g	엔트로피 kJ/kg·K 포화 액체 s_f	포화 증기 s_g
0.001	6.97	0.001000	129.18	29.297	2384.5	29.298	2484.4	2513.7	0.1059	8.9749
0.002	17.50	0.001001	66.990	73.433	2398.9	73.435	2459.5	2532.9	0.2606	8.7227
0.003	24.08	0.001003	45.655	100.99	2407.9	100.99	2443.9	2544.9	0.3543	8.5766
0.004	28.96	0.001004	34.792	121.40	2414.5	121.40	2432.3	2553.7	0.4224	8.4735
0.005	32.88	0.001005	28.186	137.76	2419.9	137.77	2423.0	2560.8	0.4763	8.3939
0.006	36.16	0.001006	23.734	151.48	2424.3	151.49	2415.2	2566.7	0.5209	8.3291
0.007	39.00	0.001008	20.525	163.36	2428.1	163.37	2408.4	2571.8	0.5591	8.2746
0.008	41.51	0.001009	18.099	173.84	2431.4	173.85	2402.4	2576.2	0.5925	8.2274
0.009	43.76	0.001009	16.200	183.25	2434.5	183.26	2397.0	2580.3	0.6223	8.1859
0.010	45.81	0.001010	14.671	191.80	2437.2	191.81	2392.1	2583.9	0.6492	8.1489
0.012	49.42	0.001012	12.359	206.90	2442.0	206.91	2383.4	2590.3	0.6963	8.0850
0.014	52.55	0.001013	10.691	219.98	2446.1	219.99	2375.8	2595.8	0.7366	8.0312
0.016	55.31	0.001015	9.4309	231.53	2449.8	231.55	2369.2	2600.7	0.7720	7.9847
0.018	57.80	0.001016	8.4433	241.93	2453.0	241.95	2363.1	2605.0	0.8035	7.9437
0.020	60.06	0.001017	7.6482	251.38	2455.9	251.40	2357.5	2608.9	0.8320	7.9072
0.025	64.96	0.001020	6.2034	271.90	2462.3	271.93	2345.5	2617.4	0.8931	7.8302
0.030	69.10	0.001022	5.2286	289.20	2467.7	289.23	2335.4	2624.6	0.9439	7.7675
0.040	75.86	0.001026	3.9931	317.53	2476.4	317.57	2318.5	2636.1	1.0259	7.6690
0.050	81.32	0.001030	3.2401	340.43	2483.2	340.48	2304.7	2645.2	1.0910	7.5930
0.060	85.93	0.001033	2.7318	359.78	2489.0	359.84	2293.1	2652.9	1.1452	7.5311
0.070	89.93	0.001036	2.3649	376.61	2493.9	376.68	2282.7	2659.4	1.1919	7.4790
0.080	93.49	0.001039	2.0872	391.56	2498.2	391.64	2273.6	2665.2	1.2328	7.4339
0.090	96.69	0.001041	1.8695	405.04	2502.0	405.13	2265.2	2670.3	1.2694	7.3942
0.10	99.61	0.001043	1.6940	417.34	2505.5	417.44	2257.5	2674.9	1.3026	7.3588
0.101325	99.97	0.001043	1.6733	418.88	2506.0	418.99	2256.5	2675.5	1.3067	7.3544
0.12	104.78	0.001047	1.4284	439.17	2511.7	439.30	2243.8	2683.1	1.3608	7.2976
0.14	109.29	0.001051	1.2366	458.22	2516.9	458.37	2231.6	2690.0	1.4109	7.2460
0.16	113.30	0.001054	1.0914	475.17	2521.4	475.34	2220.7	2696.0	1.4549	7.2014
0.18	116.91	0.001058	0.97753	490.48	2525.4	490.67	2210.7	2701.4	1.4944	7.1620
0.20	120.21	0.001061	0.88574	504.47	2529.1	504.68	2201.5	2706.2	1.5301	7.1269
0.25	127.41	0.001067	0.71870	535.08	2536.8	535.35	2181.2	2716.5	1.6072	7.0524
0.30	133.53	0.001073	0.60579	561.14	2543.2	561.46	2163.4	2724.9	1.6718	6.9916
0.35	138.86	0.001079	0.52420	583.93	2548.5	584.31	2147.7	2732.0	1.7275	6.9401
0.40	143.61	0.001084	0.46239	604.29	2553.1	604.72	2133.4	2738.1	1.7766	6.8954
0.45	147.91	0.001088	0.41390	622.73	2557.1	623.22	2120.2	2743.4	1.8206	6.8560
0.50	151.84	0.001093	0.37480	639.64	2560.7	640.19	2107.9	2748.1	1.8606	6.8206
0.55	155.46	0.001097	0.34259	655.28	2563.9	655.88	2096.4	2752.3	1.8972	6.7885
0.60	158.83	0.001101	0.31558	669.84	2566.8	670.50	2085.6	2756.1	1.9311	6.7592
0.65	161.99	0.001104	0.29258	683.50	2569.4	684.22	2075.4	2759.6	1.9626	6.7321
0.70	164.95	0.001108	0.27276	696.36	2571.8	697.14	2065.6	2762.7	1.9921	6.7070
0.80	170.41	0.001115	0.24033	720.13	2576.0	721.02	2047.3	2768.3	2.0460	6.6615
0.90	175.36	0.001121	0.21487	741.71	2579.6	742.72	2030.3	2773.0	2.0944	6.6212
1.00	179.89	0.001127	0.19435	761.55	2582.8	762.68	2014.4	2777.1	2.1384	6.5850

[A.3 포화수증기표 : 압력 기준(계속)]

압력 (P) MPa	포화온도 (T_{sat}) ℃	비체적 m^3/kg		내부에너지 kJ/kg		엔탈피 kJ/kg			엔트로피 kJ/kg·K	
		포화액체 v_f	포화증기 v_g	포화액체 u_f	포화증기 u_g	포화액체 h_f	증발 h_{fg}	포화증기 h_g	포화액체 s_f	포화증기 s_g
1.1	184.07	0.001133	0.17744	779.95	2585.5	781.20	1999.5	2780.7	2.1789	6.5520
1.2	187.96	0.001139	0.16325	797.13	2587.9	798.50	1985.3	2783.8	2.2163	6.5217
1.3	191.61	0.001144	0.15117	813.27	2590.0	814.76	1971.7	2786.5	2.2512	6.4936
1.4	195.05	0.001149	0.14077	828.52	2591.8	830.13	1958.8	2788.9	2.2839	6.4675
1.5	198.30	0.001154	0.13170	842.99	2593.5	844.72	1946.3	2791.0	2.3147	6.4431
1.6	201.38	0.001159	0.12373	856.76	2594.9	858.61	1934.3	2792.9	2.3438	6.4200
1.8	207.12	0.001168	0.11036	882.51	2597.4	884.61	1911.4	2796.0	2.3978	6.3776
2.0	212.38	0.001177	0.099581	906.27	2599.2	908.62	1889.8	2798.4	2.4470	6.3392
2.2	217.26	0.001185	0.090695	928.37	2600.7	930.98	1869.2	2800.2	2.4924	6.3040
2.4	221.80	0.001193	0.083242	949.09	2601.7	951.95	1849.6	2801.5	2.5344	6.2714
2.6	226.05	0.001201	0.076897	968.62	2602.6	971.74	1830.8	2802.5	2.5738	6.2411
2.8	230.06	0.001209	0.071428	987.11	2603.0	990.50	1812.5	2803.0	2.6107	6.2126
3.0	233.86	0.001217	0.066664	1004.7	2603.3	1008.4	1794.9	2803.3	2.6456	6.1858
3.2	237.46	0.001224	0.062475	1021.6	2603.3	1025.5	1777.7	2803.2	2.6787	6.1604
3.4	240.90	0.001231	0.058761	1037.6	2603.2	1041.8	1761.2	2803.0	2.7102	6.1362
3.6	244.19	0.001239	0.055446	1053.1	2602.9	1057.6	1744.9	2802.5	2.7403	6.1131
3.8	247.33	0.001246	0.052468	1068.1	2602.4	1072.8	1729.0	2801.8	2.7690	6.0910
4.0	250.36	0.001253	0.049777	1082.4	2601.8	1087.4	1713.5	2800.9	2.7967	6.0697
4.2	253.27	0.001259	0.047333	1096.3	2601.1	1101.6	1698.3	2799.9	2.8232	6.0492
4.4	256.07	0.001266	0.045103	1109.8	2600.2	1115.4	1683.3	2798.7	2.8488	6.0294
4.6	258.78	0.001273	0.043060	1122.9	2599.2	1128.8	1668.5	2797.3	2.8736	6.0103
4.8	261.40	0.001280	0.041181	1135.7	2598.1	1141.8	1654.0	2795.8	2.8975	5.9917
5.0	263.94	0.001286	0.039446	1148.1	2597.0	1154.5	1639.7	2794.2	2.9207	5.9737
5.5	269.97	0.001303	0.035642	1177.7	2593.7	1184.9	1604.8	2789.7	2.9759	5.9307
6.0	275.59	0.001319	0.032449	1205.8	2589.9	1213.7	1570.9	2784.6	3.0274	5.8901
6.5	280.86	0.001336	0.029728	1232.5	2585.6	1241.2	1537.6	2778.8	3.0760	5.8515
7.0	285.83	0.001352	0.027380	1257.9	2580.9	1267.4	1505.2	2772.6	3.1220	5.8146
7.5	290.54	0.001368	0.025331	1282.4	2575.8	1292.7	1473.1	2765.8	3.1658	5.7792
8.0	295.01	0.001385	0.023528	1306.0	2570.4	1317.1	1441.5	2758.6	3.2077	5.7448
8.5	299.27	0.001401	0.021926	1328.8	2564.6	1340.7	1410.3	2751.0	3.2478	5.7115
9.0	303.35	0.001418	0.020493	1350.9	2558.5	1363.7	1379.2	2742.9	3.2866	5.6790
9.5	307.25	0.001435	0.019203	1372.4	2552.0	1386.0	1348.4	2734.4	3.3240	5.6472
10	311.00	0.001453	0.018034	1393.4	2545.2	1407.9	1317.6	2725.5	3.3603	5.6159
11	318.08	0.001489	0.015994	1433.9	2530.5	1450.3	1256.1	2706.4	3.4300	5.5545
12	324.68	0.001526	0.014269	1473.0	2514.4	1491.3	1194.3	2685.6	3.4965	5.4941
13	330.86	0.001566	0.012785	1511.0	2496.7	1531.4	1131.5	2662.9	3.5606	5.4339
14	336.67	0.001610	0.011489	1548.4	2477.3	1570.9	1067.2	2638.1	3.6230	5.3730
15	342.16	0.001657	0.010340	1585.3	2455.8	1610.2	1000.7	2610.9	3.6844	5.3108
16	347.36	0.001710	0.009308	1622.3	2431.9	1649.7	931.10	2580.8	3.7457	5.2463
17	352.29	0.001769	0.008369	1659.9	2405.1	1690.0	857.40	2547.4	3.8077	5.1785
18	356.99	0.001839	0.007499	1698.9	2374.5	1732.0	777.50	2509.5	3.8717	5.1055
19	361.47	0.001925	0.006673	1740.3	2338.6	1776.9	688.50	2465.4	3.9396	5.0246
20	365.75	0.002039	0.005858	1786.3	2294.2	1827.1	584.30	2411.4	4.0154	4.9299
21	369.83	0.002212	0.004988	1842.9	2232.8	1889.4	448.10	2337.5	4.1093	4.8062
22	373.71	0.002750	0.003577	1961.4	2085.5	2021.9	142.30	2164.2	4.3109	4.5308
22.064	373.95	0.003106	0.003106	2019.0	2019.0	2087.5	0.00	2087.5	4.4120	4.4120

A.4 과열 증기표(물)

압력 MPa (Sat. T)		온도(℃)										
		50	100	150	200	250	300	350	400	500	600	700
0.01	v	14.867	17.197	19.514	21.826	24.136	26.446	28.755	31.064	35.680	40.296	44.912
(45.81)	h	2592.0	2687.4	2783.0	2879.6	2977.4	3076.7	3177.5	3279.9	3489.7	3706.3	3929.9
	s	8.1741	8.4488	8.6892	8.9048	9.1014	9.2827	9.4513	9.6093	9.8997	10.163	10.405
0.02	v		8.5857	9.7488	10.907	12.064	13.220	14.375	15.530	17.839	20.147	22.455
(60.06)	h		2686.2	2782.3	2879.1	2977.1	3076.5	3177.4	3279.8	3489.6	3706.2	3929.8
	s		8.1262	8.3680	8.5842	8.7811	8.9624	9.1311	9.2892	9.5797	9.8431	10.086
0.05	v		3.4188	3.8899	4.3563	4.8207	5.2841	5.7470	6.2095	7.1339	8.0578	8.9814
(81.32)	h		2682.4	2780.2	2877.8	2976.2	3075.8	3176.8	3279.3	3489.2	3706.0	3929.7
	s		7.6952	7.9412	8.1591	8.3568	8.5386	8.7076	8.8658	9.1565	9.4200	9.6625
0.1	v		1.6960	1.9367	2.1725	2.4062	2.6389	2.8710	3.1027	3.5656	4.0279	4.4900
(99.61)	h		2675.8	2776.6	2875.5	2974.5	3074.5	3175.8	3278.5	3488.7	3705.6	3929.4
	s		7.3610	7.6147	7.8356	8.0346	8.2171	8.3865	8.5451	8.8361	9.0998	9.3424
0.2	v			0.9599	1.0805	1.1989	1.3162	1.4330	1.5493	1.7814	2.0130	2.2444
(120.21)	h			2769.1	2870.8	2971.3	3072.1	3173.9	3277.0	3487.6	3704.8	3928.8
	s			7.2809	7.5081	7.7100	7.8940	8.0643	8.2235	8.5151	8.7792	9.0220
0.3	v			0.6340	0.7164	0.7965	0.8753	0.9536	1.0315	1.1867	1.3414	1.4958
(133.53)	h			2761.2	2866.0	2967.9	3069.6	3172.0	3275.4	3486.6	3704.0	3928.2
	s			7.0791	7.3132	7.5181	7.7037	7.8749	8.0346	8.3269	8.5914	8.8344
0.4	v			0.4709	0.5343	0.5952	0.6549	0.7139	0.7726	0.8894	1.0056	1.1215
(143.61)	h			2752.8	2861	2964.6	3067.1	3170.0	3273.9	3485.5	3703.2	3927.6
	s			6.9305	7.1724	7.3805	7.5677	7.7398	7.9001	8.1931	8.4579	8.7012
0.5	v				0.4250	0.4744	0.5226	0.5701	0.6173	0.7109	0.8041	0.8970
(151.84)	h				2855.9	2961.1	3064.6	3168.1	3272.3	3484.4	3702.5	3927.0
	s				7.0611	7.2726	7.4614	7.6345	7.7954	8.0891	8.3543	8.5977
0.6	v				0.3521	0.3939	0.4344	0.4743	0.5137	0.5920	0.6698	0.7473
(158.83)	h				2850.7	2957.7	3062.1	3166.1	3270.7	3483.3	3701.7	3926.5
	s				6.9684	7.1834	7.3740	7.5480	7.7095	8.0039	8.2694	8.5131
0.7	v				0.3000	0.3364	0.3714	0.4058	0.4398	0.5070	0.5738	0.6403
(164.95)	h				2845.3	2954.1	3059.5	3164.1	3269.1	3482.3	3700.9	3925.9
	s				6.8884	7.1071	7.2995	7.4745	7.6366	7.9317	8.1976	8.4415
0.8	v				0.2609	0.2932	0.3242	0.3544	0.3843	0.4433	0.5019	0.5601
(170.41)	h				2839.8	2950.5	3056.9	3162.2	3267.6	3481.2	3700.1	3925.3
	s				6.8176	7.0403	7.2345	7.4106	7.5733	7.8690	8.1353	8.3794
0.9	v				0.2304	0.2596	0.2874	0.3145	0.3411	0.3938	0.4459	0.4977
(175.36)	h				2834.1	2946.9	3054.3	3160.2	3266.0	3480.1	3699.3	3924.7
	s				6.7538	6.9806	7.1768	7.3538	7.5172	7.8136	8.0803	8.3246
1	v				0.2060	0.2327	0.2580	0.2825	0.3066	0.3541	0.4011	0.4478
(179.89)	h				2828.3	2943.2	3051.7	3158.2	3264.4	3479.0	3698.6	3924.1
	s				6.6955	6.9266	7.1247	7.3028	7.4668	7.7640	8.0309	8.2755

[v : 비체적 (m^3/kg) h : 엔탈피 (kJ/kg) s : 엔트로피 (kJ/kg · K)]

† 괄호 안의 온도 값은 주어진 압력에서의 포화온도(T_{sat}, ℃)를 나타낸다.

[A.4 과열 증기표 (계속)]

압력 MPa (Sat. T)		온도(℃) 200	250	300	350	400	450	500	550	600	700	800
1.2	v	0.1693	0.1924	0.2139	0.2345	0.2548	0.2748	0.2946	0.3143	0.3339	0.3730	0.4118
(187.96)	h	2816.1	2935.7	3046.4	3154.1	3261.2	3368.6	3476.8	3586.2	3697.0	3922.9	4155.2
	s	6.5908	6.8314	7.0336	7.2138	7.3791	7.5330	7.6777	7.8148	7.9454	8.1904	8.4175
1.4	v	0.1430	0.1635	0.1823	0.2003	0.2178	0.2351	0.2522	0.2691	0.2860	0.3195	0.3529
(195.05)	h	2803.0	2927.9	3041.0	3150.1	3258.0	3366.0	3474.7	3584.4	3695.4	3921.8	4154.3
	s	6.4975	6.7488	6.9553	7.1378	7.3044	7.4591	7.6045	7.7420	7.8729	8.1183	8.3457
1.6	v		0.1419	0.1587	0.1746	0.1901	0.2053	0.2203	0.2352	0.2500	0.2794	0.3087
(201.38)	h		2919.9	3035.5	3146.0	3254.7	3363.3	3472.5	3582.6	3693.9	3920.6	4153.4
	s		6.6754	6.8865	7.0713	7.2392	7.3948	7.5407	7.6787	7.8099	8.0557	8.2834
1.8	v		0.1250	0.1402	0.1546	0.1685	0.1821	0.1955	0.2088	0.2220	0.2482	0.2743
(207.12)	h		2911.7	3029.9	3141.8	3251.5	3360.7	3470.3	3580.7	3692.3	3919.4	4152.5
	s		6.6087	6.8247	7.0119	7.1812	7.3377	7.4842	7.6226	7.7542	8.0004	8.2284
2	v		0.1115	0.1255	0.1386	0.1512	0.1635	0.1757	0.1877	0.1996	0.2233	0.2467
(212.38)	h		2903.2	3024.3	3137.6	3248.2	3358.1	3468.1	3578.9	3690.7	3918.2	4151.6
	s		6.5474	6.7685	6.9582	7.1290	7.2863	7.4335	7.5723	7.7042	7.9509	8.1791
2.2	v		0.1004	0.1134	0.1255	0.1371	0.1484	0.1595	0.1704	0.1813	0.2028	0.2242
(217.26)	h		2894.5	3018.5	3133.4	3244.9	3355.4	3465.9	3577.0	3689.1	3917.1	4150.7
	s		6.4903	6.7168	6.9091	7.0813	7.2396	7.3873	7.5266	7.6588	7.9059	8.1344
2.4	v		0.0911	0.1034	0.1146	0.1253	0.1357	0.1459	0.1560	0.1660	0.1858	0.2055
(221.8)	h		2885.5	3012.6	3129.1	3241.6	3352.7	3463.7	3575.2	3687.6	3915.9	4149.8
	s		6.4365	6.6688	6.8638	7.0375	7.1967	7.3450	7.4848	7.6173	7.8648	8.0936
2.6	v		0.0833	0.0948	0.1053	0.1153	0.1250	0.1345	0.1439	0.1531	0.1714	0.1896
(226.05)	h		2876.2	3006.6	3124.8	3238.3	3350.0	3461.5	3573.3	3686.0	3914.7	4148.9
	s		6.3854	6.6238	6.8216	6.9968	7.1570	7.3060	7.4461	7.5790	7.8269	8.0559
2.8	v		0.0765	0.0875	0.0974	0.1068	0.1158	0.1247	0.1334	0.1420	0.1591	0.1760
(230.06)	h		2866.5	3000.5	3120.5	3234.9	3347.4	3459.3	3571.5	3684.4	3913.5	4148.0
	s		6.3365	6.5814	6.7821	6.9589	7.1200	7.2696	7.4102	7.5434	7.7918	8.0210
3	v		0.0706	0.0812	0.0906	0.0994	0.1079	0.1162	0.1244	0.1324	0.1484	0.1642
(233.86)	h		2856.5	2994.3	3116.1	3231.6	3344.7	3457.0	3569.6	3682.8	3912.3	4147.0
	s		6.2893	6.5412	6.7449	6.9233	7.0853	7.2356	7.3767	7.5102	7.7590	7.9885
4	v			0.0589	0.0665	0.0734	0.0800	0.0864	0.0927	0.0989	0.1110	0.1229
(250.36)	h			2961.7	3093.3	3214.4	3331.0	3445.8	3560.2	3674.8	3906.4	4142.5
	s			6.3638	6.5843	6.7712	6.9383	7.0919	7.2353	7.3704	7.6215	7.8523
5	v			0.0453	0.0520	0.0578	0.0633	0.0686	0.0737	0.0787	0.0885	0.0982
(263.94)	h			2925.6	3069.3	3196.6	3317.0	3434.5	3550.8	3666.8	3900.5	4137.9
	s			6.2109	6.4515	6.6481	6.8208	6.9778	7.1235	7.2604	7.5137	7.7459
6	v			0.0362	0.0423	0.0474	0.0522	0.0567	0.0610	0.0653	0.0735	0.0816
(275.59)	h			2885.5	3043.9	3178.2	3302.8	3422.9	3541.2	3658.8	3894.5	4133.3
	s			6.0702	6.3356	6.5431	6.7216	6.8824	7.0306	7.1692	7.4248	7.6583

[v : 비체적 (m^3/kg) h : 엔탈피 (kJ/kg) s : 엔트로피 (kJ/kg · K)]

[A.4 과열 증기표 (계속)]

압력 MPa (Sat. T)		온도(℃)										
		300	325	350	375	400	450	500	550	600	700	800
7	v	0.0295	0.0326	0.0353	0.0377	0.0400	0.0442	0.0482	0.0520	0.0557	0.0628	0.0698
(285.83)	h	2839.8	2935.5	3016.8	3090.4	3159.1	3288.2	3411.3	3531.5	3650.6	3888.5	4128.6
	s	5.9335	6.0970	6.2303	6.3460	6.4501	6.6351	6.7997	6.9505	7.0909	7.3488	7.5837
8	v	0.0243	0.0274	0.0300	0.0323	0.0343	0.0382	0.0418	0.0452	0.0485	0.0548	0.0610
(295.01)	h	2786.4	2898.3	2988.1	3066.9	3139.3	3273.2	3399.4	3521.8	3642.4	3882.4	4124.0
	s	5.7935	5.9849	6.1319	6.2560	6.3657	6.5577	6.7264	6.8798	7.0221	7.2823	7.5186
9	v		0.0233	0.0258	0.0280	0.0300	0.0335	0.0368	0.0399	0.0429	0.0486	0.0541
(303.35)	h		2857.0	2957.2	3042.2	3118.8	3257.9	3387.3	3511.9	3634.2	3876.4	4119.4
	s		5.8736	6.0378	6.1716	6.2875	6.4871	6.6601	6.8163	6.9605	7.2231	7.4608
10	v		0.0199	0.0224	0.0246	0.0264	0.0298	0.0328	0.0357	0.0384	0.0436	0.0486
(311)	h		2810.2	2924.0	3016.2	3097.4	3242.3	3375.1	3501.9	3625.8	3870.3	4114.7
	s		5.7593	5.9458	6.0910	6.2139	6.4217	6.5993	6.7584	6.9045	7.1696	7.4086
11	v		0.0170	0.0196	0.0217	0.0235	0.0267	0.0296	0.0322	0.0347	0.0395	0.0441
(318.08)	h		2755.6	2887.8	2988.7	3075.1	3226.2	3362.6	3491.9	3617.5	3864.2	4110.1
	s		5.6373	5.8541	6.0129	6.1438	6.3605	6.5430	6.7050	6.8531	7.1207	7.3612
12	v		0.0143	0.0172	0.0193	0.0211	0.0242	0.0268	0.0293	0.0317	0.0361	0.0404
(324.68)	h		2688.4	2848.0	2959.5	3051.9	3209.8	3350.0	3481.7	3609.0	3858.0	4105.4
	s		5.4988	5.7607	5.9362	6.0762	6.3027	6.4902	6.6553	6.8055	7.0756	7.3175
13	v			0.0151	0.0173	0.0190	0.0220	0.0245	0.0269	0.0291	0.0332	0.0372
(330.86)	h			2803.6	2928.3	3027.6	3192.9	3337.1	3471.4	3600.5	3851.9	4100.7
	s			5.6635	5.8600	6.0104	6.2475	6.4404	6.6087	6.7610	7.0336	7.2771
14	v			0.0132	0.0155	0.0172	0.0201	0.0225	0.0248	0.0268	0.0308	0.0345
(336.67)	h			2752.9	2894.9	3002.2	3175.6	3324.1	3461.0	3591.9	3845.7	4096.0
	s			5.5595	5.7832	5.9457	6.1945	6.3931	6.5648	6.7192	6.9944	7.2393
15	v			0.0115	0.0139	0.0157	0.0185	0.0208	0.0229	0.0249	0.0286	0.0321
(342.16)	h			2693.0	2858.9	2975.5	3157.8	3310.8	3450.5	3583.3	3839.5	4091.3
	s			5.4435	5.7049	5.8817	6.1433	6.3479	6.5230	6.6797	6.9576	7.2039
16	v			0.0098	0.0125	0.0143	0.0170	0.0193	0.0214	0.0232	0.0267	0.0301
(347.36)	h			2617.0	2819.5	2947.5	3139.6	3297.3	3439.8	3574.6	3833.3	4086.6
	s			5.3045	5.6238	5.8177	6.0935	6.3045	6.4832	6.6422	6.9228	7.1706
17	v				0.0112	0.0130	0.0158	0.0180	0.0199	0.0218	0.0251	0.0282
(352.29)	h				2775.9	2917.8	3120.9	3283.6	3429.1	3565.9	3827.0	4081.9
	s				5.5384	5.7533	6.0449	6.2627	6.4451	6.6064	6.8897	7.1391
18	v				0.0100	0.0119	0.0147	0.0168	0.0187	0.0204	0.0236	0.0266
(356.99)	h				2726.9	2886.3	3101.7	3269.7	3418.3	3557.0	3820.7	4077.2
	s				5.4465	5.6881	5.9973	6.2222	6.4085	6.5722	6.8583	7.1091
20	v				0.0077	0.0099	0.0127	0.0148	0.0166	0.0182	0.0211	0.0239
(365.75)	h				2602.4	2816.8	3061.5	3241.2	3396.2	3539.2	3808.2	4067.7
	s				5.2272	5.5525	5.9041	6.1445	6.3390	6.5077	6.7994	7.0534

[v : 비체적 (m^3/kg) h : 엔탈피 (kJ/kg) s : 엔트로피 (kJ/kg · K)]

[A.4 과열 증기표 (계속)]

압력 MPa		온도(℃)									
		375	400	450	500	550	600	650	700	750	800
22	v	0.00490	0.00826	0.0111	0.0131	0.0148	0.0163	0.0178	0.0191	0.0204	0.0216
	h	2354.0	2735.8	3019.0	3211.8	3373.8	3521.2	3660.6	3795.5	3927.6	4058.2
	s	4.8240	5.4050	5.8124	6.0704	6.2736	6.4475	6.6029	6.7451	6.8776	7.0022
24	v	0.00206	0.00673	0.00977	0.0118	0.0134	0.0148	0.0161	0.0174	0.0186	0.0197
	h	1872.5	2637.4	2974.0	3181.4	3350.9	3502.9	3645.6	3782.8	3916.7	4048.8
	s	4.0731	5.2366	5.7212	5.9991	6.2116	6.3910	6.5499	6.6946	6.8289	6.9549
26	v	0.00192	0.00529	0.00862	0.0106	0.0121	0.0135	0.0148	0.0160	0.0171	0.0182
	h	1832.8	2510.6	2926.1	3150.2	3327.6	3484.4	3630.4	3770.0	3905.8	4039.3
	s	4.0059	5.0304	5.6296	5.9298	6.1523	6.3374	6.5000	6.6473	6.7833	6.9107
28	v	0.00185	0.00385	0.00762	0.00957	0.0111	0.0124	0.0136	0.0147	0.0158	0.0168
	h	1809.1	2334.4	2875.1	3117.9	3303.9	3465.7	3615.1	3757.1	3894.8	4029.7
	s	3.9635	4.7552	5.5367	5.8621	6.0953	6.2863	6.4527	6.6026	6.7405	6.8693
30	v	0.00179	0.00280	0.00674	0.00869	0.0102	0.0114	0.0126	0.0137	0.0147	0.0156
	h	1792.0	2152.4	2820.9	3084.8	3279.8	3446.9	3599.7	3744.2	3883.8	4020.2
	s	3.9314	4.4750	5.4419	5.7956	6.0403	6.2374	6.4077	6.5602	6.7000	6.8303
35	v	0.00170	0.00211	0.00496	0.00693	0.00835	0.00952	0.0106	0.0115	0.0124	0.0133
	h	1762.5	1988.4	2671.0	2998.0	3218.1	3399.0	3560.9	3711.9	3856.3	3996.5
	s	3.8725	4.2140	5.1945	5.6331	5.9093	6.1229	6.3032	6.4625	6.6072	6.7411
40	v	0.00164	0.00191	0.00369	0.00562	0.00699	0.00809	0.00905	0.00993	0.0107	0.0115
	h	1742.7	1931.1	2511.8	2906.7	3154.6	3350.4	3521.8	3679.4	3828.8	3972.8
	s	3.8290	4.1141	4.9447	5.4746	5.7859	6.0170	6.2079	6.3743	6.5239	6.6614
50	v	0.00156	0.00173	0.00249	0.00389	0.00512	0.00611	0.00696	0.00772	0.00842	0.00907
	h	1716.6	1874.3	2284.4	2722.5	3025.7	3252.6	3443.5	3614.8	3774.1	3926.0
	s	3.7642	4.0028	4.5892	5.1759	5.5566	5.8245	6.0372	6.2180	6.3777	6.5226
60	v	0.00150	0.00163	0.00208	0.00295	0.00395	0.00483	0.00559	0.00627	0.00688	0.00746
	h	1699.9	1843.1	2179.8	2570.4	2902.1	3157.0	3366.8	3551.4	3720.6	3880.2
	s	3.7148	3.9316	4.4134	4.9356	5.3519	5.6528	5.8867	6.0815	6.2512	6.4034
70	v	0.00146	0.00157	0.00189	0.00246	0.00322	0.00397	0.00465	0.00525	0.00580	0.00632
	h	1688.4	1822.9	2123.4	2466.2	2795.0	3067.5	3293.6	3490.5	3669.0	3835.8
	s	3.6743	3.8778	4.3080	4.7662	5.1786	5.5003	5.7522	5.9600	6.1390	6.2982
80	v	0.00143	0.00152	0.00177	0.00219	0.00276	0.00338	0.00398	0.00452	0.00501	0.00548
	h	1680.4	1808.8	2087.6	2397.6	2709.9	2988.1	3225.7	3432.9	3619.7	3793.3
	s	3.6395	3.8339	4.2331	4.6474	5.0391	5.3674	5.6321	5.8509	6.0382	6.2039
90	v	0.00140	0.00148	0.00169	0.00201	0.00246	0.00297	0.00348	0.00397	0.00442	0.00484
	h	1674.6	1798.6	2062.7	2350.3	2645.2	2920.8	3164.4	3379.5	3573.5	3753.0
	s	3.6089	3.7965	4.1747	4.5593	4.9288	5.2540	5.5255	5.7526	5.9470	6.1184
100	v	0.00137	0.00144	0.00163	0.00189	0.00225	0.00267	0.00311	0.00355	0.00395	0.00434
	h	1670.7	1791.1	2044.5	2316.2	2596.1	2865.1	3110.6	3330.8	3530.7	3715.2
	s	3.5815	3.7638	4.1267	4.4899	4.8407	5.1580	5.4316	5.6640	5.8644	6.0405

[v : 비체적 (m^3/kg) h : 엔탈피 (kJ/kg) s : 엔트로피 (kJ/kg · K)]

A.5 압축액(압축수)표

T ℃	v m³/kg	h kJ/kg	s kJ/kg·K	v m³/kg	h kJ/kg	s kJ/kg·K	v m³/kg	h kJ/kg	s kJ/kg·K
	P=5MPa (263.94℃)			P=10MPa (311.00℃)			P=15MPa (342.16℃)		
(Sat.)	0.001286	1154.5	2.9207	0.001452	1407.9	3.3603	0.001657	1610.3	3.6848
0	0.000998	5.0	0.0001	0.000995	10.1	0.0003	0.000993	15.1	0.0004
20	0.001000	88.6	0.2954	0.000997	93.3	0.2943	0.000995	97.9	0.2932
40	0.001006	172.0	0.5705	0.001004	176.4	0.5685	0.001001	180.8	0.5666
60	0.001015	255.4	0.8287	0.001013	259.6	0.8260	0.001011	263.7	0.8234
80	0.001027	339.0	1.0723	0.001024	342.9	1.0691	0.001022	346.9	1.0659
100	0.001041	422.9	1.3034	0.001039	426.6	1.2996	0.001036	430.4	1.2958
120	0.001058	507.2	1.5236	0.001055	510.7	1.5191	0.001052	514.3	1.5148
140	0.001077	592.2	1.7344	0.001074	595.5	1.7293	0.001071	598.8	1.7243
160	0.001099	678.0	1.9374	0.001095	681.0	1.9316	0.001092	684.0	1.9259
180	0.001124	765.1	2.1338	0.001120	767.7	2.1271	0.001116	770.3	2.1206
200	0.001153	853.7	2.3251	0.001148	855.8	2.3174	0.001144	858.0	2.3100
220	0.001187	944.3	2.5127	0.001181	945.8	2.5037	0.001175	947.4	2.4951
240	0.001227	1037.7	2.6983	0.001219	1038.3	2.6876	0.001212	1039.2	2.6774
260	0.001276	1134.9	2.8841	0.001265	1134.3	2.8710	0.001256	1134.0	2.8586
280				0.001323	1235.0	3.0565	0.001310	1233.0	3.0410
300				0.001398	1343.3	3.2488	0.001378	1338.3	3.2279
320							0.001473	1454.0	3.4263
340							0.001631	1592.4	3.6555
	P=20MPa (365.75℃)			P=30MPa			P=50MPa		
(Sat.)	0.002038	1826.6	4.0146						
0	0.000990	20.0	0.0005	0.000986	29.9	0.0003	0.000977	49.1	0.0010
20	0.000993	102.6	0.2921	0.000989	111.8	0.2897	0.000981	130.0	0.2845
40	0.000999	185.2	0.5646	0.000995	193.9	0.5607	0.000987	211.3	0.5528
60	0.001008	267.9	0.8208	0.001004	276.3	0.8156	0.000996	292.9	0.8055
80	0.001020	350.9	1.0627	0.001016	358.9	1.0564	0.001007	374.8	1.0442
100	0.001034	434.2	1.2920	0.001029	441.7	1.2847	0.001020	456.9	1.2705
120	0.001050	517.8	1.5105	0.001045	525.0	1.5020	0.001035	539.4	1.4859
140	0.001068	602.1	1.7194	0.001062	608.8	1.7098	0.001052	622.4	1.6916
160	0.001089	687.1	1.9203	0.001082	693.2	1.9094	0.001070	705.9	1.8889
180	0.001112	773.0	2.1143	0.001105	778.6	2.1020	0.001091	790.1	2.0790
200	0.001139	860.3	2.3027	0.001130	865.0	2.2888	0.001115	875.2	2.2628
220	0.001170	949.2	2.4867	0.001160	952.9	2.4707	0.001141	961.5	2.4414
240	0.001205	1040.2	2.6676	0.001193	1042.7	2.6491	0.001171	1049.1	2.6156
260	0.001247	1134.0	2.8469	0.001231	1134.7	2.8250	0.001204	1138.4	2.7864
280	0.001298	1231.5	3.0265	0.001277	1229.8	3.0001	0.001243	1229.9	2.9547
300	0.001361	1334.4	3.2091	0.001332	1328.9	3.1761	0.001288	1324.0	3.1218
320	0.001445	1445.5	3.3996	0.001401	1433.7	3.3558	0.001341	1421.4	3.2888
340	0.001569	1571.6	3.6086	0.001493	1547.1	3.5438	0.001405	1523.1	3.4575
360	0.001825	1740.1	3.8787	0.001628	1675.6	3.7499	0.001485	1630.7	3.6301
380				0.001873	1838.2	4.0026	0.001588	1746.5	3.8102

(† 괄호 안의 온도는 주어진 압력에서의 포화온도를 나타낸다.)

A.6 포화고체-포화증기표(물)

온도 T ℃	포화 압력 P_{sat} kPa	비체적 m^3/kg 포화 얼음 v_i	포화 증기 v_g	내부에너지 kJ/kg 포화 얼음 u_i	포화 증기 u_g	엔탈피 kJ/kg 포화 얼음 h_i	승화 h_{ig}	포화 증기 h_g	엔트로피 kJ/kg·K 포화 얼음 s_i	포화 증기 s_g
(삼중점) (0.01)	0.61169	0.001091	205.99	-333.40	2374.5	-333.40	2833.9	2500.5	-1.2202	9.154
0	0.61115	0.001091	206.17	-333.43	2374.5	-333.43	2833.9	2500.5	-1.2204	9.154
-2	0.51772	0.001091	241.62	-337.63	2371.8	-337.63	2834.5	2496.8	-1.2358	9.218
-4	0.43748	0.001090	283.84	-341.80	2369.0	-341.80	2835.0	2493.2	-1.2513	9.282
-6	0.36873	0.001090	334.27	-345.94	2366.2	-345.93	2835.4	2489.5	-1.2667	9.347
-8	0.30998	0.001090	394.66	-350.04	2363.5	-350.04	2835.8	2485.8	-1.2821	9.413
-10	0.25990	0.001089	467.17	-354.12	2360.7	-354.12	2836.2	2482.1	-1.2976	9.480
-12	0.21732	0.001089	554.47	-358.17	2357.9	-358.17	2836.6	2478.4	-1.3130	9.549
-14	0.18121	0.001088	659.88	-362.18	2355.2	-362.18	2836.9	2474.7	-1.3284	9.618
-16	0.15068	0.001088	787.51	-366.17	2352.4	-366.17	2837.2	2471.0	-1.3439	9.689
-18	0.12492	0.001088	942.51	-370.13	2349.6	-370.13	2837.5	2467.3	-1.3593	9.761
-20	0.10326	0.001087	1131.3	-374.06	2346.8	-374.06	2837.7	2463.6	-1.3748	9.835
-22	0.08510	0.001087	1362.0	-377.95	2344.1	-377.95	2837.9	2459.9	-1.3903	9.909
-24	0.06991	0.001087	1644.7	-381.82	2341.3	-381.82	2838.1	2456.2	-1.4057	9.985
-26	0.05725	0.001087	1992.2	-385.66	2338.5	-385.66	2838.2	2452.5	-1.4212	10.063
-28	0.04673	0.001086	2421.0	-389.47	2335.7	-389.47	2838.3	2448.8	-1.4367	10.141
-30	0.03802	0.001086	2951.7	-393.25	2332.9	-393.25	2838.4	2445.1	-1.4521	10.221
-32	0.03082	0.001086	3610.9	-397.00	2330.2	-397.00	2838.4	2441.4	-1.4676	10.303
-34	0.02490	0.001085	4432.4	-400.72	2327.4	-400.72	2838.5	2437.7	-1.4831	10.386
-36	0.02004	0.001085	5460.1	-404.40	2324.6	-404.40	2838.4	2434.0	-1.4986	10.470
-38	0.01608	0.001085	6750.5	-408.07	2321.8	-408.07	2838.4	2430.3	-1.5141	10.557
-40	0.01285	0.001084	8376.7	-411.70	2319.0	-411.70	2838.3	2426.6	-1.5296	10.644

A.7 엔탈피-엔트로피 선도(물)

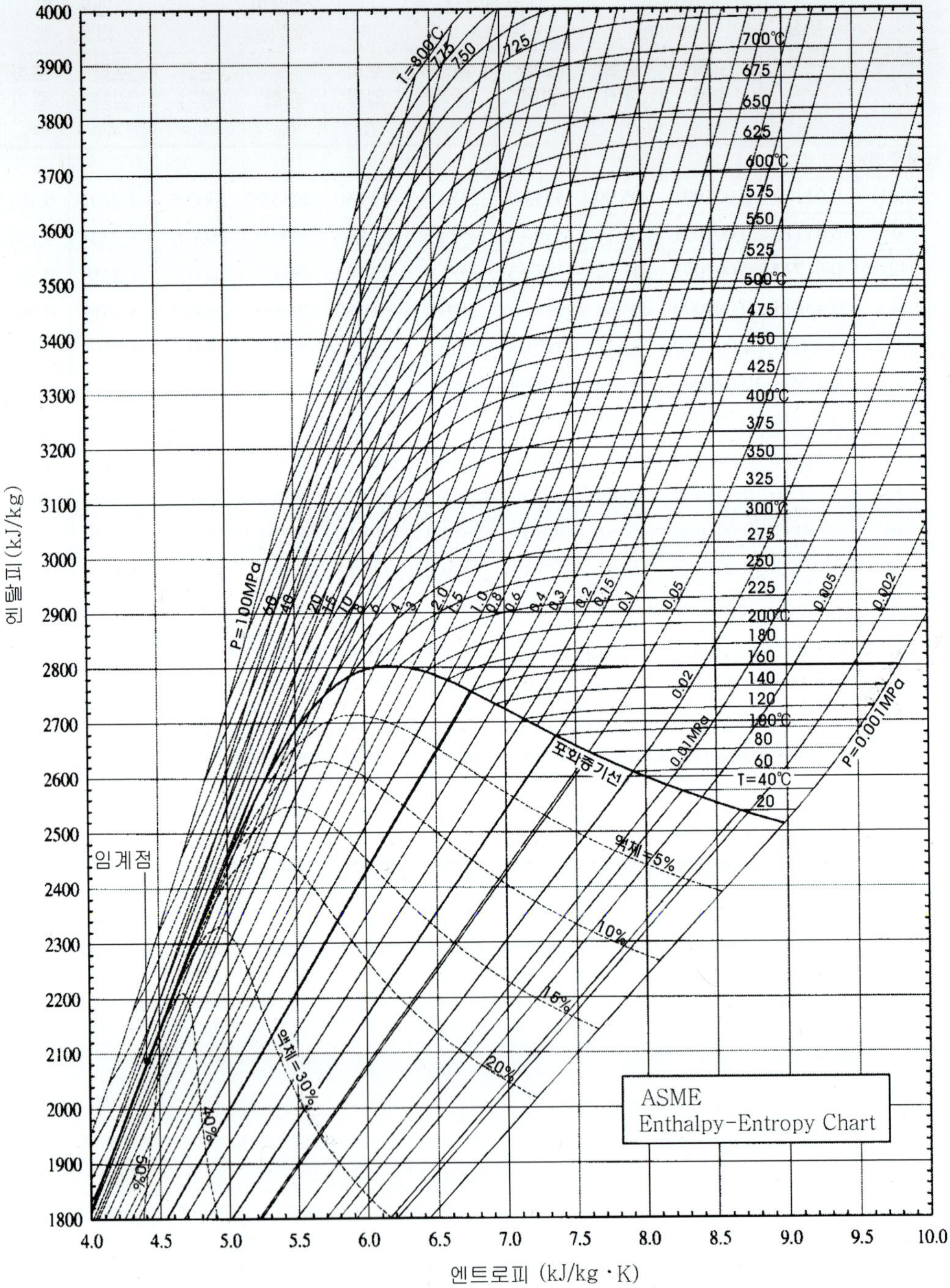

A.8 포화냉매-R134a : 온도 기준

온도 T ℃	포화압력 P_{sat} kPa	비체적 m^3/kg 포화액체 v_f	포화증기 v_g	내부에너지 kJ/kg 포화액체 u_f	포화증기 u_g	엔탈피 kJ/kg 포화액체 h_f	증발 h_{fg}	포화증기 h_g	엔트로피 kJ/kg·K 포화액체 s_f	포화증기 s_g
-40	51.2	0.0007054	0.36108	-0.036	207.37	0.000	225.86	225.86	0.00000	0.96873
-36	62.9	0.0007112	0.29771	4.992	209.66	5.037	223.35	228.39	0.02139	0.96322
-32	76.7	0.0007172	0.24727	10.05	211.96	10.10	220.82	230.92	0.04253	0.95820
-28	92.7	0.0007234	0.20680	15.13	214.26	15.20	218.23	233.43	0.06345	0.95363
-26	101.7	0.0007265	0.18958	17.69	215.41	17.76	216.92	234.68	0.07382	0.95151
-24	111.3	0.0007297	0.17407	20.25	216.55	20.33	215.60	235.93	0.08414	0.94948
-22	121.7	0.0007329	0.16006	22.82	217.70	22.91	214.26	237.17	0.09441	0.94755
-20	132.7	0.0007362	0.14739	25.39	218.85	25.49	212.92	238.41	0.10464	0.94571
-18	144.6	0.0007396	0.13592	27.98	219.99	28.09	211.55	239.64	0.11481	0.94396
-16	157.3	0.0007430	0.12551	30.57	221.13	30.69	210.18	240.87	0.12493	0.94229
-14	170.8	0.0007464	0.11605	33.17	222.27	33.30	208.79	242.09	0.13501	0.94070
-12	185.2	0.0007499	0.10744	35.78	223.41	35.92	207.39	243.31	0.14505	0.93918
-10	200.6	0.0007535	0.09959	38.40	224.54	38.55	205.97	244.52	0.15504	0.93774
-8	216.9	0.0007571	0.09242	41.03	225.67	41.19	204.53	245.72	0.16499	0.93636
-6	234.3	0.0007608	0.08587	43.67	226.80	43.84	203.08	246.92	0.17489	0.93505
-4	252.7	0.0007646	0.07987	46.31	227.93	46.50	201.61	248.11	0.18476	0.93380
-2	272.2	0.0007684	0.07436	48.97	229.05	49.17	200.12	249.29	0.19459	0.93261
0	292.8	0.0007723	0.06931	51.63	230.17	51.86	198.60	250.46	0.20439	0.93148
2	314.6	0.0007763	0.06466	54.30	231.28	54.55	197.07	251.62	0.21415	0.93039
4	337.7	0.0007804	0.06039	56.99	232.39	57.25	195.53	252.78	0.22387	0.92935
6	362.0	0.0007845	0.05644	59.68	233.49	59.97	193.95	253.92	0.23357	0.92836
8	387.6	0.0007887	0.05280	62.39	234.58	62.69	192.36	255.05	0.24323	0.92741
12	443.0	0.0007975	0.04633	67.83	236.76	68.19	189.11	257.29	0.26247	0.92563
16	504.3	0.0008066	0.04078	73.32	238.91	73.73	185.74	259.47	0.28160	0.92397
20	571.7	0.0008161	0.03600	78.86	241.02	79.32	182.28	261.60	0.30063	0.92243
24	645.8	0.0008261	0.03186	84.45	243.11	84.98	178.70	263.68	0.31958	0.92097
26	685.4	0.0008313	0.03000	87.26	244.13	87.83	176.87	264.70	0.32903	0.92026
28	726.9	0.0008367	0.02826	90.09	245.15	90.70	175.00	265.69	0.33847	0.91957
30	770.2	0.0008421	0.02664	92.93	246.16	93.58	173.09	266.67	0.34789	0.91888
32	815.4	0.0008478	0.02513	95.79	247.15	96.48	171.16	267.64	0.35730	0.91820
34	862.6	0.0008536	0.02371	98.66	248.13	99.40	169.18	268.58	0.36670	0.91752
36	911.9	0.0008595	0.02238	101.55	249.10	102.33	167.17	269.50	0.37609	0.91683
38	963.2	0.0008657	0.02114	104.46	250.05	105.29	165.12	270.41	0.38548	0.91615
40	1016.6	0.0008720	0.01997	107.38	250.99	108.27	163.01	271.28	0.39487	0.91545
42	1072.2	0.0008786	0.01887	110.32	251.91	111.26	160.88	272.14	0.40425	0.91473
44	1130.1	0.0008854	0.01784	113.28	252.81	114.28	158.69	272.97	0.41364	0.91400
48	1252.9	0.0008997	0.01595	119.26	254.56	120.39	154.16	274.55	0.43243	0.91246
52	1385.4	0.0009150	0.01428	125.33	256.23	126.60	149.41	276.01	0.45127	0.91078
56	1528.2	0.0009317	0.01278	131.49	257.79	132.92	144.40	277.32	0.47018	0.90892
60	1681.8	0.0009498	0.01144	137.76	259.24	139.36	139.13	278.49	0.48921	0.90681
70	2116.8	0.0010038	0.00865	154.01	262.19	156.14	124.37	280.51	0.53757	0.89999
80	2633.2	0.0010773	0.00645	171.41	263.69	174.25	106.42	280.67	0.58803	0.88938
90	3244.2	0.0011936	0.00461	190.91	262.30	194.78	82.49	277.27	0.64342	0.87057
100	3972.4	0.0015357	0.00268	219.05	248.89	225.15	34.39	259.54	0.72317	0.81531
101.06	4059.1	0.0019535	0.00195	233.57	233.57	241.49	0.00	241.49	0.76649	0.76649

(Source of table data - NIST Chemistry Web Book)

A.9 포화냉매-R134a : 압력 기준

압력 P kPa	포화 온도 T_{sat} ℃	비체적 m^3/kg		내부에너지 kJ/kg		엔탈피 kJ/kg			엔트로피 kJ/kg·K	
		포화액체 v_f	포화증기 v_g	포화액체 u_f	포화증기 u_g	포화액체 h_f	증발 h_{fg}	포화증기 h_g	포화액체 s_f	포화증기 s_g
60	-36.94	0.0007098	0.31123	3.815	209.13	3.857	223.94	227.80	0.01641	0.96446
80	-31.12	0.0007185	0.23755	11.17	212.47	11.23	220.24	231.47	0.04717	0.95715
100	-26.36	0.0007259	0.19256	17.23	215.20	17.30	217.16	234.46	0.07195	0.95188
120	-22.31	0.0007324	0.16214	22.42	217.52	22.51	214.47	236.98	0.09283	0.94784
140	-18.76	0.0007383	0.14015	27.00	219.56	27.10	212.08	239.18	0.11095	0.94462
160	-15.59	0.0007437	0.12349	31.11	221.37	31.23	209.89	241.12	0.12701	0.94196
180	-12.71	0.0007487	0.11042	34.85	223.00	34.99	207.89	242.88	0.14148	0.93972
200	-10.08	0.0007534	0.09988	38.30	224.50	38.45	206.02	244.47	0.15466	0.93779
220	-7.64	0.0007578	0.09119	41.51	225.88	41.67	204.27	245.94	0.16678	0.93612
240	-5.37	0.0007620	0.08391	44.50	227.16	44.69	202.61	247.30	0.17803	0.93465
260	-3.24	0.0007661	0.07770	47.33	228.36	47.52	201.04	248.56	0.18853	0.93334
280	-1.23	0.0007699	0.07236	49.99	229.48	50.21	199.53	249.74	0.19838	0.93217
300	0.67	0.0007737	0.06770	52.53	230.54	52.76	198.09	250.85	0.20767	0.93110
320	2.48	0.0007773	0.06361	54.94	231.54	55.19	196.71	251.90	0.21647	0.93014
340	4.20	0.0007808	0.05998	57.25	232.49	57.52	195.37	252.89	0.22483	0.92925
360	5.84	0.0007842	0.05674	59.47	233.40	59.75	194.08	253.83	0.23280	0.92844
400	8.93	0.0007907	0.05121	63.65	235.09	63.97	191.61	255.58	0.24771	0.92698
500	15.74	0.0008060	0.04112	72.96	238.77	73.36	185.97	259.33	0.28033	0.92408
600	21.57	0.0008200	0.03430	81.05	241.85	81.54	180.89	262.43	0.30809	0.92185
700	26.71	0.0008332	0.02937	88.27	244.50	88.85	176.20	265.05	0.33240	0.92001
800	31.33	0.0008459	0.02563	94.83	246.82	95.50	171.82	267.32	0.35414	0.91843
900	35.53	0.0008581	0.02269	100.86	248.87	101.6	167.65	269.29	0.37387	0.91700
1000	39.39	0.0008701	0.02032	106.48	250.70	107.4	163.67	271.02	0.39199	0.91566
1200	46.32	0.0008935	0.01672	116.73	253.84	117.8	156.10	273.90	0.42451	0.91312
1400	52.42	0.0009167	0.01411	125.97	256.40	127.3	148.89	276.15	0.45326	0.91059
1600	57.91	0.0009401	0.01213	134.47	258.50	136.0	141.93	277.90	0.47923	0.90795
1800	62.90	0.0009640	0.01056	142.38	260.20	144.1	135.10	279.21	0.50307	0.90510
2000	67.48	0.0009888	0.00929	149.83	261.55	151.8	128.33	280.14	0.52524	0.90198
2500	77.58	0.0010569	0.00694	167.06	263.51	169.7	111.16	280.86	0.57551	0.89246
3000	86.20	0.0011413	0.00528	183.14	263.35	186.6	92.63	279.19	0.62145	0.87923

† 여기에서 나타낸 R134a의 엔탈피와 엔트로피 값은 NIST(National Institute of Standards and Technology)에서 제시하고 있는 값이다. NIST에서는 −40℃에서 포화액체의 엔탈피와 엔트로피를 0으로 하여 그 값을 정하였다. 한편 IIR(국제냉동기구)에서는 0℃에서 포화액체의 엔탈피를 200kJ/kg, 엔트로피를 1kJ/kg·K로 하여 그 값을 정하였다. 따라서 어느 기준에 따르느냐에 따라 책마다 엔탈피와 엔트로피의 절대적 값이 크게 다를 수 있다. 그러나 냉동기에서 압축기 일, 방열량, 흡열량 등이 모두 엔탈피의 차이로 나타나므로 어느 표를 사용하여도 무방하다.

A.10 과열 냉매-R134a

T	v m^3/kg	h kJ/kg	s kJ/kg·K	v m^3/kg	h kJ/kg	s kJ/kg·K	v m^3/kg	h kJ/kg	s kJ/kg·K
℃	P=0.06MPa (T_{sat}=−36.9℃)			P=0.10MPa (T_{sat}=−26.4℃)			P=0.14MPa (T_{sat}=−18.8℃)		
Sat.	0.31123	227.80	0.9645	0.19256	234.46	0.9519	0.14015	239.18	0.9446
-20	0.33608	240.77	1.0175	0.19841	239.50	0.9721			
-10	0.35049	248.58	1.0477	0.20743	247.49	1.0030	0.14606	246.36	0.9724
0	0.36476	256.54	1.0774	0.21630	255.59	1.0332	0.15263	254.60	1.0031
10	0.37893	264.66	1.1066	0.22506	263.81	1.0628	0.15908	262.93	1.0331
20	0.39303	272.94	1.1353	0.23373	272.17	1.0918	0.16544	271.39	1.0624
30	0.40705	281.38	1.1636	0.24233	280.68	1.1203	0.17172	279.97	1.0912
40	0.42102	289.98	1.1916	0.25088	289.34	1.1485	0.17795	288.70	1.1195
50	0.43495	298.74	1.2191	0.25938	298.16	1.1762	0.18412	297.57	1.1474
60	0.44884	307.67	1.2463	0.26784	307.13	1.2035	0.19025	306.60	1.1749
70	0.46269	316.76	1.2732	0.27626	316.26	1.2305	0.19635	315.77	1.2020
80	0.47652	326.01	1.2998	0.28466	325.55	1.2572	0.20243	325.09	1.2288
90	0.49032	335.42	1.3260	0.29303	335.00	1.2836	0.20847	334.57	1.2553
100	0.50410	344.99	1.3520	0.30138	344.60	1.3097	0.21450	344.20	1.2815
	P=0.18MPa (T_{sat}=−12.7℃)			P=0.20MPa (T_{sat}=−10.1℃)			P=0.24MPa (T_{sat}=−5.4℃)		
Sat.	0.11042	242.88	0.9397	0.09988	244.47	0.9378	0.08391	247.30	0.9347
-10	0.11190	245.16	0.9484	0.09991	244.54	0.9380			
0	0.11722	253.58	0.9798	0.10481	253.05	0.9698	0.08617	251.97	0.9519
10	0.12240	262.04	1.0102	0.10955	261.58	1.0005	0.09026	260.65	0.9831
20	0.12748	270.59	1.0399	0.11419	270.19	1.0303	0.09423	269.36	1.0134
30	0.13248	279.26	1.0690	0.11874	278.89	1.0595	0.09812	278.16	1.0429
40	0.13742	288.05	1.0975	0.12323	287.72	1.0882	0.10193	287.06	1.0718
50	0.14230	296.98	1.1256	0.12766	296.68	1.1163	0.10570	296.08	1.1001
60	0.14715	306.05	1.1533	0.13206	305.78	1.1441	0.10942	305.23	1.1280
70	0.15196	315.27	1.1805	0.13642	315.02	1.1714	0.11310	314.51	1.1555
80	0.15674	324.63	1.2074	0.14074	324.40	1.1983	0.11675	323.93	1.1825
90	0.16149	334.14	1.2340	0.14505	333.93	1.2249	0.12038	333.50	1.2092
100	0.16622	343.80	1.2602	0.14933	343.60	1.2512	0.12398	343.20	1.2356
	P=0.28 MPa (T_{sat}=−1.2℃)			P=0.32 MPa (T_{sat}=2.5℃)			P=0.40 MPa (T_{sat}=8.9℃)		
Sat.	0.07236	249.74	0.9322	0.06361	251.90	0.9301	0.05121	255.58	0.9270
0.00	0.07282	250.83	0.9362						
10	0.07646	259.69	0.9680	0.06609	258.69	0.9545	0.05151	256.58	0.9305
20	0.07997	268.52	0.9987	0.06925	267.66	0.9856	0.05421	265.86	0.9628
30	0.08338	277.41	1.0285	0.07231	276.65	1.0157	0.05680	275.08	0.9937
40	0.08672	286.39	1.0576	0.07530	285.70	1.0451	0.05929	284.30	1.0236
50	0.09000	295.47	1.0862	0.07823	294.85	1.0739	0.06172	293.59	1.0528
60	0.09324	304.67	1.1142	0.08111	304.11	1.1021	0.06410	302.96	1.0814
70	0.09644	314.00	1.1418	0.08395	313.48	1.1298	0.06644	312.44	1.1094
80	0.09961	323.46	1.1690	0.08676	322.99	1.1571	0.06875	322.03	1.1369
90	0.10275	333.06	1.1958	0.08954	332.62	1.1840	0.07102	331.74	1.1640
100	0.10587	342.80	1.2222	0.09229	342.39	1.2106	0.07328	341.57	1.1908
110	0.10897	352.68	1.2484	0.09503	352.30	1.2368	0.07551	351.54	1.2171
120	0.11206	362.70	1.2742	0.09775	362.35	1.2626	0.07772	361.64	1.2431

[A.10 과열 냉매-R134a (계속)]

T	v	h	s	v	h	s	v	h	s
	m³/kg	kJ/kg	kJ/kg·K	m³/kg	kJ/kg	kJ/kg·K	m³/kg	kJ/kg	kJ/kg·K
℃	P=0.50MPa (T_{sat}=15.7℃)			P=0.60MPa (T_{sat}=21.6℃)			P=0.70MPa (T_{sat}=26.7℃)		
Sat.	0.04112	259.33	0.9241	0.03430	262.43	0.9219	0.02937	265.05	0.9200
20	0.04212	263.46	0.9383						
30	0.04434	273.01	0.9703	0.03598	270.82	0.9499	0.02997	268.45	0.9313
40	0.04646	282.49	1.0011	0.03787	280.58	0.9816	0.03170	278.58	0.9642
50	0.04850	291.97	1.0309	0.03966	290.28	1.0121	0.03332	288.53	0.9954
60	0.05049	301.50	1.0599	0.04139	299.99	1.0417	0.03488	298.43	1.0256
70	0.05243	311.10	1.0883	0.04307	309.74	1.0705	0.03637	308.33	1.0549
80	0.05433	320.81	1.1162	0.04471	319.56	1.0987	0.03783	318.28	1.0835
90	0.05621	330.61	1.1436	0.04632	329.46	1.1264	0.03925	328.30	1.1114
100	0.05805	340.53	1.1705	0.04790	339.47	1.1536	0.04064	338.40	1.1389
110	0.05988	350.57	1.1971	0.04946	349.59	1.1803	0.04201	348.60	1.1659
120	0.06169	360.74	1.2233	0.05100	359.83	1.2067	0.04336	358.91	1.1924
130	0.06348	371.03	1.2491	0.05252	370.18	1.2327	0.04469	369.32	1.2186
140	0.06526	381.46	1.2747	0.05403	380.67	1.2584	0.04600	379.86	1.2444
	P=0.80 MPa(T_{sat}=31.3℃)			P=0.90MPa (T_{sat}=35.5℃)			P=1.00MPa (T_{sat}=39.4℃)		
Sat.	0.02563	267.32	0.9184	0.02269	269.29	0.9170	0.02032	271.02	0.9157
40	0.02704	276.45	0.9480	0.02338	274.17	0.9327	0.02041	271.71	0.9179
50	0.02855	286.70	0.9802	0.02481	284.77	0.9660	0.02180	282.74	0.9526
60	0.02997	296.81	1.0110	0.02615	295.13	0.9976	0.02307	293.39	0.9850
70	0.03134	306.88	1.0408	0.02741	305.39	1.0280	0.02426	303.86	1.0160
80	0.03266	316.97	1.0698	0.02863	315.63	1.0574	0.02540	314.26	1.0458
90	0.03394	327.11	1.0981	0.02981	325.89	1.0860	0.02649	324.65	1.0748
100	0.03519	337.31	1.1258	0.03095	336.19	1.1140	0.02755	335.06	1.1031
110	0.03642	347.59	1.1530	0.03207	346.57	1.1414	0.02858	345.53	1.1308
120	0.03763	357.97	1.1798	0.03316	357.03	1.1684	0.02959	356.07	1.1580
130	0.03881	368.46	1.2061	0.03424	367.58	1.1949	0.03058	366.69	1.1847
140	0.03999	379.05	1.2321	0.03530	378.23	1.2210	0.03155	377.41	1.2109
150	0.04114	389.77	1.2577	0.03635	389.00	1.2467	0.03251	388.23	1.2368
160	0.04229	400.60	1.2830	0.03738	399.88	1.2722	0.03346	399.16	1.2623
	P=1.2MPa (T_{sat}=46.3℃)			P=1.4MPa (T_{sat}=52.4℃)			P=1.6MPa (T_{sat}=57.9℃)		
Sat.	0.01672	273.90	0.9131	0.01411	276.15	0.9106	0.01213	277.90	0.9080
50	0.01720	278.27	0.9267						
60	0.01840	289.64	0.9614	0.01501	285.47	0.9389	0.01237	280.69	0.9164
70	0.01950	300.61	0.9939	0.01606	297.11	0.9733	0.01343	293.25	0.9535
80	0.02053	311.39	1.0248	0.01702	308.34	1.0056	0.01436	305.07	0.9875
90	0.02151	322.07	1.0546	0.01792	319.37	1.0364	0.01522	316.52	1.0194
100	0.02244	332.73	1.0836	0.01878	330.30	1.0661	0.01602	327.77	1.0500
110	0.02335	343.40	1.1118	0.01960	341.20	1.0949	0.01677	338.91	1.0795
120	0.02423	354.11	1.1394	0.02039	352.10	1.1230	0.01750	350.02	1.1081
130	0.02509	364.88	1.1664	0.02116	363.03	1.1504	0.01820	361.13	1.1360
140	0.02593	375.73	1.1930	0.02190	374.01	1.1773	0.01888	372.26	1.1633
150	0.02675	386.66	1.2192	0.02264	385.07	1.2038	0.01955	383.45	1.1900
160	0.02757	397.69	1.2449	0.02336	396.21	1.2298	0.02019	394.70	1.2163
170	0.02837	408.83	1.2704	0.02406	407.44	1.2554	0.02083	406.03	1.2421
180	0.02916	420.07	1.2954	0.02476	418.77	1.2807	0.02146	417.44	1.2676

B.1 열역학 기호 및 기초수학

1. 물리량 표현 기호: 일반적으로 전체 물리량은 대문자, 단위 질량당 물리량은 소문자로 표시한다.
   (1) 전체 물리량: 열량 Q[J], 일 W[J], 내부에너지 U[J], 엔탈피 H[J], 엔트로피 S[J/K], 체적 V[m^3]
   (2) 단위 질량당 물리량: 단위 질량당 열량 q[J/kg], 단위 질량당 일 w[J/kg], 비내부에너지 u[J/kg], 비엔탈피 h[J/kg], 비엔트로피 s[J/kg • K], 비체적 v[m^3/kg]

2. $\int_1^2 dX = X_2 - X_1$: 1에서 2로 상태 변화가 있을 때 상태량 X의 적분을 열역학에서는 일반적으로 간단하게 $\int_1^2 dX$로 나타낸다. 수학적으로는 $\int_{X_1}^{X_2} dX$를 의미한다.
   (1) $\int_1^2 dT = T_2 - T_1 = \Delta T$ (2) $\int_1^2 dV = V_2 - V_1 = \Delta V$
   (3) $\int_1^2 dP = P_2 - P_1 = \Delta P$ (4) $\int_1^2 dU = U_2 - U_1 = \Delta U$
   (5) $\int_1^2 dH = H_2 - H_1 = \Delta H$ (6) $\int_1^2 dS = S_2 - S_1 = \Delta S$

3. $\int_1^2 \frac{1}{X} dX = \ln\left(\frac{X_2}{X_1}\right)$: 수학적으로는 $\int_{X_1}^{X_2} \frac{1}{X} dX$를 의미한다.
   (1) $\int_1^2 \frac{1}{T} dT = \ln\left(\frac{T_2}{T_1}\right)$ (2) $\int_1^2 \frac{1}{V} dV = \ln\left(\frac{V_2}{V_1}\right)$ (3) $\int_1^2 \frac{1}{P} dP = \ln\left(\frac{P_2}{P_1}\right)$

4. 일(δW)과 열량(δQ)의 적분
   (1) $\int_1^2 \delta W = {}_1W_2$, W_{12} 또는 간단하게 W로 나타낸다.
   (2) $\int_1^2 \delta Q = {}_1Q_2$, Q_{12} 또는 간단하게 Q로 나타낸다.
   (3) $\int_1^2 \frac{\delta Q}{T} = \frac{{}_1Q_2}{T}$, $\frac{Q_{12}}{T}$ 또는 $\frac{Q}{T}$로 나타낸다: 온도(T)가 일정할 때

5. $\int X^n dX = \frac{X^{n+1}}{n+1} + C$: 등엔트로피 과정과 폴리트로픽 과정에서

일($W = \int_1^2 PdV$)을 구할 때 사용

6. (1) $A^x = B$일 때 $x = \frac{\ln B}{\ln A}$ $(A > 0,\ A \neq 1,\ B > 0)$

: 폴리트로픽 지수를 구할 때 사용

(2) $\ln X_2 - \ln X_1 = \ln\frac{X_2}{X_1} = -\ln\frac{X_1}{X_2}$: 일과 엔트로피 차이를 구할 때 사용

7. $A^k = B$일 때 $A = B^{\frac{1}{k}}$: 등엔트로피 과정과 폴리트로픽 과정을 해석할 때 사용.

8. 곱의 전미분 $d(Pv) = Pdv + vdP$: $h = u + Pv$를 미분할 때 사용

9. [선형 보간법] 두 점 $\mathrm{A}(x_1, y_1)$, $\mathrm{B}(x_2, y_2)$를 잇는 직선의 방정식은 다음과 같다. 증기표에서 값을 구할 때 사용한다.

$$y = \frac{y_2 - y_1}{x_2 - x_1} \times (x - x_1) + y_1$$

이 식을 이용하여 두 점 1, 2에서의 상태량 (x_1, y_1), (x_2, y_2)를 알 때 제 3의 점에서 하나의 상태량 x_3을 알면 그 점에서의 상태량 y_3을 다음과 같이 근사적으로 구할 수 있다.

$$y_3 = \frac{y_2 - y_1}{x_2 - x_1} \times (x_3 - x_1) + y_1$$

† 학부과정의 열역학에서 수학적으로 크게 어려운 것은 없다. 위에서 나타낸 것이 모두라고 할 수 있다. 그런데 열역학에서는 취급하는 물리량이 많으므로 복잡하게 보인다. 문제를 많이 풀어 봄으로써 각 물리량의 개념과 물리적인 현상을 잘 파악하고 이해하도록 한다.

B.2 단위 변환

- 길이: 1mm = 0.0394 inch ; 1m = 3.281 ft ; 1km = 0.622mile ; 1mile = 5280 ft
  1inch = 2.54 cm ; 1 ft = 12 inch = 0.3048 m ; 1yard = 0.9144 m
- 면적: $1m^2 = 10.76 ft^2$; $1mm^2 = 0.00155 inch^2$
- 체적: $1m^3 = 10^3 L = 35.31 ft^3$; $1L = 10^3 cm^3 = 10^{-3} m^3$
- 질량: 1kg = 0.0685 slug ; 1 slug = 14.59 kg ; 1ton = 1000 kg
- 중력가속도: $g = 9.80665 m/s^2 = 32.174 ft/s^2$
- 힘: $1N = 10^5$ dyne ; 1 N = 0.2248 lb ; 1kgf = 9.80665 N ; 1 lb = 4.448 N
- 밀도: $1g/cm^3 = 1kg/L = 1000kg/m^3$; $1 kg/m^3 = 0.00194 slug/ft^3$
- 에너지: 1J = 1N • m = 0.7375 ft • lb ; $1J = 10^7$ erg
  1cal = 4.1860 J
- 체적유량: $1 m^3/s = 10^6 cm^3/s = 1000L/s = 35.31 ft^3/s$; $1 L/s = 10^{-3} m^3/s$
- 동력: 1W = 1J/s = 0.7375 ft • lb/s ; 1kW = 1.341 hp = 737.5 ft • lb/s
  1 PS = 75 kgf • m/s = 735.5 W ; 1 hp = 746 W ; 1hp = 550 lb • ft/s
- 압력: $1bar = 10^5 Pa = 100kPa = 0.987$ atm ; $1kN/m^2 = 1 kPa = 0.145 psi$
  $1mm H_2O = 9.807 Pa$; 1mmHg = 0.0394 inch Hg = 133.3 Pa
- 표준 대기압력: 1 atm = 760 mmHg = 101.325 kPa = 1.01325bar = 14.70 psi
- 비열, 기체상수: 1 J/kg • K = 5.98 ft • lb/slug • R
- 비체적: $1 m^3/kg = 515.5 ft^3/slug$
- 비중량: $1 N/m^3 = 0.006365 lb/ft^3$
- 온도: $T[K] = T[℃] + 273.15$
  $T[R] = T[°F] + 459.67 = 1.8 T[K]$
  $T[°F] = 1.8 T[℃] + 32$
- 온도차: $\Delta T[K] = \Delta T[℃]$
  $\Delta T[°F] = \Delta T[R] = 1.8 \Delta T[K]$
- 속도: 1 m/s = 3.281 ft/s = 3.60 km/h = 2.28mile/h ; 1knot = 0.5155 m/s
- 1atm 에서 얼음(물)의 융해열: $h_{i,f} = 333.7 kJ/kg$
- 1atm 에서 물의 증발잠열: $h_{f,g} = 2256.5 kJ/kg$

[L = liter = 1000 cc = $1000 cm^3$; ft = foot ; lb = pound force ; psi = $lb/inch^2$]

참고문헌

[1] 교육인적자원부, 원동기, 대한교과서(주), 2005
[2] 김광선 외 공역, M. J. Moran & H. N. Shapiro 공저, 공업열역학, 텍스트북스, 2008
[3] 노승탁, 공업열역학, 문운당, 2010
[4] 대표역자 김용은, Giambattista, Richardson, Richardson 공저, 물리학, 북스힐, 2010
[5] 박영무 외 공역, G. J. Van Wylen 외 공저, 공업열역학, 희중당, 1995
[6] 박영무 외 공역, C. Borgnakke & R. E. Sonnatg 공저, 열역학, 텍스트북스, 2010
[7] 부준홍 외 공역, Y. A. Cengel & M. A. Boles 공저, 열역학, (주)한국맥그로힐, 2009
[8] 물리학 교재 편찬위원회 공역, R. A. Serway & J. W. Jewett 공저, 핵심 대학 물리학, 북스힐, 2011
[9] 민만기 외 공역, F. C. McQuiston & J. D. Parker 공저, 공기조화 및 냉동, 희중당, 1997
[10] 유주식, 쉽게 배우는 기본 열역학, 홍릉과학 출판사, 2013
[11] 유주식, 열역학·내연기관 문제연습, 교육과학사, 2016
[12] 유주식, 고형종, 고급 열역학 문제연습, 교육과학사, 2020
[13] 헌원회, 신현길 공저, 열역학, 성안당, 2008
[14] ASME, ASME Steam Tables, 2006
[15] D. Halliday, R. Resnick & J. Walker, Fundamentals of Physics, John Willey & Sons, Inc., 1993
[16] M. Browne, Physics for Engineering and Science, Schaum's Outlines, Mcgraw Hill, 2010
[17] M. Potter & C. Somerton, Thermodynamics for Engineers, Schaum's Outlines, Mcgraw Hill, 2006
[18] 사이버 국가고시센터(www.gosi.go.kr)
[19] 서울특별시 인재개발원(hrd.seoul.go.kr)
[20] 한국교육과정평가원(www.kice.re.kr)

찾아보기

『 ㅅ 』

『 ㅇ 』

『 ㅈ 』

『 기타 』

지은이 소개

유주식

서울대학교 공과대학 기계공학과 졸업
한국과학기술원 기계공학과 석 · 박사
University of Michigan(USA) 연구교수
(현재) 국립경국대학교 기계교육과 교수

[2판] 쉽게 배우는 핵심 열역학

2020년 4월 25일 1판 1쇄 발행
2023년 3월 25일 1판 3쇄 발행
2025년 9월 10일 2판 1쇄 인쇄
2025년 9월 15일 2판 1쇄 발행

지은이 : 유 주 식
펴낸이 : 한 정 주
펴낸곳 : 교육과학사

지은이와 협의하에 인지생략

경기도 파주시 광인사길 71
전화 (031)955-6956~8/팩스 (031)955-6037
Home-page : www.kyoyookbook.co.kr
E-mail : kyoyookbook@daum.net
등록 : 1970년 5월 18일 제2-73호

낙장 · 파본은 교환해 드립니다.
Printed in Korea.

정가 28,000 원
ISBN 978-89-254-1937-4